教育与成人教育司推荐教材
刂亚（重庆）职业教育与培训项目
致育建筑工程施工专业系列教材

江世永 ■执行总主编 刘钦平

建筑施工技术

（第3版）

主　编　韩业财　蒋中元　邓泽贵
副主编　李　凯　辜文杰
主　审　姚　刚

U0190467

重庆大学出版社

建筑施工技术

JIANZHU SHIGONG JISHU

内容提要

本书为中等职业教育建筑工程施工专业系列教材之一，是在
新形态教材，书中配有大量的现场操作视频。全书共10章，主要内
构工程、预应力混凝土工程、砌体工程、防水工程、装饰工程、冬期与
筑施工。每一部分都着重介绍施工程序、方法、工艺、要点和操作规
强制性规范等贯彻其中。

本书具有实用性、可操作性、针对性和技术性强的特点，内
作为中职学校以及成人教育、电大、函大、自考教学用书，也可作
人员的工具书。

图书在版编目(CIP)数据

建筑施工技术/韩业财，蒋中元，邓泽贵主编.--3版.--重庆：重庆大学出版社，2020.9(2024.7重印)
中等职业教育建筑工程施工专业系列教材
ISBN 978-7-5689-2365-1

Ⅰ.①建… Ⅱ.①韩… ②蒋… ③邓… Ⅲ.①建筑施工—职业高中—教材 Ⅳ.①TU74

中国版本图书馆CIP数据核字(2020)第135093号

教育部职业教育与成人教育司推荐教材
中国-澳大利亚(重庆)职业教育与培训项目
中等职业教育建筑工程施工专业系列教材

建筑施工技术

(第3版)

主　编　韩业财　蒋中元　邓泽贵
副主编　李　凯　辜文杰
主　审　姚　刚
责任编辑：范春青　　版式设计：范春青
责任校对：张红梅　　责任印制：赵　晟

*

重庆大学出版社出版发行
出版人：陈晓阳
社址：重庆市沙坪坝区大学城西路21号
邮编：401331
电话：(023)88617190　88617185(中小学)
传真：(023)88617186　88617166
网址：http://www.cqup.com.cn
邮箱：fxk@cqup.com.cn(营销中心)
全国新华书店经销
POD：重庆新生代彩印技术有限公司

*

开本：787mm×1092mm　1/16　印张：21　字数：513千
2008年8月第1版　2020年9月第3版　2024年7月第15次印刷
印数：34 001—35 000
ISBN 978-7-5689-2365-1　定价：49.00元

本书如有印刷、装订等质量问题，本社负责调换

版权所有，请勿擅自翻印和用本书
制作各类出版物及配套用书，违者必究

序　言

建筑业是我国国民经济的支柱产业之一。随着全国城市化建设进程的加快，基础设施建设急需大量的具备中、初级专业技能的建设者。这对中等职业教育的建筑专业发展提出了新的挑战，同时也提供了新的机遇。根据《国务院关于大力推进职业教育改革与发展的决定》和教育部《关于〈2004—2007 年职业教育教材开发编写计划〉的通知》的要求，我们编写了中等职业教育工业与民用建筑专业教育改革实验系列教材。

目前我国中等职业教育建筑工程施工专业所用教材，大多偏重于理论知识的传授，内容偏多、偏深，在专业技能方面的可操作性不强。另一方面，现在的中职学生文化基础相对薄弱，对现有教材难以适应。在教学过程中，普遍反映教师难教、学生难学。为进一步提高中等职业教育教学水平，在大量调查研究和充分论证的基础上，我们组织了具有丰富教学经验和丰富工程实践经验的双师型教师和部分高等院校教师以及行业专家编写了这套系列教材，本系列教材的大部分作者直接参与了中澳（重庆）职教项目，他们既了解中国职教的情况，又掌握了澳大利亚先进的职教理念。本系列教材充分反映了中澳（重庆）职教项目多年合作的成果，部分教材已试用多年，效果很好。

中等职业教育建筑工程施工专业毕业生的就业单位主要面向施工企业。从就业岗位看，以建筑施工一线管理和操作岗位为主，在管理岗位中施工员人数居多；在操作岗位中钢筋工、砌筑工需求量大。为此，本系列教材将培养目标定位为：培养与我国社会主义现代化建设要求相适应，具有综合职业能力，能从事工业与民用建筑的钢筋工、砌筑工等其中一种的施工操作，进而能胜任施工员管理岗位的中级技术人才。

本套系列教材编写的指导思想是：充分吸收澳大利亚职业教育先进思想，体现现代职业教育先进理念；坚持以社会就业和行业需求为导向，适应我国建筑行业对人才培养的需求；适合目前中职教育教学的需要和中职学生的学习特点；着力培养学生的动手和实践能力。本书在编写过程中遵循“以能力为本位，以学生为中心，以学习需求为基础”的原则。在内容取舍上坚持“实用为准，够用为度”的原则，充分体现中职教育的特点和规律。

本系列教材编写具有如下特点：

1. 采用灵活的模块化课程结构，以满足不同学生的需求。系列教材分为两个课程模块：通用模块、岗位模块（包括管理岗位和操作岗位两个模块），学生可以有选择性地学习不同的模块课程，以达到不同的技能目标来适应劳动力市场的需求。

2. 知识浅显易懂，精简理论阐述，突出操作技能。突出操作技能和工序要求，重在技能操作培训，将技能进行分解、细化，使学生在短时间内能掌握基本的操作要领，达到“短、平、快”

的学习效果。

3. 采用“动中学”“学中做”的互动教学方法。系列教材融入了对教师教学方法的建议和指导，教师可根据不同资源条件选择使用适宜的教学方法，组织丰富多彩的“以学生为中心”的课堂教学活动，提高学生的参与程度，坚持培养学生能力为本，让学生在各种动手、动口、动脑的活动中，轻松愉快地学习，接受知识，获得技能。

4. 表现形式新颖、内容活泼多样。教材辅以丰富的图标、图片和图表。图标起引导作用，图片和图表作为知识的有机组成部分，代替了大篇幅的文字叙述，使内容表达直观、生动形象，能吸引学习者的兴趣。教师讲解和学生阅读两部分内容，分别采用不同的字体以示区别，让师生一目了然。

5. 教学手段丰富、资源利用充分。根据不同的教学科目和教学内容，教材中采用了如录像、幻灯、实物、挂图、试验操作、现场参观、实习实作等丰富的教学手段，并建立了资源网站，有利于充实教学方法，提高教学质量。

6. 注重教学评估和学习鉴定。每章结束后，均有对教师教学质量的评估、对学生学习效果的鉴定方法。通过评估、鉴定，师生可得到及时的信息反馈，以利不断地总结经验，提高学生学习的积极性、改进教学方法，提高教学质量。

本系列教材可以供中等职业教育建筑工程施工专业学生使用，也可以作为建筑从业人员的参考用书。

在本系列教材编写过程中，得到了重庆市教育委员会、中国人民解放军后勤工程学院、重庆市教育科学研究院和重庆市建设岗位培训中心的指导和帮助，尤其是重庆市教育委员会刘先海、张贤刚、谢红，重庆市教育科学研究院向才毅、徐光伦等为本系列丛书的出版付出了艰辛劳动。同时，本系列丛书从立项论证到编写阶段都得到澳大利亚职业教育专家的指导和支持，在此表示衷心的感谢！

江世永

2007 年 8 月于重庆

前　言

本书是依据中等职业教育土木水利类建筑工程施工专业教学标准(040100)和现行的建筑法律法规、国家规范、行业标准,借鉴澳大利亚教材的优点,并结合我国新型建筑工业化的发展现状与职业教育特点编写而成的。

本书遵循“适用为准,够用为度,终身学习”的原则,在内容上力求浅显易懂,在形式上采用较多的施工现场图片,增强学生的直观感,着重强调解决实际问题的能力,培养创新意识,在“将知识如何转变为能力”方面有新的突破;同时注重吸收行业发展的新知识、新技术、新工艺、新方法,从而对接职业标准和岗位要求。本书内容通过一系列的教学活动串起来,以学生为中心进行组织,抓住学生的好奇心理,激发学生的学习热情,让他们将被动学习变成主动学习。本书具有以下特点:

第一,坚持传统建筑施工技术与施工新技术有机结合。在尊重传统建筑施工技术教材结构模式的同时,也展示了现代工业化、信息化技术在建筑业的集成应用,对建筑生产方式转变、建筑产业转型升级起着重要的促进作用。

第二,坚持建筑施工技术与施工管理的有机结合。施工管理是保证施工技术工艺得以顺利实施的有效措施和手段,对施工技术进步和实现建筑产业现代化起着重要的推动作用。

第三,强调建筑施工技术与质量和安全的统一性。施工技术与质量和安全有着密切联系,施工质量和安全是施工技术开展的前提。本书增强了施工质量与安全在施工技术中所处地位的内容,在介绍施工技术、工艺的同时,也将施工质量与安全技术贯穿全书。

第四,注重建筑施工技术的实用性与可操作性相结合。本书每章后都有学习鉴定,以便考查学生对知识的掌握程度。

本书由韩业财、蒋中元、邓泽贵任主编,李凯、辜文杰任副主编,姚刚主审。编写分工如下:第1,2章由李凯、邓泽贵编写;第3,4,8,9章由韩业财、蒋中元编写;第5,6,7章由李凯、蒋中元编写;第10章由韩业财、辜文杰编写。全书由韩业财统稿、定稿。

本书配套的多媒体资源(PPT、视频等),请联系重庆大学出版社教学服务人员(电话:023-88617142,QQ:1036030742)索取。

由于建筑施工技术的不断发展、职业教育改革的进一步深化以及作者水平的限制,本书难免有一定的疏漏,恳请同行专家批评指正。

作　者
2020年2月

目 录

1 土石方工程

本章内容简介

土石方工程的分类和特点

土石方调配及计算

土石方工程的施工准备

土石方工程的施工要点

土石方工程施工机械的选择

土石方回填与夯实以及土石方工程质量标准

本章教学目标

熟悉土石方施工准备工作

掌握土石方工程的施工要点

熟悉土石方工程质量标准

问题引入

"万丈高楼平地起。"土方工程是基础施工的重要施工过程，是建筑工程施工的主要分项工程之一，其工程质量和组织管理水平直接影响基础工程乃至主体结构工程施工的正常进行，必须引起施工人员的高度重视。那么，土方工程包括哪些方面？有哪些特点？有哪些施工工艺和操作要点呢？下面，我们就来学习土方工程的有关知识。

1.1 土石方工程基础知识

1.1.1 土的工程分类

1)工程分类的一般原则和类型

工程分类的基本原则是所划分的土类能反映土性质的变化规律。土的工程分类可以归纳为三级分类：

①第一级分类是成因类型分类，主要按土的成因和形成年代作为分类标准，如《岩土工程勘察规范》(GB 50021—2001，2009 版)将土按堆积年代划分为三类：

a. 老堆积土：第四纪更新世 Q3 及其以前堆积的土层；

b. 一般堆积土：第四纪全新世(文化期以前 Q4)堆积的土层；

c. 新近堆积土：文化期以来 Q4 新近堆积的土层。

②第二级分类是土质类型分类，主要考虑土的物质组成(颗粒级配和矿物成分)及其与水相互作用的特点(塑性指标)，按土的形成条件和内部连接情况将土划分为"一般土"和"特殊土"。

③第三级分类是工程建筑类型分类，主要根据土与水作用的特点(饱和状态、稠度状态、胀缩性、湿陷性等)、土的密实度或压缩固结特点将土进行详细划分。

土的第二级分类即土质分类，考虑了决定土的工程地质性质的最本质因素，即土的颗粒级配与塑性特性，是土分类最基本的形式。

2)按土的主要特征分类

实际工程应用中规定：土中粒径 $d>60$ mm 的土粒质量大于全部土粒质量 50% 的称为巨粒土；土中粒径满足 60 mm $\geqslant d>0.075$ mm 的土粒质量大于全部土粒质量 50% 的，称为粗粒土，土中粒径 $d\leqslant 0.075$ mm 的土粒质量大于或等于全部土粒质量 50% 的，称为细粒土。

巨粒土、粗粒土包括碎石类土和砂类土；按粒径级配进一步细分，细粒土包括粉土和黏性土，多用塑性指数 I_P 或液限 W_L + 塑性指数 I_P 进行细分。

(1)碎石类土

碎石类土是粒径大于 2 mm 的颗粒含量超过全部质量 50% 的土，根据粒组含量及颗粒形状可进一步分为漂石或块石、卵石或碎石、圆砾或角砾，见表1.1。

表1.1 碎石类土分类表

土的名称	颗粒形状	颗粒级配
漂石	圆形及亚圆形为主	粒径大于200 mm 颗粒超过全部质量的50%
块石	棱角形为主	
卵石	圆形及亚圆形为主	粒径大于20 mm 颗粒超过全部质量的50%
碎石	棱角形为主	
圆砾	圆形及亚圆形为主	粒径大于2 mm 颗粒超过全部质量的50%
角砾	棱角形为主	

(2)砂土

砂土是粒径大于2 mm的颗粒含量不超过全部质量的50%，粒径大于0.075 mm的颗粒含量超过全部质量的50%的土。根据粒组含量，砂土可进一步分为砾砂、粗砂、中砂、细砂和粉砂，见表1.2。

表1.2 砂土分类表

土的名称		颗粒级配
砂土	砾砂	粒径大于2 mm的颗粒占总质量的25%～50%
	粗砂	粒径大于0.5 mm的颗粒占总质量的50%
	中砂	粒径大于0.25 mm的颗粒占总质量的50%
	细砂	粒径大于0.075 mm的颗粒占总质量的85%
	粉砂	粒径大于0.075 mm的颗粒占总质量的50%

(3)粉土

粉土是粒径大于0.075 mm的颗粒含量不超过全部质量的50%，且塑性指数$I_P \leq 10$的土，其分类见表1.3。

表1.3 粉土分类表

粉土	砂质粉土	粒径小于0.005 mm的颗粒不超过全部质量的10%
	黏质粉土	粒径大于0.005 mm的颗粒超过全部质量的10%

(4)黏性土

黏性土是粒径大于0.075 mm的颗粒含量不超过全重的50%，且塑性指数$I_P > 10$的土，其分类见表1.4。

表 1.4 黏性土分类表

黏性土	粉质黏土	$10 < I_P \leq 17$
	黏土	$I_P > 17$

3)按土的开挖难易程度分类

在建筑施工中,根据土的开挖难易程度,将土分为八类,见表1.5。前四类属一般土,后四类属岩石。

表 1.5 土的工程分类

土的分类	土的名称	坚实系数 f	密度/(t·m^{-3})	开挖方法及工具
一类土(松软土)	砂土、粉土、冲动砂土层、疏松的种植土、泥炭(淤泥)	0.5~0.6	0.6~1.5	用锹、锄头挖掘,少许用脚蹬
二类土(普通土)	粉质黏土;潮湿的黄土;夹有碎石、卵石的砂;粉土混卵(碎)石;种植土、填土	0.6~0.8	1.1~1.6	用锹、锄头挖掘,少许用镐翻松
三类土(坚土)	中等密实黏土;重粉质黏土、砾石土;干黄土、含有碎石卵石的黄土、粉质黏土;压实的填土	0.8~1.0	1.75~1.9	主要用镐,少许用锹、锄头挖掘,部分用撬棍
四类土(砂砾坚土)	坚硬密实的黏性土或黄土,含碎石、卵石的中等密实的黏土或黄土;粗卵石;天然级配砂石;软泥灰岩、蛋白石	1.0~1.5	1.9	整个先用镐、撬棍,后用锹挖掘,部分用楔子或大锤
五类土(软石)	硬质坚土;中密的页岩、泥灰岩、白垩土;胶结不紧的砾石;软石灰及贝壳石灰石	1.5~4.0	1.1~2.7	用镐或撬棍、大锤挖掘,部分使用爆破方法
六类土(次坚石)	泥岩、砂岩、砾石;坚实的页岩、泥灰岩;密实的石灰岩,风化花岗岩、片麻岩及正长岩	4.1~10.0	2.2~2.9	用爆破方法开挖,部分用风镐
七类土(坚石)	大理石;辉绿岩;玢岩;粗、中粒花岗岩;坚实的白云岩,砂岩、砾岩、石灰岩;微风化安山石;玄武岩	10.0~18.0	2.5~3.1	用爆破方法开挖
八类土(特坚石)	安山石;玄武岩;花岗片麻岩;坚实的细粒花岗岩;闪长岩、石英岩、辉长岩、辉绿岩、玢岩、角闪岩	18.0~25.0	2.7~3.3	用爆破方法开挖

1.1.2 土的工程性质

1)土的可松性

自然状态下的土,经过开挖后,土的体积因松散而增大,虽经回填压实,仍不能恢复到原来的体积,这种性质称为土的可松性。可松性程度用可松性系数表示:

$$K_s = \frac{V_2}{V_1} \tag{1.1}$$

$$K'_s = \frac{V_3}{V_1} \tag{1.2}$$

式中 K_s——最初可松性系数,见表1.6;

K'_s——最终可松性系数,见表1.6;

V_1——土在天然状态下的体积,m^3;

V_2——土经开挖后的松散体积,m^3;

V_3——土经回填压实后的体积,m^3。

在土石方工程中,K_s 是计算土石方施工机械及运土车辆等的重要参数,而 K'_s 是计算场地平整标高及填方时所需挖土量等的重要参数。

表1.6 各种土的可松性参考数值

土的类别	体积增加百分比/%		可松性系数	
	最初	最终	K_s	K'_s
一类土(种植土、泥炭除外)	8~17	1~2.5	1.08~1.17	1.01~1.03
一类土(种植土、泥炭)	20~30	3~4	1.20~1.30	1.03~1.04
二类土	14~28	1.5~5	1.1~1.28	1.02~1.05
三类土	24~30	4~7	1.24~1.30	1.04~1.07
四类土(泥灰岩、蛋白石除外)	26~32	6~9	1.26~1.32	1.06~1.09
四类土(泥灰岩、蛋白石)	33~37	11~15	1.33~1.37	1.11~1.15
五至七类土	30~45	1~20	1.30~1.45	1.10~1.20
八类土	45~50	20~30	1.45~1.50	1.20~1.30

【例1.1】 已知某工程基坑需挖土方800 m^3,其独立基础及垫层体积为250 m^3,土的最初可松性系数为1.35,最终可松性系数为1.10。请计算该工程基坑预留回填土量和弃土量(按松散状态计算)。

【解】 由 K_s 和 K'_s 间的关系可知:

预留回填土量:$V_{留} = (V_{挖} - V_{基})K_s/K'_s = (800 - 250) \times 1.35/1.1 = 675(m^3)$

弃土量：$V_{弃}=V_{挖}\cdot K_s-V_{留}=800\times1.35-675=405(m^3)$

阅读理解

土的可松性对土石方工程施工的影响：因为土石方工程量是用自然状态的体积来计算的，土石方调配时自然状态的土挖出来运走的时候体积就变大了，这样就难以预测要用多少辆卡车，这时就必须考虑土的可松性，通过土的可松性计算出实际用车数量。

2）土的含水量

土中水的质量与土的固体颗粒质量之比的百分率，称为土的含水量（ω），它表示土的干湿程度。

$$\omega=\frac{G_w}{G_s}\times100\% \tag{1.3}$$

式中 G_w——土中水的质量，为含水状态时土的质量与烘干后的土的质量之差，g；

G_s——土中固体颗粒的质量，为烘干后土的质量，g。

含水量 ω 是反映土的湿度的一个重要物理指标。天然状态下土层的含水量称天然含水量，其变化范围很大，与土的种类、埋藏条件及其所处的自然地理环境等有关。一般干的粗砂土，其值接近于零，而饱和砂土可达40%；坚硬的黏性土的含水量约小于30%，而饱和状态的软黏性土（如淤泥）则可达60%或更大。一般来说，同一类土，当其含水量增大时，强度就降低。

土的含水量一般用“烘干法”测定：先称小块原状土样的湿土质量，然后置于烘干箱内维持100～105 ℃烘干至恒重，再称干土质量，湿、干土质量之差与干土质量的比值就是土的含水量。

3）土的天然密度和干密度

①土的天然密度。在天然状态下单位体积土的质量称为土的干密度，它与土的密实程度和含水量有关。土的天然密度按式（1.4）计算：

$$\rho=\frac{m}{V} \tag{1.4}$$

式中 ρ——土的天然密度，kg/m^3；

m——土的总质量，kg；

V——土的体积，m^3。

②干密度。土的固体颗粒质量与总体积的比值称为土的干密度，用式（1.5）表示：

$$\rho_d=\frac{m_s}{V} \tag{1.5}$$

式中 ρ_d——土的干密度，kg/m^3；

m_s——固体颗粒质量，kg；

V——土的体积，m^3。

在一定程度上，土的干密度反映了土的颗粒排列紧密程度。土的干密度越大，表示土越密实。因此，常用干密度作为填土压实质量的控制指标。土的密实程度主要通过检验填方土的干密度和含水量来控制。

4）土的渗透性

土的渗透性是指土体被水透过的性质。土体孔隙中的自由水在重力作用下会发生流动，当基坑开挖至地下水位以下时，地下水在土中渗透时受到土颗粒的阻力，其大小与土的渗透性及地下水渗流路线长短有关。不同土的透水性不同，一般用渗透系数 K 作为衡量土透水性指标，其单位是 m/s，m/h 或 m/d。

5）土的孔隙比和孔隙率

①土的孔隙比 e：土中孔隙体积与土粒体积之比，孔隙比用小数表示。

$$e = \frac{V_v}{V_s} = \frac{d_s \rho_w}{\rho_d} - 1 = \frac{d_s(1+\omega)\rho_w}{\rho} - 1 \tag{1.6}$$

式中 d_s——土粒比重；

ρ_d——土的干密度；

ρ——土的天然密度；

ω——土的含水量；

ρ_w——水的密度，近似等于 1 g/cm^3。

天然状态下土的孔隙比称为天然孔隙比，它是一个重要的物理性指标，可以用来评价天然土层的密实程度。一般 $e<0.6$ 的土是密实的低压缩性土，$e>1.0$ 的土是疏松的高压缩性土。

②土的孔隙率 n：土中孔隙所占体积与总体积之比，空隙率用百分数表示。

$$n = \frac{V_v}{V} \times 100\% = \frac{e}{1+e} = 1 - \frac{\rho_d}{d_s \rho_w} \tag{1.7}$$

一般黏性土的孔隙率为 30% ~60%，无黏性土的孔隙率为 25% ~45%。

1.1.3 土体边坡率及影响因素

1）土体边坡坡率

为保持土体施工阶段的稳定性而放坡的程度称为边坡坡率，用土方边坡高度 h 与边坡底宽 b 之比来表示。边坡形式如图 1.1 所示。

$$\text{土体边坡坡率} = \frac{h}{b} = \frac{1}{\frac{b}{h}} = 1:m \tag{1.8}$$

式中 m——坡率系数，$m = \frac{b}{h}$。

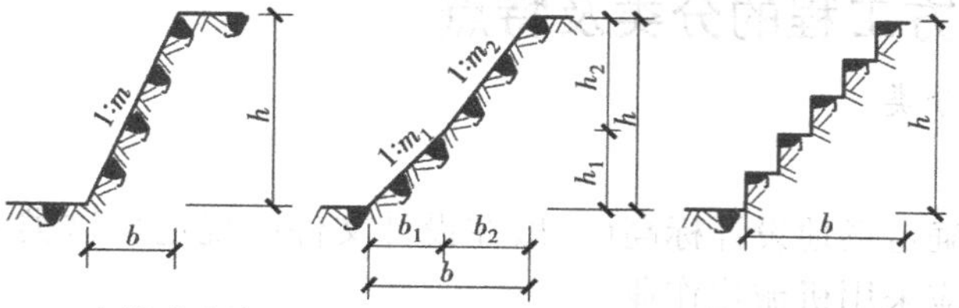

(a) 直线形边坡　(b) 折线形边坡　(c) 阶梯形边坡

图 1.1 边坡形式

当地质条件良好，土质均匀且地下水位低于基坑、沟槽底面标高时，一次性挖方深度，软土不应超过 4 m,硬土不应超过 8 m。不加支撑时的边坡留设应符合表 1.7 的规定。

表 1.7 各类土的边坡坡率允许值

序号	土的类别		边坡坡率(高：宽)
1	砂土	不包括细砂、粉砂	1：1.25～1：1.50
2	黏性土	坚硬	1：0.75～1：1.00
		硬塑、可塑	1：1.00～1：1.25
		软塑	1：1.50 或更缓
3	碎石土	充填坚硬黏土、硬塑黏土	1：0.50～1：1.00
		充填砂土	1：1.00～1：1.50

注：①本表适用于无支护措施的临时性挖方工程的边坡坡率。
②设计有要求时，应符合设计标准。
③本表适用于地下水位以上的土层。采用降水或其他加固措施时，可不受本表限制，但应计算复核。

对于使用时间在一年以上的临时填方边坡坡率：若填方高度在 10 m 以内，可采用 1：1.5；若高度超过 10 m，可做成折线形，上部采用 1：1.5，下部采用 1：1.75。对于永久性挖方或填方边坡，则均应按设计要求施工。

当土体边坡坡率系数 m 和边坡高度 h 为已知时，则边坡的宽度 $b = mh$。若土方土壁高度较高时，土方边坡可根据各土层土质及土体所承受的压力，做成折线形或阶梯形。土方边坡坡率的大小应根据土质条件、开挖深度、地下水位、施工方法、工期长短、附近堆土是否存在流砂现象及相邻建筑物情况等因素而定。

2）影响土体边坡大小的因素

影响土体边坡大小的因素有：

①土质；

②挖土深度；

③施工期间边坡上的荷载；

④土的含水率及排水措施；

⑤边坡的留置时间。

1.1.4 土石方工程的分类及特点

1）土石方工程的分类

（1）场地平整

场地平整前必须确定场地设计标高（一般在设计文件中规定），这类土石方工程施工面积大，土石方工程量大，应采用机械化作业。

（2）基坑（槽）开挖

一般开挖深度在 5 m 及其以内的称为浅基坑（槽），开挖深度超过 5 m 的称为深基坑（槽）。实际工程中应根据建筑物、构筑物的基础形式、坑（槽）底标高及边坡坡度要求开挖基坑(槽),并应遵循“开槽支撑、先撑后挖、分层开挖、严禁超挖”的原则。

(3)基坑(槽)回填

基础完成后的肥槽、房心需回填,为确保填方的强度和稳定性,必须正确选择填方土料与填筑方法。填方应分层进行,并尽量采用同类土填筑;填土必须具有一定的密实度,以避免建筑物产生不均匀沉陷。

(4)路基修筑

建筑工程所在地的场内外道路以及公路、铁路专用线,均须修筑路基。路基挖方称为路堑,填方称为路堤。路基施工涉及面广、影响因素多,是施工中的重点与难点。

活动建议

在专业教师带领下,参观土石方工程施工现场。

2)土石方工程施工特点

土石方工程是建筑工程施工的主要分项工程之一,其施工具有以下特点:

①工程量大,劳动强度高;

②施工条件复杂;

③受场地限制。

观察思考

观察施工现场挖土情况,并判断土壤的类别,思考土的开挖有难有易的原因

阅读理解

土石方工程施工的特点是工程量大,施工条件相当复杂。新建一个大型工业园区,土方量往往可达几十万乃至几百万方(工程上通常将1 m^3 称为1方)。合理地选择施工方案,对缩短工期、降低工程成本有很重要的意义。土方工程多为露天作业,施工受气候条件影响较大。另外,土本身是一种天然物质,种类繁多,施工受工程地质和水文地质条件的影响很大,因此,施工前必须根据工程的具体情况,制订合理的施工方案。

练习作业

1. 土方工程如何分类?
2. 土有哪些工程性质?
3. 影响土体边坡大小的因素有哪些?
4. 某建筑物为条形基础,基础及基槽断面尺寸如图1.2所示。已知该建筑地基土为黏土,$K_s=1.30$,$K_s'=1.05$,边坡坡率查表1.7为1∶0.33。计算:(1)挖100 m长基槽的土方量;(2)如需留下回填土,余土全部运走,计算其预留回填土量与弃土量。

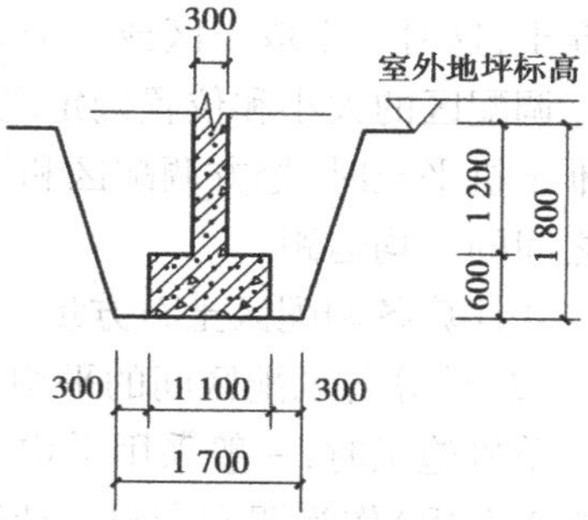

图1.2 基槽土方开挖及基础断面图

1.2 土石方调配及计算

土石方调配工作是大型土石方施工设计的一个重要内容。土石方调配的目的是在使土石方总运输量最小或土石方运输成本最小、土石方施工费用最小的条件下，确定填挖方区土石方调配的方向和数量，从而达到缩短工期和降低成本的目的。

1）土石方调配原则

土石方调配时应做到：力求就近调配，使挖方、填方平衡和运距最短；应考虑近期施工和后期利用相结合，避免重复挖运；选择适当的调配方向、运输路线，以方便施工，提高施工效率；填土材料尽量与自然土相匹配，以提高填土质量；借土、弃土时，应少占或不占农田。

2）土石方调配的内容

土石方调配的内容主要包括划分土石方调配区、计算土石方调配区的平均运距、确定土石方的最优调配方案、编制土石方调配成果图表。

（1）划分土石方调配区，计算各调配区土石方量

①确定挖方区和填方区。在土石方施工中，要确定场地的挖方区和填方区，应首先确定零线。根据地形起伏的变化，零线可能是一条，也可能是多条。只有一条零线时，场地分为一个挖方区和一个填方区；若为多条零线时，则场地分为多个挖方区和多个填方区。

②划分土石方调配区。进行土石方调配时，首先要划分调配区。划分调配区应注意：

a. 调配区的划分应该与房屋和构筑物的平面位置相协调，并考虑它们的开工顺序、工程的分期施工顺序。

b. 调配区的大小应该满足土石方施工主导机械（铲运机、挖土机等）的技术要求，例如：调配区的范围应该大于或等于机械的铲土长度；调配区的面积最好和施工段的大小相适应。

c. 调配区的范围应该和土石方工程量计算用的方格网协调，通常可由若干个方格组成一个调配区。

d. 当土石方运距较大或场区范围内土石方不平衡时，可根据附近地形，考虑就近取土或就近弃土，这时一个取土区或一个弃土区都可作为一个独立的调配区。

调配区的大小和位置确定之后，便可计算各填、挖方调配区之间的平均运距。当用铲运机或推土机平土时，挖方调配区和填方调配区土石方中心之间的距离，通常就是该填、挖方调配区之间的平均运距。

③计算各调配区土石方量。将各调配区土石方量算出，并标注在土石方初始调配图上。

（2）计算各调配区间的平均运距或综合单价

单机施工时，一般采用平均运距作为调配参数；多机施工时，则采用综合单价（单位土石方施工费用）作为调配参数。计算各调配区间的平均运距，实际上是计算挖方区中心（形心）至填方区中心（形心）的距离。每一对调配区间的平均运距应标注在土石方调配图上，如图1.3所示。

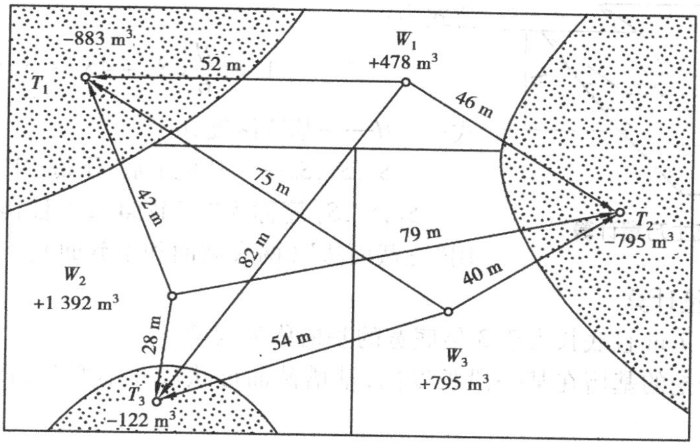

图 1.3　土石方调配区示意图

(3)编制土石方初始调配方案

土石方初始调配方案是土石方调配优化的基础。土石方初始调配方案是将土石方调配图中的主要参数填入土石方初始方案表中。

编制土石方初始调配方案的方法是“最小元素法”，即运距(综合单价)最小，而调配的土石方量最大，通常简称“最小元素，最大满足”。初始调配方案还需进行判断(一般采用“位势法”)，得到最优调配方案。

(4)绘制土石方调配图

根据最优调配方案中的调配参数，绘制出土石方调配图，在该图上标出土石方调配区、调配区土石方量、调配方向和数量、调配区间的平均运距，如图 1.4 所示。

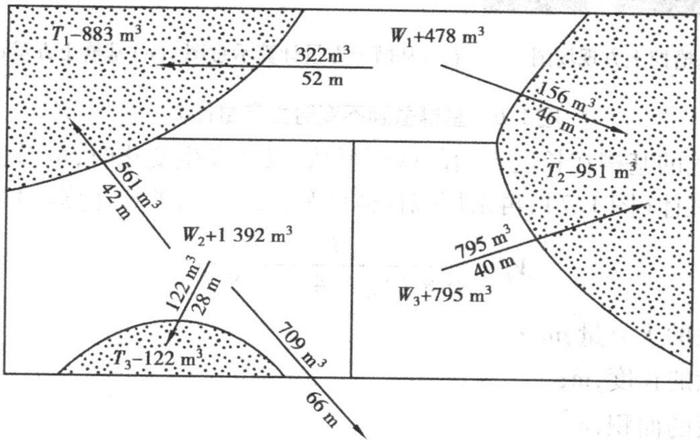

图 1.4　最优土石方调配方案图

3)基坑(槽)土方量计算

(1)基坑土方量计算

基坑是底长不大于 3 倍底宽且底面积不大于 150 m^2 的土方工程。基坑土方量可按立体几何中的拟柱体(以两个平行平面为底的多面体)体积公式进行计算，如图 1.5 所示。其计算

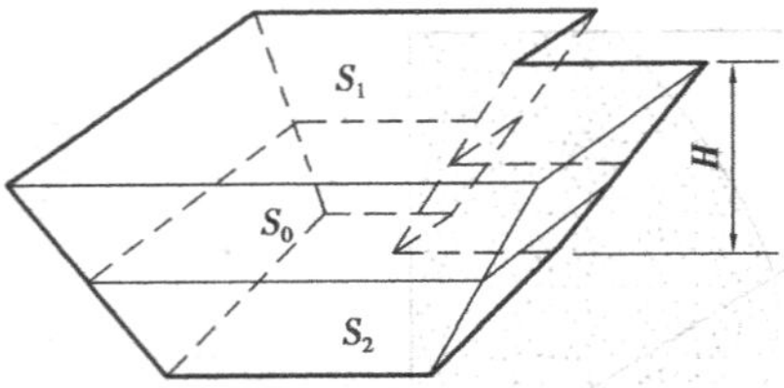

图 1.5　基坑土方量计算

公式为：

$$V = \frac{H}{6}(S_1 + 4S_0 + S_2) \tag{1.9}$$

式中　H——基坑深度，m；

S_1, S_2, S_0——基坑上底、下底、中截面的面积，m^2。

S_1, S_2, S_0 简称为“三截面”，拟柱体体积的计算即采用“三截面法”（两底截面和中截面）。

(2)基槽土方量计算

凡底宽不大于 7 m 且底长大于 3 倍底宽的基槽称为沟槽。

①槽形基础开挖的基槽在某一段长度内，基槽截面形状尺寸不变时（图 1.6），其计算公式为：

$$V_i = S_i \cdot L_i \tag{1.10}$$

式中　V_i——第 i 段的土方量，m^3；

L_i——第 i 段的长度，m；

S_i——第 i 段的面积，m^2。

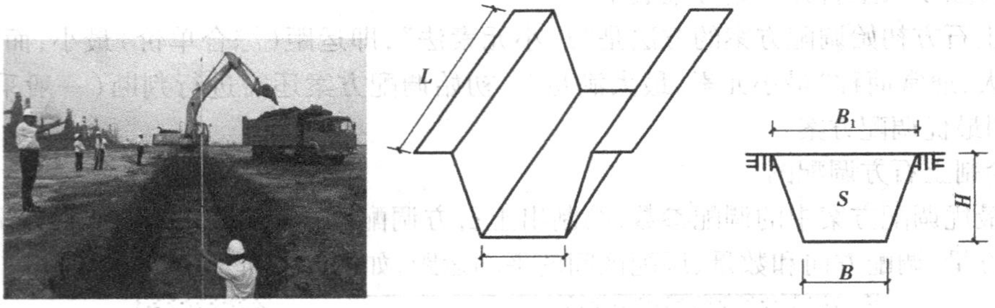

(a)基槽挖土方现场图　(b)基槽土方量计算示意图　(c)基槽土方量计算断面图

图 1.6　基槽截面不变时土方量计算

②槽形基础开挖的基槽在长度方向的截面形状、尺寸发生变化时，可沿长度方向将基槽分段划分为若干个拟柱体（图 1.7），再采用拟柱体体积公式分别进行计算。其计算公式为：

$$V_i = \frac{L_i}{6 \times (S_{i1} + 4S_{i0} + S_{i2})} \tag{1.11}$$

式中　V_i——第 i 段的土方量，m^3；

L_i——第 i 段的长度，m；

S_i——第 i 段的面积，m^2。

将各段土方量相加即得总土方量 $V_{总}$。

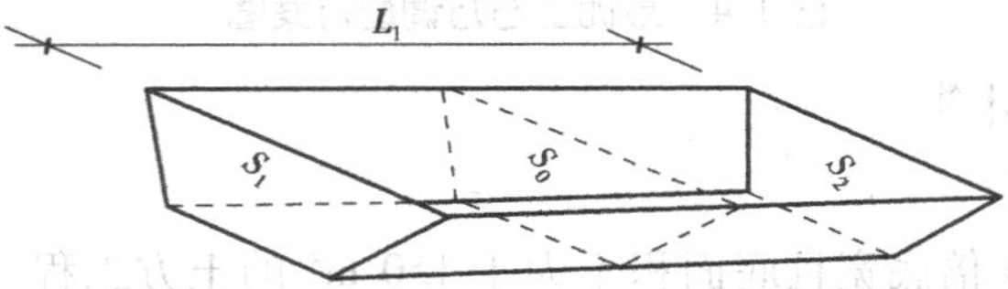

图 1.7　基槽截面改变时土方量计算示意图

4）场地平整土方量计算

场地平整土方量计算包括大面积场地平整与基槽（坑）破土开挖前的场地平整两类。大面积场地平整是指对拟建场地的原有地形进行的挖、填、找平和运输工程。基槽（坑）破土开挖前的场地平整是指挖土厚度在 ±300 mm 以内的就地挖、填、找平的土方工程。

场地平整土方量计算通常采用方格网法，也称为挖填土方量平衡法。其计算步骤如下：

①划分方格网。测绘出场地的地形图并画出等高线，将场区划分成边长为 a 的若干个方格网，通常取 $a=10\sim40$ m。

②确定各方格网角点的自然标高。高差起伏不大的场地可用等高线插入法求得，高差起伏较大的场地可用高程测量法测得。

③确定方格点设计标高。按挖填平衡原则确定场地设计标高，首先确定场地中心的设计标高 H_0。其计算公式为：

$$H_0=\frac{\sum H_1+2\sum H_2+3\sum H_3+4\sum H_4}{4N} \tag{1.12}$$

式中 N——方格数；

H_1——有一个方格的角点标高；

H_2——有两个方格的角点标高；

H_3——有三个方格的角点标高；

H_4——有四个方格的角点标高。

然后根据场地的泄水坡度进行场地设计标高的调整，得各方格较大的设计标高 H_n。

a. 单向泄水（图 1.8）时，其计算公式为：

$$H_n=H_0\pm l_i \tag{1.13}$$

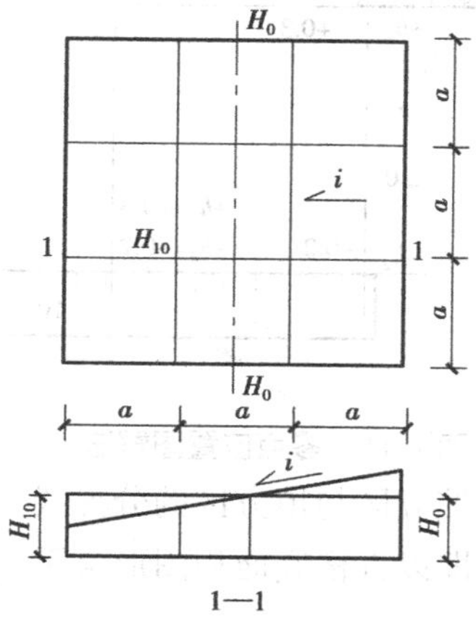

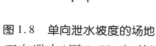

图 1.8 单向泄水坡度的场地

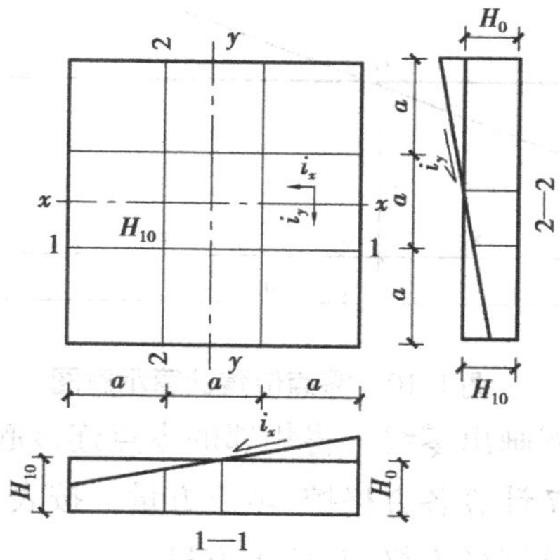

图 1.9 双向泄水坡度的场地

b. 双向泄水（图 1.9）时，其计算公式为：

$$H_n=H_0\pm i_x\cdot l_x\pm i_y\cdot l_y \tag{1.14}$$

式中 H_n——场地内任一点的设计标高；

l——该点至场地中心线的距离；

i——场地泄水坡度（不小于2‰）；

l_x, l_y——该点对场地中心线 $x—x, y—y$ 的距离；

i_x, i_y——$x—x, y—y$ 方向的泄水坡度；

±——该点比 H_0 高取“+”号，反之取“-”号。

例如，图1.8中 H_{10} 点的设计标高为：$H_{10} = H_0 - 0.5ai_x - 0.5ai_y$。

④计算场地各方格角点的施工高度。其计算公式为：

$$h_n = H_n - H \tag{1.15}$$

式中 h_n——角点施工高度及挖填高度（“+”为填方，“-”为挖方）；

H_n——角点的设计标高（若无泄水坡度时，即为场地的设计标高）；

H——角点的自然地面标高。

⑤确定零点。在施工高度有变号的方格边线上，零点应为位于方格边线上既不挖也不填的点，如图1.10所示。零点按相似三角形对应边成比例确定。其计算公式为：

$$x = \frac{a \cdot h_1}{h_1 + h_2} \tag{1.16}$$

式中 x——角点至零点的距离，m；

h_1, h_2——相邻两角点的施工高度（均用绝对值），m；

a——方格网的边长，m。

确定零点的方法也可以用图解法，如图1.11所示。用尺子在各角点上标出挖、填施工高度相应比例，再用尺子相连，与格子相交点即为零点位置。

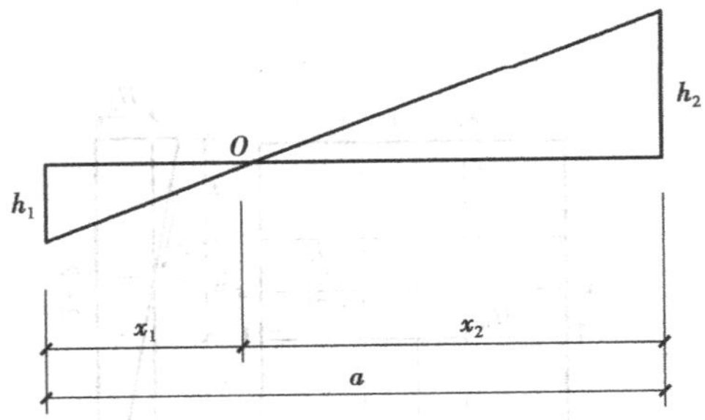

图1.10 零点位置计算示意图

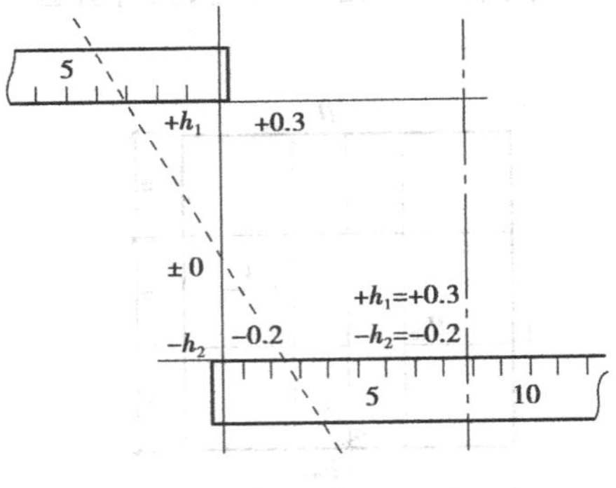

图1.11 零点位置图解法

⑥画出零线。将相邻的零点连接起来即为零线。零线为挖方区与填方区的分界线。

⑦计算各方格挖、填土方量。按表1.8所列的公式计算，即以方格底面积图形×平均施工高度计算各方格挖、填土方量。

表 1.8　各方格挖、填图式及其计算公式

项　目	图　式	计算公式
一点填方或挖方（三角形）	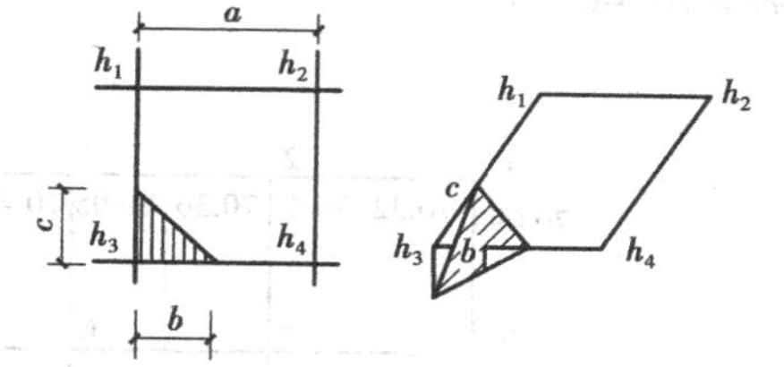	$V=\frac{1}{2}bc\frac{\sum h}{3}=\frac{bch_3}{6}$ $\left(当\ b=a=c\ 时, V=\frac{a^2h_3}{6}\right)$
两点填方或挖方（梯形）	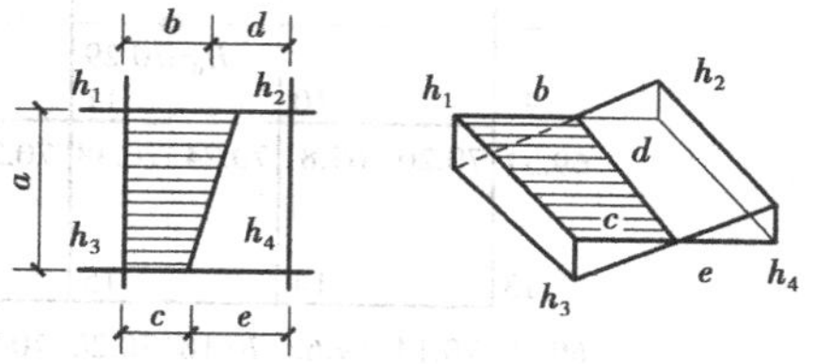	$V_+=\frac{b+c}{2}a\frac{\sum h}{4}=\frac{a}{8}(b+c)(h_1+h_3)$ $V_-=\frac{d+e}{2}a\frac{\sum h}{4}=\frac{a}{8}(d+e)(h_2+h_4)$
三点填方或挖方（五角形）	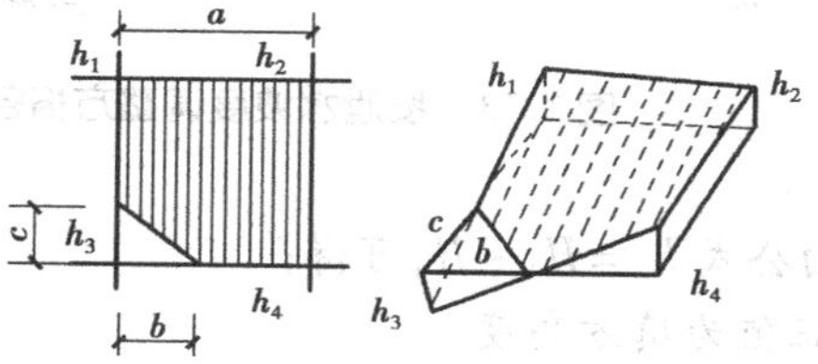	$V=\left(a^2-\frac{bc}{2}\right)\frac{\sum h}{5}$ $=\left(a^2-\frac{bc}{2}\right)\frac{h_1+h_2+h_3}{5}$
四点填方或挖方（正方形）	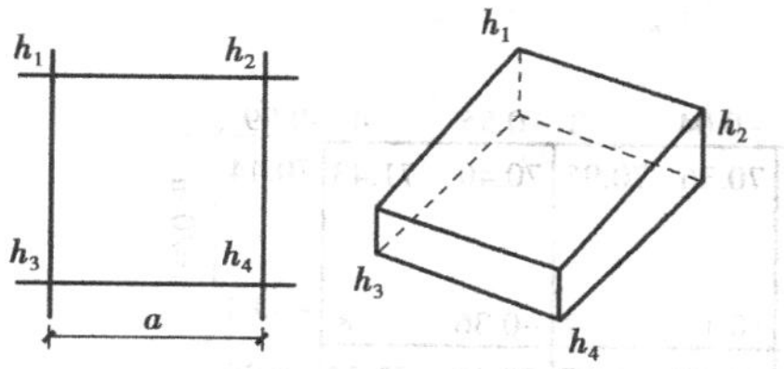	$V=\frac{a^2}{4}\sum h=\frac{a^2}{4}(h_1+h_2+h_3+h_4)$

⑧挖、填土方量汇总。将挖方区（或填方区）所有方格计算的土方量和边坡土方量汇总，即得该场地挖方（或填方）的总土方量。

【例 1.2】　某建筑场地方格网、地面标高如图 1.12 所示，方格边长为 20 m，泄水坡度 $i_x=2‰$，$i_y=3‰$，不考虑土的可松性影响，请确定方格各角点的设计标高，并计算挖、填土方量。

【解】　(1)初步确定设计标高（场地平均标高）

$$H_0=\left(\sum H_1+2\sum H_2+3\sum H_3+4\sum H_4\right)/4N$$

$$=[(70.09+71.43+69.10+70.70)+2\times(70.40+70.95+69.71+69.37+69.62+70.20+70.95+71.22)+4\times(70.17+70.70+69.81+70.38]/(4\times 9)$$

$$=70.29(\mathrm{m})$$

(2)按泄水坡度调整设计标高

$$H_a=H_0\pm l_xi_x\pm l_yi_y$$

$$H_1 = 70.29 - 30 \times 2‰ + 30 \times 3‰ = 70.32(\text{m})$$

$$H_2 = 70.29 - 10 \times 2‰ + 30 \times 3‰ = 70.36(\text{m})$$

$$H_3 = 70.29 + 10 \times 2‰ + 30 \times 3‰ = 70.40(\text{m})$$

其他调整结果如图 1.13 所示。

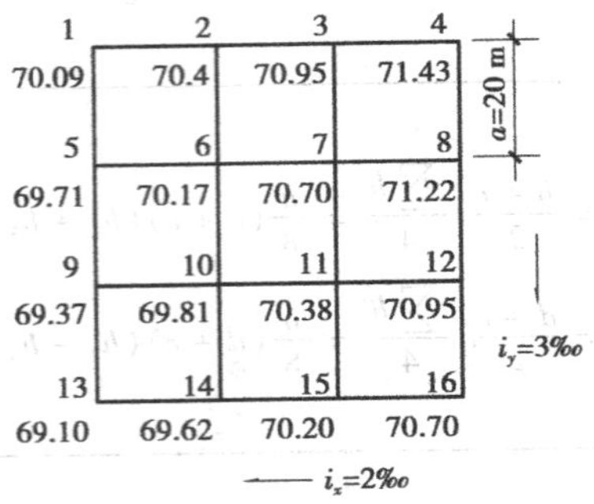

图 1.12　方格网法计算土方工程量图

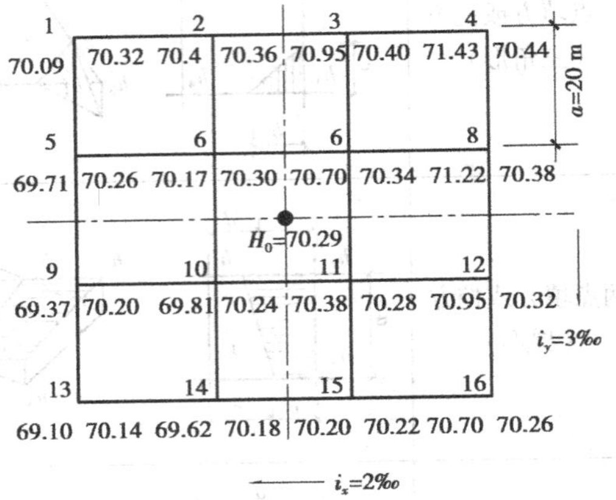

图 1.13　按泄水坡度调整方格各角点的设计标高

(3)场地土方量计算

①计算各方格角点的施工高度。由公式 $h_n = H_N - H$,可得:

$h_1 = 70.32 - 70.09 = +0.23(\text{m})$,正值为填方高度。

$h_2 = 70.36 - 70.40 = -0.04(\text{m})$,负值为挖方高度。

其他计算结果如图 1.14 所示。

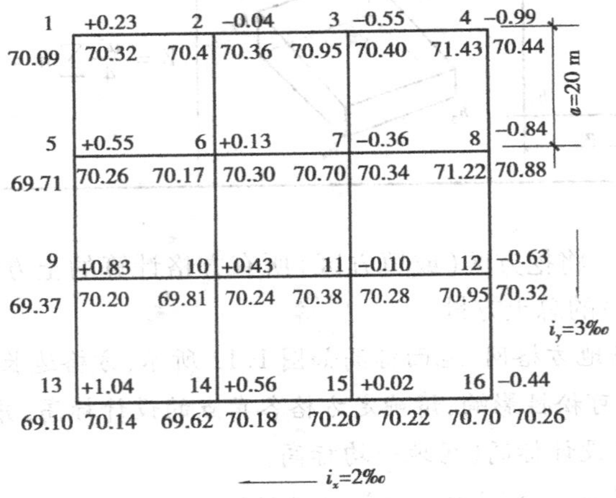

图 1.14　各方格角点的施工高度

②确定零线(挖、填分界线)。用插入法、比例法找零点,然后将零点连线,如图 1.15 所示。

(4)计算挖、填方量

在图 1.15 中标注方格数量,计算该场地挖方和填方量(图形面积×平均施工高度),并汇总挖、填土方总量

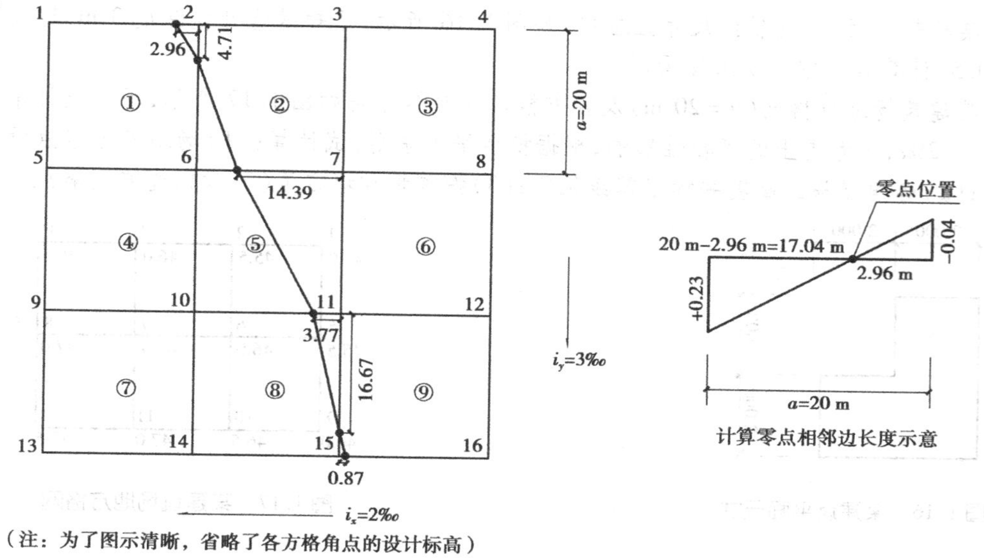

图 1.15　零线（相邻零点的连线）

①计算填方量：

方格① $V_{1填}=(20^2-2.96\times4.71/2)\times(0.23+0+0.55+0.13+0)/5\approx71.53(m^3)$

方格② $V_{2填}=15.29\times5.31/2\times(0.13+0+0)/3\approx1.76(m^3)$

方格④ $V_{4填}=20^2\times(0.55+0.13+0.83+0.43)/4=194.00(m^3)$

方格⑤ $V_{5填}=(5.31+16.23)\times20/2\times(0.13+0+0.43+0)/4\approx30.16(m^3)$

方格⑦ $V_{7填}=20^2\times(0.83+0.43+1.04+0.56)/4=286.00(m^3)$

方格⑧ $V_{8填}=(20^2-16.67\times3.77/2)\times(0.43+0+0.56+0.02+0)/5\approx74.45(m^3)$

方格⑨ $V_{9填}=0.87\times3.33/2\times(0.02+0+0)/3\approx0.01(m^3)$

则 $V_{填}=71.53+1.76+194.00+30.16+286.00+74.45+0.01=657.91(m^3)$

②计算挖方量：

方格① $V_{1挖}=2.96\times4.71/2\times(-0-0-0.04)/3\approx-0.09(m^3)$

方格② $V_{2挖}=(20^2-15.39\times5.31/2)\times(-0.04-0.55-0.36-0-0)/5\approx-68.24(m^3)$

方格③ $V_{3挖}=20^2\times(-0.55-0.99-0.84-0.36)/4=-274.00(m^3)$

方格⑤ $V_{5挖}=(14.69+3.77)\times20/2\times(-0-0.36-0.10-0)/4\approx-21.23(m^3)$

方格⑥ $V_{6挖}=20^2\times(-0.36-0.84-0.63-0.10)/4=-193.00(m^3)$

方格⑧ $V_{8挖}=3.77\times16.67/2\times(-0.10-0-0)/3\approx-1.05(m^3)$

方格⑨ $V_{9挖}=(20^2-3.33\times0.87/2)\times(-0.10-0.63-0.44-0-0)/5\approx-93.26(m^3)$

则 $V_{挖}=-0.09-68.24-274.00-21.23-193.00-1.05-93.26=-650.87(m^3)$

练习作业

1. 土石方调配的内容有哪些？
2. 划分调配区应注意哪些要点？

3. 某建筑平面尺寸(轴线尺寸且居中)如图 1.16 所示,已知基槽开挖深度 3 m,边坡坡率为 1∶0.5,计算其土方开挖工程量。

4. 某建筑场地方格网($a=20$ m)及各方格角点自然标高如图 1.17 所示,场地设计单向泄水坡度 $i=2‰$,不考虑土的可松性影响,根据挖填平衡原则,试计算:(1)场地各方格点设计地面标高;(2)各角点施工高度并标出零线位置;(3)挖方量和填方量(不考虑边坡坡率)。

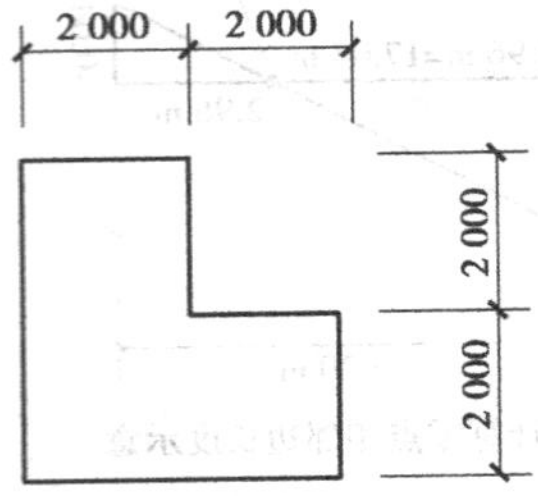

图 1.16 某建筑平面尺寸

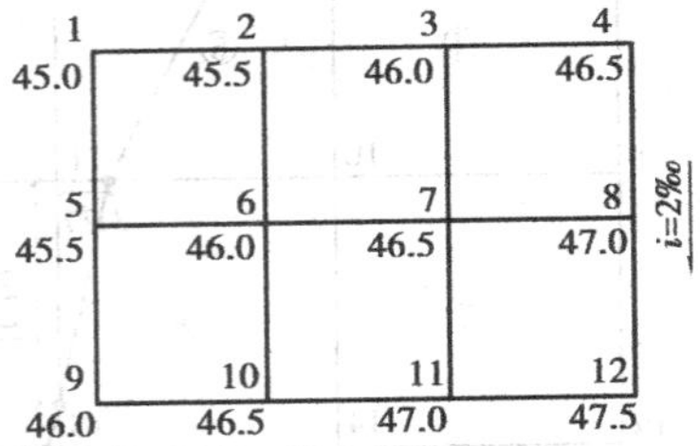

图 1.17 某建筑场地方格网

1.3 土石方施工准备与施工要点

1.3.1 土石方施工准备

土石方施工前要准备下列工作:

①准备全套工程图纸和各种有关基础工程的技术资料,进行现场实地调查与勘测。

②根据拟建工程施工组织设计和现场实际条件,编制基础工程土石方施工专项方案,并按程序进行审批。

③平整场地,处理地下、地上一切障碍物,完成"三通一平"。

④测量放线,设立控制轴线桩和水准点。

⑤如在雨期施工,应在场内设置排水沟,准备排水设施和机具,阻止场外雨水流入施工场地或基坑内;如需夜间施工,应按需要准备足够数量的照明设施,并在危险地段设明显标志。

1.3.2 土石方施工要点

土石方工程施工,主要应解决土壁稳定、施工排水、流砂现象及其防治和填土压实四个问题。下面重点介绍前面三个问题(填土压实内容见 1.5)。

1)土壁稳定

土壁的稳定性主要是由土体内摩擦阻力和黏结力来保持平衡的。土体一旦失去平衡就会塌方,这不仅会造成人身安全事故,同时也会影响工期,有时还会危及附近的建筑物。

(1)土壁塌方的原因

土壁塌方的原因主要有以下几点:

①边坡过陡，使得土体的稳定性不够，从而引起塌方现象。尤其是在土质差、开挖深度大的坑槽中，常会遇到这种情况。

②雨水、地下水渗入地基，土体被泡软，重力增大，抗剪能力降低，这是造成塌方的主要原因。

③基坑上边缘附近大量堆土或停放机具、材料，或因动荷载的作用，使土体中的剪应力超过土体的抗剪强度。

(2)防止塌方的措施

为了保证土体稳定、施工安全，针对上述塌方原因，可采取以下措施：

①放足边坡。边坡的留设应符合规范的要求，其坡率的大小应根据土壤的性质、水文地质条件、施工方法、开挖深度、工期的长短等因素确定。例如：黏性土的边坡可陡些，砂性土的边坡则应平缓些；井点降水或机械在坑底挖土时边坡可陡些，明沟排水、人工挖土或机械在坑上边挖土时则应平缓些；当基坑附近有主要建筑物时，边坡应取1∶1.1~1∶1.5。在工期短且无地下水的情况下，留设直槽而不放坡时，其开挖深度不得超过下列数值：密实、中密实的砂土和碎石类土（填充物为砂土）为1 m；硬塑、可塑的轻亚黏土及亚黏土为1.25 m；硬黏、可塑的黏土和碎石类土（填充物为黏性土）为1.5 m；坚硬的黏土为2 m。

②设置支撑。为了缩小施工面，减少土方，或受场地的限制不能放坡时，则可设置土壁支撑，如图1.18所示。

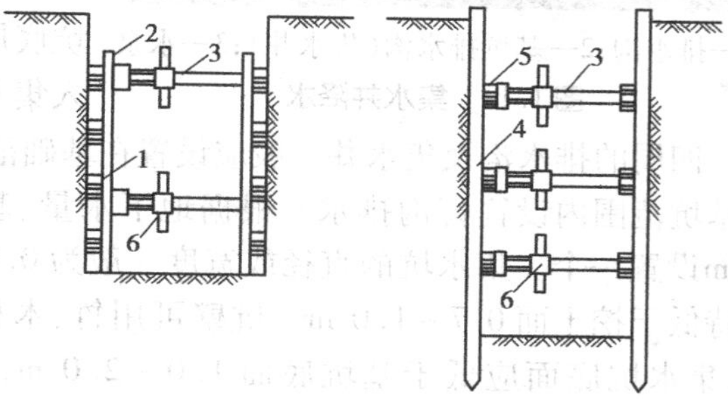

(a)间断式水平挡土板支撑　(b)垂直挡土板支撑

1—水平挡土板；2—立柱；3—工具式横撑；4—垂直挡土板；5—横楞木；6—调节螺丝

图1.18　横撑式支撑

此外，防止塌方还应做好施工排水和防止产生流砂现象；应尽量避免在坑槽边缘堆置大量土石方、材料和机械设备；坑槽开挖后不宜久露，应立即进行基础或地下结构的施工；对滑坡地段的挖方，不宜在雨期施工，并应遵循“先整治后开挖”的原则和“由上至下”的开挖顺序，严禁先清除坡脚或在滑坡体上弃土；如有危岩、孤石、崩塌体等不稳定的迹象时，应进行妥善处理后再开展挖方作业。

观看录像

基坑开挖。

基坑开挖

活动建议

在教师带领下，参观土壁支撑并观察支撑的受力情况，请工人师傅讲解土壁支撑的注意事项。

2)施工排水

开挖基坑时,流入坑内的地下水和地面水如不及时排除,不但会使施工条件恶化,造成土壁塌方,也会影响地基的承载力。因此,保持土体干燥是十分必要的。

施工排水可分为明排水法和人工降低地下水位法两种。

(1)明排水法

明排水法采用的是截、疏、抽的方法。截,是截住水流;疏,是疏干积水;抽,是在基坑开挖的过程中,在坑底设置集水井,并沿坑底周围开挖排水沟,使水流入集水井中,然后用水泵抽走。

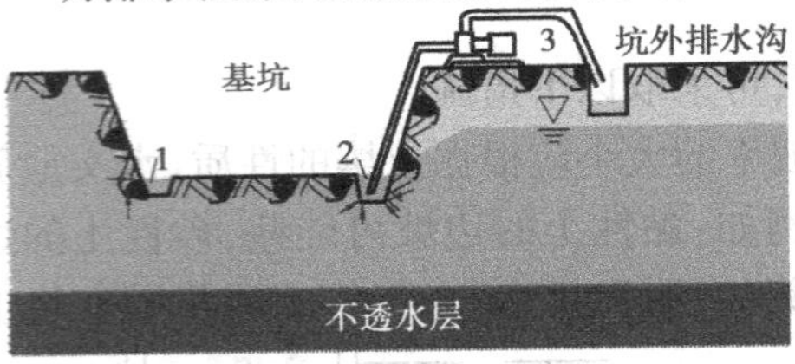

1—排水沟;2—基坑排水沟(集水井);3—水泵

图1.19 集水井降水

(2)人工降低地下水位法

• 集水井降水

基坑或沟槽开挖时,在坑底设置集水井,并沿坑底周围或中央开挖排水沟,使水在重力作用下流入集水井内,然后用水泵抽出坑外,如图1.19所示。

四周的排水沟及集水井一般应设置在基础范围以外、地下水流的上游,基坑面积较大时可在基坑范围内设置盲沟排水。根据地下水量、基坑平面形状及水泵能力,集水井每隔20~40 m设置一个。集水坑的直径或宽度一般为0.6~0.8 m,其深度随着挖土的加深而加深,并保持低于挖土面0.7~1.0 m。坑壁可用竹、木材料等进行简易加固。当基坑挖至设计标高后,集水坑底面应低于基坑底面1.0~2.0 m,并铺设碎石滤水层(0.3 m厚)或下部砾石(0.1 m厚)上部粗砂(0.1 m厚)的双层滤水层,以免抽水时间过长将泥沙抽出,并防止坑底土被扰动。

• 轻型井点降水

轻型井点(图1.20)就是沿基坑四周将许多直径较小的井点管埋入蓄水层内,井点管上部与总管连接,通过总管利用抽水设备将地下水从井点管内不断抽出,使原有的地下水位降至坑底以下。此种方法适用于土壤的渗透系数$K=0.1\sim50$ m/d的土层中。降水深度为:单级轻型井点3~6 m,多级轻型井点6~12 m。

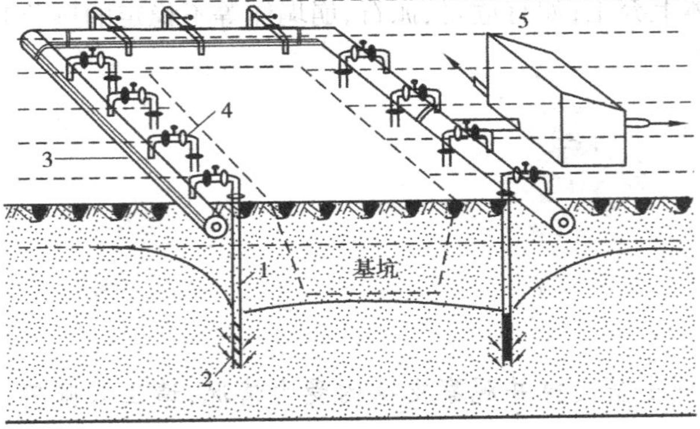

1—井点管;2—滤管;3—集水总管;4—弯联管;5—水泵房

图1.20 轻型井点降水法全貌图

①轻型井点设备。轻型井点设备主要包括井点管(下端为滤管)、集水总管、弯联管及抽水设备。井点管用直径 38 ~ 55 mm 的钢管,长 6 ~ 9 m,下端配有滤管和一个锥形的铸铁塞头,其构造如图 1.21 所示。滤管长 1.0 ~ 1.5 m,管壁上钻有 ϕ12 ~ 18 mm 成梅花形排列的滤孔;管壁外包两层滤网,内层为 30 ~ 50 孔/cm^2 的黄铜丝或尼龙丝布的细滤网,外层为 3 ~ 10 孔/cm^2的粗滤网或棕皮。为避免滤孔淤塞,在管壁与滤网间用塑料管或梯形铅丝绕成螺旋状隔开,滤网外面再绕一层粗铁丝保护网。

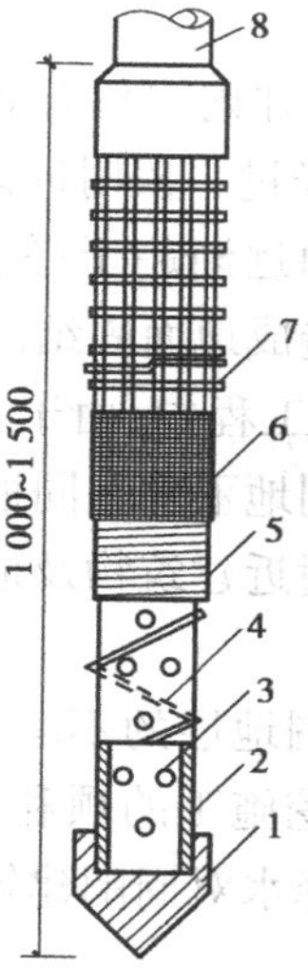

1—铸铁头;2—钢管;3—滤孔;4—缠绕的塑料管;5—细滤网;
6—粗滤网;7—粗铁丝保护网;8—井点管

图 1.21 滤管构造网

集水总管一般用 ϕ75 ~ 100 mm 的钢管分节连接,每节长 4 m,其上装有与井点管连接的短接头,间距为 0.8 ~ 1.6 m。总管应有 0.25% ~ 0.5% 坡向泵房的坡度。总管与井管用 90°弯头或塑料管连接。

常用抽水设备有真空泵、射流泵和隔膜泵。

②轻型井点施工。

a. 准备工作。准备工作包括井点设备、动力、水源及必要材料的准备,开挖排水沟,观测附近建筑物标高以及实施防止附近建筑物沉降的措施等。

b. 埋设井点管的程序。埋设程序为:排放总管→埋设井点管→用弯联管将井点与总管接通→安装抽水设备。

c. 连接与试抽。井点系统全部安装完毕后需进行试抽,以检查有无漏气现象。开始抽水后尽量不要停抽,时抽时停容易导致滤网堵塞,也容易抽出土粒,使水混浊,并引起附近建筑物由于土粒流失而沉降开裂。正常的排水是细水长流,出水澄清。

抽水时需要经常检查井点系统工作是否正常,并观测井中水位下降情况,如果有较多井点管发生堵塞,影响降水效果时,应逐根用高压水反向冲洗或拔出重埋。

d. 井点运转管理与监测。

e. 井点拆除。地下室或地下结构物竣工并将基坑进行回填土后,方可拆除井点系统。拔出井点管多借助于倒链、起重机等。所留孔洞用砂或土填塞，当地基有防渗要求时，地面下 2 m 可用黏土填塞密实。另外，井点的拔除应在基础及已施工部分的自重大于浮力的情况下进行，且底板混凝土必须要有一定的强度，防止因水浮力引起地下结构浮动或底板破坏。

轻型井点

轻型井点。

③井点降水的不利影响。井点管埋设完毕开始抽水时，井内水位开始下降，周围含水层的水不断流向滤管，在无承压水等环境条件下，经过一段时间之后，在井点周围形成漏斗状的弯曲水面，即所谓“降水漏斗”。这个漏斗状水面逐渐趋于平静，一般需要几天到几周的时间，降水漏斗范围内的地下水位下降以后，就必然造成地面固结沉降。由于漏斗形的降水面不是平面，因而所产生的沉降也是不均匀的。在实际工程中，由于井点管滤管、滤网和砂滤层结构不良，把土层中的黏土颗粒、粉土颗粒甚至细砂同地下水一同抽出地面的情况是经常发生的，这种现象会使地面产生的不均匀沉降加剧，造成附近建筑物及地下管线不同程度的损坏。

④防范井点降水不利影响的措施。井点降水会引起周围地层的不均匀沉降，但在高水位地区开挖深基坑又离不开降水措施。因此一方面要保证开挖施工的顺利进行，另一方面又要防范对周围环境的不利影响，即采取相应的措施，减少井点降水对周围建筑物及地下管线造成的影响。

a. 在降水前认真做好对周围环境影响的调研工作。

b. 合理使用井点降水，尽可能减少对周围环境的影响。降水必然会形成降水漏斗，从而造成对周围地面的沉降，但只要合理使用井点，就可以把这类影响控制在周围环境可以承受的范围之内。

c. 降水场地外侧设置挡水帷幕，减少降水影响范围。即在降水场地外侧有条件的情况下设置一圈挡水帷幕，切断降水漏斗曲线的外侧延伸部分，减小降水影响范围，从而把降水对周围的影响减小到最低程度。一般挡水帷幕底标高应低于降落后的水位 2 m 以上，如图 1.22 所示。

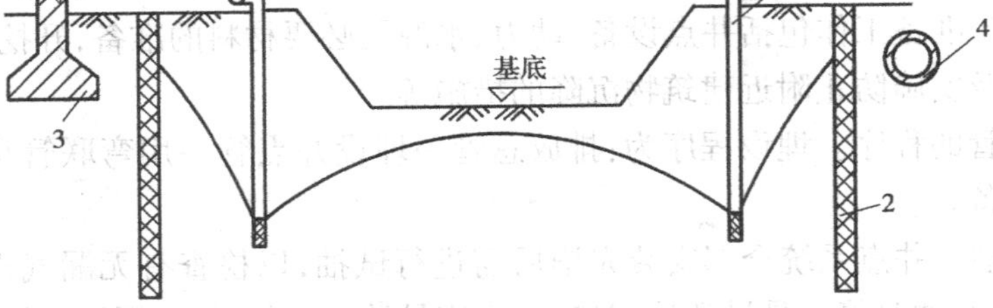

1—井点管；2—挡水帷幕；3—坑外建筑物浅基础；4—坑外地下管线

图 1.22　设置挡水帷幕

常用的挡水帷幕有深层水泥搅拌桩、砂浆防渗板桩、树根桩隔水帷幕，或直接利用可以挡水的挡土结构作为挡水帷幕，如钢板桩、地下连续墙等。

d. 降水场地外缘设置回灌水系统。在降水场地外缘设置回灌水系统以保持需保护部位的地下水位，可消除所产生的危害。回灌水系统包括回灌井点和砂沟、砂井回灌两种形式。

活动建议

在条件允许的情况下，请教师带领学生参观井点降水的施工现场。

3）流砂现象及其防治

（1）流砂现象及危害

在基坑挖到地下水位0.5 m以下时，如果采用坑内抽水，有时坑底的土会成流动状态，随地下水一起涌进坑内，这种现象称为流砂现象。

发生流砂现象时，土壤完全失去承载能力，工人难以立足，施工条件恶化，边挖土边冒水，很难达到设计深度；流砂严重时会引起基坑边坡塌方，如果附近有建筑物，还会因地基被掏空而导致建筑物下沉、倾斜，甚至倒塌。

（2）流砂现象的防治

①在工期允许的情况下，土石方工程应在全年最低水位季节施工。

②水中挖土。即采用不排水施工，使基坑内水压与坑外水压相平衡，阻止流砂现象产生。

③打板桩法。将板桩打入坑底下面一定深度，增加地下水从坑外流入坑内的渗流路径，从而减少动水压力，防止流砂发生。

④人工降低地下水位法。即采用井点降水等方法，使动水压力的方向朝下，从而有效预防流砂发生。

小组讨论

1. 流砂现象产生的原因有哪些？
2. 常用的防治流砂的方法有哪些？

练习作业

施工排水分为哪两种方法？

1.4 土石方工程机械化施工

土石方工程的施工过程主要包括土石方开挖、运输、填筑与压实等。除工程量小、分散不适宜用机械施工外，应尽量采用机械化施工，以减轻劳动强度，加快施工进度，缩短工期。

1.4.1 土石方工程机械

1）推土机

推土机是土石方工程施工的主要机械之一，是在履带式拖拉机上安装推土板等工作装置而成的机械。常用推土机的发动机功率有 45 kW、75 kW、90 kW、120 kW 等数种。推土板多用油压操纵。图 1.23 是液压操纵的 T2-100 型推土机外形图。液压操纵推土板的推土机除了可以升降推土板外，还可调整推土板的角度，因此具有更大的灵活性。

图 1.23　T2-100 型推土机外形图

推土机操纵灵活，运转方便，所需工作面较小，行驶速度快，易于转移，能爬 30°左右的缓坡，因此应用范围较广。

推土机适于开挖一至三类土，多用于平整场地、开挖深度不大的基坑、移挖作填、回填土石方、堆筑堤坝以及配合挖土机集中土石方、修路开道等。

推土机作业以切土和推运土石方为主。切土时应根据土质情况，尽量采用最大切土深度，在最短距离（6 ~ 10 m）内完成，以便缩短低速行进的时间，然后直接推运到预定地点。上下坡坡度不得超过 35°，横坡不得超过 10°。几台推土机同时作业时，前后距离应大于 8 m。

推土机经济运距在 100 m 以内，效率最高的运距为 60 m。为提高生产率，可采用槽形推土、下坡推土、并列推土、多铲集运、铲刀上附加侧板（松软土）等方法。

观看示像

推土机推土。

推土机

2）铲运机

铲运机是一种能综合完成全部土石方施工工序（挖土、装土、运土、卸土和平土）的机械，按行走方式不同可分为自行式铲运机（图 1.24）和拖式铲运机（图 1.25）两种。常用的铲运机斗容量为 2 m^3、5 m^3、6 m^3、7 m^3 等数种。铲运机按铲斗的操纵系统不同又可分为机械操纵和液压操纵两种。

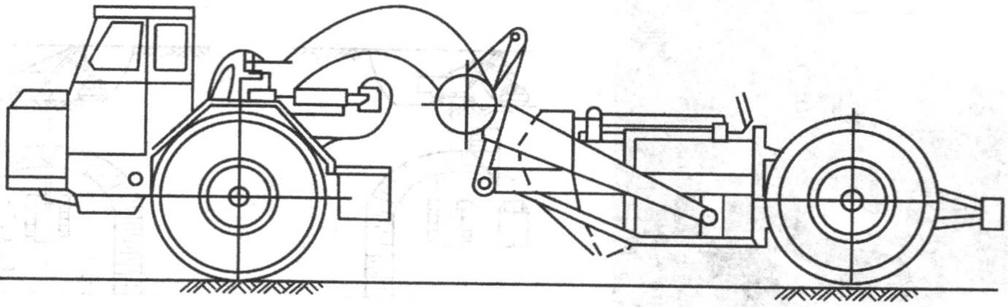

图 1.24　自行式铲运机外形图

图 1.25　拖式铲运机外形图

铲运机操纵简单，不受地形限制，能独立工作，行驶速度快，生产效率高。铲运机适于开挖一至三类土，常用于坡度 20°以内的大面积土石方挖、填、平整、压实以及大型基坑开挖、堤坝填筑等。

铲运机运行路线和施工方法视工程大小、运距长短、土的性质和地形条件等而定。其运行线路可采用环形路线或 8 字形路线（图 1.26）。铲运机适用于运距为 600～1 500 m 的工程，当运距为 200～350 m 时效率最高。采用下坡铲土、跨铲法、推土机助铲法等，可缩短装土时间，提高土斗装土量，以充分发挥其效率。

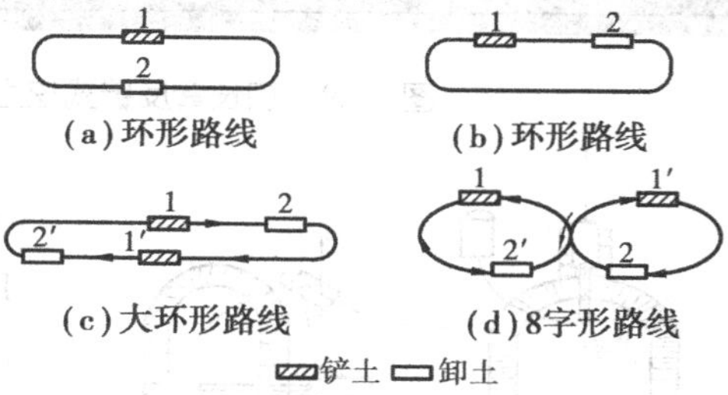

图 1.26　铲运机运行路线

3）挖掘机

(1)正铲挖掘机

正铲挖掘机（图 1.27）适用于开挖停机面以上的土石方，且需与汽车配合完成整个挖运工作。正铲挖掘机挖掘力大，适用于开挖含水量较小的一类土和经爆破的岩石及冻土。

正铲的开挖方式根据开挖路线与汽车相对位置的不同分为正向开挖侧向装土和正向开挖后方装土两种（图 1.28），前者生产率较高。

图 1.27　正铲挖掘机外形

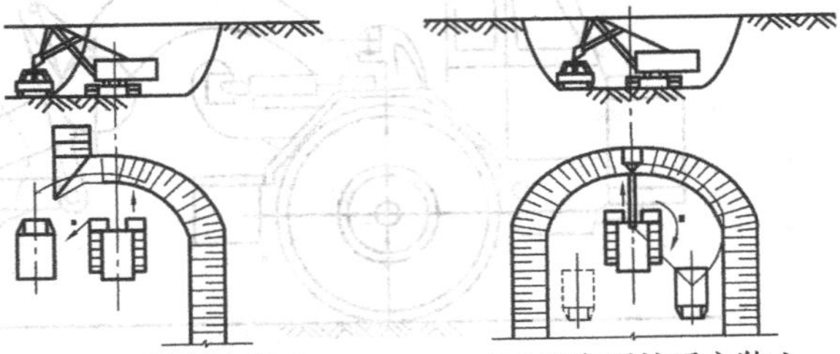

(a)正向开挖侧向装土　　(b)正向开挖后方装土

图 1.28　正铲开挖方式

正铲的工作效率主要取决于每斗作业的循环延续时间。为了提高其工作效率，除了工作面高度必须满足装满土斗的要求之外，还要考虑开挖方式以及与运土机械的配合情况，尽量减少回转角度，缩短每个循环的延续时间。

(2)反铲挖掘机

反铲挖掘机适用于开挖一至三类的砂土或黏土，主要用于开挖停机面以下的土石方。一般反铲的最大挖土深度为 4 ~ 6 m，经济合理的挖土深度为 3 ~ 5 m。反铲挖掘机也需要配备运土汽车进行运输。反铲挖掘机的外形如图 1.29 和图 1.30 所示。

图 1.29　加长臂反铲式挖土机

图 1.30　液压反铲挖掘机外形

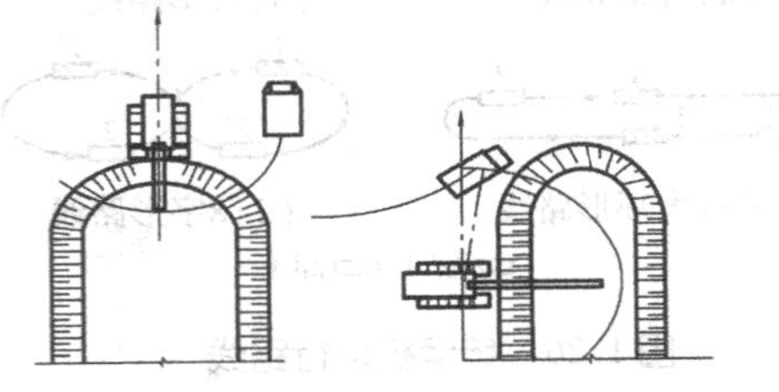

(a)沟端开挖（一）　　(b)沟端开挖（二）

图 1.31　反铲开挖方式

反铲的开挖方式可以采用沟端开挖法，即反铲停于沟端，后退挖土，向沟一侧弃土或装汽车运走，如图 1.31(a)所示；也可采用沟侧开挖法，即反铲停于沟侧，沿沟边开挖，它可将土弃于距沟较远的地方，装车时回转角度较小，但边坡不易控制，如图 1.31(b)所示。

观看录像

反铲挖土机。

反铲挖土机

(3)抓铲挖掘机

抓铲挖掘机(图 1.32)适用于开挖较松软的土。对于施工面狭窄而深的基坑、深槽、深井，采用抓铲可取得理想的效果。抓铲还可用于挖取水中淤泥、装卸碎石、矿渣等松散材料。抓铲挖掘机也可采用液压传动操纵抓斗进行挖掘作业。

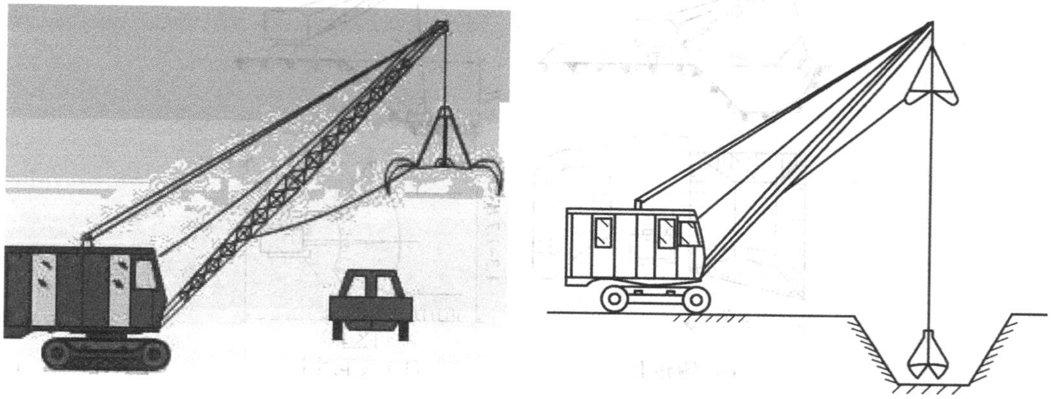

图 1.32　抓铲挖掘机外形

抓铲挖土时,挖掘机通常立于基坑一侧,对较宽的基坑则在两侧或四侧抓土。抓挖淤泥时,抓斗易被淤泥"吸住",应避免起吊时用力过猛,以防翻车。

(4)拉铲挖掘机

拉铲挖掘机适用于一至三类的土,可开挖停机面以下的土方,如挖取较大基坑(槽)和沟渠的水泥土,也可用于填筑路基、堤坝等。其外形如图 1.33 所示。

图 1.33　拉铲挖掘机

拉铲挖土时,依靠土斗自重及拉索拉力切土,卸土时斗齿朝下,利用惯性,较湿的黏土也能卸净。但其开挖的边坡及坑底平整度较差,需要更多的人工修坡(底)。其开挖方式有沟端开挖和沟侧开挖两种,如图 1.34 所示。

1.4.2　土石方工程机械的选择

工程中应根据下列条件,经综合比较择优选择施工机械。

①基坑情况:几何尺寸大小、深浅、土质、有无地下水及开挖方式等。

②作业环境:占地范围、工程量大小、地上与地下障碍物等。

③气候与季节:冬期及雨期时间长短,冬期温度与雨期降水量等情况。

④机械配套与供应情况。

⑤施工工期长短。

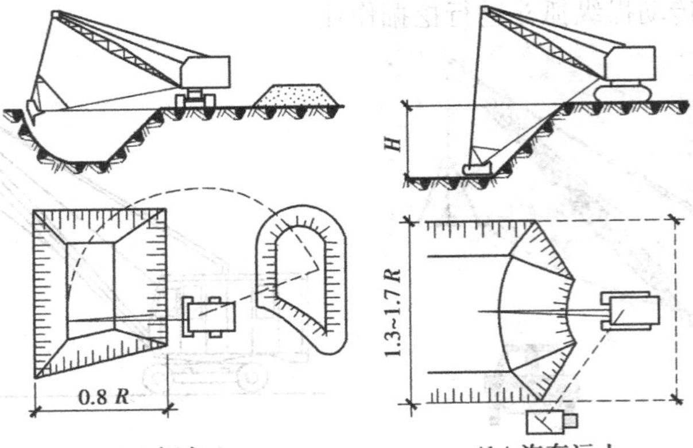

图 1.34　拉铲挖土机开挖方式示意图

知识窗

➢推土机的施工方法：下坡推土、并列推土、槽形推土、多铲集运和铲刀附加铡板等。

➢铲运机的施工方法：下坡铲土法、跨铲法和助铲法。

➢正铲挖掘机的施工方法：分层开挖法、多层开挖法、中心开挖法、上下轮换开挖法、顺铲开挖法和间隔开挖法。

➢反铲挖掘机的施工方法：分条开挖法、分层开挖法、沟角开挖法和多层接力开挖法。

➢拉铲挖掘机的施工方法：三角开挖法、分段开挖法、分层开挖法、顺序开挖法、转圈开挖法和扇形开挖法等。

练习作业

1. 土石方施工机械有哪些？各有什么特点？
2. 如何选择土石方工程机械？

1.5　土石方回填与夯实

建筑工程中的填土，主要是基础沟槽的回填和房心土的回填。

1.5.1　土料的选择

填方土料应符合设计要求，以保证填方的强度和稳定性。凡是含水量过大或过小的黏土、含有8%以上的有机物质（腐烂物）的土、含有5%以上的水溶性硫酸盐的土、杂土、垃圾土、冻土等均不能作为回填土。

同一填方工程应尽量采用同一类土填筑。如采用不同土填筑时,必须按类分层夯填,并将透水性大的土置于透水性小的土层之下,以防填土内形成水囊。

1.5.2 填土压实方法

填土压实方法有碾压法、夯实法及振动压实法,如图 1.35 所示。平整场地等大面积填土工程多采用碾压法或夯实法。小面积的填土多用夯实法或振动压实法。

①碾压法:利用机械滚轮的压力压实土壤,使其达到所需的密实度。常用的碾压机有平碾及羊足碾。

②夯实法:利用夯锤自由下落的冲击力来夯实土壤。

③振动压实法:将振动压实机放在土层表面,借助于机械振动使土达到紧密状态。

1.5.3 影响填土压实的因素

1)土的含水量

较为干燥的土,由于土颗粒之间的摩阻力较大而不易压实。含水量过大时,土颗粒之间的空隙被水分占去,也不易压实。因此,只有当土具有适当的含水量,水起润滑作用,土颗粒间的摩阻力减小,土才容易被压实。土的含水量对压实质量的影响如图 1.36 所示。

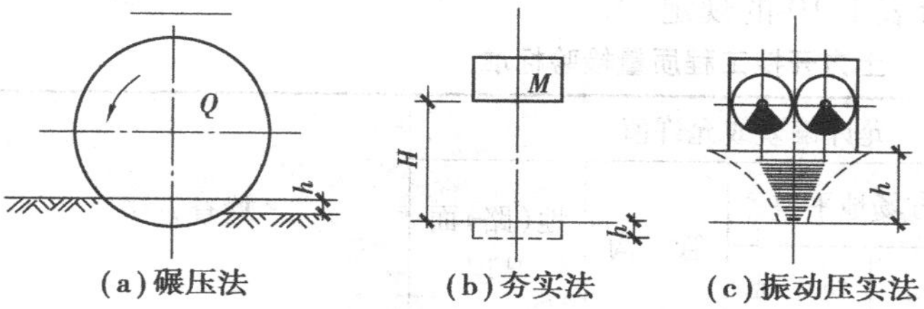

图 1.35 填土压实方法

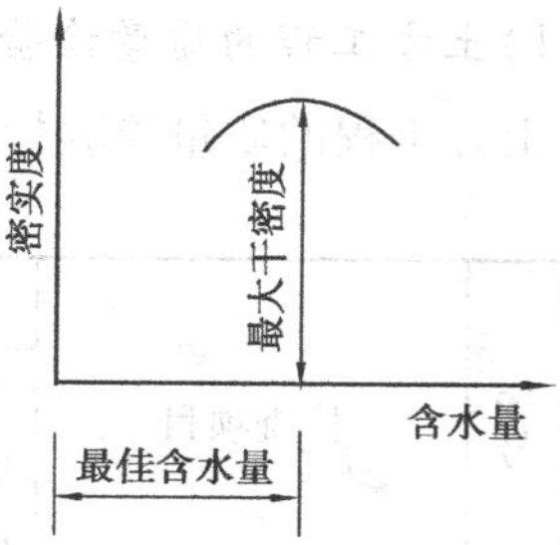

图 1.36 土的含水量对压实质量的影响

2)铺土厚度及压实遍数

各种压实机械压实影响深度的大小,与土的性质及含水量有关。铺土厚度应小于压实机械压土时的压实影响深度。铺土厚度有一个最优厚度范围,可使土粒在获得设计要求干密度的条件下,压实机械所需的压实遍数最少,施工时可参照表 1.9 选用。

表 1.9 填方每层的铺土厚度和压实遍数

压实机械	每层铺土厚度/mm	每层压实遍数
平碾	250 ~ 300	6 ~ 8
振动压实机	250 ~ 350	3 ~ 4
柴油打夯机	200 ~ 250	3 ~ 4
人工打夯	< 200	3 ~ 4

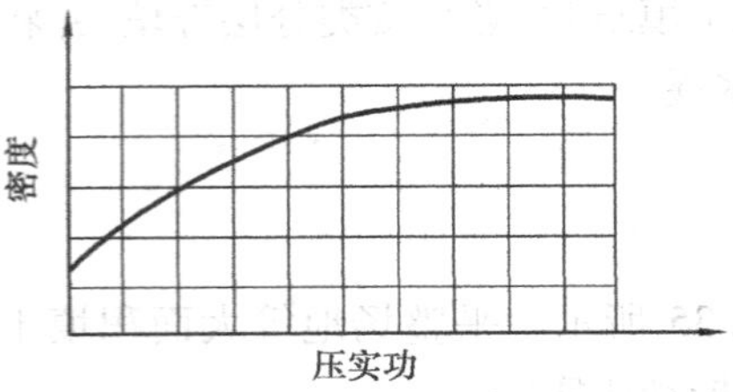

图 1.37　土密度与压实功的关系

3）压实功

填土后压实的密度与压实机械对填土所施加的功有一定关系。如图 1.37 所示，土的含水量一定，在开始压实时，土的密度急剧增加，待接近土的最大密度时，虽然压实功增加了很多，但土的密度变化很小。施工中，不同的土应根据压实机械和密度要求选择压实的遍数。

练习作业

1. 填土压实的方法有哪些？分别适用于哪种情况？
2. 影响填土压实的因素有哪些？

1.6　土方工程质量标准

1）土方工程的质量检验标准

土方工程的质量检验标准应符合表 1.10 的规定。

表 1.10　土方开挖工程质量检验标准

项目	序号	检查项目	允许偏差或允许值					检查方法
			柱基基坑基槽	挖方场地平整		管沟	地（路）面基层	
				人工	机械			
主控项目	1	标高/mm	0 -50	±30	±50	0 -50	0 -50	水准测量
主控项目	2	长度、宽度（由设计中心线向两边量）/mm	+200 -50	+300 -100	+500 -150	+100 0	设计值	全站仪或用钢尺量
主控项目	3	坡率	设计要求					目测法或用坡度尺检查
一般项目	1	表面平整度/mm	±20	±20	±50	±20	±20	用 2 m 靠尺
一般项目	2	基底土性	设计要求					目测法或土样分析

注：地（路）面基层的偏差只适用于直接在挖、填方上做地（路）面的基层。

2）填方工程质量检验标准

填方工程质量检验标准应符合表 1.11 的规定。

表 1.11　填方工程质量检验标准

<table>
<tr><th rowspan="3">项目</th><th rowspan="3">序号</th><th rowspan="3">检查项目</th><th colspan="3">允许值或允许偏差值</th><th rowspan="3">检查方法</th></tr>
<tr><th rowspan="2">柱基、基坑、基槽、管沟、地(路)面等基础层</th><th colspan="2">场地平整</th></tr>
<tr><th>人工</th><th>机械</th></tr>
<tr><td rowspan="2">主控项目</td><td>1</td><td>标高/mm</td><td>0
−50</td><td>±30</td><td>±50</td><td>水准测量</td></tr>
<tr><td>2</td><td>分层压实系数</td><td colspan="3">不小于设计值</td><td>环刀法、灌水法、灌砂法</td></tr>
<tr><td rowspan="6">一般项目</td><td>1</td><td>回填土料</td><td colspan="3">设计要求</td><td>取样检查或直接鉴别</td></tr>
<tr><td>2</td><td>分层厚度</td><td colspan="3">设计值</td><td>水准测量及抽样检查</td></tr>
<tr><td>3</td><td>含水量</td><td>最优含水量±2%</td><td colspan="2">最优含水量±4%</td><td>烘干法</td></tr>
<tr><td>4</td><td>表面平整度/mm</td><td>±20</td><td>±20</td><td>±30</td><td>用 2 m 靠尺</td></tr>
<tr><td>5</td><td>有机质含量</td><td colspan="3">≤5%</td><td>灼烧减量法</td></tr>
<tr><td>6</td><td>碾迹重叠长度/mm</td><td colspan="3">500～1 000</td><td>用钢尺量</td></tr>
</table>

学习鉴定

1. 填空题

(1)在土石方工程施工中,根据土的________________,将土分为八类。

(2)土方边坡的坡率是________________之比。

(3)施工排水可分为明排水和__________两种。

(4)推土机作业以__________和__________为主。

(5)正铲挖土机工作的特点是____。

(6)填土压实方法有__________、夯实法及振动压实法。

(7)影响填土压实的因素有:土的含水量、铺土厚度及压实遍数、__________。

2. 选择题

(1)自然状态下的土,经过开挖后土的体积因松散而增大,虽经回填压实仍不能恢复到原来的体积,这种性质称为土的(　　)。

A. 压实度　　B. 可松性　　C. 密实度　　D. 松散性

(2)边坡的形式可以做成(　　)。

A. 直线形　　B. 折线形　　C. 直立形　　D. 阶梯形

(3)施工排水可以分明排水和(　　)法两种。

A. 设置排水沟　　B. 排除地面水　　C. 挖截水沟　　D. 降低地下水

(4)流砂防治的方法有(　　)。

A. 枯水期施工　　B. 水中挖土　　C. 打板桩法　　D. 人工降低地下水

(5)铲运机的经济运距一般为(　　)。

A. 500 m　　B. 600 m　　C. 8 000 m　　D. 1 000 m

(6)填土压实的方法有(　　)。

A. 碾压法　　B. 夯实法　　C. 振动压实法　　D. 平压法

(7)(　　)等大面积填土工程多用碾压法或强夯法。

A. 平整场地　　B. 大型基坑　　C. 路基　　D. 工程量大的基槽

(8)反铲挖土机的开挖方式可分为(　　)和沟侧开挖。

A. 沟端开挖　　B. 向上开挖　　C. 向下开挖　　D. 停机面以上的开挖

3. 问答题

(1)土石方工程的分类如何？有何特点？

(2)土按工程性质可分为哪几类？

(3)土石方施工的准备工作有哪些？

(4)土石方调配的原则是什么？

(5)施工排水的方法有哪些？分别说明其特点。

(6)土石方施工机械有哪些？其适应范围如何？

(7)影响填土压实的因素是什么？如何进行检查？

4. 计算题

(1)某建筑室内需回填土 320 m^3，取土场地为三类土，其最初可松性系数为 1.20，最终可松性系数为 1.04，计算其室内回填取土量。如采用 5 m^3 自卸汽车进行运输，需运多少车？

(2)某综合用房外墙采用钢筋混凝土条形基础，其断面尺寸如图 1.38 所示，地基土为黏土。已知土的最初可松性系数为 1.30，最终可松性系数为 1.05，试计算其 100 m 长基槽土方开挖量。若基槽施工完后进行原土回填，余土要求全部运走，请计算预留填土量及弃土量。

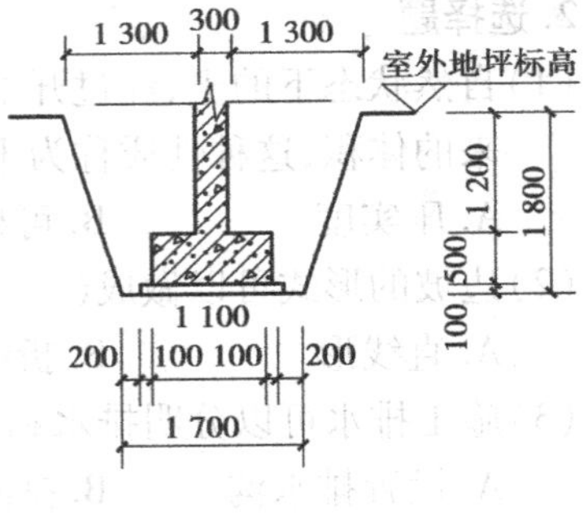

图 1.38　基槽土方开挖及基础断面图

(3)某场地方格网如图1.39所示,其方格 $a=20$ m。

①按挖填平衡原则确定平整场地的设计高 H_0;

②计算出各方格网角点的施工高度;

③绘制出施工零线;

④计算挖填方量。

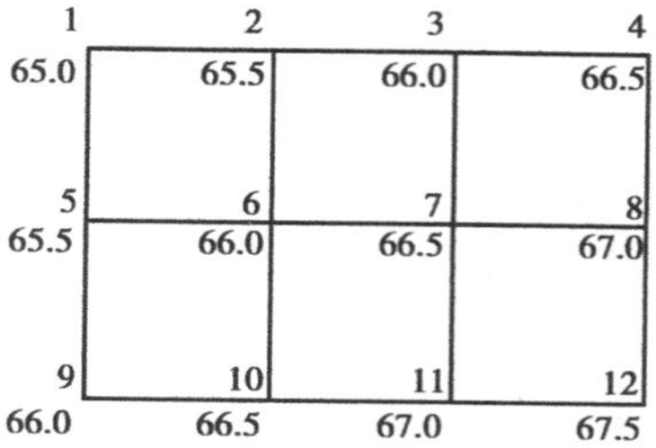

图1.39 某建筑场地方格网

教学评估

教学评估表见本书附录。

2 桩基础工程

本章内容简介

钢筋混凝土预制桩的制作、起吊、运输和堆放

钢筋混凝土预制桩的施工

预制沉桩施工对周围环境的影响及预防措施

灌注桩施工

本章教学目标

熟悉钢筋混凝土预制桩的制作、起吊、运输和堆放

掌握沉桩的方法,能确定打桩顺序并进行质量控制

熟悉钻孔灌注桩、人工挖孔灌注桩、冲击成孔灌注桩的工艺流程

掌握桩基础施工中的常见问题和处理方法

问题引入

基础作为建筑物最下面的部位，承受着建筑物的全部荷载，并将这些荷载传递给承载力较大的土层，是建筑物的重要组成部分。那么，什么是桩基础？它分为哪几类？如何进行桩基础施工？下面，我们就来学习桩基础工程施工技术。

桩基础是由若干根沉入土中的单桩，顶部用承台或梁联系起来的一种基础形式。它的作用是将上部建筑物的荷载传递到承载力较大的深土层中，或使软弱土层挤密，以提高地基土的密实度及承载力。

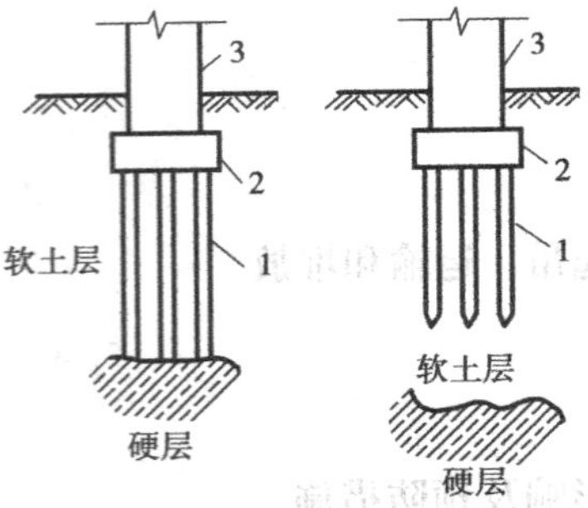

(a)端承桩　(b)摩擦桩

1—桩；2—承台；3—上部结构

图 2.1　端承桩和摩擦桩

桩按传力及作用性质的不同分为端承桩和摩擦桩两种，如图 2.1 所示。端承桩是穿过软弱土层达到坚实土层的桩，上部建筑物的荷载主要由桩尖土层的阻力来承受；摩擦桩只打入软弱土层一定深度，将软弱土层挤压密实，提高土层的密实度及承载力，上部建筑物的荷载主要由桩身侧面与土层之间的摩擦力及桩尖的土层阻力承担。

桩按施工方法分为预制桩及灌注桩。预制桩是在工厂或施工现场制作的各种材料和形式的桩（钢管桩、钢筋混凝土实心方桩、离心管桩等），然后用沉桩设备将桩沉入土中。预制桩按沉桩方法不同分为锤击沉桩（打入桩）、静力压桩、振动沉桩和水冲沉桩等。灌注桩是在施工现场的桩位处成孔，然后在孔中安放钢筋骨架，再浇筑混凝土而成，也称为就地灌注桩。灌注桩的成孔，根据设计要求和地质条件、设备情况，可采用钻孔、冲孔、抓孔和挖孔等不同方式。成孔作业还分为干式作业和湿式作业，分别采用不同的成孔设备和技术措施。

小组讨论

同学们都见过大型广告牌，请分组讨论广告牌上有哪些荷载，这些荷载是如何传递的。

观察思考

为什么高层建筑多采用桩基础？请说出不同结构的房屋荷载是怎样传递的。

2.1　钢筋混凝土预制桩施工

钢筋混凝土预制桩所用混凝土强度等级不宜低于 C30。主筋根据桩断面大小及吊装验算确定，在桩顶和桩尖部位应加强配筋。

钢筋混凝土预制桩施工包括桩的制作、起吊、运输、堆放，以及沉桩、接桩、截桩等工艺过程。

2.1.1 桩的制作、起吊、运输和堆放

1）桩的制作

较短的桩（长度 10 m 以下）多在预制厂制作，较长的桩可在施工现场就地预制。

施工现场预制桩多采用叠层浇筑，一般不宜超过 4 层。预制场地应平整坚实，制桩底模应用素土夯实或垫石渣炉灰等，上抹水泥砂浆一遍；上下层桩之间、邻桩之间及桩与底模板之间应做好隔离层，以防接触面黏结或拆模时损坏棱角。上层桩及邻桩的混凝土浇筑，应在下层及邻桩混凝土达到设计强度等级的 30% 以上时进行。

钢筋混凝土预制桩的钢筋骨架宜采用焊接连接，主筋接头配置在同一截面内（指 30 倍钢筋直径区域之内，但不小于 500 mm）的数量不得超过 50%；同一钢筋两个相邻接头间应大于 30 倍钢筋直径，且不小于 500 mm；桩尖应正对轴线，桩尖模板应采用钢模板，也可用钢板焊在钢筋骨架上。桩顶主筋上部以伸至最上一层钢筋网片之下为宜，应连接成“Π”形，以有效地接收和传递冲击力。桩身混凝土保护层不可过厚，以 25 mm 为宜，否则打桩时易脱落。

制桩时，混凝土应由桩顶向桩尖连续浇筑，不得中断。制作完成的钢筋混凝土桩应在每根桩上标明编号和制作日期，如不埋设吊钩，则应标明绑扎点的位置。

桩的制作质量应符合下列要求：

①桩的表面应平整、密实，否则容易将桩打偏或打坏，掉角的深度不应超过 10 mm，且局部蜂窝和掉角的缺损总面积不得超过该桩总表面积的 0.5%，并不得过分集中。

②由于混凝土收缩产生的裂缝深度不得大于 20 mm，宽度不得大于 0.25 mm，横向裂缝长度不得超过边长的 1/2（管桩或多边形桩不得超过直径或对角线的 1/2）。

③桩顶和桩尖处不得有蜂窝、麻面、裂缝和掉角。

桩的制作允许偏差见表 2.1。

表 2.1　钢筋混凝土预制桩的允许偏差

桩　型	项　目		允许偏差/mm
钢筋混凝土预制方桩	横截面边长		±5
	桩顶对角线之差		≤10
	保护层厚度		±5
	桩身弯曲矢高		≤0.1%L，且≤20
	桩尖偏心		≤10
	桩顶平面对桩中心线的倾斜		≤3
	桩节长度		±20
钢筋混凝土管桩	直径	300～700 mm	+5 −2
		800～1 400 mm	+7 −4

续表

桩　型	项　目		允许偏差/mm
钢筋混凝土管桩	长度		±5‰L
	管壁厚度		≤20
	保护层厚度		≤5
	桩身弯曲(度)矢高	L≤15 m	≤1‰L
		15 m<L≤30 m	≤2‰L
	桩尖偏心		≤10
	桩头板平整度		≤0.5
	桩头板偏心		≤2

注：L 为桩长。

2）桩的起吊

钢筋混凝土预制桩应在混凝土强度达到设计强度等级的70%后方可起吊，达到100%后才能运输和打桩。起吊时，吊点位置必须严格按设计位置绑扎。无吊环时，绑扎点的数量和位置视桩长而定。当吊点或绑扎点不大于3个时，其位置按正负弯矩相等原则计算确定；当吊点或绑扎点大于3个时，其位置应按正负弯矩相等且吊点反力相等的原则确定吊点位置。几种不同吊点位置如图2.2所示。

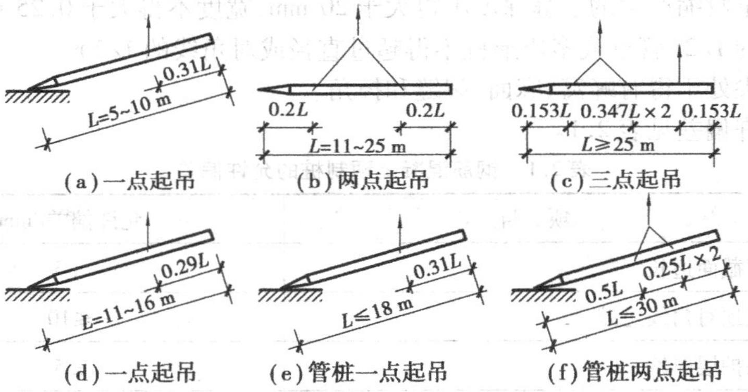

图2.2　桩的吊点位置

3）桩的运输

桩的运输应根据打桩进度和打桩顺序确定，宜采用随打随运方法，这样可以减少二次搬运工作。运桩之前，应检查桩的混凝土质量、尺寸，桩靴的牢固性以及打桩中使用的标志是否齐全等。当桩的运输距离较短时，可在桩的下面垫滚筒，用卷扬机拖动桩身前进；当运距较远时，可采用轻便轨道小平台车运输；工厂生产的短桩，可采用汽车运输。

桩在堆放和运输中时，垫木位置应与吊点位置相同，保持在同一平面上，并上下对齐，最下层垫木应适当加宽。预制桩在施工现场运输、吊装过程中严禁采用拖拉取桩的方法。

4)桩的堆放

桩的堆放应遵守下列规定:堆放场地应平整坚实,满足承载力要求;最下层应设两支点,支点垫木应选用木枋,垫木之间距离应根据吊点确定,并应在同一竖直线上;堆放管桩应在垫木上加三角木防止管桩滚动,最下层的垫木应加强;堆放层数:管桩外径为 500~600 mm 的桩不宜大于 5 层,外径为 300~400 mm 的桩不宜大于 8 层,不同规格的桩应分别堆放。

实习实作

学生将模拟桩进行吊、运、堆等操作,并观察操作过程中的技术要点。

练习作业

1. 桩起吊时,有哪几种吊点位置?
2. 钢筋混凝土预制桩堆放的要求是什么?

2.1.2 锤击沉桩(打入桩)施工

锤击沉桩也称打入桩,是利用桩锤下落产生的冲击能量将桩沉入土中。锤击沉桩是预制钢筋混凝土桩最常用的沉桩方法。该方法施工速度快、机械化程度高、适用范围广、现场文明程度高,但施工时会产生噪声污染和振动,在城市中心区域施工或夜间施工会受到限制。

1)打桩机具及选择

打桩机具主要有打桩机及其辅助设备。打桩机主要包括桩锤、桩架和动力装置部分。

(1)桩锤

桩锤是对桩施加冲击力,将桩打入土层中的主要机具。打入桩桩锤按动力源和使用方式,分为落锤、单动汽锤、双动汽锤、柴油锤和振动桩锤等。

①落锤:落锤是靠电动卷扬机或人力将锤拉升到一定高度,然后自由落下,利用落锤自重夯击桩顶,将桩沉入土中。

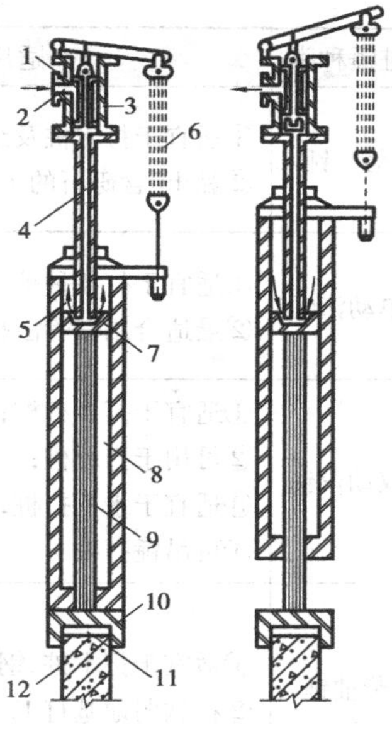

1—活塞;2—进汽口;3—缸套;4—锤芯进汽管;5—蒸汽缸;6—拉簧;7—活塞;8—锤壳;9—顶杆;10—桩帽;11—桩垫;12—桩

图 2.3 单动汽锤构造示意图

②单动汽锤:利用蒸汽或压缩空气的压力将桩锤的汽缸上举,然后自由下落冲击桩顶,将桩沉入土中。单动汽锤构造如图 2.3 所示。

③双动汽锤:与单动汽锤的区别在于桩锤的上举和下冲均是由蒸汽或压缩空气的压力推动的。双动汽锤构造如图 2.4 所示。

④柴油锤:一般分为导杆式和筒式两种。其工作原理是利用燃油爆炸产生的力推动活塞

上下往复运动进行沉桩。柴油锤构造如图 2.5 所示。

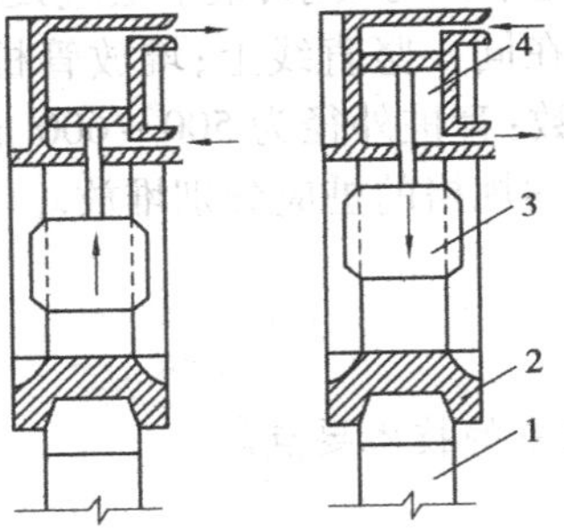

1—桩;2—垫座;3—冲击部分;4—蒸汽缸

图 2.4 双动汽锤构造示意图

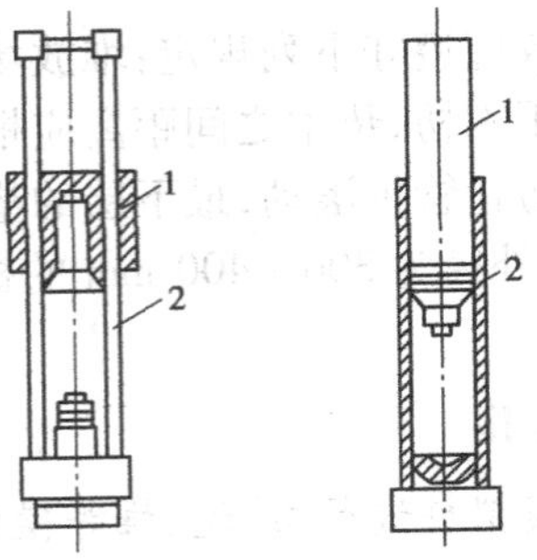

(a)杆式柴油锤 (b)筒式柴油锤

1—活塞;2—汽缸

图 2.5 柴油桩锤构造示意图

桩锤的选用应根据地质条件、桩型、桩的密集程度,单桩竖向承载力及现有施工条件等因素确定,见表 2.2。桩锤重根据工程的地质条件、桩的类型和结构、桩的密集程度及施工条件进行选择,见表 2.3。

表 2.2 桩锤适用范围参考表

桩锤种类	适用范围	优缺点
落　锤	①适宜于打木桩及细长形状的混凝土桩; ②黏土、含砾石的土和一般土层均可使用	构造简单,使用方便,冲击力大,能随意调整落距,但锤打速度慢(6 ~ 20 次/min),效率较低
单动汽锤	①适宜于打各种桩; ②最适合用套管法打就地灌注混凝土桩	结构简单,落距短,设备和桩头不易损坏,打桩速度及冲击力较落锤大,效率较高
双动汽锤	①适宜于打各种桩; ②可用于打斜桩; ③适宜于水下打桩,可兼作拔桩机用; ④可吊锤打桩	冲击次数多,冲击力大,工作效率高,可不用桩架打桩;但设备笨重,移动较困难
柴油锤	①适宜于打木桩、钢板桩; ②在软弱地基打 12 m 以下的混凝土桩	附有桩架、动力等设备,机架轻,移动便利,打桩快,燃料消耗少;但桩架高度低,遇硬土及软土不宜使用,施工时有噪声和污染、振动等
振动桩锤	①适宜于打钢板桩、打入式灌注桩,长度在 15 m 以内; ②不适宜于打斜桩; ③宜用于亚黏土、松散砾土、黄土和软土,不宜用于岩石、砾石和密实的黏性土地基	沉桩速度快,适应性大,施工操作简易安全,能打各种桩并能帮助卷扬机拔桩

表 2.3　锤重与桩重比值

桩类别	柴油锤		落　锤	
	硬　土	软　土	硬　土	软　土
钢筋混凝土预制桩	1.5	1.0	1.5	0.35
木　桩	3.5	2.5	4.0	2.0
钢板桩	2.5	2.0	2.0	1.0

注:①锤重是指锤体总重,桩重包括桩帽重;
②选用锤重时不宜小于上列之比值;
③桩的长度一般不超过 20 m。

(2)桩架

桩架的作用是吊桩就位,悬吊桩锤,打桩时引导桩身方向。桩架要求稳定性好,锤击准确,可调整垂直度,其机动性、灵活性好,工作效率高。

桩架高度应为:桩长 + 桩帽高度 + 桩锤高度 + 滑轮组高度 + 起锤工作伸缩的余位调节度(1 ~2 m)。若桩架高度不满足,则桩可考虑分节制作,现场接桩;若采用落锤,还应考虑落距高度。

常用桩架的基本形式有两种:一种是沿轨道或滚杠行走移动的多能桩架,另一种为装在履带式底盘上可自由行走的履带式桩架。

①多能桩架:由立柱、斜撑、回转工作台、底盘及传动机构等组成(图 2.6),其机动性和适应性较大,在水平方向可作 360°回转,导架可伸缩和前后倾斜。底盘下装有铁轮,可在轨道上行走。这种桩架可用于各种预制桩和灌注桩施工。缺点:机构较庞大,现场组装和拆卸、转动较困难。

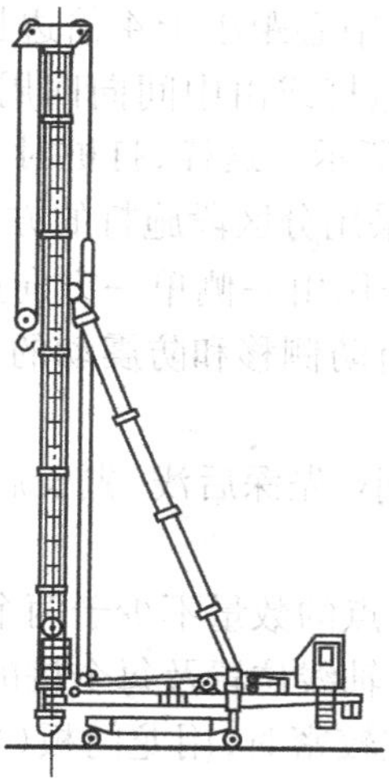

图 2.6　多能桩架

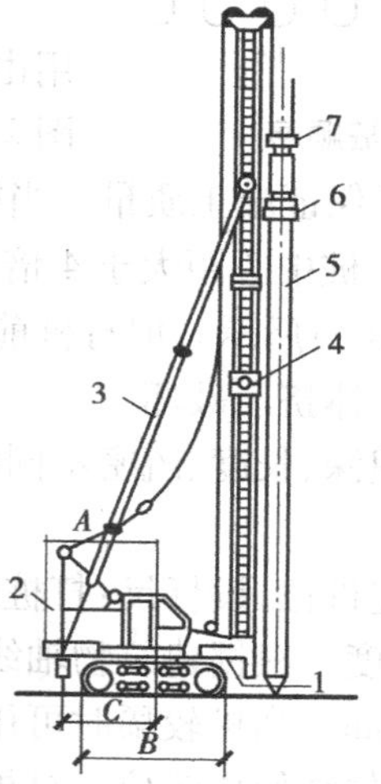

1—立柱支撑;2—发动机;3—斜撑;
4—立柱;5—桩;6—桩帽;7—桩锤

图 2.7　履带式桩架

②履带式桩架:以履带式起重机为底盘,利用履带式起重机动力,增加导架、桩锤、导杆等(图 2.7)。其行走、回转、起升的机动性好,使用方便,适用范围广泛。

(3)动力设备

打桩机械的动力装置及辅助设备主要根据选定的桩锤种类而定。落锤以电源为动力,再配置电动卷扬机、变压器、电缆等;蒸汽锤以高压饱和蒸汽为驱动力,配置蒸汽锅炉、蒸汽绞盘等;汽锤以压缩空气为动力源,需配置空气压缩机等;柴油锤以柴油为能源,桩锤本身有燃烧室,不需要外部动力设备。

小组讨论

1. 根据施工现场情况,桩架应注意哪些安全问题?

2. 如果你是现场施工员,应如何布置施工现场的机械设备?

2)打桩前的准备工作

①清除妨碍打桩施工的空间及地下障碍物,平整场地。

②机具就位,接通水源、电源。

③打桩试验:打试桩主要是检验打桩设备和工艺是否符合要求;了解桩的贯入深度、地基持力层强度及桩的承载力,以确定打桩方案和打桩技术。试桩时应做好试桩记录,画出各土层深度,记下打入各土层的锤击次数,最后精确测量贯入度。试桩数量不少于2根。

④确定打桩顺序:打桩时,由于桩对土体的挤密作用,先打入的桩被后打入的桩水平挤推而造成偏移和变位,或被垂直挤拔造成浮桩,使后打入的桩难以达到设计标高或入土深度,造成土体隆起和挤压,截桩过大。因此,群桩施工时,打桩前应根据桩的密集程度,桩的规格、长短,以及桩架移动是否方便等因素来选择正确的打桩顺序。

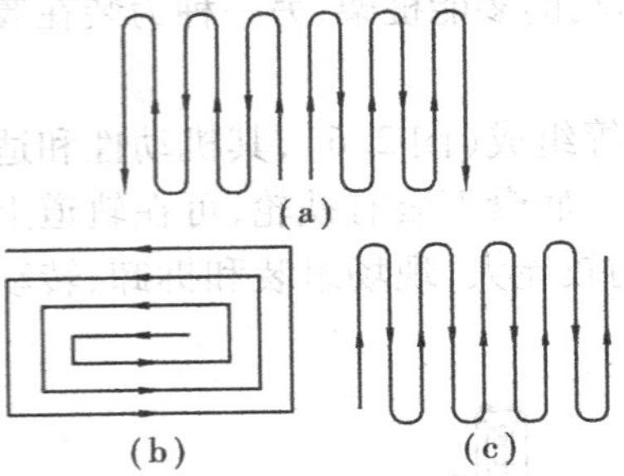

图2.8 打桩顺序

当桩较密集时(桩中心距小于4倍边长或直径),应采用由中间向两侧对称施打或由中间向四周施打的方法,如图2.8(a)、图2.8(b)所示。这样,打桩时土体由中间向两侧或四周挤压,易于保证施工质量。当桩数较多时,也可采用分区段施打的方法。

当桩较稀疏时(桩中心距大于4倍边长或直径),可采用由一侧单一方向进行施打的方式逐排施打,如图2.8(c)所示。但打桩前进方向一侧不宜有防侧移和防震动的建筑物、构筑物、地下管线等,以防土体挤压破坏。

当桩的规格、埋深、长度、疏密不同时,宜遵循先大后小、先深后浅、先长后短、先密后疏的原则施打。

⑤抄平放线,定桩位,设标尺:打桩现场附近设置水准点的数量不少于两个,用以抄平场地和检查桩的入土深度。根据建筑物轴线控制桩,定出桩基轴线位置及每个桩的桩位,其轴线位置允许偏差为20 mm。当桩较稀时可用小木桩定位;当桩较密时,用龙门板(标志板)定位,以防打桩时土体挤压位移使桩错位。打桩施工前,应在桩架或桩侧面设置标尺,以观测、控制桩的入土深度。

3)打桩施工

(1)定锤吊桩

打桩机就位后,先将桩锤和桩帽吊起,其锤底高度应高于桩顶,并固定在桩架上,以便进行吊桩。

吊桩是用桩架上的滑轮组和卷扬机将桩吊成垂直状态送入龙门导杆内。桩提升离地时，应用拖拉绳稳住桩的下部，以免撞击打桩架和邻近的桩。桩送入导杆内后要稳住桩顶，先使桩尖对准桩位，扶正桩身，然后使桩插入土中，桩的垂直度偏差不得超过1%。桩就位后，在桩顶放上弹性垫层，如草纸、废麻袋或草绳等，放下桩帽套入桩顶。桩帽上放好垫木，降下桩锤轻轻压住桩帽，桩锤底面、桩帽上下面和桩顶部应保持水平，桩锤、桩帽和桩身中心线应在同一直线上，尽量避免偏心。此时，在锤重压力下桩会深入土中一定深度，待下沉停止，再全部检查，校正合格后，即可开始打桩。

(2)打桩

打桩应"重锤低击，低提重打"。桩开始打入时，桩锤落距宜小，一般为0.5~0.8 m，以便使桩能正常沉入土中。待桩入土到一定深度后，桩尖不易发生偏移时，可适当增加落距逐渐提高到规定数值，继续锤击。打混凝土管桩，最大落距不得大于1.5 m；打混凝土实心桩不得大于1.8 m。桩尖遇到孤石或穿过硬夹层时，为了把孤石挤开，防止桩顶开裂，桩锤落距不得大于0.8 m。

桩的入土深度的控制：对于承受轴向荷载的摩擦桩，以标高为主，以贯入度作为参考；端承桩则以贯入度为主，以标高作为参考。

施工时，记录贯入度：对于落锤、单动汽锤和柴油锤，取最后10击的入土深度；对于双动汽锤，取最后一分钟内桩的入土深度。其贯入度值应符合设计要求。

测量和记录桩的贯入度应在下列条件下进行：桩顶没被破坏；锤击没有偏心；锤的落距符合要求；桩帽和桩垫工作正常。

(3)打桩测量和记录

打桩工作是一项隐蔽工程，为确保工程质量、分析和处理打桩过程中出现的质量事故，以及为工程质量验收提供重要依据，必须在打桩过程中对每根桩的施打进行测量并做好详细记录。

如用落锤、单动汽锤或柴油锤打桩，在开始打桩时，即应测量记录桩身每沉1 m所需要的锤击数以及桩锤落距的平均高度。在桩下沉接近设计标高时，应在规定落距下，每一阵(每10击为一阵)后测量其贯入度，当其数值达到或小于按设计所要求的贯入度时，打桩即应停止，其施工记录见表2.4。

表2.4　钢筋混凝土预制桩施工记录

施工单位________　工程名称________
打桩班组________　桩规格及长度________
桩锤类型及冲击部分质量________　桩锤质量________
自然地面标高________　桩顶设计标高________

桩位平面图

编号	打桩日期	桩入土每米锤击次数						落矩/cm	桩顶高出或低于设计标高/m	最后贯入度/[cm·(10击)$^{-1}$]	备注
		1	2	3	4	…	…				

工程负责人:________　制表:________

如用双动汽锤和振动锤，开始即应测量记录桩身每下沉 1 m 所需要的工作时间（每分钟锤击次数记入备注栏内，以观测其深入速度及均匀程度）。当桩下沉接近设计标高时，应测量记录每分钟沉入的数值，以保证桩的设计承载能力。

打桩时要注意测量桩顶水平标高，特别对承受轴向荷载的摩擦桩，可用水准仪测量控制，水准仪位置应置于能观测较多的桩位处。

在桩架导杆的底部上每 1～2 cm 画好准线，注明数字。桩锤上则画一白线，打桩时，根据桩顶水平标高，定出桩锤应停止锤击的水平面数字，将此导杆上的数字告诉操作人员，待锤上白线打到此数字位置时即应停止锤击。这样就能使桩顶水平标高符合设计规定，如图2.9所示。

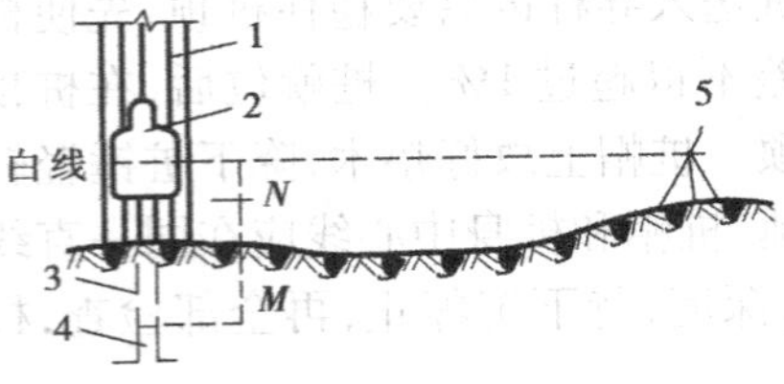

1—桩架导杆；2—桩锤；
3—送桩；4—桩；5—水准仪

图 2.9　测量桩顶水平标高的方法

（4）注意事项

打桩时除测量必要的数值并记录外，还应注意下列几点：

①在打桩过程中应经常用线锤及水平尺检查打桩架，如垂直度偏差超过 1%，必须及时纠正，以免把桩打斜。

②打桩入土的速度应均匀，锤击间歇的时间不要过长。

③应观察桩锤回弹情况，如经常回弹较大，说明桩锤太轻，不能使桩下沉，此时应更换重一些的桩锤。

④应随时注意贯入度的变化情况。当贯入度骤减，桩锤突然发生较大回弹时，应将锤击的落距减小，加快锤击；若还有这种现象，即说明桩尖遇到障碍，应停止锤击，分析研究问题的原因并进行处理；如果继续施打，出现贯入度突然增加，表示桩尖或桩身可能已遭受损坏或遇有古墓及枯井空虚层。表明桩身可能被破坏的现象是：桩锤回弹，贯入度突增，锤击时桩弯曲、倾斜、颠动、桩顶破坏加剧等。

⑤用送桩打桩时，桩与送桩的纵轴线应在同一直线上。如用硬木制作的送桩，其桩顶损坏部分应修切平整后再用。

⑥对于打斜桩，应将桩拔出，查明原因，排除障碍，用砂石填孔后，重新插入施打。若拔桩有困难，应会同设计单位研究处理，或在原桩位附近补一桩。

打桩过程中，常遇问题及防止措施与处理方法，见表 2.5。

表 2.5　打（沉）桩常遇问题及防止措施与处理方法

常遇问题	产生原因	防止措施与处理方法
桩头打坏	桩头强度低；柱顶不平；保护层过厚；锤与桩不垂直；落距过高；锤击过久；遇坚硬土层	按产生原因分别纠正
桩身扭转或位移	桩尖不对称；桩身不直	可用桩锤低击纠正；偏差不大，可不处理

续表

常遇问题	产生原因	防止措施与处理方法
桩身倾斜和位移	桩头不平,桩尖倾斜过大;桩接头破坏;一侧遇石块等障碍物;土层有较陡的倾斜角;桩帽与桩不在同一直线上	偏差过大,应拔出移位再打;入土不深、偏差不大时,可利用木架顶正,再慢慢打入;障碍物不深,可拔出回填后再打
桩身破裂	桩质量不符合设计要求	混凝土桩可加钢夹箍,用螺栓拉紧后焊固补强
桩涌起	遇流砂或软土	将浮起量大的桩重新打入,进行静荷载试验,不符合要求的进行复打或重打
桩急剧下沉	遇软土层、土洞;接头破裂或桩尖劈裂;桩身弯曲或有严重的横向裂线;落锤过高、接桩不垂直	将桩拔起,检验改正后重打,或在靠近原桩位补桩
桩不易沉入或达不到设计标高	遇旧埋设物,坚硬土夹层或砂夹层;打桩间歇时间过长,摩阻力增大;定错桩位	遇障碍或硬土层,用钻孔机钻进后再打入;根据地质资料确定桩长
桩身跳动,桩锤回弹	桩尖遇树根或坚硬土层,桩身弯曲过大;接桩过长;落距过高	检查原因,采取措施穿过或避开障碍物,如入土不深,应拔起避开或换桩重打

4)桩的质量要求

桩的质量标准包括两部分:一是能否符合设计要求的最后贯入度或标高的要求;二是桩身完整性和打桩的位置偏差应在允许范围内。终止沉桩应以桩端标高控制为主,贯入度控制为辅,打桩的贯入度或标高按下列原则控制:

①桩尖位于坚硬、硬塑的黏性土、碎石土、中密以上的砂土或风化岩等土层时,以贯入度控制为主,桩尖进入持力层深度或桩尖标高控制为辅。

②贯入度已达到而桩尖标高未达到时,应继续锤击3阵,其每阵10击的平均贯入度不应大于设计规定的数值,必要时施工控制贯入度应通过试验与设计人员协商确认。

③桩尖位于其他软土层时,以桩尖设计标高控制为主,贯入度可作参考。

④打桩时,如控制指标已符合要求,而其他指标与要求相差较大时,应会同有关单位研究处理。

⑤贯入度应通过试桩确定或做打桩试验,与有关单位商量后确定。

⑥按标高控制的预制桩,桩顶的允许偏差为±50 mm。

上述所指的贯入度即为最后贯入度。实际施工中,一般采用最后10击桩的平均入土深度作为其最后贯入度。

桩的垂直偏差应不大于1/100，平面位置偏差应为100＋0.01H～150＋0.01H（单位为mm）。为保证此指标，如前所述将桩提升就位时必须对准桩位，且桩插入时的垂直度偏差必须提高到1/200。

观察思考

打桩过程中要注意什么事项？请在实习基地模拟打桩，观察如何来保证打桩的质量，并填写一张打桩的施工记录。

练习作业

1. 打桩机具主要包括哪些部分？如何选择打桩机具？
2. 打桩前要做好哪些准备工作？
3. 打桩施工的工艺是什么？打桩时应注意什么问题？

2.1.3 静力压桩

静力压桩特别适合于软土地基和城市施工。其优点为无噪声、无振动、邻近有建筑物时也可进行压桩。除此之外，压桩与打桩相比还具有如下优点：

①节约材料。压桩比打桩可节省混凝土、钢筋，降低造价。

②提高施工质量。打桩时桩顶和桩身常出现被打裂事故，压桩则可避免。压桩所引起的桩周围土体隆起和水平挤动，造成桩移动等事故均较打桩小得多。

1）压桩

①压桩前应对土层土质情况了解清楚，并维修保养好压桩设备，以保证压桩时机械可靠运行（因故停息不宜超过2 h）。施工停息（如接桩、套送桩等）时，应将桩尖停息在软土层中，以使启动阻力不致过大。

②当需要接桩时，上下两节桩必须保持轴线一致，并使接桩时间尽量缩短，以免桩压不下去。

③压桩机行驶道路的地基应有足够承载力，必要时应加以处理。

④压桩过程中，当桩尖遇上夹砂层时，压桩阻力会突然增大，这时可采用以最大压桩力忽压忽停的办法，可使桩缓慢下沉。

⑤静力压桩终压的控制应以标高为主、压力为辅，终压标准可结合现场试验结果确定。

2）接桩

压桩过程中如需要接桩时，可采用焊接连接、螺纹连接、机械啮合连接。

（1）焊接连接

如图2.10所示，接桩时必须对准下节桩（错位不宜大于2 mm），并调整垂直后再连接角钢，用电弧焊点上（即将角钢固定住即可，称定位焊），检查位置无误后即可正式施焊。施焊时，应沿桩四周同时对角对称进行焊接，以防止节点电焊后收缩变形不匀而引起桩身歪斜。

焊接接头的坡口、厚度应符合设计要求，不应有夹渣、气孔等缺陷。桩接头焊好并检查合格后必须经自然冷却方可继续沉桩。自然冷却时间宜符合表2.6的规定,严禁浇水冷却或不冷却就开始沉桩。

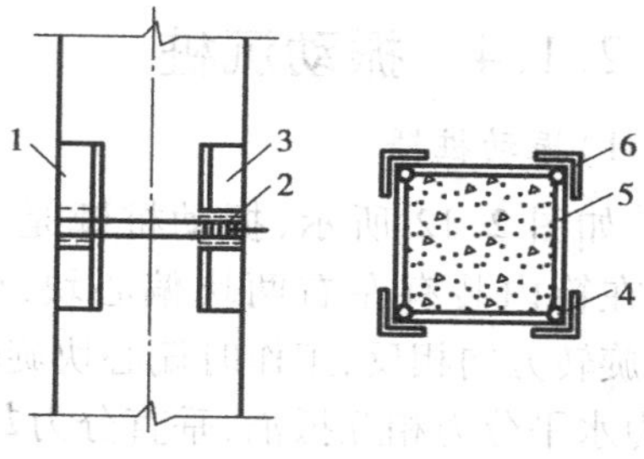

1—连接角钢;2—预埋垫板;3—预埋钢板;
4—主筋;5—钢板;6—角钢

图2.10　焊接接桩节点

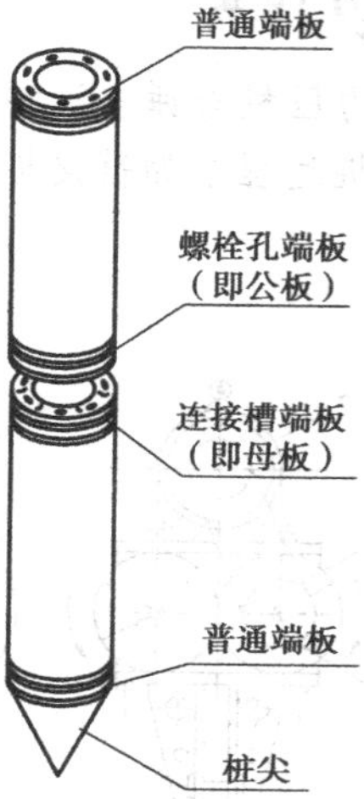

图2.11　机械啮合接头

表2.6　桩焊接接头自然时间

单位:min

锤击桩	静压桩	采用二氧化碳气体保护焊
8	6	3

(2)机械啮合连接

当管桩接桩超过两节以上时,管桩的上端一般为同一种类型的桩端端头板。下节管桩的上端应用方槽端板,上节管桩的下端必须用圆孔端板。

机械接头接桩时,下节管桩露出地面的高度宜为0.5~1 m,以方便接桩操作。机械啮合接头(图2.11)连接的操作顺序如下:

①连接前(未吊管桩前),把连接处的端头板清理干净,把连接销圆端(作防腐蚀桩时,该圆端需满涂沥青涂料)用扳手把连接销逐根旋入圆孔端板上的螺栓孔,用校正器测量并校正连接销的高度;靠件的齿牙与连接销的全部齿牙完全咬合、靠件底部贴合到端头板面,即连接销高度正确,再用钢模型板检测;调整连接销的方位、向心度;各连接销套入钢模板各方孔,即连接销向心度正确;校正后,把钢模板取开。

②下节管桩施打到离地面0.5~1 m,剔除下节管桩方槽端板方槽内填塞的泡塑保护块。作防腐桩使用时,需在方槽内注入不少于一半槽深的沥青涂料,并在端板面上抹上3 mm厚的沥青涂料。

③将上节管桩吊起,使连接销与方槽端板上的各个连接口对准,随即将连接销插入连接槽内。

④加压使上、下节桩的桩端端头板接触。

⑤若管桩作抗拔桩或防腐桩使用或者需要进行小应变检测时,上下两桩连接后,采用电焊封

闭上下节桩的接缝，作封闭处理，以保护端板面上的沥青涂料，增加传导性能，以免被误判为断柱。

练习作业

1. 静力压桩与锤击沉桩有什么区别？
2. 压桩过程中如需接桩时，可采用哪些连接方法？

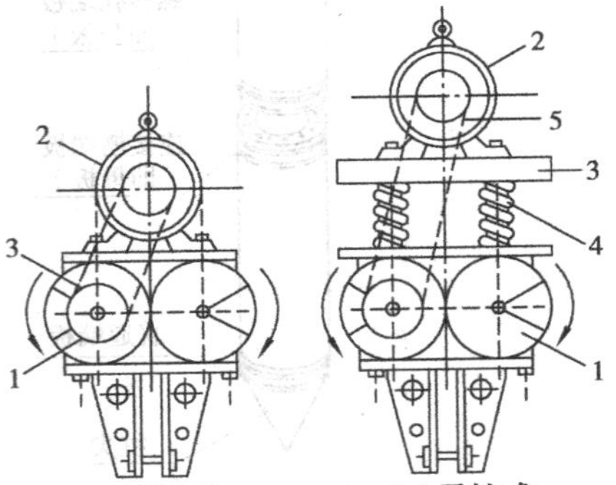

1—激振器；2—电动机；3—传动带；4—弹簧；5—加荷板

图2.12　振动桩锤构造示意图

2.1.4　振动沉桩

1)振动桩锤

如图2.12所示，振动桩锤是一个箱体，在箱内装有左右两块偏心块，转速相等，旋转方向相反，工作时偏心块旋转的离心力水平分力相互抵消，垂直分力却叠加，形成垂直方向的振动力。

2)振动沉桩

振动沉桩施工与打桩相似，所不同的是用振动桩锤代替锤击桩锤。在振动沉桩过程中，如发现下沉速度突然减小，则可能遇上硬层，此时应停止下沉，而将桩提升0.6～1.0 m，重新快速振动冲下，有可能穿过硬层而继续下沉。

为加速桩的下沉，可用水冲法配合，即在桩身旁插入一根与桩平行的射水管，管下端设有喷嘴。沉桩时用高压水（0.4 N/mm^2）经射水管喷射水，冲刷桩尖下土壤，使土体松散，减少桩身下沉阻力。同时，射入的水流大部分又沿桩身表面涌出地面，进一步减小桩身摩阻力，促使桩身更快下沉，这样就使振动沉桩效率大大提高。当桩沉至离设计标高还有1～2 m处时，应停止冲水，而单用振动桩锤将桩沉至设计标高，以免桩尖土被水冲刷而影响桩的承载能力。

小组讨论

静力压桩、振动沉桩与打桩有什么本质区别？

2.1.5　拔桩、截桩及桩头处理

1)拔桩

在打桩过程中，打坏的桩需拔出。拔桩的方法很多，要视桩的种类、大小和打入土中的深度来选用。一般的桩，可用3根30 cm的方木或型钢做成三脚架，架立在要拔的桩位上，钢丝绳通过其顶端的滑轮，将桩顶拉牢，然后借助卷扬机的力量将桩拔起，也可采用千斤顶拔桩。如拔桩阻力较大，最好用机械拔桩，如用双动汽锤或采用专门的拔桩机来进行。

2)截桩及桩头处理

空心管桩，在打完桩之后，桩尖以上1～1.5 m范围内的空心部分立即用细石混凝土填实，其余部分可用细砂填实。

各种预制桩，在打完桩之后，开挖基坑，按设计要求的桩顶标高，将桩头多余部分凿去。桩头可用人工或风动工具（如风镐等），也可用无声爆破法来完成。无论用哪种方法均不得把桩身混凝土打裂，并保证桩身主筋伸入承台内。其锚固长度必须符合设计规定。一般桩身主筋伸入混凝土承台内的长度，受拉时不少于25倍主筋直径，受压时不少于15倍主筋直径。主筋上黏着的混凝土碎块要清除干净。

当桩顶标高在设计标高以下时，应在桩位上挖成喇叭口并凿去桩头表面混凝土，凿出主筋并焊接接长至设计要求的长度，再与承台底的钢筋绑扎在一起。然后，用桩身同标号的混凝土与承台一起浇灌混凝土。

2.1.6 预制沉桩施工对周围环境的影响及预防措施

预制沉桩施工对环境、邻近建筑物及地下管线的不利影响主要表现在打桩噪声、振动及挤土等问题上。

1）噪声影响及防护

打桩噪声不仅对施工人员产生危害，而且往往造成社会性噪声危害。对于打桩施工噪声，一般可采取以下几种防护措施：

①音源控制防护。锤击法沉桩可按桩型和地基条件，选用冲击能量相当的低噪声冲击锤；振动法沉桩选用超高频振动锤和高速微振动锤，也可采用预钻孔辅助沉桩法、振动掘削辅助沉桩法、水冲辅助沉桩法等工艺。同时可改进桩帽及采用噪声衬垫材料来降低噪声。柴油锤沉桩时，可用桩锤式或整体式消音罩装置将桩锤封隔起来。在居民密集区还可采用噪声小的液压桩锤施工。

②遮挡防护。在打桩区和受音区之间设置挡壁以增大噪声传播回折路线，能发挥消音效果，减少噪声。通常情况下，遮挡壁高度不宜超过音源高度和受音区控制高度，一般15 cm左右较经济合理。

③控制打桩时间。午休及夜间尽量停止打桩，以减少打桩噪声对周围的影响，确保周围居民的正常生活和休息。

2）振动影响及防护

沉桩时产生的振动波会对邻近建筑物、地下结构和暗线造成危害。振动的危害程度取决于桩锤锤击能量、锤击频率、土质情况、离沉桩区的距离等。可采取以下防护措施：选择低振动的桩锤（如液压锤等），打桩时采用重锤低击，暴露地下管线等。

3）土体挤压影响及防护

预制桩打设过程中对土体产生挤压，使施工区域周围的地基产生不均匀隆起，如地坪隆起、建筑物墙体开裂等，严重时会危及建筑物的安全，导致路面管线断裂，造成重大事故。为减少挤土影响，可采取以下防护措施：

①预钻孔沉桩法。一般预钻孔直径取桩径的70%左右，深度宜为桩长的1/3 ~ 1/2，且应随钻随打。

②采用排水措施降低超孔隙水压力。可采用井点降水，设袋装砂桩、砂井，塑料排水板等措施，加快土中孔隙水的排泄，降低超孔隙水压力，以减少土体挤压的影响。一般袋装砂井直径为70 ~ 80 mm，间距为1 ~ 1.5 m，井深为10 ~ 12 m。

③设防挤防震沟。一般防挤防震沟宽度采用0.5~0.8 m,深度宜超过被保护的附近管线和基础埋深,但要采取相应措施,防止沉桩时引起沟壁坍塌。

④设置防挤防渗墙。在打桩区域外围打钢板桩、地下连续墙或水泥搅拌桩等,可有效限制沉桩引起的变位及超孔隙水压力对邻近建筑物的影响。为节约造价,可结合基坑围护结构统一考虑。

⑤合理安排打桩顺序和工艺。合理安排沉桩顺序、控制打桩速度、采用重锤轻击以及先开挖基坑后打桩等措施,对减少挤土影响有明显效果。

小组讨论

如果你是施工员,应如何避免打桩对邻近环境的影响?

练习作业

预制沉桩施工对周围环境有哪些影响?可采取什么措施进行防护?

2.2 灌注桩施工

灌注桩是直接在桩位成孔,然后在孔内安放钢筋笼,浇筑混凝土成桩。与预制桩相比,其优点是:施工简便且经济,特别是人工挖孔桩。缺点是:操作要求严格,在沉管灌注桩中稍有疏忽,容易发生缩颈、断裂现象;技术间隔时间长,不能立即承受荷载。

灌注桩按施工方法可分为钻孔旋挖灌注桩、人工挖孔灌注桩、冲孔灌注桩、沉管灌注桩和爆扩灌注桩等多种。常用的是钻孔灌注桩和人工挖孔灌注桩。

2.2.1 施工准备

1)定桩位和确定成孔施工顺序

①对土没有挤密作用的桩,一般按现场条件和桩孔行走方便原则确定成孔顺序。

②对土有挤密作用和振动影响的桩,采用以下顺序:间隔1或2个桩位成孔;在邻近混凝土初凝前或终凝后成孔;一个承台下桩数在5根以上者,中间的桩先成孔,外围的桩后成孔;同一个承台下的爆扩桩,可采用单爆或连爆法成孔。

③当人工挖孔灌注桩桩净距小于2倍桩径且小于2.5 m时,应采用间隔开挖,排桩跳挖的最小施工净距不得小于4.5 m,孔深不大于30 m。

2)成孔深度的控制

①摩擦型桩:以设计桩长控制成孔深度;当采用锤击沉管法成孔时,桩管入土深度以标高为主,以贯入度控制为辅。

②端承桩:当采用钻孔、挖掘成孔时,必须保证桩孔进入设计持力层的深度;当采用锤击沉管法成孔时,沉管深度控制以贯入度为主、设计持力层标高对照为辅。

3)钢筋笼的制作

钢筋笼的制作应符合以下规定:

①套管成孔的桩,应比套管直径小 60 ~ 80 mm。

②用导管法灌注水下混凝土的桩,应比导管连接处的外径大 100 mm 以上。

③钢筋笼在制作、运输和安装过程中,应采取措施防止变形,并应有保护层垫块。

④吊放入孔时,不得碰撞孔壁,灌注桩应采取措施固定钢筋笼的位置,避免钢筋笼受混凝土上浮力的影响而上浮。

4)混凝土的配制

混凝土配制所用的材料与性能要合适。混凝土强度等级不得低于 C15,每立方米混凝土的水泥用量不少于 350 kg,水下灌注混凝土时不得低于 C20。坍落度要求是:水下灌注的混凝土为 160 ~ 220 mm,干作业成孔的宜为 80 ~ 100 mm,沉管灌注桩有配筋时为 80 ~ 100 mm,素混凝土宜为 60 ~ 80 mm。

2.2.2 钻孔(旋挖)灌注桩

湿作业钻孔灌注桩施工工艺流程如图 2.13 所示。

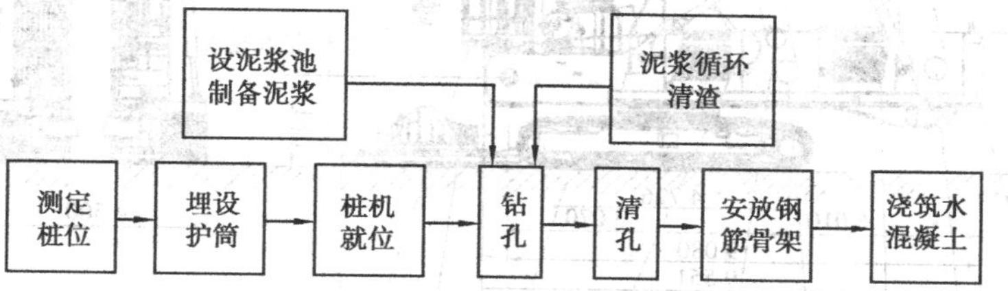

图 2.13 湿作业钻孔灌注桩施工工艺流程图

钻孔灌注桩是先用钻孔机械进行钻孔,旋挖钻孔是在伸缩式钻杆自重和固定于桅架上的油缸(液压)压力作用下,通过动力头旋转切削土体(旋挖钻孔适用于卵石、砾石土),然后在桩孔内放入钢筋笼再灌混凝土。钻孔设备主要是螺旋钻机,如图 2.14 所示。钻孔机如图 2.15 所示。

桩机就位应平稳,钻杆轴线与钻孔中心线应对准,钻杆应垂直。

钻孔过程中应注入泥浆护壁,泥浆可采用原土造浆,不适于原土造浆的土层应制备泥浆,制备泥浆的性能指标应符合表 2.7 的规定。在杂土或松软土层中钻孔时,应在桩位处埋设护筒,护筒用 3 ~ 5 mm 钢板制成,内径比钻头直径大 100 mm,埋入黏土中深度不宜小于 1.0 m,砂土中不宜小于 1.5 m。

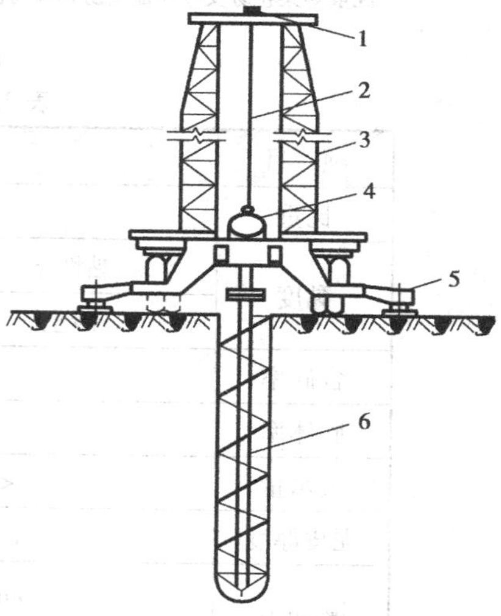

1—导向滑轮;2—钢丝绳;3—龙门导架;4—动力箱;5—千斤顶支腿;6—螺旋钻杆

图 2.14 螺旋钻机示意图

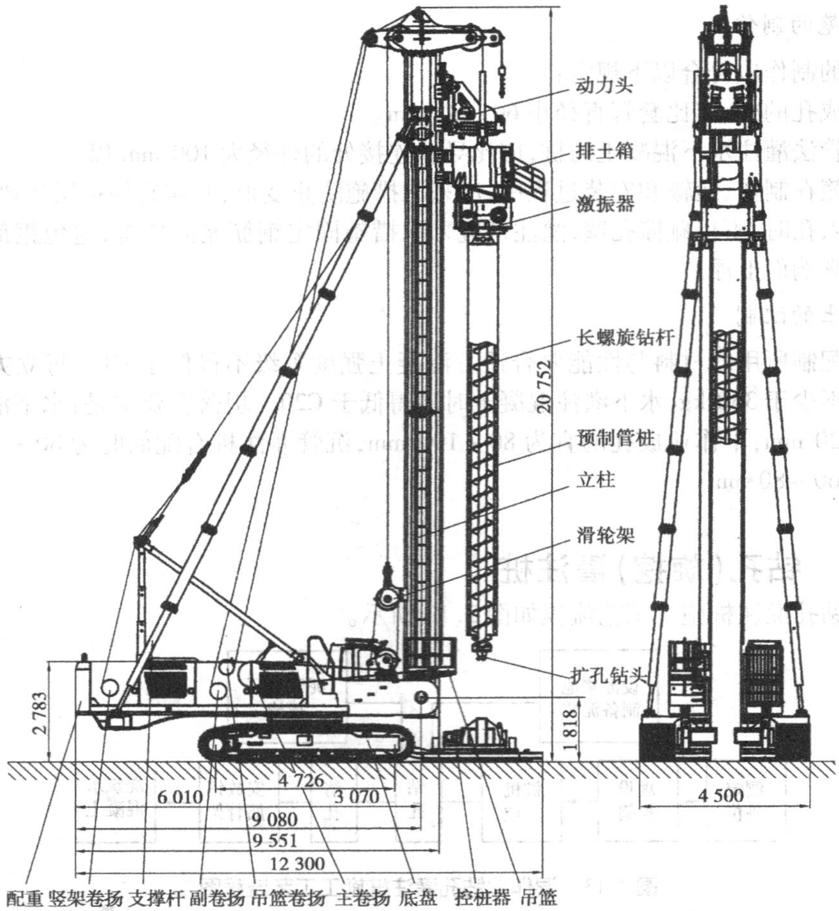

图 2.15　钻孔机图示

表 2.7　制备泥浆的性能指标

项　目	性能指标		检验方法
比重	1.10～1.15		泥浆比重计
黏度	黏性土	18～25 s	漏斗法
	砂土	25～30 s	
含砂率	<6%		洗砂瓶
胶体率	>95%		量杯法
失水量	<30 mL/30 min		失水量仪
泥皮厚度	1～3 mm/30 min		失水量仪
静切力	1 min:20～30 mg/cm² 10 min:50～100 mg/cm²		静切力计
pH 值	7～9		pH 试纸

在钻孔过程中，如出现钻杆跳动、机架摇晃、钻不进尺等异常情况，应立即停机检查处理。在钻砂土层时，钻深不宜超过地下初见水位，以防发生塌孔。若遇地下水、塌陷孔、缩孔等异常情况时，应会同有关单位研究处理。钻孔完毕后，应及时封盖孔口，并不准在盖板上行车，防止松土下落或孔口土壁塌陷。

当钻到设计规定深度时，一般应在原地空转清土，然后停转提升钻杆，将虚土带出孔洞。如果清土后仍超过规定的容许厚度，应用辅助工具掏土或二次投钻清土，也可以采用射水法和换浆法清孔。清孔完后应用探测器检查孔直径、深度和孔底情况，将回落土和淤泥再次清理干净。井底沉渣清理干净与否，是钻孔桩质量保证的前提，因此清底是一项十分重要的工序，清孔后孔底沉渣厚度应符合表 2.8 的规定。

表 2.8　清孔后孔底沉渣厚度

项　目	允许值/mm
端承型桩	≤50
摩擦型桩	≤100
抗拔、抗水平荷载桩	≤200

清孔后应尽快吊放钢筋笼、浇筑混凝土。钢筋骨架主筋的直径不宜小于 10 mm，间距不得小于 100 mm，箍筋直径宜用 6 ~ 8 mm，骨架应一次绑好，用导向钢筋送入孔内，防止泥土杂物带入。钢筋定位后，立即用坍落度为 70 ~ 100 mm 的混凝土浇灌，并分层捣实，每层厚度 500 ~ 600 mm，地下水位较高时，应采用导管法进行水中灌注混凝土。

观看录像

螺旋钻孔施工。

螺旋钻孔

2.2.3　人工挖孔灌注桩

人工挖孔桩施工安全隐患大，为确保施工过程中的人身安全，防止因施工排水、流砂、管涌等引起的土体坍塌，需进行护壁支护设计和编制专项施工方案，并按危险性较大工程要求进行专家论证。护壁支护的方法很多，常用的有混凝土护壁(圈)、沉井护壁(圈)和钢套护壁(圈)。

1)施工工艺

场地平整→架设电动葫芦、潜水泵、鼓风机、照明灯具等→放线、定桩位→在桩孔原位制作沉井→边挖土、边抽水，使沉井穿过流砂及淤泥质土层→每下挖 1 m 左右清理桩孔四壁，校核桩孔垂直度和直径→支模板、浇混凝土→拆模后继续下挖、支模、浇混凝土护壁，达到强度后拆模→进入持力层一定深度，确认可作为持力层后进行扩大→对桩孔直径、深度、扩大端尺寸，持力层进行全面验收→排除孔底积水、放入串筒、浇灌桩身混凝土→混凝土面上升到一定标高时放入钢筋笼架→继续浇混凝土直至桩顶→桩顶覆盖做养护。

2)施工方法

(1)混凝土护圈挖孔桩

混凝土护圈挖孔桩,也称为“倒挂金钟”的施工,即分段开挖、分段浇筑护圈混凝土,直至设计标高后,再将桩的钢筋骨架放入护圈井筒内,然后浇筑井筒桩基混凝土,如图2.16所示。

护圈的结构为阶梯形,每阶高约1 m,钢筋直径为10~12 mm,混凝土为C15,模板常用拼装式的弧形钢模。此外,也有采用喷锚砂浆护圈,即当井筒分段开挖后,随即在筒壁四周架立钢丝网,然后喷以砂浆。这种施工方法不需要模板。

(2)沉井护圈挖孔桩

沉井护圈挖孔桩如图2.17所示,是先在桩位制作钢筋混凝土井筒,然后在筒内挖土,井筒靠自重或附加荷载克服与土之间的摩阻力而下沉,沉至设计标高后,再在筒内浇筑钢筋混凝土而形成桩基础。

(3)钢套管护圈挖孔桩

钢套管护圈挖孔桩如图2.18所示,是在桩位地面上先打入钢套管,直至设计标高,然后再将套管内的土挖出,并浇筑混凝土,待桩基混凝土浇筑完毕,随即将套管拔出移至另一桩位使用。

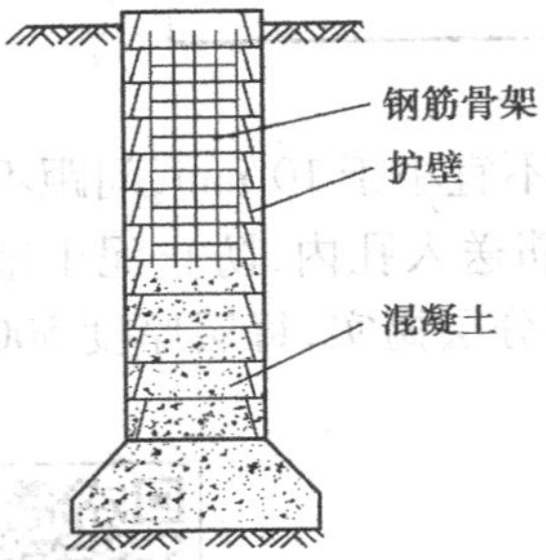

图2.16 混凝土护圈挖孔桩

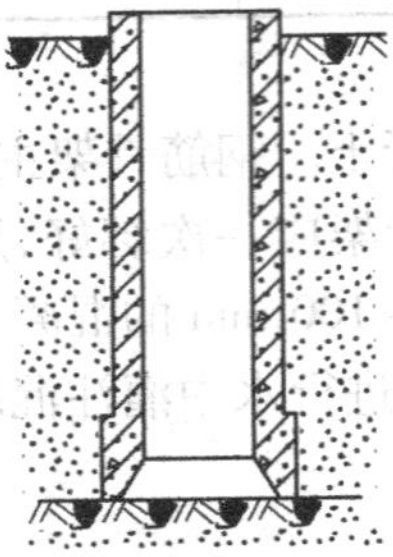

图2.17 沉井护圈挖孔桩

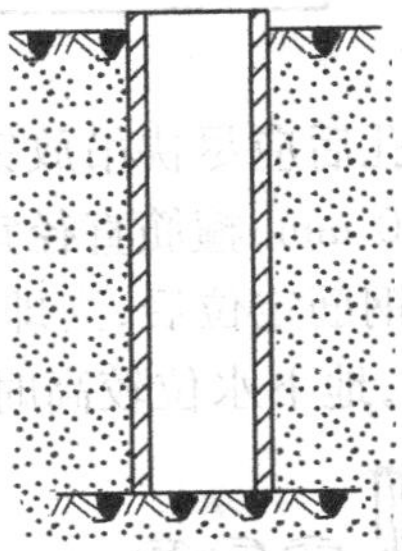

图2.18 钢套管护圈挖孔桩

钢套管由12~16 mm厚的钢板卷焊加工成型,其高度根据地质情况和设计要求而定。当地质构造有流砂层或承压含水层时,采用此方法施工可避免流砂和管涌现象,能确保施工安全。

3)安全注意

施工中应注意以下安全事项:

①防坠物;

②防地下有害气体;

③防流砂塌孔;

④防触电。

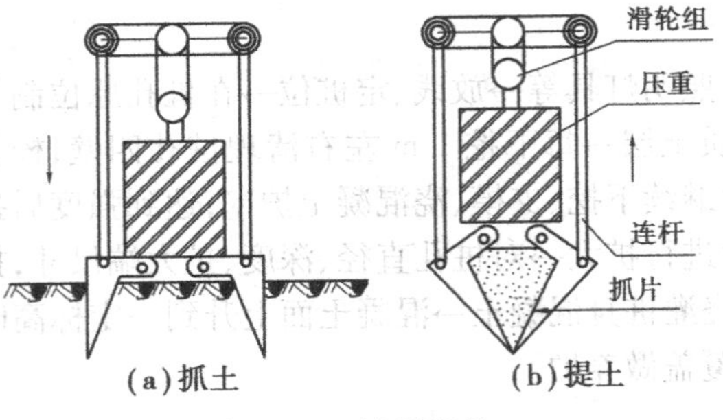

图2.19 冲抓锥斗

2.2.4 冲击成孔灌注桩

冲击成孔是把带钻刃的重头钻(又称冲锤)提高,靠自由下落的冲击力来切削岩石或冲击土层、水下卵石土层,排出碎渣成孔,如图2.19所示。

在钻头锥顶和提升钢丝绳之间应设置保证钻头自转向的装置,以防产生梅花孔。冲孔桩的孔口应设置护筒,其内径应大于钻头直径。冲击成孔应符合下列规定:开孔时,应低锤密击,见表2.9。

表2.9 冲击成孔操作要点

项　目	操作要点	备　注
在护筒刃脚以下2 m以内	小冲程1 m左右,泥浆相对密度1.2~1.5,软弱层投入黏土块夹小石片	土层不好时提高泥浆相对密度或加黏土块
黏性土层	中、小冲程1~2 m,泵入清水或稀泥浆,经常清除钻头上的小泥块	为防止黏钻或投入碎砖石
粉砂或中粗砂	中冲程2~3 m,泥浆相对密度1.2~1.5,投入黏土块,勤冲勤掏渣	
砂卵石层	中、高冲程2~4 m,泥浆相对密度1.3左右,勤掏渣	
软弱土层或塌孔回填重钻	小冲程反复冲击,加黏土块夹小石片,泥浆相对密度1.3~1.5	

土为淤泥细砂等软弱土层,可加黏土块夹小石片反复冲击凿壁,孔内泥浆面应保持稳定。在各种不同的土层、岩层中钻进时,可按照表2.8进行。进入基岩后,应低锤冲击或间断冲击。如发现偏孔,应回填片石至偏孔上方300~500 mm处,然后重新冲孔。遇到孤石时,可预爆或用高低冲程交替冲击,将大孤石击碎或挤入孔壁,必须采取有效的技术措施,以防扰动孔壁造成塌孔、扩孔、卡钻和掉钻。每钻进4~5 m深度验孔一次,在更换钻头前或容易缩孔处,均应验孔。进入基岩后每钻进100~150 mm应清孔取样一次(非桩端持力层为300~500 mm,桩端持力层为100~300 mm),以备终孔验收,排渣可采用泥浆循环或抽渣筒(图2.20)等方法。冲孔中遇到斜孔、弯孔、梅花孔、塌孔,护筒周围冒浆等情况时,应停止施工,采取措施后再行施工。大直径桩孔可分级成孔,第一级成孔直径为设计桩径的0.6~0.8倍。清孔应按下列规定进行:不易坍孔的桩孔可用空气吸泥清孔,稳定性差的孔壁应用泥浆循环或抽渣筒排渣清孔,后浇筑混凝土之前的泥浆指标按规定执行,清孔时孔内泥浆面应符合规定,浇筑混凝土前孔底沉渣允许厚度按规定执行。

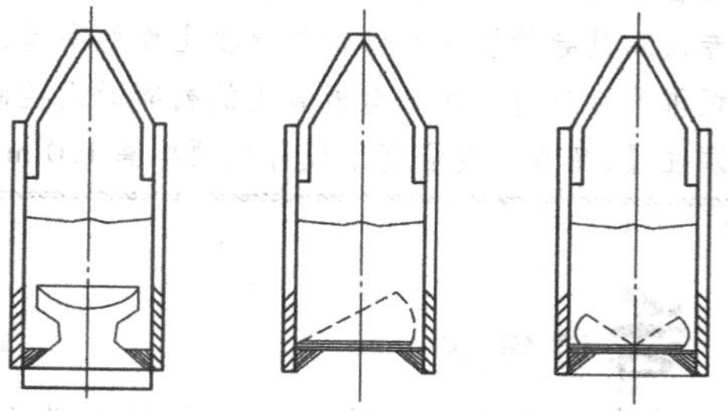

(a)碗形活门　(b)单扇活门　(c)双扇活门

图2.20 抽渣筒构造示意图

2.2.5 质量标准

中心线的平面偏差不宜大于5 cm,桩的垂直度偏差应控制在0.3%L(L为挖孔桩的实际长度以内),桩径不得小于设计尺寸。

对于桩端持力层的验收标准应予以足够重视。局部软弱夹层应予以清除,其面积超过桩端截面10%时必须继续掘进,当挖到比较完整的岩石后,应确定基下是否还有软弱层,可采用小型钻机再向下钻 5 m 深，并且取样鉴别，查清确实无软弱下卧层后才能终止。

知识窗

水下混凝土的浇筑

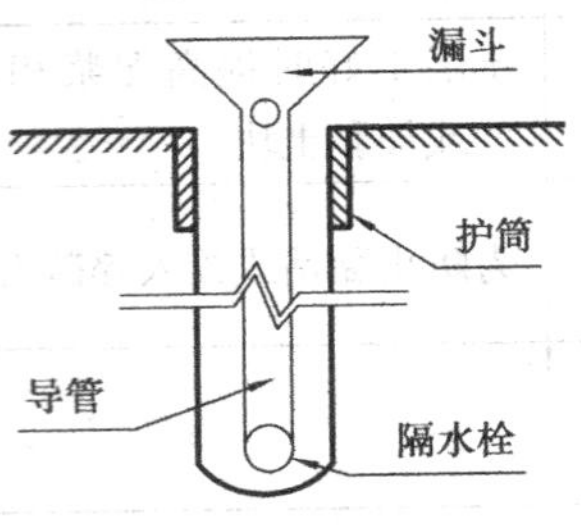

图 2.21　水下灌注混凝土示意图

钢筋笼吊装完毕应进行隐蔽工程验收，验收合格后，应立即浇筑水下混凝土（图 2.21）。水下混凝土的配合比应符合下列规定：水下混凝土必须具备良好的和易性，配合比应通过试验确定，坍落度宜为 180～220 mm，水泥用量不少于 360 kg/m^3，水下混凝土的砂率宜为 25%～45%，并宜选用中粗砂，粗骨料的最大粒径应小于 30 mm，水下浇筑混凝土时宜掺入外加剂，以改善混凝土施工性能。

导管的构造和使用应符合下列规定：导管壁厚不宜小于 3 mm，直径宜为 200～250 mm，直径制作偏差不应超过 2 mm，导管的分节长度视工艺要求确定，底管长度不宜小于 4 m，接头宜用法兰或双螺纹方扣，快速接头导管提升时不得挂住钢筋笼，为此可设置防护三角形加劲板或设置锥形法兰护罩，导管使用前应试拼装试压，试水压力为 0.6～1.0 MPa。使用的隔水栓应有良好的隔水性能，保证顺利排出。

浇筑水下混凝土应遵守下列规定：开始灌注混凝土时，为使隔水栓能顺利排出导管，底部至孔底的距离宜为 300～500 mm。桩直径小于 600 mm 时，可适当加大导管底部至孔底距离，应有足够的混凝土储备量使导管一次埋入混凝土面 0.8 m 以下，以上导管埋深宜为 2～6 m，严禁导管提出混凝土面，应有专人测量导管埋深及管内外混凝土面的高差，填写水下混凝土浇筑记录。水下混凝土必须连续施工，每根桩的浇筑时间按初盘混凝土的初凝时间控制，对浇筑过程中的一切故障均应记录备案，控制最后一次灌注量，超灌高度应高于设计桩顶标高 1.0 m 以上，充盈系数不应小于 1.0。

活动建议

请有经验的现场施工人员带领学生到桩基施工现场参观、学习。

练习作业

1. 钻孔灌注桩的施工工艺有哪些？施工时应注意哪些问题？
2. 人工挖孔灌注桩施工时的支护方法有哪些？

学习鉴定

1. 填空题

(1) 桩按传力及作用性质不同分为＿＿＿＿＿＿＿桩和＿＿＿＿＿＿＿桩。

(2) 钢筋混凝土预制桩应在混凝土强度达到设计强度等级＿＿＿＿＿＿＿时方可起吊。

(3)打桩机主要包括________、________、________三部分。

(4)当桩的规格、埋深、长度、疏密不同时，宜遵循________原则施打。

(5)打桩应“________，低提重打”，以取得良好的效果。

(6)打桩的贯入度，一般采用最后________击桩的平均入土深度作为其最后贯入度。

(7)桩管沉孔灌注桩中的摩擦桩，桩管的入土深度以________为主，以贯入度控制为辅。

(8)灌注桩的混凝土强度等级不得低于________。

(9)常用的人工挖孔灌注桩有混凝土护圈挖孔桩、沉井护圈挖孔桩和________。

(10)桩的垂直度偏差应控制在________。

2. 选择题

(1)桩按传力及作用性质不同可分(　　)。

A. 端承桩　　B. 灌注桩　　C. 挖孔桩　　D. 摩擦桩

(2)打桩的桩锤按动力源和运用方式分为(　　)。

A. 落锤　　B. 单动汽锤　　C. 双动汽锤　　D. 柴油锤

(3)当桩的规格、埋深、长度、疏密不同时，宜遵循(　　)的原则施打。

A. 先大后小　　B. 先密后疏　　C. 先深后浅　　D. 先长后短

(4)压桩与打桩相比的优点是(　　)。

A. 节省混凝土　　B. 节省钢筋　　C. 降低造价　　D. 劳动强度低

(5)常用接桩的方法有(　　)。

A. 套筒连接　　B. 焊接连接　　C. 法兰盘连接　　D. 浆锚连接

(6)在打桩过程中，(　　)须拔出。

A. 打坏的桩　　B. 地质不良的桩　　C. 有地下水的桩　　D. 打不下的桩

3. 问答题

(1)如何确定桩架的高度和选择桩锤？

(2)钢筋混凝土预制桩堆放的要求是什么？

(3)钢筋混凝土预制桩的施工工艺是什么？

(4)灌注桩有哪些优点？灌注桩按施工方法分为哪几种？

(5)怎样检测钻孔桩底沉渣清理干净与否？沉渣对桩质量有什么危害？

(6)灌注桩钢筋笼的制作有哪些要求？

(7)人工挖孔灌注桩的施工工艺有哪些？

教学评估

教学评估表见本书附录。

3 混凝土结构工程

本章内容简介

模板的构造、安装及拆除

钢筋的搭接要求

钢筋的配料与代换

钢筋绑扎与安装

混凝土的制备、运输与浇筑成型，质量检查

本章教学目标

掌握模板的配料构造及安装方法

掌握钢筋配料单的编制

掌握混凝土配合比的计算

掌握模板、钢筋、混凝土的施工工艺及质量要求

掌握施工缝的留设及处理方法

活动建议

1. 将河砂、水泥、石子及钢筋等材料运至实习基地，由小组随意制作混凝土。完成之后，每个小组写出实习报告，其内容包括制作过程中的配料、成型、成品情况等，教师给予评述。

2. 教师带领学生参观施工现场，了解混凝土的制备以及混凝土结构工程的施工程序。

知识窗

混凝土是由胶结材料(水泥)，粗、细骨料(石子、砂子)和水按一定比例拌和均匀、捣制成型，经养护而成的一种人造石材。它能承受很大的压力，而它的抗拉能力却很差，仅是抗压能力的1/10。

钢筋是一种弹性金属材料，抗压、抗拉能力都很强，如果把钢筋放在混凝土中的适当位置，使混凝土承担构件中的压力，钢筋承担构件中的拉力，这种构件就可以用到结构上的重要部位，这种配有钢筋的混凝土称为钢筋混凝土。

钢筋混凝土广泛用于各类结构体系中。钢筋混凝土工程包括模板的制备与组装、钢筋的制备与安装和混凝土的制备与浇捣三大施工过程。钢筋混凝土的一般施工程序如图3.1所示。

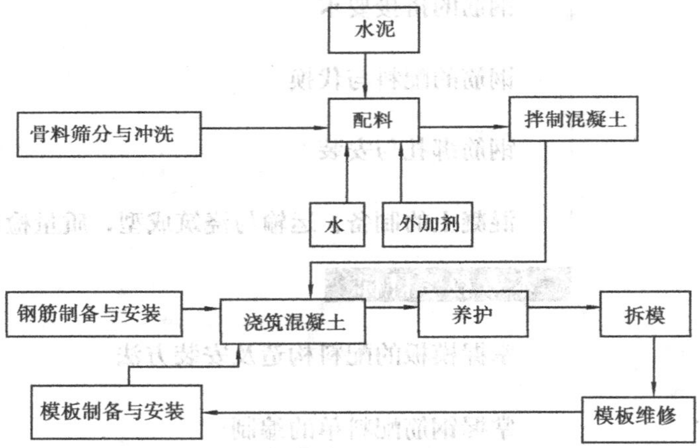

图3.1　钢筋混凝土施工程序

3.1　模板工程

问题引入

模板是使混凝土构件按所要求的几何尺寸成型的模型板，它可以保证混凝土在浇筑过程中保持正确的形状和尺寸，在硬化过程中进行防护和养护。那么，模板有哪些类型？如何进行安装？如何计算模板用量？下面，我们就来学习有关模板工程的施工技术知识。

3.1.1 模板的种类与要求

模板工程连同混凝土工程构成了现浇混凝土结构工程施工的主体。模板系统包括模板和支架两大部分，此外还有一些紧固件。

1）模板的种类

①按材料不同，模板分为木、竹、钢木、钢、塑料、铸铝合金、玻璃钢模板等。

②按工艺不同，模板分为组合式模板、大模板、滑升模板、爬升模板、永久性模板以及飞模、模壳、隧道模等。

③按周转使用不同，模板分为拆移式移动模板、整体式移动模板、滑动式模板和固定式胎模等。

2）模板的要求

①模板工程应编制专项施工方案。滑模、爬模等工具式模板工程及高大支架模板工程的专项施工方案，应进行技术论证。

②模板及支架应根据安装、使用和拆除工况进行设计，应有足够的承载力及刚度，并应保证其整体稳固性。

③模板及支架应能够保证工程结构和构件各部分形状、尺寸和位置的准确性。

④模板及支架构造简单，接缝严密，不漏浆，便于绑扎钢筋、浇筑混凝土及养护。

⑤支架竖杆或竖向模板安装在土层上时，支架竖杆下应有底座或垫板；土层应坚实、平整，其承载力或密度应符合施工方案的要求，且应有防水、排水措施。

⑥要因地制宜，合理选材，做到用料经济，并能周转使用。

知识窗

模板工程常用术语

模板与其支撑系统在现浇混凝土结构工程施工中的常用术语及基本概念列举见表3.1。

表3.1 模板与其支撑系统的工程术语

序号	术语名称	内容说明
1	模板工程	为满足各类现浇混凝土结构工程成型要求的模板及其支撑体系的总称，包括方案设计、配模、支模、浇筑和拆模等全部施工过程
2	模板工程材料	模板工程中所使用的模板材料、支撑（支架）材料以及连接固定件的材料
3	模板	①模板指按混凝土结构件的形状设计或可组装成设计形状的，包括面板及其背楞（龙骨）的成形模板或可组拼模板。 ②模板有定型和非定型两种，具有不同规格和构造设计的钢模板、铝合金模板、钢框胶合板模板和模壳等定型模板产品，一般都是面板与边框和加劲肋的组合体。其加劲肋的设置，均以确保面板在承受浇筑混凝土荷载时不发生可见的和不能恢复的变形为原则；而非定型模板则按模板的分块设计尺寸，由面板和背楞锯切后组成适于搬运和拼装的立模、平模、筒模和箱模等。 ③模板分块的大小，不仅要考虑适于相应的搬运和拼装方法，还应考虑模板的受力要求及与其支撑体系在支承部位上的配合要求

续表

序号	术语名称	内容说明
4	面　板	面板为构成模板的并与混凝土面接触的板材。当面板为木、竹胶合板或其他达不到耐水、耐磨、平整要求的材料时，其表面一般都需要做耐磨漆、涂料涂层或做贴面处理，以满足表面平整光滑、易于脱模和提高周转次数的要求
5	模板支撑体系	①模板支撑体系是指在模板本身构造之外，用于保持支模要求的形状、尺寸，同时起到分布、承受和传递工程荷载作用的杆件和支架体系。 ②用来保持支模形状和尺寸的杆件有围箍、夹持件、撑拉件和锁固件等。 ③支撑体系能可靠地承受浇筑混凝土时对侧模板产生的水平力作用，确保不出现开模、胀模和其他明显变形。 ④受弯杆件依其布置和承载要求，可采用适合规格的木方、钢管、型钢和薄钢杆件，或采用专门设计的梁件；支撑杆件可单独使用或与水平、斜拉杆件一起组成支架，其工作安全受稳定承载能力控制，要求杆件和构架结构具有满足安全工作要求的刚度、整体性和稳定承载能力
6	模板支撑体系及其杆件分类	模板支撑体系及其杆件也有定型和非定型两种。 ①定型产品包括支架的定型模板以及可调钢管支柱、定型梁件、可调支座和顶托、托撑、横撑以及早拆体系专用件等。 ②非定型支架多采用方木支柱和拉杆或脚手架杆件，按设计要求搭设。碗扣式、扣件式和门式、框组式等钢管脚手架材料均可用于构造模板支撑架

3.1.2 模板工程技术

无论是模板工程的总体技术，还是特定的专项模板工程技术，其构成大致都包括6个方面(环节)的内容，见表3.2。

表3.2 模板工程技术构成

序号	技术构成	内容说明
1	模板工程材料	模板工程材料包括构造模板和支架板材、杆、构件、连接件和其他配件及专用件
2	模板及支撑体系设计	模板及其支撑体系的结构和构造设计主要包括工程应用方案的比较、选择和完善
3	模板和支架承载计算	模板和支架承载计算包括安全验算、强度验算、稳定性验算和变形控制验算等

续表

序号	技术构成	内容说明
4	支架基础和支承物的验算	支架基础和支承物的验算包括验算承受支柱、横撑和斜撑杆荷载的地面、楼板、坑槽边壁、其他支承结构物以及支垫件等
5	监测与维护管理	模板和支架在浇筑混凝土过程中的监测、维护管理和出现问题与异常情况时的处置
6	模板安装验收	模板及其支撑体系的安装、验收、拆除和维修、保养。其中包括早拆支模体系和梁板模板支架拆除后的二次支撑要求

知识窗

在模板工程技术中还有很多需深入研究、努力改进完善并开拓创新的关键性技术要求，见表3.3。

表3.3　模板工程的关键性技术

分项	内容说明
1	模板和支架材料的轻体、高强、耐磨和低耗要求
2	模板和支架的结构构造合理及其组件的适应和互换性强、装拆方便与配合连接紧密的要求
3	模板和支架的设计计算方法符合有关标准规定，或有充分的理论、试验和工程实践依据的要求
4	模板和支架承载验算采用的各项计算荷载，既要符合相应标准的规定，又要考虑施工中可能出现的实际值(超载情况)，避免出现漏项和计入不足等问题
5	模板和支架的设计及其支承物(楼板、地面、基础、结构物等)的验算，应达到设计规定的可靠度(可靠指标)或安全度(使用“安全系数”)的要求
6	模板工程设计应明确提出(制定)对施工实施中的限控、保险、保护和应急措施与规定的要求
7	各种现浇混凝土结构的模板工程对其混凝土浇筑的工艺流程、速度、铺筑量及可能出现的附加荷载(应力)的要求
8	对模板和支架在浇筑混凝土过程中的工作状况(变形、沉降及其他变化)进行有效监控、维护和及时处置的要求
9	对拆(脱)模与撤除支撑体系的时机和采取保护措施(包括进行二次支撑)的要求
10	在特种工程、新结构、新材料、新技术、新工艺工程以及其他非常规施工的条件、要求和工艺下的技术做法和要求

3.1.3 模板的分类

1)模板系统的组成

模板系统由模板和支撑两部分组成。前者是使混凝土结构或构件成型的模型,后者是保证模板形状、尺寸及其空间位置的支撑体系。

2)模板的分类

在建筑工程单独设置和浇筑的柱、梁、平板和墙板的支模施工中,除大型、高层外,技术难度不大,其施工可包含在相应结构的模板工程中,按工程的结构类型可大致划分为5种;而按专项技术划分,则是将模板视为专项技术的模板体系,有别于散装、散拆的常规作业方式,具有成套装置和自身工艺体系,分别适应某种工程条件和施工要求。模板的分类方法主要有4种,见表3.4。

表3.4 模板的分类

分类	分项	内容说明
按结构的类型划分	梁板楼盖模板	包括各种跨度和层高的肋型、密肋型和井字形梁板楼盖的模板工程,按其模板支架的高度(4 m)又可将其分为低支架和高支架两种。其中支架高度大于10 m的厅堂,如剧院、演播厅等建筑的楼屋盖模板工程,施工技术和安全要求都很高
	框架和框剪结构模板	两者的模板工程施工方式多采用一次支模浇筑或两次支模浇筑,还可采用楼内电梯间剪力墙领先浇筑施工
	板墙结构模板	板墙结构模板工程由墙体和楼板浇筑组成,如大模板建筑和箱形基础等构筑物的模板施工。此类结构的模板支架既是楼板底模的竖向支撑,又是墙模的水平支撑,多采用一次模浇筑方式
	框筒结构模板	为框架和筒体的组合结构,有外筒内框、内筒外框和筒中筒、筒框筒等多种形式,可根据需要采用先筒体、后框架(带楼盖)的两次支模浇筑方式或一次浇筑方式,也可采用先筒体、随后施工框架部分的方式
	特种和特型结构模板	包括池槽、烟囱、电视塔、水塔、筒仓、储罐、漏斗、球冠、圆形、木椭圆形构筑物等的模板工程,其配模、支撑和浇筑各有特点,多有程度不同的技术难度
按专项技术划分	滑模	采用滑升模板成套技术,依靠混凝土体内或体外设置的支架,液压千斤顶、爬杆等滑升设备实现施工一体化的模板装置。此体系中模板及支撑系统和作业平台沿已浇混凝土侧表面向上连续滑升,不仅特别适用于烟囱、筒仓等高耸构筑物和采用框筒、筒中筒结构的超高层建筑,而且也可用于具有标准层设计的框架和框剪结构建筑

续表

分　类	分　项	内容说明
按专项技术划分	台模	采用具有可垂直接触与脱离顶板和水平移动装置，脱模后可水平抽出并整体吊移至上层或下一施工段的模板工程，台模工程也称为飞模工程 台模是用于浇筑楼层混凝土工程的，包括模板、支撑、水平移动和起吊构造的专用成套模具，形如台桌，故称台模。其在整体降模、脱离楼板混凝土并被水平推出后，直接吊至下一施工段就位，无须落地，因此又叫飞模。此种模板方式最适用于采用无梁楼盖的高层和多层建筑，但通过台模的变换组合和折转、折叠板件的使用，也可用于阳台、梁板，乃至板柱楼层结构的施工
	隧道模和拉模	隧道模为可向前推进的整体性模板装置，其循环推进施工工艺程序为：模板脱离──→向前移位──→模板就位。此种模板工程原用于隧道、渠道和长涵洞的施工，现已推广应用于各种适合的建筑工程中。拉模则为采用水平或倾斜牵引滑移前进的整体性模板装置，是一种水平滑动的滑模。这两种模板体系都为整体水平移动模板体系，简称“移模”。其水平移动装置有平移模板沿设于地面上的轨道向前推进的轨道式，平移模板的底轨道在滚轮上行进的滚座式和平移模板下装设行走轮的脚轮式三种不同的平移体系
	爬模和提模	此模板工程中模板脱离混凝土后，整体提升或爬升至上一层进行施工。爬模采用爬升方式，而采用装在支承架上的起重设备整体提升带模板的操作台方式的模板施工称为提模。这两种整体竖向移动模板，简单称为“升模”。此外，还有一种爬架带模的方法，即附着升降脚手架带模板，仅用于外墙支模，其上装有模板靠紧和脱离墙面的装置，模板脱离后随爬架一起向上爬升
按施工方法分类	现场装拆式模板	现场装拆式模板是在施工现场按照设计要求的结构形状、尺寸及空间位置现场组装的模板，当混凝土达到拆模强度后拆除模板。现场装拆式模板多用定型模板和工具式支撑
	固定式模板	固定式模板是制作预制构件用的模板。按照构件的形状、尺寸在现场或预制厂制作模板。各种胎模如土胎模、砖胎模、混凝土胎模等都属于固定式模板
	移动式模板	移动式模板随着混凝土的浇筑，模板可沿垂直方向或水平方向移动，称为移动式模板。如烟囱、水塔、墙柱混凝土浇筑时采用的滑升模板，提升模板和筒壳浇筑混凝土时采用的水平移动式模板等

续表

分 类	分 项	内容说明
按模板自身设计和使用特点分类	按模板的定型情况划分	分为非定型系列工程模板和定型系列工程模板两类,前者的面板和背肋均采用非定型规格材料,按模板所需尺寸裁割配置;后者又可分为通用定型模板,由可适应不同应用对象和要求的、按具有工程适应性的模数配置的系列化标准件和配件组成。专用或特种定型模板是按某类或指定工程设计的特种或专用定型工程模板,如隧道模、滑模、爬模、提模、台模以及其他特型的工程模板,此系列模板也有标准件、调节件和配件
	按模板或模板面板的材料划分	构成工程模板的面积和背肋及边框的材料有很多种组合,工程模板按材料划分时,有木模模板、覆面木(竹)胶合板模板、面板为平直钢板或曲面钢板的钢模板、铝合金模板、塑料和玻璃钢模板、预制混凝土薄板模板、压形钢板模板、浇筑后成为结构组成部分的永久性模板和带孔并内衬特殊织布的透水模板等。此外,还有一种以纸基加胶或浸塑制成的各种直径和厚度的圆形筒模和半圆筒模,可方便锯割成使用长度,用于在墙板中设置各种管径的预留孔道和构造圆柱模板
	按模板的功能划分	分为普通成型模板,清水混凝土成型模板,有装饰条纹、花纹的装饰混凝土成型模板,不拆除的、作为结构组成部分的永久性模板和带内、外保温层的模板。带内保温层的模板,其内保温层黏结于混凝土外墙面成为外保温墙的组成部分且不随模板拆除;带外保温层模板则用于冬期施工,满足混凝土的保温要求
	按模板的成型对象、形状和组拼方式划分	①按模板的成型对象即建筑物的结构和构件不同,可分为梁模、柱模、板模、梁板模、墙模、楼梯模、电梯井模、筒仓和圆池模、隧道和涵洞模、壳模、基础模及桥模、嵌模、航道模和护壁模等; ②按模板的形状划分,可分为平面模板、圆柱形模板、筒模、拱模、弧面模和曲面模、球面模、箱模、模壳以及特形模; ③按模板的组拼方式划分,可分为整体式模板、组拼整体式模板、组式模板、现配式模板以及整体装拆式模板等

3.1.4 模板构造与施工

1)基础模板构造与施工

(1)基础模板的类型及构造

现浇模板多用于混凝土浇筑施工中,见表3.5。独立基础模板施工常见形式有阶形基础模板和杯形基础模板两种;条形基础模板由侧板、斜撑、平撑组成,侧板可用竹、木胶合板和组合小钢模拼制,用短条木板加横向木挡。斜撑和平撑钉在垫木与木挡之间。

表 3.5　基础模板的构造与施工

分类	分　项	内容说明
独立基础模板施工	阶形基础模板	每一台阶模板由 4 块侧板拼钉而成，其中两块侧板的尺寸与相应的台阶侧面尺寸相等，另两块侧板长度应比相应的台阶侧面长度长 150 ~ 200 mm，高度与其相等；4 块侧板用木挡拼成方框，上台阶模板的其中两块侧板的最下一块拼板加长，以便搁置在下层台阶模板上，下层台阶模板的四周要设斜撑及平撑支撑。 斜撑和平撑一端钉在侧板的木挡上，另一端顶紧在锚桩上。上台阶模板的四周要设斜撑和平撑，斜撑和平撑的一端钉在上台阶侧板的木挡上，另一端可钉在下台阶侧板的木挡顶上(图 3.2)
	杯形基础模板	杯形基础模板构造需要在杯口位置装设杯芯模，杯芯模两侧钉上轿杠，以便搁置在上台阶模板上。下台阶顶有坡度的，在上台阶模板的两侧钉轿杠，轿杠端头下方加钉托木，以便搁置在下台阶模板上。近旁有基坑壁时，可贴基坑壁设垫木，用斜撑和平撑固定侧板木挡，(图 3.3、图 3.4)
条形基础模板施工	条形基础模板安装步骤	基槽底弹出基础边线──→侧板对准边线垂直竖立，用水平尺校正侧板顶面水平并用斜撑和平撑钉牢──→立基础两端侧板校正并拉通线──→依照通线立中间的侧板。侧板高度大于基础台阶高度时，可在侧板内侧按台阶高度弹准线，并每隔 2 m 在准线上钉圆钉，作为浇筑混凝土的标志；为防止浇筑时模板变形，每隔一定距离在侧板上口钉上搭头木(图 3.5)
	带有地梁的条形基础	带有地梁的条形基础，轿杠布置在侧板上口，用斜撑、吊木将侧板吊在轿杠上。在基槽两边铺设通长的垫板，将轿杠两端搁置在其上，并加垫木楔，以便调整侧板标高(图 3.6)

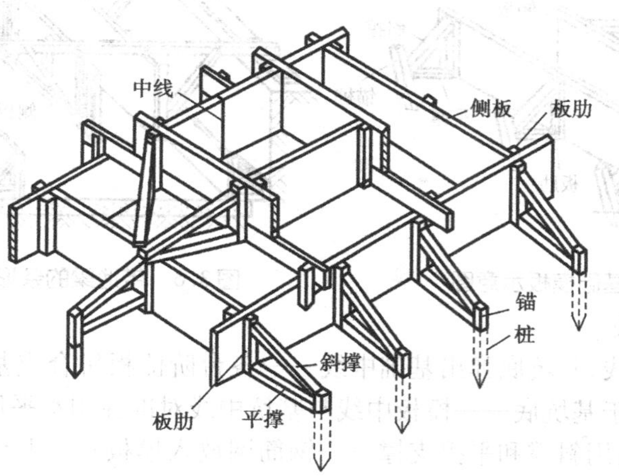

图 3.2　阶形独立基础模板示意图

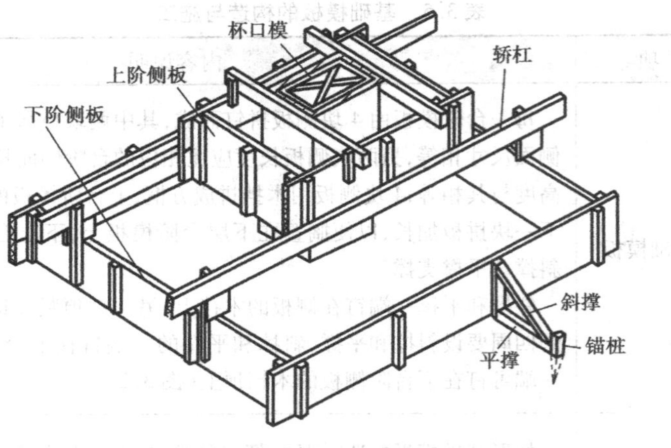

图 3.3　杯形独立基础模板示意图

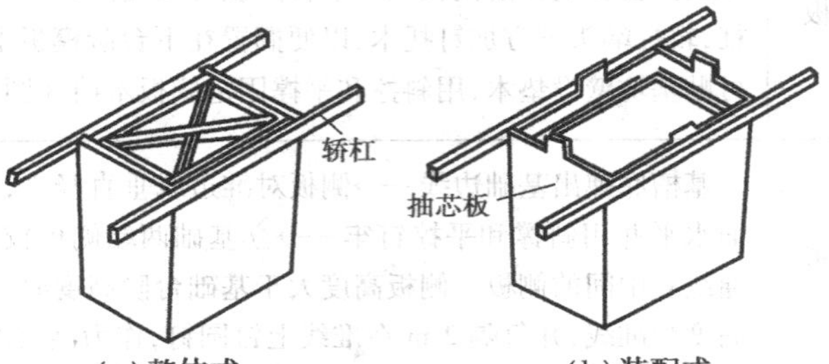

(a)整体式　　(b)装配式

图 3.4　杯芯模示意图

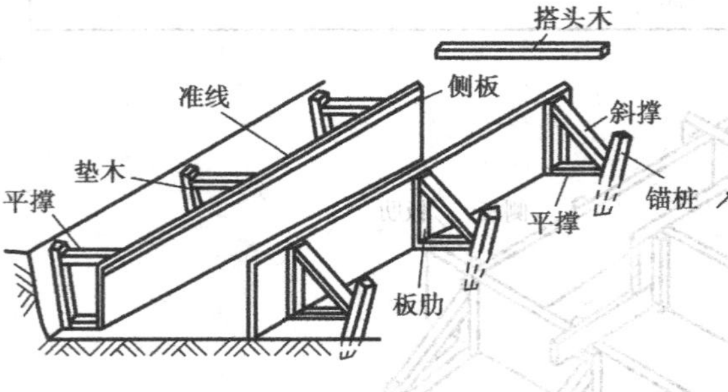

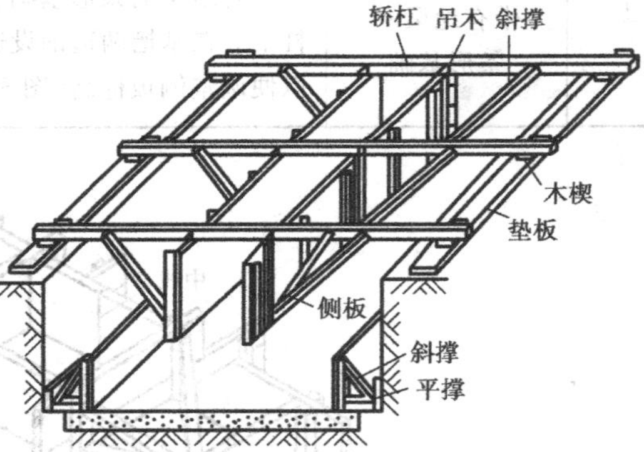

图 3.5　条形基础模板示意图　　图 3.6　带地梁的条形基础模板设置

(2)基础模板安装

侧板内侧画出中线，基坑底弹出基础中线──→各台阶侧板拼合成基础设计要求的方形框架并将下台阶模板放于基坑底──→模板中线与基坑中线对准并用水平尺校正──→模板周围钉锚桩，锚桩与侧板之间用斜撑和平撑支撑──→钢筋网放入模板──→上台阶模板对准中线放在下台阶模板上并用斜撑和平撑钉牢。

杯芯模有整体式和装配式两种。整体式杯芯模是用模板和木挡根据杯口尺寸钉成一个整体，可在杯芯模的上口设吊环以便于脱模；装配式芯模由 4 个角模组成，每侧设抽芯板，拆模时抽去抽芯板即可脱模。杯芯模一般不装底板，方便浇筑杯口底处混凝土，也易于振捣密实。

此种模板安装步骤：各部分画出中线⟶基础垫层上弹出基础中线⟶各台阶钉成方框⟶上台阶模板及杯芯两侧钉上轿杠，下台阶模板放在垫层上，两者中心对准且四周用斜撑和平撑钉牢⟶钢筋网放入模板内⟶上台阶模板摆上，对准中线，校正标高⟶下台阶侧板外加木挡，固定轿杠位置⟶安装杯芯模，对准中线将轿杠用木挡固定在上台阶模板上。

(3)基槽下部模板安装

拼装地梁侧板并在外侧钉吊木(间距800~1 200 mm)⟶侧板放入基槽⟶基槽两侧地面铺垫板⟶轿杠置于垫板并在两端垫木楔⟶地梁边线引到轿杠上并拉通线⟶按通线将侧板吊木逐个钉在轿杠上⟶用线锤校正侧板的垂直度并用斜撑固定⟶用木楔调整侧板上口标高。

2)墙体模板构造与施工

墙体模板构造与施工见表3.6。

表3.6　墙体模板构造与施工

序号	分　项	内容说明
1	墙体模板组成	墙体模板主要由侧板、立挡、牵杠、斜撑等组成。 ①侧板多采用竹、木胶合板或组合钢模并预先与立挡钉成较大板块； ②牵杠钉在立挡外侧，从底部开始每隔0.7~1 m钉一道； ③在牵杠与锚桩之间支斜撑和平撑，锚桩间距大于斜撑间距时，沿锚桩设通长落地牵杠，斜撑与平撑紧顶在落地牵杠上； ④坑壁较近时，可在坑壁上立垫木，在立挡与垫木之间用平撑支撑(图3.7至图3.9)
2	墙体模板安装步骤	①在基础或地面弹出墙的中线及边线⟶根据边线立侧模板并用线锤校正模板垂直度⟶钉牵杠并用斜撑和平撑固定； ②也可直接将斜撑和平撑的一端先钉在牵杠上，用线锤校正侧板的垂直度并将另一端钉牢； ③用大块侧模时，上下竖向拼缝要互相错开，先立两端，后立中间，待钢筋绑扎后，按同样的方法安装另一侧模板及斜撑等
3	施工注意事项	①为了保证墙体的厚度正确，在两侧模板之间用长度等于墙厚的小方木撑好，并在浇筑混凝土时逐个取出； ②为了防止浇筑混凝土的墙身鼓胀，可用8~10号钢丝或用纵横排列的直径12~16 mm的螺栓拉结两侧模板； ③在墙体不高且厚度不大时可直接在两侧模板上口钉搭头木

3)柱模板和梁模板构造与施工

柱模板和梁模板的构造与施工见表3.7。

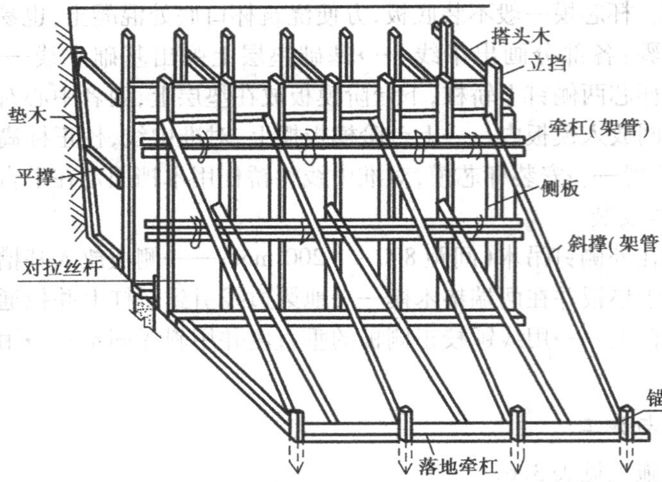

图 3.7　墙体木模板示意图

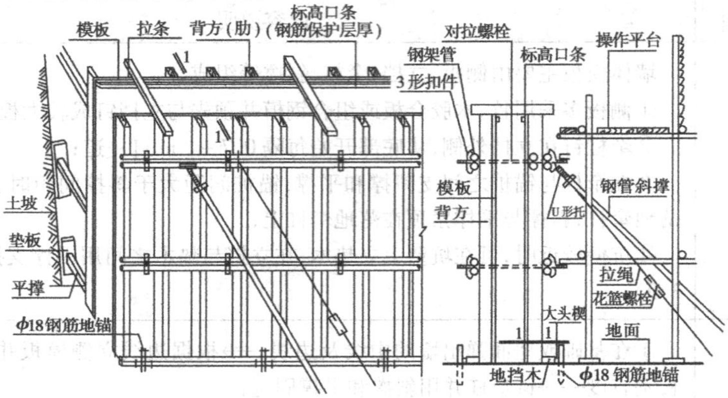

图 3.8　墙体模板示意图

图 3.9　墙体支模实例

表 3.7　柱模板和梁模板构造与施工

序　号	分　项	内容说明
1	矩形柱模组成	矩形柱模板由四面侧板、柱箍、支撑组成,两面侧板由木胶合板或组合钢模拼制,另两侧模板由短板横向逐块钉上,且两端伸出纵向板边以便拆模。柱模底用方木方盘加锚桩固定(图 3.10、图 3.13、图 3.14)
2	矩形柱模支设注意事项	①柱断面较大时,为防止在混凝土浇筑时模板鼓胀变形,应在柱模外设置柱箍,其主要有木箍、钢木箍及槽钢箍和钢架管箍等几种形式。 ②柱箍间距应根据柱模断面大小确定,一般不超过 600 mm,柱模下部间距应小些,往上可逐渐增大间距。设置柱箍时,横向侧板外面要设竖向木挡(龙骨肋)(图 3.11、图 3.13)
3	柱模板安装步骤	柱模板安装步骤:在基础或楼面弹柱轴线、边线和校核线──→按照边线固定底脚方盘(脚箍)──→对准边线安装两侧纵向侧板并用临时支撑支牢──→在另两侧钉横向侧板拉紧纵向侧板──→校正柱模垂直度并用支撑固定──→逐块钉满横向侧板──→在柱模间用水平撑、剪刀撑互相拉结固定(图 3.12 至图 3.15)
4	梁模板组成	①梁模板主要由侧板、底板、夹木、托木、梁箍(勾头夹具)、支撑和梁(柱)专用节点模等组成。侧板用厚 15 mm 的木胶合板或组合小钢模拼制。 ②在梁底板下每隔一定间距支设顶撑,夹木设在梁模两侧板下方,将梁侧板与底板夹紧并钉牢在支柱顶撑上。 ③次梁模板,根据格栅(龙骨)标高,在两侧板外面钉托木。主梁与次梁交接处,应在主梁侧板上留缺口,并钉衬口挡,次梁的侧板和底板钉在衬口挡上(图 3.16 至图 3.19)
5	梁模板支承结构	①支承梁模的顶撑立柱一般为专用顶撑或钢管架。 ②通常要在立柱底垫木楔以调整梁模的标高,同时应沿顶撑底在地面上铺设厚度不小于 40 mm、宽度不小于 200 mm、长度不小于 600 mm 的垫板。顶撑间距根据梁的断面大小而定,一般为 800～1 200 mm。 ③梁的高度较大时,在侧板外另加斜撑,斜撑上端钉在托木上,下端钉在顶撑的帽木上,独立梁的侧板上口用搭头木互相卡住(图 3.19、图 3.20、图 3.26)
6	梁模板安装步骤	梁模板安装步骤:梁模下方地面铺设垫板──→在专用柱模缺口处钉衬口挡──→底板两头搁置在柱模衬口挡──→从边柱模或墙边的顶撑并按梁模长度等分顶撑间距──→在顶撑底打入木楔──→安放侧板──→安装次梁模板──→拉中线进行检查,复核各梁模中心位置──→平板模板安装,检查并调整标高──→垫木楔钉牢,设顶撑间水平撑或剪刀撑(图 3.21 至图 3.25)
7	侧板及次梁设置	侧板两端须钉牢在衬口挡上,并在侧板底外侧通过铺夹木将侧板夹紧并钉牢在顶撑帽木上,同时钉牢斜撑。次梁模板安装须待主梁模板安装并校正后进行,其底及侧板两端钉在主梁模板缺口衬口挡上,其两侧板外侧按格栅底标高钉好托木,或采用勾头夹具固定(图 3.26)

续表

序号	分　项	内容说明
8	特殊情况处理	当楼板采用预制圆孔、梁为现浇花篮梁时，应先安装梁模板，再吊装圆孔板，圆孔板的重力暂时由梁模板来承担，以加强预制板和现浇梁的连接。安装步骤：梁底板、侧板安装——→立侧板外支撑并钉上通长格栅——→用水平撑和剪刀撑连接各支撑

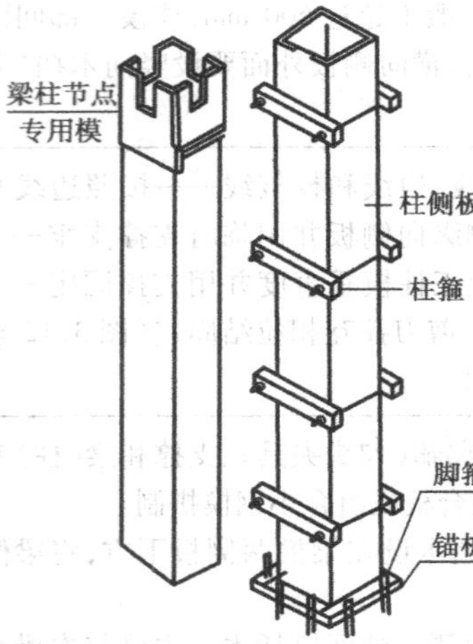

图 3.10　柱体木模示意图

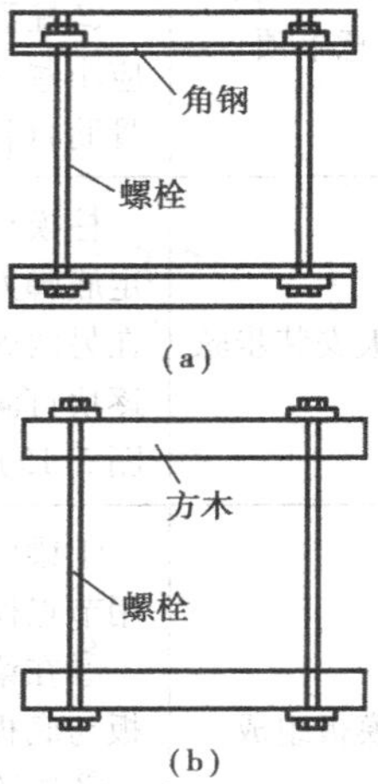

图 3.11　常见柱模加固箍

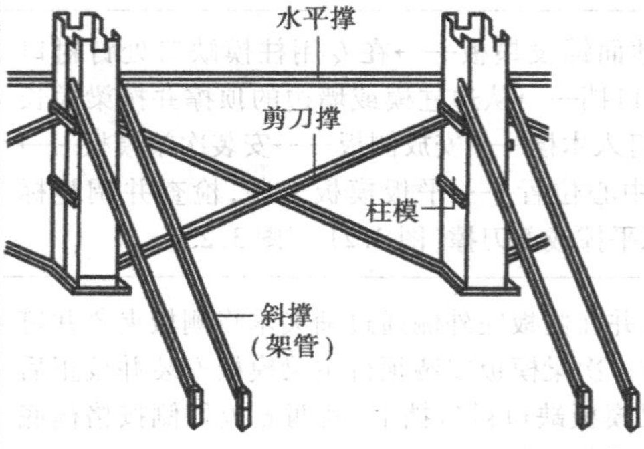

图 3.12　柱模固定示意图

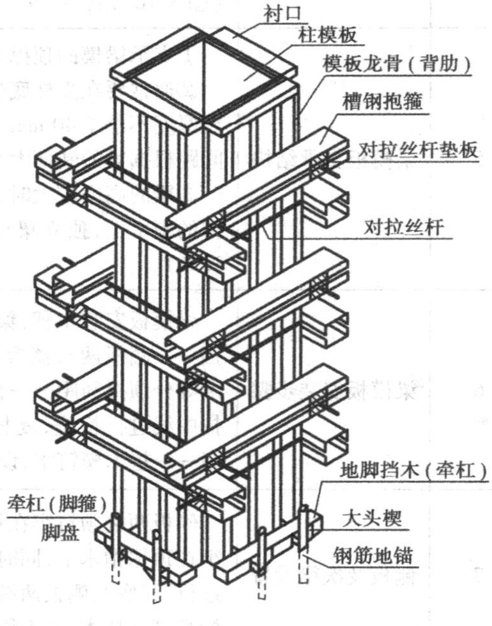

图 3.13　方形柱模板构造图

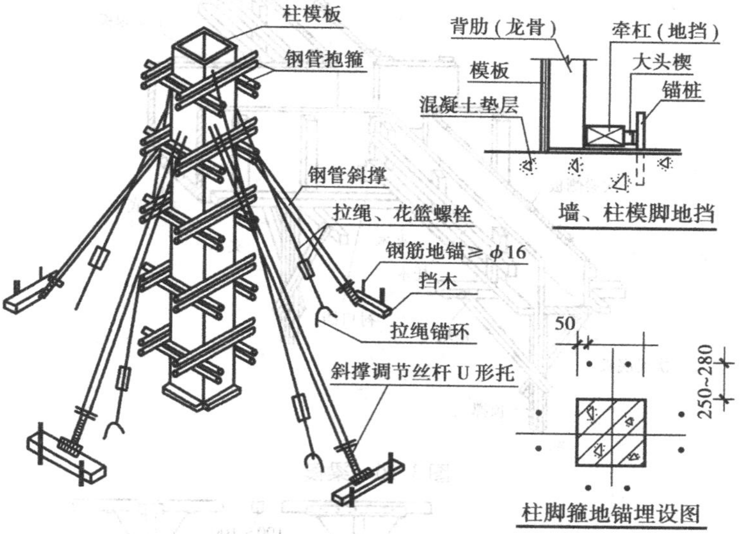

图 3.14　柱模固定示意图

图 3.15　现场柱模图

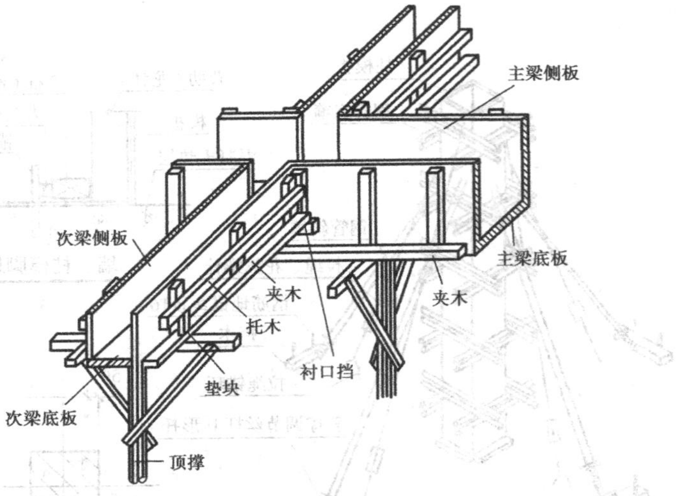

图 3.16　梁模

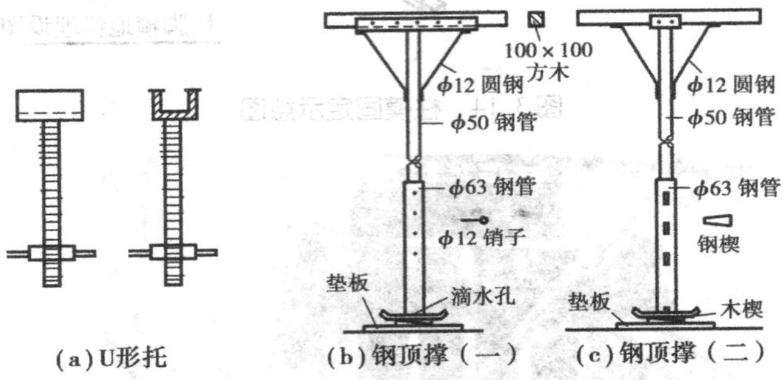

图 3.17　常用顶撑示意图

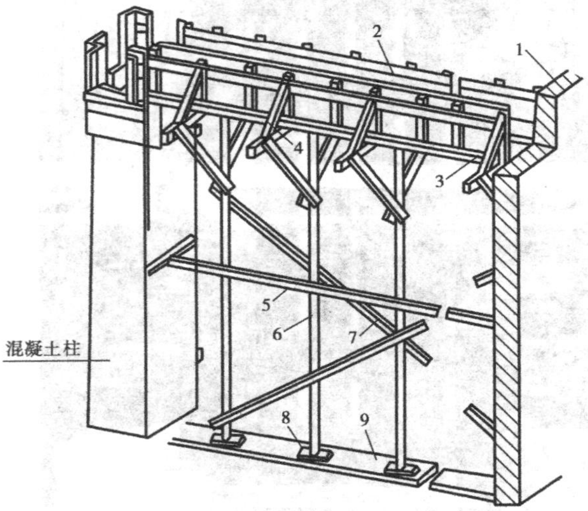

1—砖墙；2—侧板；3—夹木；4—斜撑；5—水平撑；6—琵琶撑；7—剪刀撑；8—木楔；9—垫板

图 3.18　梁模板安装

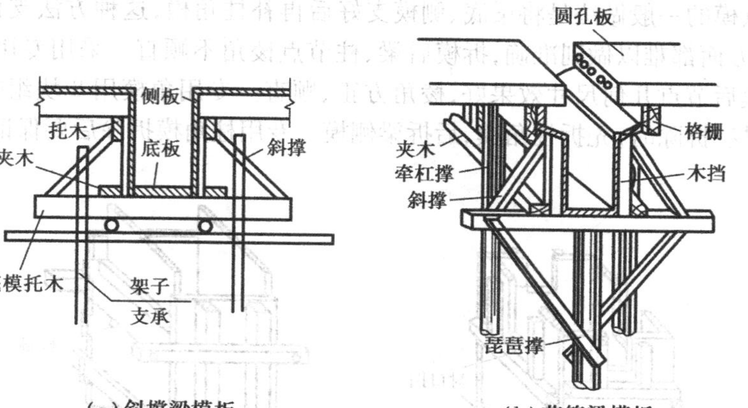

(a)斜撑梁模板　　(b)花篮梁模板

图 3.19　斜撑梁模板及花篮梁模板示意图

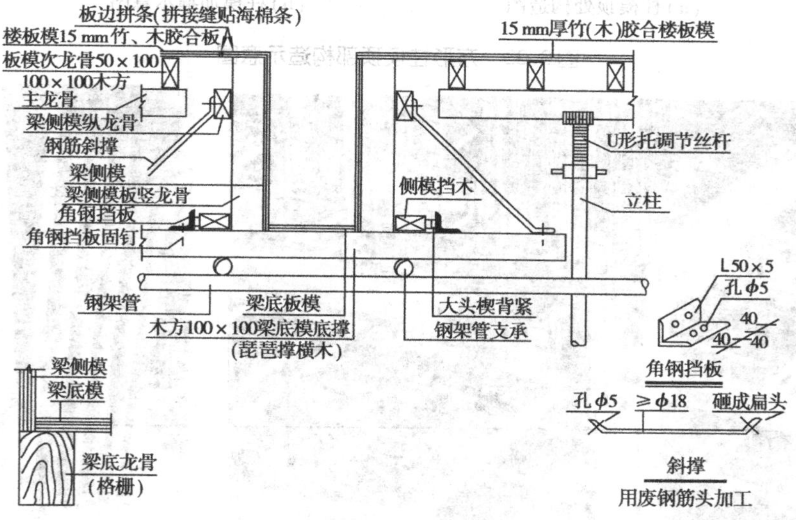

图 3.20　梁、楼板模支设示意图

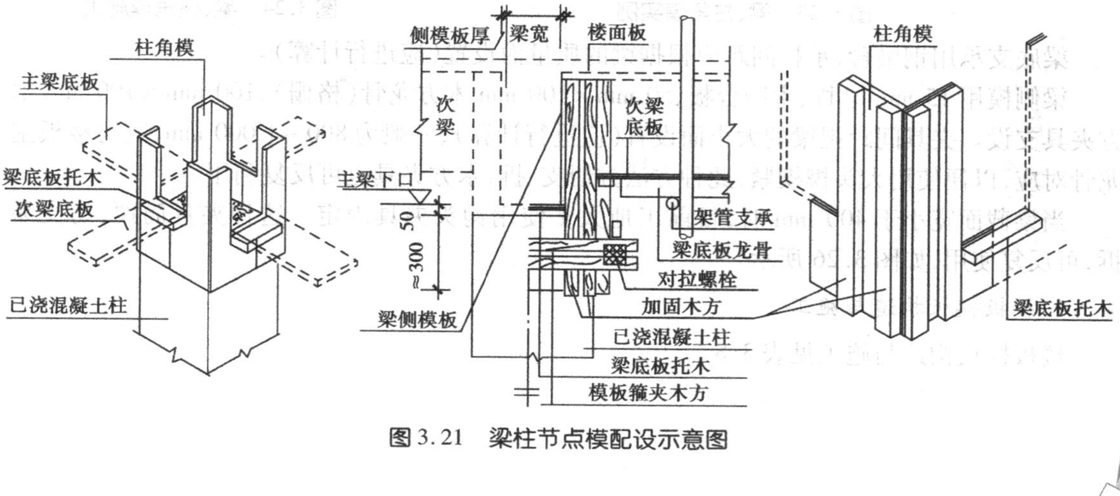

图 3.21　梁柱节点模配设示意图

梁、柱节点模的一般做法是将梁底、侧模支好后再补柱角模，这种方法支设的柱角模在固定和几何尺寸方面都难以做到准确，拆模后梁、柱节点棱角不顺直。采用专用节点模后，支拆方便，而且拆模后节点几何尺寸效果好，棱角方正、顺直。专用角模用8块组拼，先装柱角模，再安装梁底侧模；拆除时，先拆柱角模，后拆梁侧模。专用柱角模拆除后要保证完好，以便周转使用。

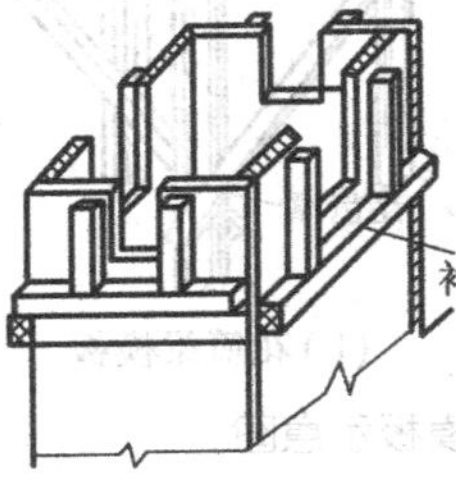

(a)柱模顶处构造图

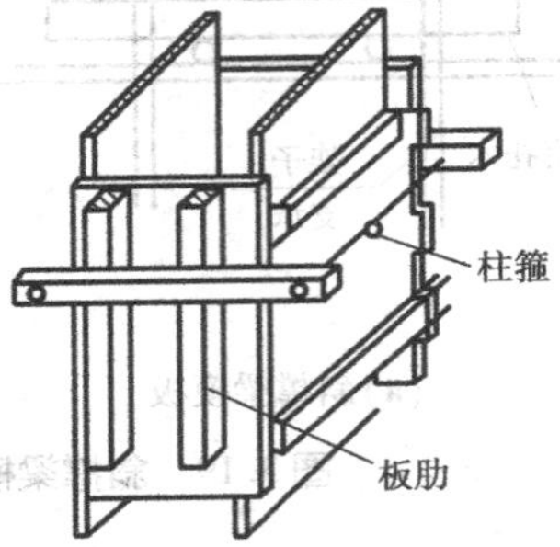

(b)柱模加箍示意图

图3.22　方形柱模顶部构造示意图

图3.23　梁、柱角模实例

图3.24　梁、柱角模施工

梁底支承用钢梁管，承杆间距应根据梁的质量而设置(应进行计算)。

梁侧模用15 mm厚竹、木胶合板，50 mm×100 mm木方龙骨(格栅)，100 mm×100 mm木方夹具支设。夹具间距视梁的大小而设置(应进行计算)，一般为800～1 000 mm，宜与楼板主龙骨对应，以便使用大头楔楔紧，此种方法方便支、拆，木方夹具也可反复利用。

当梁截面宽小于400 mm时，目前工地大多使用钩头夹具固定。这种夹具简便，易支易拆，可反复使用，如图3.26所示。

4)楼板模板构造与施工

楼板模板构造与施工见表3.8。

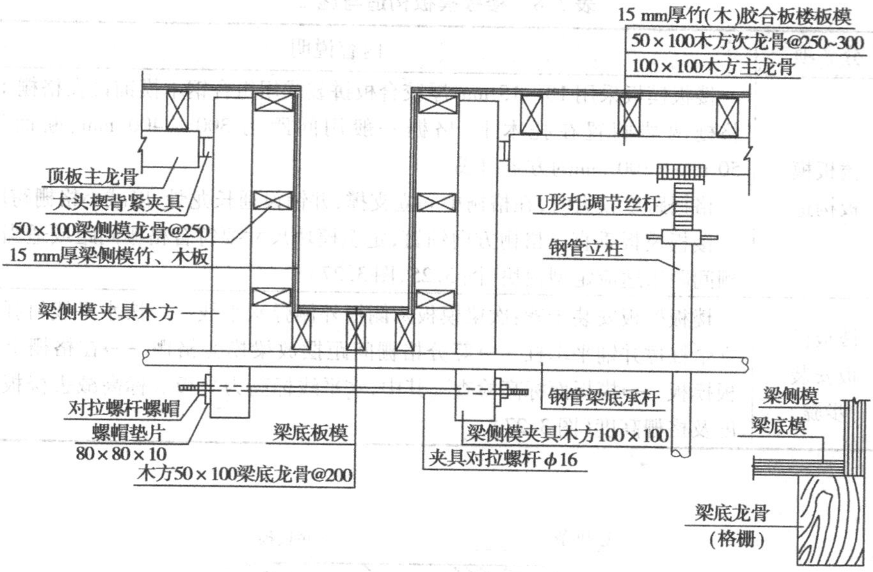

图 3.25 梁、楼板模支设示意图

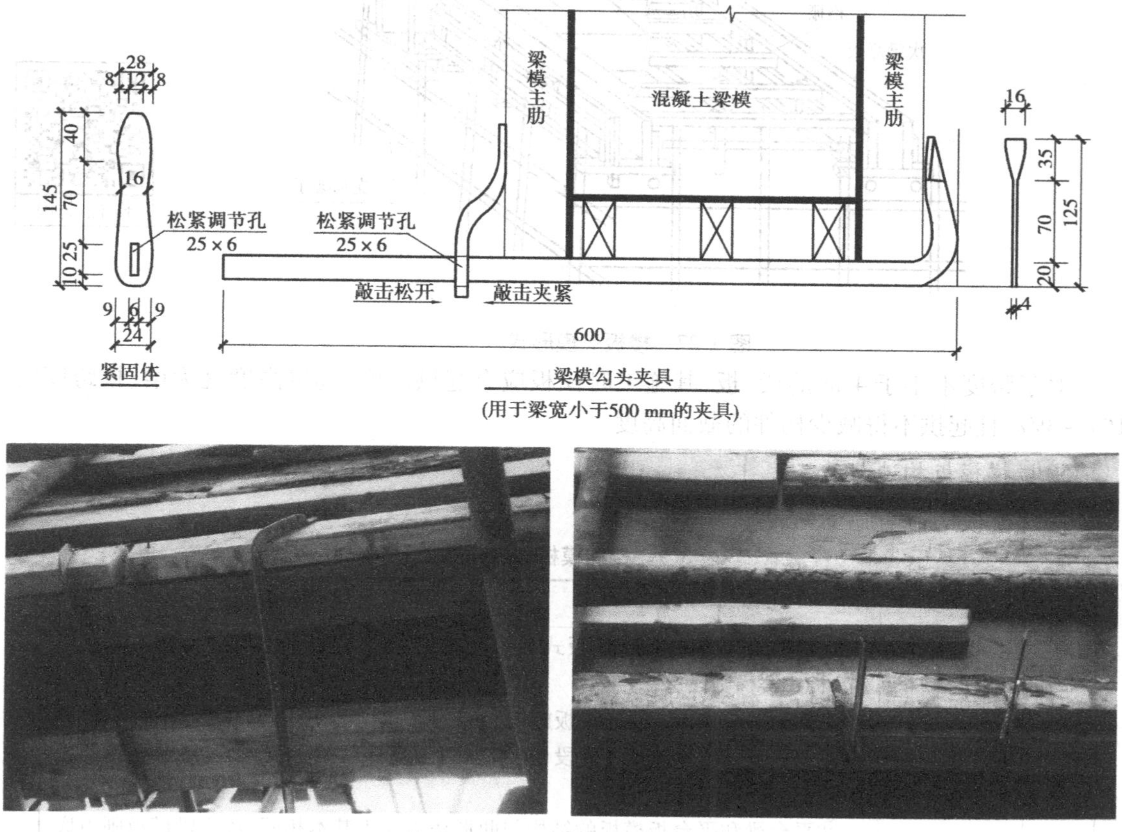

图 3.26 梁模钩头夹具

表 3.8 楼板模板构造与施工

序号	分 项	内容说明
1	楼板模板构造	楼板模板采用 10 ~ 15 mm 厚胶合板拼装或用组合钢木模铺设在格栅上组成，格栅两端搁置在托木上，格栅一般用间距为 300 ~ 400 mm、断面尺寸为 50 mm × 100 mm的方木组成。 格栅跨度较大时，在格栅中间立支撑，并铺设通长龙骨，以减小格栅跨度。 楼板模板垂直于格栅方向铺钉，定型模块尺寸要符合格栅间距或适当加密格栅间距来适应定型模块(图 3.25、图 3.27)
2	楼板模板安装步骤	楼板模板安装步骤：次梁模板两侧板外侧弹水平线──→按水平线钉托木──→立牵杠撑并铺平牵杠──→等分格栅间距摆放梁模旁格栅──→在格栅上铺钉楼板模板──→模板面标高检查。其中，水平线标高为平板底标高减去楼板模板厚度及格栅高度(图 3.27)

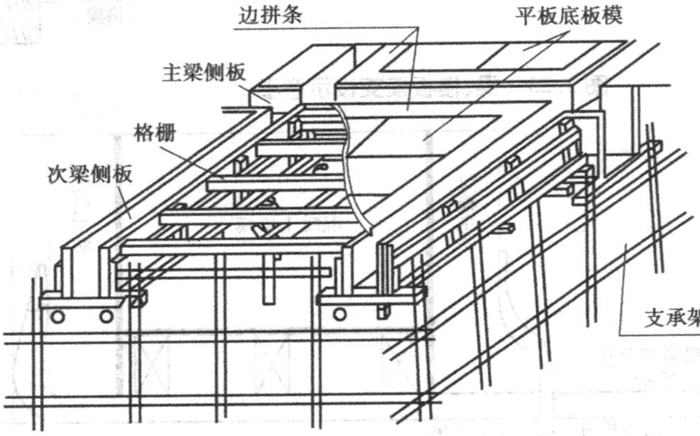

图 3.27 楼板支模形式

对于跨度不小于 4 m 的梁、板，其施工时模板应有起拱高度，起拱高度宜为梁、板跨度的 1‰ ~ 3‰，且起拱不得减少构件的截面高度。

5) 楼梯模板构造与施工

楼梯模板构造与施工见表 3.9。

表 3.9 楼梯模板构造与施工

序号	分 项	内容说明
1	楼梯模板结构形式	现浇混凝土楼梯有梁式、板式和螺旋式等几种结构形式，梁式楼梯两侧有边梁，板式楼梯则没有。 以常见的双跑板式楼梯模板施工为例进行施工说明： ①双跑板式楼梯包括楼梯段(楼板和踏步)、梯基梁、平台梁及平台板等部分(图 3.28、图 3.30) ②平台梁和平台板模板的结构与肋形楼盖模板基本相同；楼梯段模板则由底模、格栅、牵杠、牵杠撑、外帮板、踏步侧板、反三角木等组成(图 3.29)

续表

序号	分　项	内容说明
2	楼梯模板构造尺寸设置	①踏步侧板两端钉在梯段侧板木挡上，先砌墙体时，靠墙一端可钉在反三角木上。梯段侧板宽度大于等于梯段板厚及踏步高，板厚15 mm，长度根据梯段长度确定。 ②在梯段侧板内侧画出踏步形状与尺寸，并在踏步高度线一侧留出踏步侧板厚度，钉上木挡，用于钉踏步侧板。 ③反三角木用横楞及立木支吊，是由若干三角木块钉在方木上，三角木块两直角边长分别等于踏步的高和宽，板厚50 mm，方木断面50 mm×100 mm（或用型钢制作）。每一梯段至少要配一块反三角木，楼梯较宽时多配。梯段侧模见图2.31
3	楼梯模板的安装步骤	楼梯模板的安装步骤：立平台梁、平台板的模板及梯基侧板──→钉平台梁和柱基侧板托木──→格栅支于托木上（间距300～400 mm，断面50 mm×100 mm）──→立格栅下牵杠及牵杠撑（牵杠断面50 mm×100 mm；牵杠撑间距1～1.2 m且下垫通长垫板，并保证牵杠应与格栅相垂直；牵杠撑之间应用拉杆相互拉结）──→在格栅上铺梯段底板（厚为10～12 mm，胶合板底板纵向与格栅相垂直）──→底板上划梯段宽度线（依线立外帮板，外帮板可用夹木或斜撑固定）──→靠墙面立反三角木（反三角木两端与平台梁和梯基侧板钉牢）──→反三角木与外帮板间逐块钉踏步侧板。 先浇楼梯后砌墙体时，则梯段两侧都应设外帮板，梯段中间加设反三角木，其余安装步骤与先砌墙体做法相同

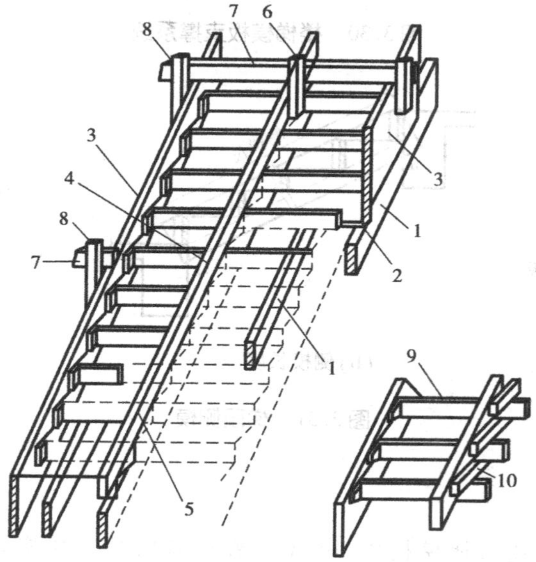

1—楞木；2—底模；3—外帮板；4—反三角木；5—三角板；
6—吊木；7—横楞；8—立木；9—踏步侧板门；10—顶木

图3.28　楼梯模板结构图

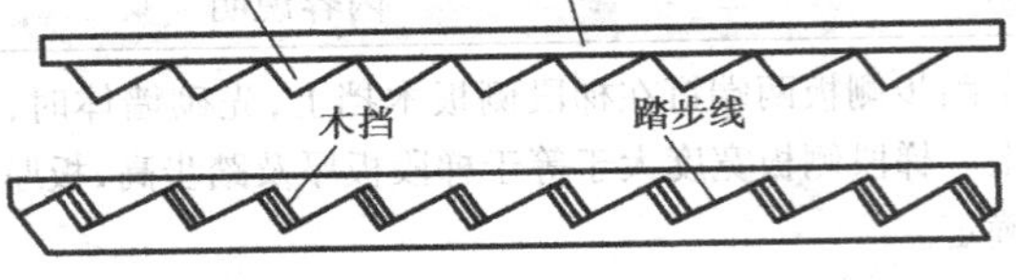

图 3.29　楼梯模板外帮板结构图

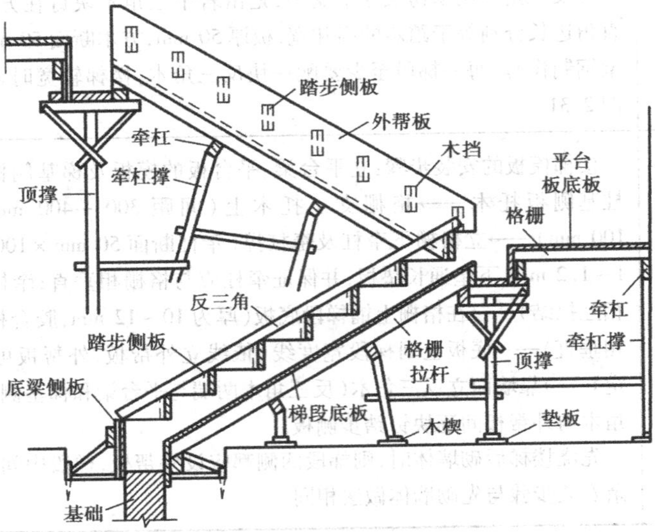

图 3.30　楼梯模板支撑系统

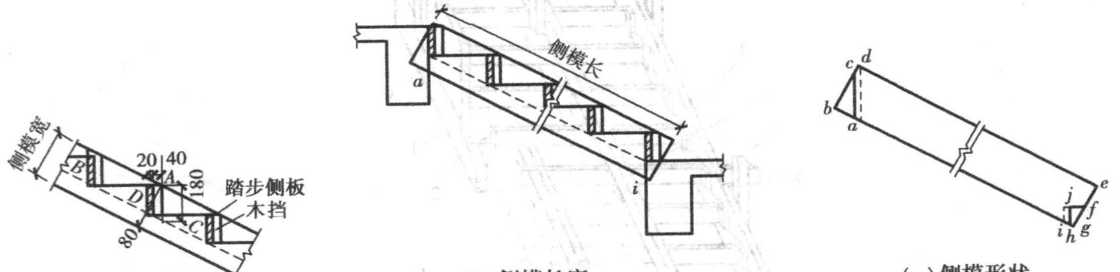

图 3.31　梯段侧模

活动建议

在教师的带领下，参观工地模板支设（或观看视频），然后在实习场所分组（5 ~8 人）安装模板（基础、梁、板、柱等均可），由教师评估打分。

柱梁板模板

小组讨论

安装模板过程中,如何保证模板质量? 应注意哪些问题?

3.1.5 胶合板模板的使用

竹(木)胶合板模板,其优点是自重轻,整体刚度好,防水性能好,几何尺寸规则,成型简便,拼缝少,劳动效率高,浇筑出的混凝土表面平整、光洁,一般能达到清水混凝土板的要求(楼板底、墙面可不再抹灰),减少湿作业,节约投资,降低工程造价,因而颇受欢迎。

1)胶合板用作混凝土模板的优点

①板幅大、自重轻、板面平整,既可减少安装工作量,节省现场人工费用,又可减少混凝土外露表面的装饰及磨去接缝的费用。

②承载能力大,特别是经表面处理后耐磨性好,能多次重复使用。

③材质轻,厚 18 mm 的木胶合板单位面积质量为 50 kg,模板的运输、堆放、使用和管理等都较为方便。

④保温性能好,能防止温度变化过快,冬期施工有助于混凝土的保温。

⑤锯裁方便,易加工成各种形状的模板。

⑥便于按工程需要弯曲成型,用作曲面模板。

⑦用于清水混凝土模板,最为理想。

目前在全国各大中城市的高层现浇混凝土结构施工中,胶合板模板已得到广泛使用,使用时有以下注意事项:

①胶合板面尽量不钻孔洞。遇有预留孔洞,可用普通木板拼补。

②现场应备有修补材料,以便对损伤的面板及时进行修补。

③使用前必须涂刷脱模剂。

2)胶合板施工工艺

(1)胶合板模板配置方法

①按图纸设计尺寸直接配制模板。形体简单的结构构件,可根据结构施工图纸直接按尺寸列出模板规格和数量进行配制。模板厚度、横挡及楞木的断面和间距,以及支承系统的配置,都可按支承要求通过计算选用。

②采用放大样方法配制模板。形体复杂的结构构件,如楼梯、圆形水池等,可在平整的地坪上,按结构图的尺寸画出结构构件的实样,量出各部分模板的准确尺寸或套制样板,同时确定模板及其安装的节点构件,进行模板的制作。

③用计算方法配制模板。形体复杂,不易采用大样方法,但有一定几何形体规律的构件,可用计算方法结合放大样的方法,进行模板的配制。

④采用结构表面展开法配制模板。一些形体复杂又由各种不同形体组成的复杂体型结构构件,如设备基础,其模板的配制可采用先画出模板平面图和展开图,再进行配模设计和模板制作。

(2)胶合板模板配置要求

①应整张直接使用,尽量减少随意锯截,造成胶合板浪费,如图 3.32 所示。

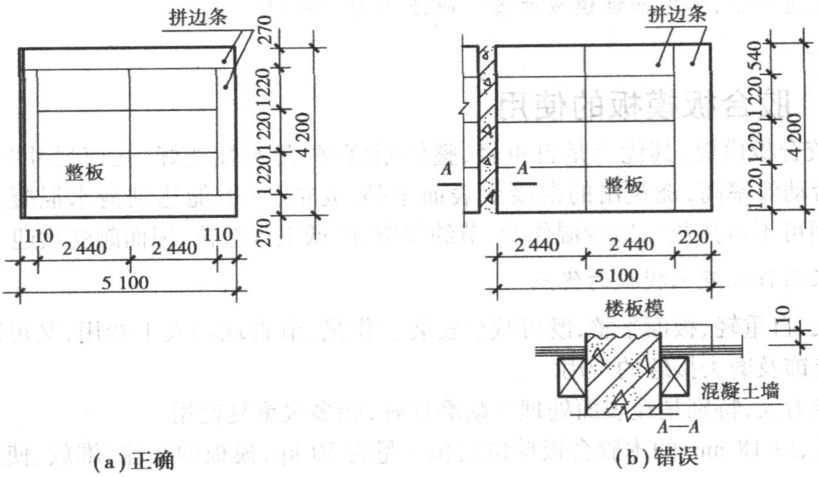

图 3.32 胶合板楼板模配设计图

②木胶合板常用厚度一般为 12 mm 或 18 mm,竹胶合板常用厚度一般为 12 mm,内、外楞的间距可随胶合板的厚度,通过设计计算进行调整。

③支撑系统可以选用钢管脚手架,也可采用木材。采用木支撑时,不得选用脆性、严重扭曲和受潮容易变形的木材。

④钉子长度应为胶合板厚度的 1.5 ~2.5 倍,每块胶合板与木楞相叠处至少钉两个钉子,第二块模板上的钉子要转向第一块模板方向斜钉,使拼缝严密。

⑤配制好的模板应在反面编号并写明规格,分别堆放保管,以免错用。因模板靠墙处在拆模时易破损,在拼板时应尽量将整板铺在中间位置,边上补拼边条。

阅读理解

现浇结构模板安装的允许偏差

1)预埋件和预留孔洞的安装允许偏差

固定在模板上的预埋件和预留孔洞不得遗漏,应安装牢固,且位置应满足设计和施工方案的要求。当设计无具体要求时,其位置和偏差应符合表 3.10 的规定。

表 3.10 预埋件和预留孔洞的安装允许偏差

项目		允许偏差/mm
预埋板中心线位置		3
预埋管、预留孔中心线位置		3
插筋	中心线位置	5
	外露长度	+10,0

续表

项目		允许偏差/mm
预埋螺栓	中心线位置	2
	外露长度	+10,0
预留孔洞	中心线位置	10
	尺寸	+10,0

注:检查中心线位置时,沿纵、横两个方向测量,并取其中偏差的较大值。

2)现浇结构模板安装的允许偏差

现浇结构模板安装的允许偏差及检验方法应符合表3.11的规定。

表3.11 现浇结构模板安装的允许偏差及检验方法

项目		允许偏差/mm	检验方法
轴线位置		5	尺量
底模上表面标高		±5	水准仪或拉线、尺量
模板内部尺寸	基础	±10	尺量
	柱、墙、梁	±5	尺量
	楼梯相邻踏步高差	5	尺量
柱、墙垂直度	层高≤6 m	8	经纬仪或吊线、尺量
	层高>6 m	10	经纬仪或吊线、尺量
相邻模板表面高差		2	尺量
表面平整度		5	2 m靠尺和塞尺量测

注:检查轴线位置,当有纵、横两个方向时,沿纵、横两个方向量测,并取其中偏差的较大值。

3.1.6 模板的拆除

模板的拆除时间受新浇混凝土达到拆模强度要求的养护期限制。一般工程结构设计对拆模时混凝土的强度有具体规定,如果未作具体规定,应遵守施工规范所作的下列规定:

①不承重模板(如侧模)应在混凝土强度能保证其表面及棱角不因拆除模板而受损坏时,方可拆除。

②承重模板的拆除日期,在混凝土强度达到表3.12的规定强度后方能拆除。

表 3.12　底模拆除时的混凝土强度要求

构件类型	构件跨度/m	按设计的混凝土强度标准值的百分率/%
板	≤2	≥50
	>2,≤8	≥75
	>8	≥100
梁、拱壳	≤8	≥75
	>8	≥100
悬臂构件	—	≥100

③拆除模板时还应注意:

a. 拆模时不要用力过猛,拆下来的模板要及时运走、整理、堆放,以便再次利用。

b. 拆模程序:后支的先拆,先支的后拆;先拆除非承重部分,后拆除承重部分,并应从上而下进行拆除;一般是"谁安谁拆",重大复杂的模板拆除时,应事先制订拆除方案。

c. 拆除框架模板的顺序:首先是柱模板,然后是楼板底模板、梁侧模板,最后是梁底模板。拆除跨度较大的梁下支柱时,应先从跨中开始,分别拆向两端。

d. 多层楼板模板支柱的拆除,应按下列要求进行:上层楼板正在浇筑混凝土时,下层楼板的模板支柱不得拆除,再下一层楼板的支柱仅可拆除一部分;跨度 4 m 及以上的梁下均应保留支柱,其间距不得大于 3 m。快拆支架体系的支架立杆间距不应大于 2 m,拆模时应保留立杆并顶托支承楼板,拆模时混凝土强度等级按表 3.12 中构件跨度为 2 m 的规定确定。

e. 拆模时,应尽量避免混凝土表面或模板受到损坏,防止模板整块下落时伤人。

小组讨论

拆模时间过早或过晚,对混凝土工程施工有什么影响?

练习作业

模板拆除应注意哪些问题?

知识窗

1. 请阅读《混凝土结构工程施工规范》(GB 50666—2011)、《混凝土结构工程施工质量验收规范》(GB 50204—2015)中对模板工程施工与验收的规定。

2. 请阅读《建筑施工模板安全技术规范》(JGJ 162—2008)。

3.2 钢筋工程

问题引入

目前，大多数的建筑工程都是钢筋混凝土结构，在这类结构中起支撑作用的是钢筋混凝土构件，而钢筋是钢筋混凝土结构中的主要材料。那么，钢筋有哪些种类？如何计算钢筋的下料长度？如何编制钢筋配料单？钢筋之间又是如何进行连接的呢？下面，我们就来学习钢筋工程的有关知识。

3.2.1 钢筋的种类及检验

1）钢筋的种类

钢筋广泛应用于建筑工程中，其种类很多，通常有以下几种分类方法：

（1）按钢筋的外形分类

①光面钢筋。光面钢筋是表面光滑的钢筋，分为光面圆钢筋和光面方钢筋，HPB235、HPB300 级钢筋均轧制成光圆钢筋。

②变形钢筋。如果圆形钢筋的表面有突起，则称其为变形钢筋（也称为带肋钢筋）。其肋纹的形状又分为月牙肋和等高肋，如图 3.33 所示。

（a）月牙肋钢筋

（b）等高肋钢筋

图 3.33　变形钢筋

③刻痕钢丝。将直径在 5 mm 以下的钢筋称为钢丝。它是由光面钢丝经过机械压痕而成的，加强了钢丝与混凝土的握裹力。

④钢绞线。钢绞线是将 2 根、3 根或 7 根 $\phi2.5 \sim \phi5$ 的碳素钢丝在绞线机上进行螺旋形绞绕而成的钢丝束，再经热处理而成，常用于预应力混凝土构件中。

（2）按热轧钢筋的屈服强度特征值分类

经过热轧而成的光圆钢筋或变形钢筋称为热轧钢筋，钢筋混凝土用钢的国家规范将其分为 3 个部分：第一部分为热轧光圆钢筋；第二部分为热轧带肋钢筋；第三部分为焊接钢筋网。表 3.13 为热轧钢筋牌号的构成与含义。

表 3.13　热轧钢筋牌号的构成与含义

类　别	牌　号	牌号构成	英文字母含义
热轧光圆钢筋	HPB300	由 HPB + 屈服强度特征值构成	HPB——热轧光圆钢筋的英文(Hot rolled Plain Bars)缩写
普通热轧钢筋	HRB400	由 HRB + 屈服强度特征值构成	HRB——热轧带肋钢筋的英文(Hot rolled Ribbed Bars)缩写 E——“地震”的英文(Earthquake)首位字母
	HRB500		
	HRB600		
	HRB400E	由 HRB + 屈服强度特征值 + E 构成	
	HRB500E		
细晶粒热轧钢筋	HRBF400	由 HRBF + 屈服强度特征值构成	HRBF——在热轧带肋钢筋的英文缩写后加“细”的英文(Fine)首位字母 E——“地震”的英文(Earthquake)首位字母
	HRBF500		
	HRBF400E	由 HRBF + 屈服强度特征值 + E 构成	
	HRBF500E		

热轧钢筋牌号标志，HRB400、HRB500、HRB600 分别以 4、5、6 表示，HRBF400、HRBF500 分别以 C4、C5 表示，HRB400E、HRB500E 分别以 4E、5E 表示，HRBF400E、HRBF500E 分别以 C4E、C5E 表示。

(3)按钢筋直径分类

按直径大小的不同，钢筋可以分为钢丝(直径 3 ~ 5 mm)、细钢筋(直径 6 ~ 10 mm)、中粗钢筋(直径 12 ~ 20 mm)、粗钢筋(直径大于 20 mm)。

2)钢筋的检验

(1)钢筋进场检验

钢筋进场时应按批次进行外观质量检查，并按有关标准进行抽样检验，还应检查其产品合格证和出厂检验报告。每批次由同一牌号、同一炉罐号、同一规格的钢筋组成。每批次质量通常不大于 60 t；超过 60 t 的部分，每增加 40 t(或不足 40 t 的余数)，增加一个拉伸试验试样和一个弯曲试验试样。

①查对标牌。每捆钢筋(盘)均应有标牌(图 3.34)，应检查钢筋表面轧上的牌号标识、生产企业序号(许可证后 3 位数字)、公称直径毫米数及经注册的厂名和商标，如图 3.35 所示。

②外观检查。钢筋应平直、无损伤，表面不得有裂纹、油污、颗粒状或片状老锈。

③抽样检验。钢筋进场时，应按国家现行相关标准的规定抽取试件做屈服强度、抗拉强度、伸长率、弯曲试验和质量偏差检验，检验结果应符合相应标准规定。

④对按一、二、三级抗震等级设计的框架结构和斜撑构件(含梯段)，其纵向受力普通钢筋应采用 HRB400E、HRB500E、HRBF400E 或 HRBF500E 钢筋，其强度和最大力下总伸长率的实测值应符合下列规定：

a. 抗拉强度实测值与屈服强度实测值的比值不应小于 1.25；

b. 屈服强度实测值与屈服强度标准值的比值不应大于 1.30；

c. 最大拉力下总伸长率不应小于 9%。

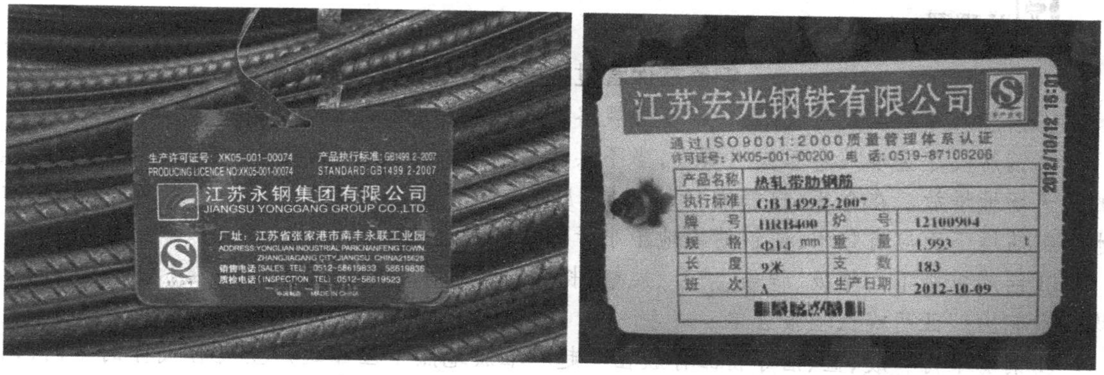

图 3.34　钢筋标牌

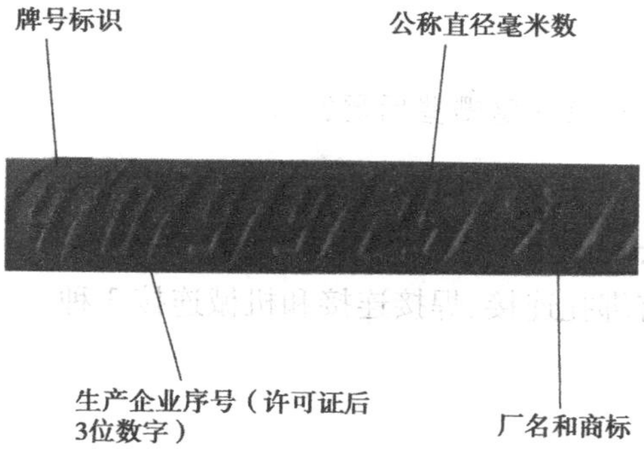

图 3.35　钢筋轧上的牌号标识

钢筋在加工过程中发现脆断、焊接性能不良或力学性能显著不正常等现象时，应进行化学成分检验或其他专项检验。

(2) 钢筋工程隐蔽验收

浇筑混凝土之前，应进行钢筋隐蔽工程验收。隐蔽工程验收应包括下列主要内容：

①纵向受力钢筋的牌号、规格、数量、位置；

②钢筋的连接方式、接头位置、接头质量、接头面积百分率、搭接长度、锚固方式及锚固长度；

③箍筋、横向钢筋的牌号、规格、数量、间距、位置，箍筋弯钩的弯折角度及平直段长度；

④预埋件的规格、数量和位置。

观音像

钢筋和钢筋堆放。

钢筋　钢筋堆放

阅读理解

钢筋在保管过程中的注意事项

①钢筋入库要点数验收，要对钢筋的规格、等级、牌号进行检验。

②钢筋应尽量堆入仓库或料棚内，当不具备条件时，应选择地势较高、土质坚实、较为平坦的露天场地堆放。在仓库、料棚或场地四周，应有一定的排水坡度，或挖掘排水沟，以利于泄水。钢筋堆下面应有垫木，使钢筋离地不小于200 mm，也可用钢筋存放架存放。

③钢筋应按不同等级、牌号、炉号、规格、长度分别挂牌堆放，并标明其数量，凡储存的钢筋均应附有出厂证明或试验报告单。

④钢筋不得和酸、盐、油等物品存放在一起。堆放地点不应靠近产生有害气体的车间，以防腐蚀钢筋。

小组讨论

钢筋检验包括哪几方面？应注意哪些问题？

3.2.2 钢筋接头连接

钢筋接头连接的方法有绑扎连接、焊接连接和机械连接3种。

知识窗

受力钢筋接头应优先采用机械连接；轴心受拉和小偏心受拉杆件中的钢筋接头均应焊接；普通混凝土中直径大于22 mm的钢筋和轻骨料混凝土中直径大于20 mm的HPB300级钢筋及直径大于25 mm的HRB400级、HRB500级、HRB600级钢筋接头应采用机械连接；对轴心受压和偏心受压柱中的受力钢筋的接头，当直径大于32 mm时，应采用机械连接；对有抗震要求的受力钢筋接头宜优先采用焊接或机械连接。

1)绑扎连接

钢筋的绑扎搭接接头，应在接头中心和两端用20～22号铁丝扎牢。当纵向受拉钢筋的绑扎搭接接头面积百分率为25%时，其最小搭接长度应符合《混凝土结构工程施工规范》(GB 506666—2011)附录D的规定。受拉区域内，HPB300级钢筋绑扎接头的末端应做弯钩，HRB400级、HRB500级钢筋可不做弯钩。作受压钢筋使用时，光圆钢筋末端可不做弯钩。

受拉钢筋绑扎连接的搭接长度应符合表3.14的规定。

表 3.14　纵向受拉钢筋的最小搭接长度

钢筋类型		混凝土强度等级								
		C20	C25	C30	C35	C40	C45	C50	C55	≥C60
光面钢筋	300 级	48*d*	41*d*	37*d*	34*d*	31*d*	29*d*	28*d*	—	—
带肋钢筋	400 级	—	48*d*	43*d*	39*d*	36*d*	34*d*	33*d*	31*d*	30*d*
	500 级	—	58 *d*	52 *d*	47 *d*	43 *d*	41 *d*	39 *d*	38 *d*	36 *d*

注：①*d* 为钢筋直径，两根直径不同钢筋的搭接长度，以较细钢筋的直径计算；

②当纵向受拉钢筋搭接接头面积百分率大于 25%，但不大于 50% 时，其最小搭接长度应按表 3.14 中的数值乘以系数 1.2 取用；当接头面积百率大于 50% 时，应按表 3.14 中的数值乘以系数 1.35 取用；

③当符合下列条件时，纵向受拉钢筋的最小搭接长度应根据表 3.14 和本注第②条确定后，按下列规定进行修正；

a. 当带肋钢筋的直径大于 25 mm 时，其最小搭接长度应按相应数值乘以系数 1.1 取用；

b. 对环氧树脂涂层的带肋钢筋，其最小搭接长度应按相应数值乘以系数 1.25 取用；

c. 当在混凝土凝固过程中受力钢筋易受扰动时（如滑模施工），其最小搭接长度应按相应数值乘以系数 1.1 取用；

d. 对末端采用机械锚固措施的带肋钢筋，其最小搭接长度可按相应数值乘以系数 0.6 取用；

e. 当带肋钢筋的混凝土保护层厚度大于搭接钢筋直径的 3 倍且配有箍筋时，其最小搭接长度可按相应数值乘以系数 0.8 取用；

f. 对有抗震要求的结构构件，其受力钢筋的最小搭接长度对一、二级抗震等级应按相应数值乘以系数 1.15 采用，对三级抗震等级应按相应数值乘以系数 1.05 采用；

g. 在任何情况下，受拉钢筋的搭接长度不应小于 300 mm。

④纵向受压钢筋绑扎搭接时，其最小搭接长度应根据表 3.14 中的规定数值并结合本注②③条的规定确定相应数值后，乘以系数 0.7 取用。在任何情况下，受压钢筋的搭接长度不应小于 200 mm。

2）焊接连接

常用的焊接方法有电弧焊、电渣压力焊、电阻点焊、埋弧压力焊、气压焊等。

（1）电弧焊

电弧焊是利用弧焊机使焊条与焊件之间产生高温电弧，使焊条和电弧燃烧范围内的焊件熔化，待其凝固后便形成焊缝或接头。电弧焊广泛用于钢筋接头焊接、钢筋骨架焊接、装配式结构接头的焊接、钢筋与钢板的焊接及各种钢结构的焊接。

钢筋电弧焊的接头形式有搭接焊（单面焊缝或双面焊缝）、帮条焊（单面焊缝或双面焊缝）、坡口焊（平焊或立焊）等，如图 3.36 所示。

采用帮条焊或搭接焊时，钢筋的帮条长度或搭接长度应符合表 3.15 的规定。电弧焊一般要求焊缝表面平整，无裂纹，无较大凹陷、焊瘤，无明显咬边、气孔、夹渣等缺陷。在现浇混凝土结构中，应以 300 个同牌号钢筋、同形式接头为一批，每一批随机选取 3 个接头进行拉伸试验，如有一个不合格，取双倍试件复验，若再有一个不合格，则该批接头不合格。如对焊接质量有怀疑或发现异常情况，还可进行非破损检验。

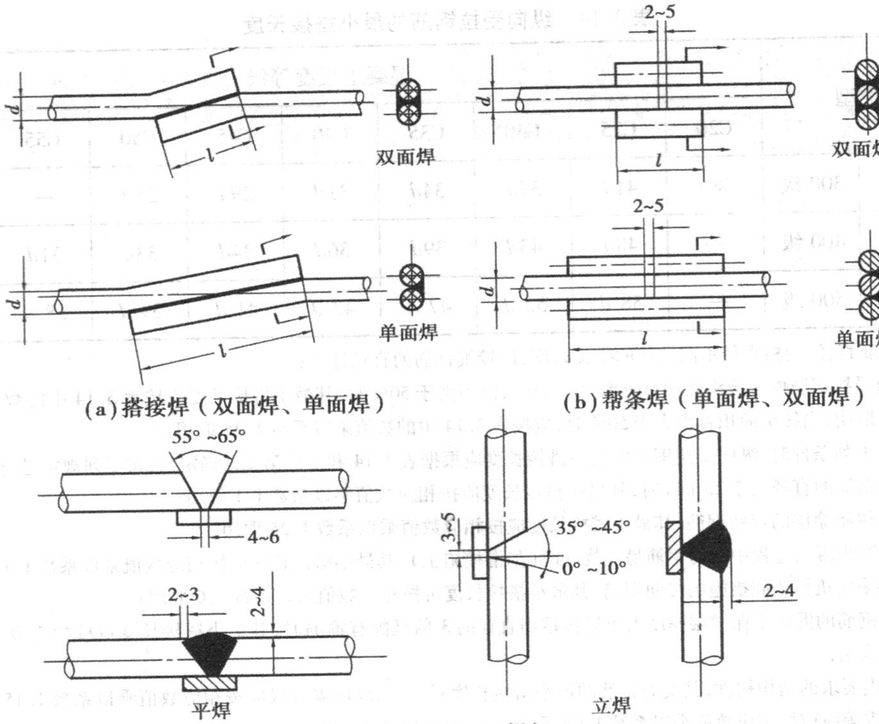

(a)搭接焊（双面焊、单面焊）

(b)帮条焊（单面焊、双面焊）

(c)坡口焊（平焊、立焊）

图 3.36 电弧焊接头形式

表 3.15 钢筋帮条长度

钢筋牌号	焊缝形式	帮条长度(l)
HPB300	单面焊	≥$8d$
	双面焊	≥$4d$
HRB400、HRBF400 HRB500、HRBF500、RRB400W	单面焊	≥$10d$
	双面焊	≥$5d$

注：d 为主筋直径(mm)。

(2)电渣压力焊

电渣压力焊是利用电流通过渣池产生的电阻热将钢筋端头熔化，待达到一定程度时施以压力，使竖向(或斜向)钢筋接头焊接在一起的一种焊接方法。它所用的设备包括焊接电源、监控代表、焊接夹具、焊剂盒等，如图 3.37 所示。

施焊前，将钢筋 1,2 端部 120 mm 范围内的锈渣除掉，用电极 3,4 上的夹具紧夹钢筋，在两端接头处放一铁丝小球 6(22 号铁丝绕成直径 10 ~ 15 的紧密小球)或放入导电剂(当钢筋直径较大时)，并在焊剂盒内装满焊药。

施焊时，接通电源，用操纵杆把电弧引燃(引弧)，使焊剂盒内形成导电的渣池，维持一段时间，渣池中钢筋头熔化(稳弧)，与此同时，用操纵杆将上部钢筋缓缓送下(1 mm/s)。当稳弧达到一定时间后立即断电，并用操纵杆加压顶锻，以排除夹渣气泡，形成接头，等冷却后，即拆除药盒，回收焊药，拆除夹具和清除焊渣。引弧—稳弧—顶锻 3 个过程连续进行，约需 1 min，其中稳弧时间的长短视电压、电流及钢筋直径大小而定，如电流 850 A，工作电压 40 V 左右，直径 30,32 mm 钢筋的稳弧时间约为 50 s。

观看录像

电渣压力焊。

电渣压力焊

(3)电阻点焊

电阻点焊的工作原理：将钢筋的交叉点放在点焊机的两个电极间，电极通过钢筋闭合电路通电，接触点处电阻最大，在接触的瞬间，全部电流都集中在钢筋接触点上，接触点的电阻使金属产生热而熔化，同时在电极加压下使焊点金属得到焊合，如图 3. 38 所示。混凝土结构中钢筋焊接骨架和钢筋焊接网，宜采用电阻点焊制作。

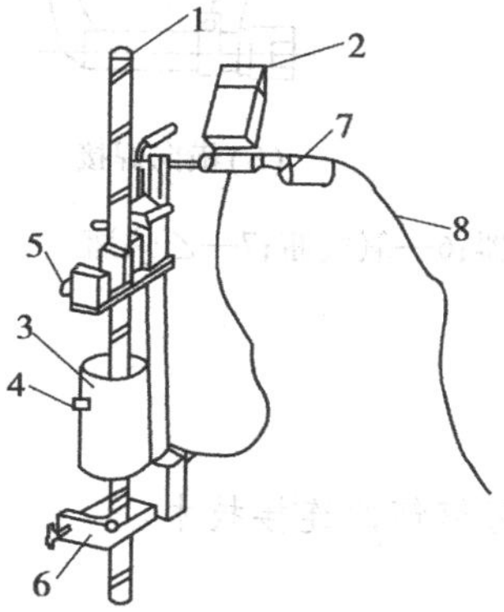

1—钢筋；2—监控仪表；3—焊剂盒；
4—焊剂盒扣环；5—活动夹具；6—固定夹具；
7—操作手柄；8—控制电缆

图 3. 37　钢筋电渣焊示意图

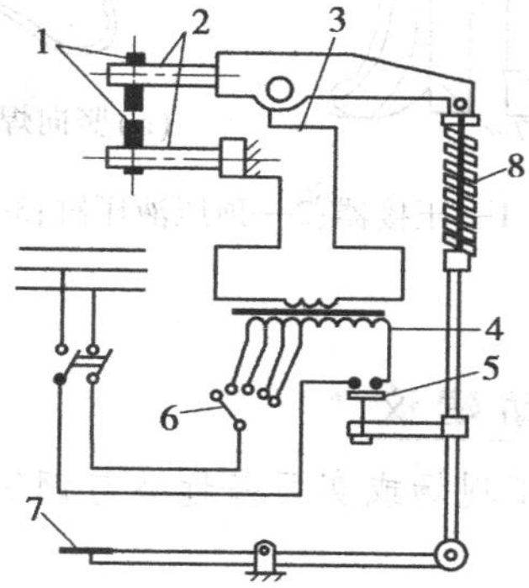

1—电极；2—电极臂；3—变压器次级电圈；
4—变压器初级线圈；5—断路器；
6—变压器调节级数开关；7—踏板；8—压紧机构

图 3. 38　点焊机工作原理

常用的点焊机有单点点焊机、多点点焊机、悬挂式点焊机（可焊接钢筋骨架或钢筋网）和手提式点焊机。电阻点焊的主要参数为变压器级数、焊接通电时间、电极压力等，应根据钢筋牌号、直径及焊机性能合理选择。

钢筋焊接骨架和钢筋焊接网在焊接生产中当两根钢筋直径不同时，焊接骨架较小钢筋直径小于或等于 10 mm 时，大、小钢筋直径之比不宜大于 3 倍；当较小钢筋直径为 12 ~ 16 mm 时，大、小钢筋直径之比不宜大于 2 倍。焊接网较小钢筋直径不得小于较大钢筋直径的 60%。焊点的压入深度应为较小钢筋直径的 18% ~25%。

(4)气压焊

气压焊是用氧-乙炔火焰使焊接接头加热至塑性状态，加压形成接头。这种方法具有设备简单、工效高、成本低等优点。钢筋气压焊设备由氧气瓶、乙炔瓶、烤枪（加热器）、钢筋卡具、液压缸及液压泵等组成，如图 3. 39 所示。

钢筋气压焊的工艺过程：施焊前先磨平钢筋端部，并与钢筋轴线基本垂直，清除接头附近的铁锈、油污等杂物；然后用卡具将两根被焊的钢筋接头处加热，在开始阶段，应采用碳化焰集中加热，以防钢筋端部氧化；待接头完全闭合后再改用中性陷宽幅加热，以提高火焰温度，加快升温速度。此时，火焰在以裂缝为中心2倍钢筋直径范围内均匀摆动，当钢筋端部加热到1 150 ~1 250 ℃时，再次对钢筋轴向施加30 ~50 N/mm² 压力加压，待钢筋加热部分火色退消后，取下卡具，气压焊接头完成。

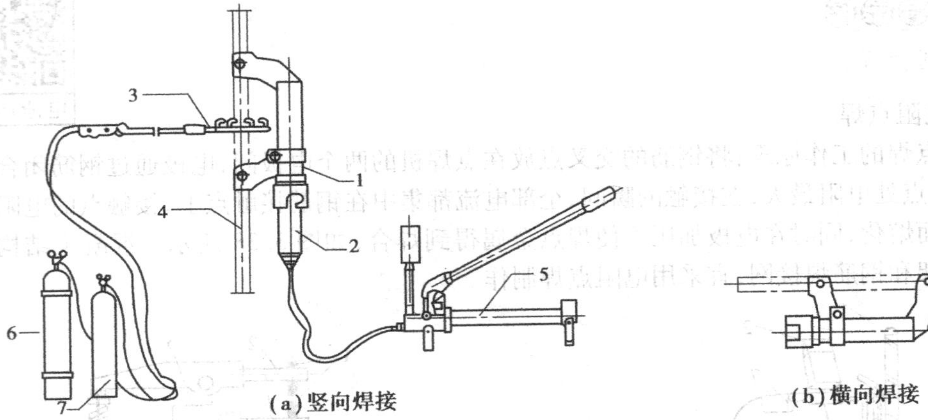

1—压接器；2—顶压液压缸；3—加热器；4—钢筋；5—加压器；6—氧气瓶；7—乙炔瓶

图3.39　气压焊设备

活动建议

到施工现场或实习基地参与钢筋的绑扎，向工人师傅学习钢筋的连接技术。

小组讨论

钢筋焊接常用哪些方法？各种焊接的工艺过程是什么？

3）钢筋机械连接

钢筋机械连接具有以下优点：

①操作简单，连接时无明火，不受天气及自然环境影响，在可燃性环境及水中均可作业。

②适用范围广，可连接不同材质、不同直径的钢筋，并且端部不需要特别处理。

③接头性能可靠，检验方便。

④节约钢材，节约能源，不污染环境，可全天作业，实现文明施工。

钢筋机械连接的形式很多，主要有挤压套筒连接、锥螺纹套筒连接、直螺纹套筒连接、熔融金属填充套筒连接、水泥灌浆填充套筒连接、受压钢筋端面平接头等。这里主要介绍挤压套筒连接和锥螺纹套筒连接。

（1）挤压套筒连接

挤压套筒连接是将需要连接的变形钢筋插入特制的钢套筒内，利用液压驱动的挤压机进行径向或轴向挤压，使钢套筒产生塑性变形，紧紧咬住变形钢筋实现连接，如图3.40所示。

挤压套筒连接的施工操作工艺及注意事项如下：

①挤压操作人员必须是培训合格、持证上岗人员。

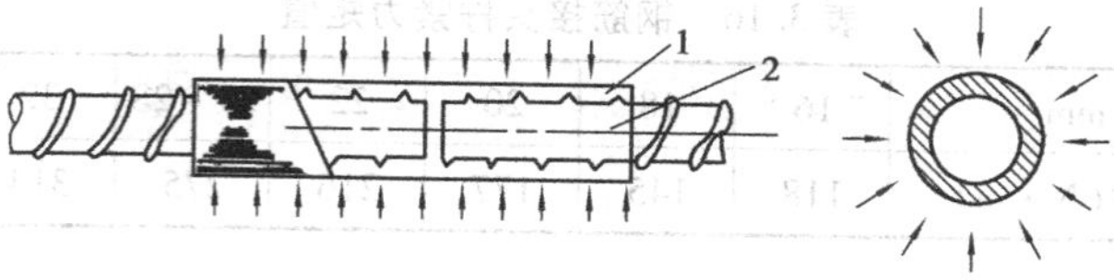

1—钢套筒;2—被连接的钢筋

图 3.40　钢筋径向挤压连接原理图

②挤压操作人员不得随意改变挤压力、压模宽度、挤压道数或挤压顺序。

③挤压操作前,对钢筋端部的锈皮、泥沙、油污等杂物应清理干净;对套筒做外观尺寸检查;对钢筋和套筒进行试套,不同直径钢筋的套筒不得相互串用,在钢筋连接端应画出明显定位标记,以确保在挤压时和挤压后可按定位标记检查钢筋伸入套筒内的长度。

④挤压操作时,应按标记检查钢筋插入套筒的深度,钢筋端头离套筒长度中点不宜超过 10 mm;挤压时宜从套筒中央开始,并依次向两边挤压。

(2)锥螺纹套筒连接

锥螺纹套筒连接就是把钢筋的连接端加工成锥形螺纹(简称丝头),通过锥螺纹连接套把两端带丝头的钢筋按规定的力矩值连接成一体的钢筋接头,如图3.41所示。

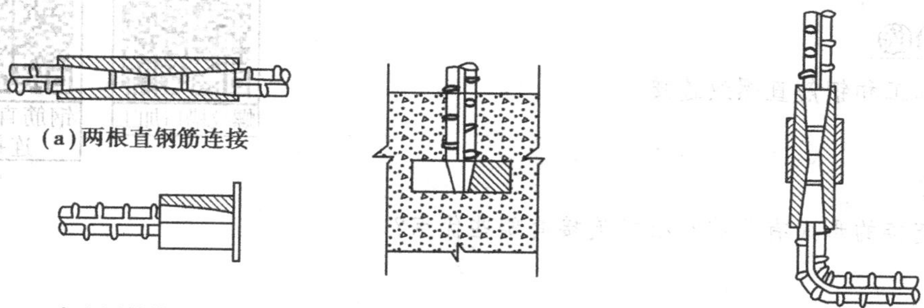

(a)两根直钢筋连接

(b)在金属结构上接装钢筋　(c)在混凝土构件中插接钢筋　(d)一根直钢筋与一根弯钢筋的连接

图 3.41　钢筋锥螺纹套筒连接示意图

①锥螺纹连接的施工准备:

a. 凡参与接头的施工操作人员,均应参加技术规程培训,操作工人考核合格后持证上岗。

b. 钢筋先调直再下料,切口端部应与钢筋轴线垂直,不得有马蹄形或挠曲,不得做气割下料。

c. 提供的锥螺纹连接套应有产品合格证,两端锥孔应有密封盖,套筒表面应有规格标记。进场时,施工单位应进行复验。

②钢筋锥螺纹加工:

a. 加工的钢筋锥螺纹丝头的锥度、牙形、螺距等必须与连接套的锥度、牙形、螺距一致,且经配套的量规检测合格。

b. 加工钢筋锥螺纹时,应采用水溶性切削润滑液,当气温低于 0 ℃时,应掺入 15% ~20% 的亚硝酸钠;不得用机油作润滑液或不加润滑液套丝。

c. 已合格的丝头应加以保护。钢筋一端丝头应戴上保护帽,另一端可按表 3.16 规定的力矩值拧紧连接套,并按规定分类堆放整齐待用,并填写钢筋锥螺纹加工检查记录。

表 3.16　钢筋接头拧紧力矩值

钢筋直径/mm	16	18	20	22	25 ~ 28	32	36 ~ 40
拧紧力矩/(N · m)	118	145	177	216	275	314	343

③钢筋连接操作：

a. 连接钢筋时，钢筋规格和连接套的规格应一致，并确保钢筋和连接套的螺纹干净、完好无损。

b. 采用预埋接头时，连接套的位置、规格和数量应符合设计要求。带连接套的钢筋应固定牢，连接套的外露端应有密封盖。

c. 连接时必须用力矩扳手拧紧接头，力矩扳手的精度为 ±5%，要求每半年用扭力仪检定一次。

d. 连接钢筋时，应对正轴线将钢筋拧入连接套，然后用力矩扳手拧紧。接头拧紧值应满足表 3.16 规定的力矩值，不得超拧，拧紧后的接头应做标记。

e. 质量检查与施工安装用的力矩扳手应分开使用，不得混用。

观看录像

螺纹槽口加工和钢筋直螺纹连接。

螺纹槽口加工

钢筋直螺纹连接

小组讨论

钢筋机械连接的形式有哪些？机械连接有哪些优点？

练习作业

钢筋的连接形式有哪些？各有何特点？

3.2.3　钢筋下料长度计算与钢筋代换

钢筋配料是根据构件配筋图计算所有钢筋的直线长度、总根数及钢筋的总质量，并编制钢筋配料单，绘出钢筋加工形状、尺寸，作为钢筋加工的依据。

1）钢筋下料长度计算

钢筋切断时的直线长度称为下料长度。

结构施工图中注明的钢筋尺寸是指加工后的外轮廓尺寸（从钢筋外皮到外皮量得的尺寸），称为钢筋的外包尺寸。钢筋的外包尺寸由构件的外形尺寸减去混凝土的保护层厚度求得。

观看录像

钢筋保护层。

钢筋保护层

由于钢筋弯曲时，外皮伸长而内皮缩短，只是轴线长度不变，而量得的外包尺寸总和要大于钢筋轴线长度，弯曲钢筋的外包尺寸和轴线长之间存在的差值称为量度差。量度差值在计算下料长度时必须予以扣除；否则，加工后的钢筋尺寸要大于设计要求的外包尺寸，可能无法放入模板内，造成质量问题并浪费钢筋。

(1)量度差值

钢筋弯折后的量度差值与钢筋直径有关。若取钢筋直径为 d，弯弧内直径 $D=4d$，经计算并近似取值，则得弯折不同角度的量度差值(也称弯曲调整值)，见表 3.17。

表 3.17 钢筋弯曲调整值

钢筋弯曲角度	30°	45°	60°	90°	135°
钢筋弯曲调整值	0.3 d	0.5 d	1 d	2 d	3 d

(2)弯钩增加长度

弯钩形式有半圆钩、直弯钩、斜弯钩 3 种，如图 3.42 所示。

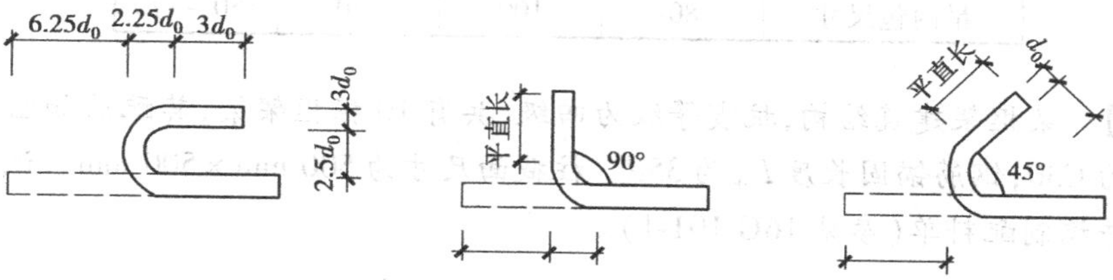

图 3.42 钢筋端头的弯钩形式

弯钩的增长值可按以下各式计算：

$$弯\ 180°时，0.5\pi(D+d)-(0.5D+d)+平直长度 \tag{3.1}$$

$$弯\ 90°时，0.25\pi(D+d)-(0.5D+d)+平直长度 \tag{3.2}$$

$$弯\ 135°时，0.37\pi(D+d)-(0.5D+d)+平直长度 \tag{3.3}$$

受力钢筋的弯钩和弯折应符合下列规定：

①光圆钢筋末端应做 180°弯钩，其弯弧内直径不应小于钢筋直径的 2.5 倍，弯钩的弯后平直部分长度不应小于钢筋直径的 3 倍，代入式(3.1)得每个弯钩增长值为 6.25d。

②当设计要求钢筋末端需做 135°弯钩时，HRB400 级钢筋的弯弧内直径不应小于钢筋直径的 4 倍，弯钩的弯后平直部分长度应符合设计要求。

③HRB500 级带肋钢筋，当直径为 28 mm 以下时弯弧内直径不应小于钢筋直径的 6 倍，当直径为 28 mm 及以上时弯弧内直径不应小于钢筋直径的 7 倍。

因钢筋末端有弯钩，加工后其中心长度大于标注的外包尺寸，下料时应加上弯钩的增长部分，即

$$下料长度 = 外包尺寸 - 弯折处量度差 + 端部弯钩加长值 \tag{3.4}$$

(3)箍筋

箍筋下料长度仍按式(3.4)计算，量度差值按表 3.18 确定，弯钩增长值按式(3.1)、式(3.2)、式(3.3)计算。箍筋末端弯钩形式应符合设计要求，当设计无具体要求时，应符合下列

规定：

①箍筋弯钩的弯弧内直径除应满足上述受力钢筋的弯钩和弯折规定外，并应不小于受力钢筋直径。

②箍筋弯钩的弯折角度：对一般结构，不应小于90°；对有抗震要求的结构，应为135°。

③箍筋弯后平直部分长度：对一般构件，不宜小于箍筋直径的5倍；对有抗震要求的结构，不应小于箍筋直径的10倍。

对于一般结构，为便于计算箍筋下料长度，也可用箍筋调整值的方法计算。将箍筋弯钩增加长度和弯折量度差值两项合并成一项箍筋调整值，见表3.18，计算时将箍筋外包尺寸（外周长）或内皮尺寸（内周长）加上箍筋调整值即为箍筋下料长度。

表3.18　箍筋调整值

箍筋度量方法	箍筋直径/mm			
	4~5	6	8	10~12
量外包尺寸	40	50	60	70
量内包尺寸	80	100	120	150~170

【例3.1】　某框架建筑结构，抗震等级为四级，共有10根框架梁，其配筋如图3.43所示，混凝土等级为C30，钢筋锚固长度L_{aE}为$35d$。柱截面尺寸为500 mm×500 mm。试计算该梁钢筋下料长度并编制配料单（参见16G 101-1）。

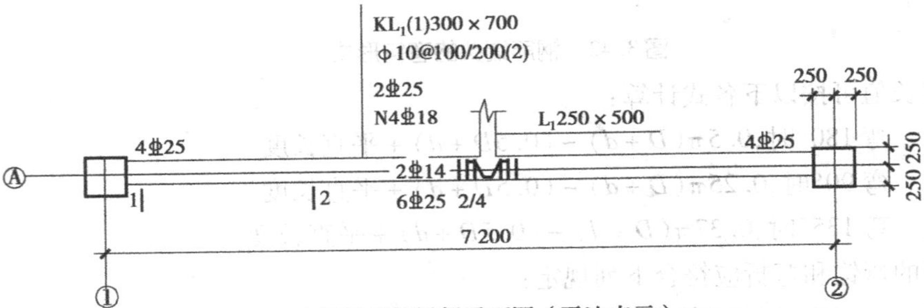

（a）框架梁柱局部平面图（平法表示）

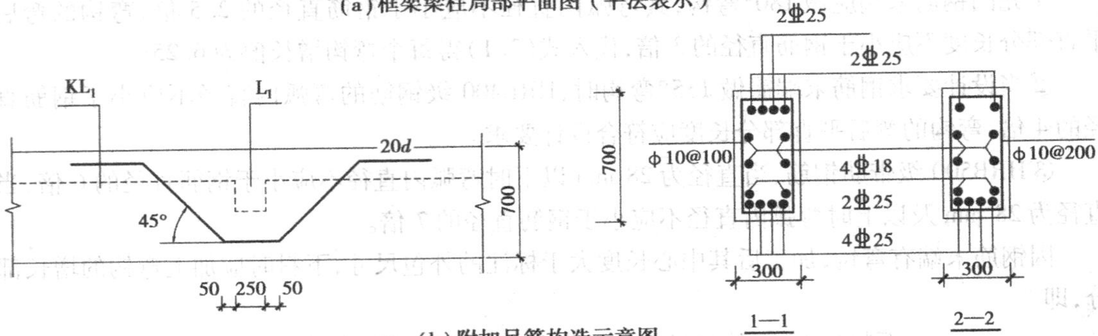

（b）附加吊筋构造示意图

图3.43　框架梁配筋图

【解】　(1) 梁上部通长钢筋下料长度计算

因为支座宽500 mm−25 mm=475 mm<L_{aE}=25 mm×35=875 mm，通长钢筋在边支座处

按要求应弯锚，弯段长度为 $15d$，则平直段长度为 500 mm − 25 mm = 475 mm ≥ 0.4L_{aE}，故满足要求。其下料长度(取整)为：

7 200 mm + 2 × 250 mm − 2 × 25 mm + 2 × 15 × 25 mm − 2 × 2.29 × 25 mm = 8 286 mm

(2)负弯矩钢筋下料长度计算(同上部通长钢筋需在边支座处弯锚)

负弯矩筋要求锚入支座并伸出 $L_n/3$。其下料长度为：

$$\frac{7\,200 - 2 \times 250}{3}\text{mm} + 500\text{ mm} - 25\text{ mm} + 15 \times 25\text{ mm} - 2.29 \times 25\text{ mm} = 3\,026\text{ mm}$$

(3)梁下部钢筋下料长度计算

下料长度为：

7 200 mm + 2 × 250 mm − 2 × 25 mm + 2 × 15 × 25 mm − 2 × 2.29 × 25 mm = 8 286 mm

(4)抗扭纵向钢筋下料长度计算

因为支座宽 500 mm − 25 mm = 475 mm < L_{aE} = 18 mm × 35 = 630 mm，所以抗扭钢筋在边支座处应弯锚，弯折段长度为 $15d$，则平直段长度为 500 mm − 25 mm = 475 mm ≥ 0.4L_{aE}，故满足要求。其下料长度为：

7 200 mm + 2 × 250 mm − 2 × 25 mm + 15 × 18 mm × 2 − 2 × 2.29 × 18 mm = 8 108 mm

(5)附加吊筋下料长度计算

附加吊筋构造如图 3.43(b)所示。下料长度为：

2 × 20 × 14 mm + 250 mm + 2 × 50 mm + 2 × (700 − 2 × 25) mm × 1.414 − 4 × 0.54 × 14 mm = 2 688 mm

(6)箍筋下料长度计算

箍筋外包尺寸为：

[(300 − 2 × 25 + 2 × 10) + (700 − 2 × 25 + 2 × 10)] × 2 mm = 1 880 mm

根据抗震要求，箍筋端头弯钩平直段长度为 10 d，所以每个箍筋弯钩增加长度为：

$$\frac{3\pi(D + d)}{8} - \left(\frac{D}{2} + d\right) + 10d = 11.87d$$

下料长度为：1 880 mm + 2 × 11.87 × 10 mm − 3 × 1.75 × 10 mm = 2 065 mm

箍筋根数为：

$$\frac{(1.5 \times 700 - 50) \times 2}{100} + \frac{7\,200 - 2 \times 250 - 2 \times 1.5 \times 700}{200} + 1 = 44$$

另主次梁相交处应在主梁上沿次梁边附加 3 个箍筋，故总根数为：44 + 2 × 3 = 50。

KL_1(1)的钢筋配料单见表 3.19。

表 3.19　钢筋配料单

构件名称	钢筋编号	简　图	直径/mm	钢号	下料长度/mm	单位根数	合计根数	质量/kg
KL_1(1) 共10根	1		25	⌀	8 286	2	20	639.1
	2	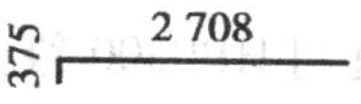	25	⌀	3 026	4	40	466.8

续表

构件名称	钢筋编号	简　图	直径/mm	钢号	下料长度/mm	单位根数	合计根数	质量/kg
KL$_1$(1) 共10根	3		25	Φ	8 286	6	60	1 917.2
	4	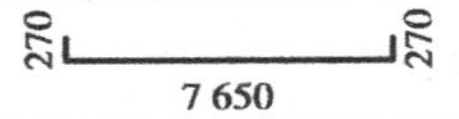	18	Φ	8 108	4	40	648.3
	5	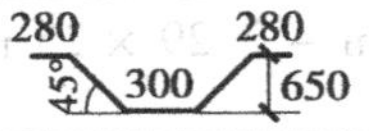	14	Φ	2 668	2	20	64.5
	6		10	φ	2 065	50	500	637.0
	Φ25:3 023.1 kg　Φ18:648.3 kg　Φ14:64.5 kg　φ10:537.0 kg							

注:钢筋的密度为 $\gamma=7.9\times10\ \text{kg/m}^3$,即钢筋质量的计算公式为 $0.006\ 17\times d^2\times$ 总长度,直径单位为mm。

2)钢筋代换

若施工时缺乏设计图中所要求的钢筋品种和规格时,可按下述原则进行代换,但应办理设计变更文件。

(1)等强度代换

构件配筋受强度控制时,可按代换前后强度相等的原则代换。代换时应满足下式要求:

$$A_{s2}f_{y2}\geqslant A_{s1}f_{y1} \tag{3.5}$$

即

$$A_{s2}\geqslant\frac{A_{s1}f_{y1}}{f_{y2}}\quad 或\quad n_2d_2^2f_{y2}\geqslant n_1d_1^2f_{y1}\quad 或\quad n_2\geqslant\frac{n_1d_1^2f_{y1}}{d_2^2f_{y2}}$$

式中　A_{s1}——原设计钢筋总面积;

A_{s2}——代换后钢筋总面积;

f_{y1}——原设计钢筋强度;

f_{y2}——代换后钢筋强度;

n_1——原设计钢筋根数;

n_2——代换后钢筋根数;

d_1——原设计钢筋直径;

d_2——代换后钢筋直径。

(2)等面积代换

构件按最小配筋率配筋时,按代换前后面积相等的原则进行代换。代换时应满足式(3.6)要求:

$$A_{s2}\geqslant A_{s1} \tag{3.6}$$

构件配筋受裂缝宽度或挠度控制时,代换后应进行裂缝宽度或挠度验算。钢筋代换应注意以下几点:

①某些重要构件,如吊车梁、薄腹梁、桁架下弦等,不宜用HPB300级光圆钢筋代替螺纹钢筋,以免裂缝宽度开展过大。

②梁的纵向受力钢筋及弯起钢筋要分别进行代换,以保证正截面和斜截面强度。

③偏心受压或受拉构件的钢筋代换，不能按整截面配筋量计算，应按受拉或受压钢筋分别代换。

④钢筋代换后，仍应满足结构构造要求，如钢筋最小直径、间距、根数和锚固长度。

实习实作

由教师准备钢筋图纸，学生计算钢筋的配料单。

练习作业

1. 如何计算钢筋的下料长度？
2. 钢筋代换的原则是什么？
3. 钢筋进场验收的内容包括哪些？
4. 钢筋隐蔽工程验收的内容包括哪些？

3.2.4 钢筋加工、绑扎与安装

1）钢筋加工

钢筋加工包括调直、除锈、下料剪切、接长、弯曲成型等。

钢筋宜采用无延伸功能的机械设备进行调直，也可采用冷拉方法调直。采用冷拉方法调直时，HPB300 光圆钢筋的冷拉率不宜大于 4%；HRB400、HRB500、HRBF400、HRBF500 及 RRB400 带肋钢筋的冷拉率不宜大于 1%。

钢筋除锈可采用机动除锈、手工除锈、喷砂除锈、酸液除锈等方法。凡带颗粒状或片状老锈的钢筋应经除锈处理后，才能使用。

钢筋应按下料长度下料，钢筋剪切可采用钢筋切断机（剪切直径 40 mm 内的钢筋）、手动液压切断机（剪切直径 16 mm 内的钢筋）等，没有切断机时可采用氧乙炔焰切割。

钢筋弯曲成型可采用钢筋弯曲机或手动扳手弯曲，为使弯曲成型尺寸准确，弯曲前应定出相应的弯曲点。弯曲点根据钢筋各段外包尺寸并扣出相应弯折量度差（每个量度差在相邻两段中各扣除 1/2）后确定。

观看录像

钢筋加工和钢筋弯曲。

钢筋加工　　钢筋弯曲

2）钢筋绑扎

钢筋绑扎程序：画线→摆筋→穿箍→绑扎→安放垫块等。画线时应注意间距、数量，标明加密箍筋位置。板类摆筋顺序一般是先排主筋后排负筋，梁类一般是先摆纵筋。摆放有焊接接头和绑扎接头的钢筋应符合下列规范规定：

①钢筋的交叉点应用铁丝扎牢。

②板和墙的钢筋网片，除靠外围两行钢筋的相交点全部扎牢外，中间部分的交叉点可相隔

交错扎牢，但必须保证受力钢筋不移位，双向受力的钢筋网片须全部扎牢。

③梁和柱的箍筋，除设计有特殊要求外，应与受力钢筋垂直设置，箍筋弯钩叠合处应沿受力钢筋方向错开设置。

④柱中的竖向钢筋搭接时，角部钢筋的弯钩应与模板成45°（多边形柱为模板的内角的平分角，圆形柱应与柱模板切线垂直）；中间钢筋的弯钩应与模板成90°；如采用插入式振捣器浇筑小型截面柱时，弯钩与模板的角度最小不得小于15°。

⑤板、次梁与主梁交叉处，板的钢筋在上，次梁的钢筋居中，主梁的钢筋在下，如图3.44所示。当有圈梁或垫梁时，主梁的钢筋在上。

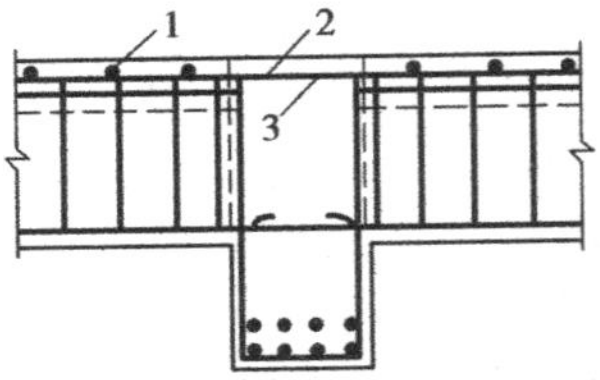

(a)板、次梁与主梁交叉处钢筋

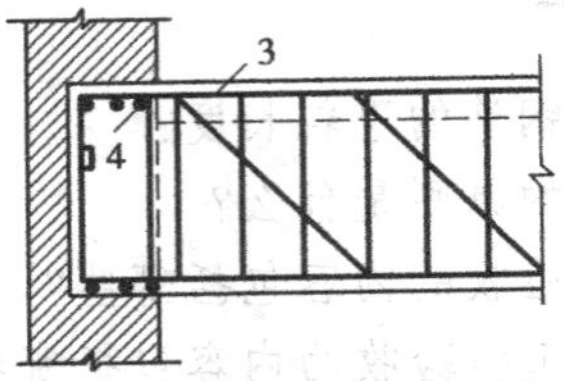

(b)主梁与垫梁交叉处钢筋

1—板的钢筋；2—次梁钢筋；3—主梁钢筋；4—垫梁钢筋

图3.44　交叉处钢筋布设

各受力钢筋之间的绑扎接头位置应相互错开，从任一绑扎中心至搭接长度的1.3倍范围内，有绑扎接头的受力钢筋截面面积占受力钢筋总截面面积的百分率应符合下列规定：受拉区不得超过25%，受压区不得超过50%。在绑扎骨架中非焊接的搭接接头长度范围内，当搭接钢筋为受拉时，其箍筋的间距不应大于5 d，且不应大于100 mm；当搭接钢筋为受压时，其箍筋间距不应大于10 d（d为受力钢筋中最小直径），不应大于200 mm。绑扎接头中钢筋的横向净距不应小于钢筋直径d且不应小于25 mm。焊接骨架和焊接网在构件宽度内，其接头位置应错开；在绑扎接头区段内，受力钢筋截面面积不得超过受力钢筋总截面面积的50%。

3）钢筋安装

钢筋安装时，受力钢筋的牌号、规格和数量必须符合设计要求。钢筋安装完毕，应检查下列方面：

①钢筋安装是否牢固，受力钢筋的安装位置、锚固方式是否符合设计要求。

②钢筋接头位置及搭接长度是否符合规定。

③受力钢筋的保护层厚度是否符合要求。

④受力钢筋的牌号、规格和数量是否符合设计。

⑤钢筋安装允许偏差应符合表3.20要求。

表3.20　钢筋安装允许偏差和检验方法

项　目		允许偏差/mm	检验方法
绑扎钢筋网	长、宽	±10	尺量
	网眼尺寸	±20	尺量连续三档，取最大偏差值

续表

项目		允许偏差/mm	检验方法
绑扎钢筋骨架	长	±10	尺量
	宽、高	±5	尺量
纵向受力钢筋	锚固长度	−20	尺量
	间距	±10	尺量两端、中间各一点，取最大偏差值
	排距	±5	
纵向受力钢筋、箍筋的混凝土保护层厚度	基础	±10	尺量
	柱、梁	±5	尺量
	板、墙、壳	±3	尺量
绑扎箍筋、横向钢筋间距		±20	尺量连续三档，取最大偏差值
钢筋弯起点位置		20	尺量
预埋件	中心线位置	5	尺量
	水平高差	+3,0	塞尺量测

注：检查中心线位置时，沿纵、横两个方向量测，并取其中偏差的较大值。

实习实作

在实训基地或施工现场，每4~6人一组进行钢筋的操作（下料、加工、绑扎）。

3.3 混凝土工程

问题引入

混凝土作为钢筋混凝土结构中一种重要材料，它是如何配制而成的？又是如何进行浇筑、振捣和养护的？这些是混凝土工程的重要内容，也是我们必须掌握的。下面，我们就来学习这些知识。

混凝土工程包括配料、搅拌、运输、浇筑、振捣和养护等工序，各个工序紧密联系又相互影响，任何施工工序的不当处理都会影响混凝土的最终质量。

混凝土施工前应对模板、钢筋按规定进行检查，并做好隐蔽工程记录，同时对材料、机具、道路、水、电等进行专项检查，发现问题要及时处理。

3.3.1 混凝土的制备

1）混凝土的施工配制强度

混凝土的制备，应保证结构设计对混凝土强度等级的要求，还应保证施工时对混凝土和易性的要求，并应符合合理使用材料、节约水泥的原则。对泵送混凝土和抗冻、抗渗等要求的混凝土，应符合有关的专门规定。目前，城市和交通方便的地方大多都使用集中搅拌的商品混凝土（预拌混凝土）。商品混凝土的拌制是根据施工方委托的要求，在搅拌站拌制，拌制时完全用电脑计算和控制加工，拌好的混凝土由专用运输车辆送到工地。商品混凝土的质量基本能得到保证，且便于施工作业。

当混凝土的设计强度等级低于 C60 时，其制备之前按式（3.7）确定混凝土的施工配制强度，以达到95%的保证率：

$$f_{cu,0} \geqslant f_{cu,k} + 1.645\sigma \tag{3.7}$$

式中 $f_{cu,0}$——混凝土配制强度，N/mm²；

$f_{cu,k}$——设计的混凝土强度标准值，N/mm²；

σ——混凝土强度标准差，N/mm²。

当混凝土的设计强度等级不低于 C60 时，其配制强度按式（3.8）确定：

$$f_{cu,0} \geqslant 1.15 f_{cu,k} \tag{3.8}$$

当施工单位具有近期的同一品种、同一强度等级混凝土强度的统计资料时，σ 可按式（3.9）计算：

$$\sigma = \sqrt{\frac{\sum_{i=1}^{n} f_{cu,i}^2 - n m_{fcu}^2}{n-1}} \tag{3.9}$$

式中 $f_{cu,i}$——第 i 组混凝土试件强度，N/mm²；

m_{fcu}——n 组混凝土试件强度的平均值，N/mm²；

n——试件组数，$n \geqslant 30$。

当施工单位不具备近期的同一品种混凝土强度资料时，其混凝土强度标准差 σ 可按表3.21取用。

表 3.21 混凝土强度标准差 σ

单位：N/mm²

混凝土强度等级	σ
≤C20	4.0
C20～C45	5.0
C50～C55	6.0

注：表中 σ 值反映了我国施工单位对混凝土施工技术和管理的平均水平，采用时可根据本单位情况作适当调整。

2)混凝土的施工配料

混凝土的配合比是在实验室根据混凝土的施工配制强度，经过试配和调整而确定的，称为实验室配合比。实验室配合比所用的砂、石都是干燥的，而施工现场的砂、石一般都含有一定的水分，而且含水量又会随气候条件发生变化，所以施工时应及时测定砂、石骨料的含水率，并将混凝土实验室配合比换算成骨料在实际含水量情况下的施工配合比。

设实验室配合比为：水泥：砂子：石子 $=1:x:y$，水灰比为 W/C，并测得砂、石含水率分别为 W_x、W_y则施工配合比为：

$$水泥：砂子：石子 =1:x(1+W_x):y(1+W_y)$$

按实验室配合比 1 m^3 混凝土水泥用量为 C，计算时确保混凝土的水灰比（W/C）不变，则每 1 m^3 混凝土的各种材料用量为：

$$水泥：C'=C$$

$$砂子：G'_{砂}=C_x(1+W_x)$$

$$石子：G'_{石}=C_y(1+W_y)$$

$$水：W'=W-C_xW_x-C_yW_y$$

【例 3.3】 混凝土实验室配合比为 1：2.28：4.47。水灰比 $W/C=0.63$，每 1 m^3 混凝土水泥用量 $C=285$ kg，现场实测砂含水率 3%，石子含水率 1%。求施工配合比及每 1 m^3 混凝土各种材料用量。

【解】 施工配合比

$$1:x(1+W_x):y(1+W_y)=1:2.28(1+0.03):4.47(1+0.01)=1:2.35:4.51$$

按施工配合比每立方米混凝土各组成材料用量

$$水泥：C'=C=285\ \text{kg}$$

$$砂子：G'_{砂}=285\times2.35=669.75\ \text{kg}$$

$$石子：G'_{石}=285\times4.51=1\ 285.35\ \text{kg}$$

$$水：W'=0.63\times285-2.28\times285\times0.03-4.47\times285\times0.01=147.32\ \text{kg}$$

配制混凝土配合比时，混凝土的最大水泥用量不宜大于 550 kg/m^3，且应保证混凝土的最大水灰比和最小水泥用量符合规范规定。

3)混凝土的开盘鉴定

对首次使用的配合比应进行开盘鉴定。开盘鉴定应包括下列内容：

①混凝土的原材料与配合比设计所采用原材料的一致性；

②出机混凝土工作性与配合比设计要求的一致性；

③混凝土强度；

④混凝土凝结时间；

⑤工程有要求时，还应包括混凝土耐久性能等。

小组讨论

为什么要将实验室配合比换算成施工配合比？

3.3.2 混凝土的搅拌

混凝土搅拌机

混凝土搅拌机。

混凝土的搅拌就是将水、水泥和细骨料进行均匀拌和及混合的过程。搅拌机械分自落式搅拌机和强制式搅拌机。搅拌制度直接影响到混凝土的搅拌质量和搅拌机的效率，这里所说的搅拌制度是指进料容量、投料顺序和搅拌时间。

(1)进料容量

进料容量是指搅拌前各种材料的体积累积起来的容量，又称干料容重。进料容量为出料容量的1.4~1.8倍。

(2)投料顺序

投料顺序是指向搅拌机内装入原材料的顺序。常用一次投料法、二次投料法和水泥裹砂法。一次投料法是将砂、石、水泥和水一起同时加入搅拌筒中进行搅拌；二次投料法是先将水泥、砂和水加入搅拌筒内进行充分搅拌，成为均匀的水泥砂浆后，再加入石子搅拌成均匀的混凝土。水泥裹砂法主要采取两项工艺措施：一是对砂子表面湿度进行处理，控制在一定范围内；二是进行两次加水搅拌，第一次加水搅拌砂子、水泥和部分水，称为造壳搅拌，然后加第二次水及石子进行搅拌，部分水泥浆便均匀地分散在已经被造壳的砂子及石子周围。

(3)搅拌时间

搅拌时间是指从全部材料投入搅拌筒起到开始卸料为止所经历的时间。混凝土搅拌的最短时间见表3.22。

表3.22 混凝土搅拌的最短时间

单位：s

混凝土坍落度/mm	搅拌机机型	搅拌机出料量/L		
		<250	≥250~≤500	>500
≤40	强制式	60	90	120
>40且<100	强制式	60	60	90
≥100	强制式	60		

注：①混凝土搅拌时间指从全部材料装入搅拌筒中起到开始卸料时止的时间段；

②当掺有外加剂与矿物掺合料时，搅拌时间应适当延长；

③采用自落式搅拌机时，搅拌时间宜延长30 s；

④当采用其他形式的搅拌设备时，搅拌的最短时间也可按设备说明书的规定或经试验确定。

3.3.3 混凝土运输

混凝土运输

混凝土运输。

1)混凝土的运输要求

混凝土自搅拌机中卸出后，应及时运至浇筑地点。为保证混凝土的质量，对混凝土的运输要求如下：

①混凝土在运输过程中应能保持良好的均匀性，不离析、不漏浆。如果运输线路长，时间较久，可在混凝土拌制时根据使用的时间、气温等因素，添加缓凝剂以延长混凝土的初凝时间。

②保证混凝土具有设计配合比所规定的坍落度。

③使混凝土在初凝前浇入模板并捣实完毕。

④保证混凝土浇筑能连续进行。

2)混凝土的运输工具

混凝土运输分为地面运输、垂直运输和楼面运输3种。

地面运输工具有双轮手推车、机动翻斗车、混凝土运输车(图3.45)和自卸汽车。双轮手推车和机动翻斗车多用于路程较短的现场内运输，当混凝土需要量较大、运距较远或使用商品混凝土时，则多采用自卸汽车和混凝土搅拌运输车。

楼面运输可采用双轮手推车、皮带运输机，也可采用塔式起重机、混凝土泵等。

混凝土垂直运输多采用塔式起重机加料斗或混凝土泵等。

图3.45 混凝土运输车

3)运输时间

混凝土运输、输送入模的过程应保证混凝土连续浇筑，从运输到输送入模的延续时间不宜超过表3.23的规定，且不应超过表3.24的规定。掺早强型减水剂、早强剂的混凝土，以及有特殊要求的混凝土，应根据设计及施工要求，通过试验确定允许时间。

表 3.23 混凝土运输到输送入模的延续时间

单位:min

条 件	气 温	
	≤25 ℃	>25 ℃
不掺外加剂	90	60
掺外加剂	150	120

表 3.24 混凝土运输、输送入模及其间歇总时间限值

单位:min

条 件	气 温	
	≤25 ℃	>25 ℃
不掺外加剂	180	150
掺外加剂	240	210

4)运输道路

运输道路要求平坦,车辆行驶平稳,运输线路要短、直。楼层上运输道路应用跳板铺垫,当有钢筋时应用马镫垫起跳板,跳板布置应与混凝土浇筑方向配合,一面浇筑,一面拆迁。

3.3.4 混凝土浇筑

混凝土浇筑就是将混凝土拌合料浇筑在符合设计要求的模板内,并加以捣实,使其具有优质的密实度。混凝土浇筑的布料点宜接近浇筑位置,应采取减少混凝土下料冲击的措施,浇筑时宜先浇筑竖向结构构件,后浇筑水平结构构件。浇筑区域平面有高差时,宜先浇筑低区部分,再浇筑高区部分。混凝土在运输、输送、浇筑过程中严禁加水。散落的混凝土严禁用于混凝土结构构件的浇筑。

1)浇筑要求

①防止离析,保证混凝土的均匀性。浇筑中,当混凝土自由倾落高度较大时,易产生离析现象,柱、墙模板内的混凝土浇筑不得产生离析,其倾落高度应符合表 3.25 的规定。若混凝土自由下落高度超过 2 m 时,要沿溜槽或串筒下落;当混凝土浇筑深度超过 8 m 时,则应采用带节管的振动串筒,即在串筒上每隔 2 或 3 节装一台振动器。

表 3.25 柱、墙模板内混凝土浇筑倾落高度限值

单位:m

条 件	浇筑倾落高度限值
粗骨料粒径大于 25 mm	≤3
粗骨料粒径小于等于 25 mm	≤6

注:当有可靠措施能保证混凝土不产生离析时,混凝土倾落高度可不受本表限制。

②分层浇筑,分层捣实。混凝土进行分层浇筑时,分层厚度应按规范规定。

③正确留置施工缝。施工缝是新浇混凝土与已凝固或已硬化混凝土的结合面,它是结构的薄弱环节。为保证结构的整体性,混凝土一般应连续浇筑,如因技术或组织上的原因不能连续浇筑,且停歇时间有可能超过混凝土的初凝时间,则应预先确定在适当的位置留置施工缝。施工缝宜留在剪力较小处且便于施工的部位。

柱子留水平施工缝,柱施工缝留在基础、楼层结构顶面,梁或吊车梁牛腿的下面,吊车梁的上面,无梁楼盖柱帽的下面;梁、板留垂直施工缝,梁、板连成整体的大断面梁施工缝留在板底面以下20~30 mm处,当板下有梁托时,留在梁托下部0~20 mm;单面板施工缝留在平行于板的短边的任何位置;有主次梁的板,宜顺次梁方向浇筑,其施工缝应留在次梁跨度的中间1/3范围内。

在施工缝处继续浇筑混凝土时,应待已浇筑的混凝土达1.2 N/mm^2 强度后,清除施工缝表面水泥薄膜和松动石子或软弱混凝土层,经湿润、冲洗干净,再抹水泥浆或与混凝土成分相同的水泥砂浆一层,然后浇筑混凝土,细致捣实,使新旧混凝土结合紧密。

2)混凝土的捣实

混凝土浇入模板后,由于内部骨料之间的摩擦力、水泥净浆的黏结力、拌合物与模板之间的摩擦力,使混凝土处于不稳定和不平衡状态,其内部是疏松的。而混凝土的强度、抗冻性、抗渗性、耐久性等一系列性质都与混凝土的密实度有关,因此,必须采用适当的方法在混凝土初凝之前对其进行捣实,以保证其密实度。混凝土振捣应采用插入式振动器、平板振动器和附着振动器,必要时可采用人工辅助振捣。

混凝土密实成型分为机械振捣密实成型、离心法和自流浇筑成型。

(1)机械振捣密实成型

混凝土的机械振捣按工作方式可分为内部振动器、表面振动器、外部振动器和振动台等,如图3.46所示。

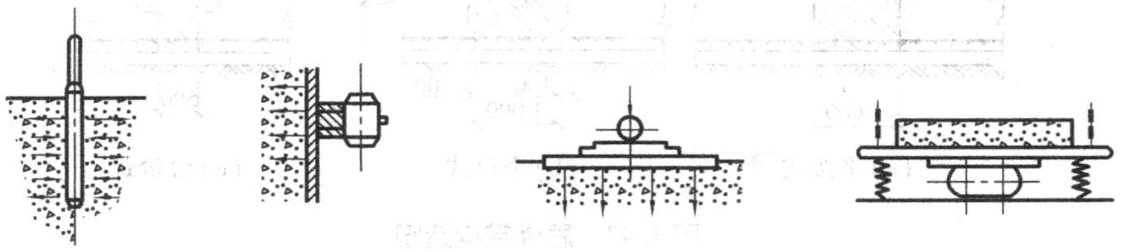

(a)内部振动器　(b)外部振动器　(c)表面振动器　(d)振动台

图3.46　振动机械示意图

这些振捣机械的构造原理主要是利用偏心轴或偏心块的高速旋转,使振动器因离心力的作用而振动,由于振动器的高频振动,水泥浆的凝胶结构受到破坏,从而降低了水泥浆的黏结力和骨架之间的摩擦力,提高了混凝土拌合物的流动性,使之能很好地填满模板内部,并获得较高的密实度。混凝土振捣应能使模板内各个部位的混凝土均匀、密度,不应漏振、欠振或过振。

①内部振动器:又称插入式振动器,其操作要点是"直上直下,快插慢拔;插点要均布,上下要抽动,层层要扣搭"。多用于振实梁、柱、墙、厚板和大体积混凝土等厚大结构。

②表面振动器:又称为平板振动器,是将附着式振动器固定在一块底板上而成。它适用于振实楼板、地面、板形构件和薄壳构件。

③外部振动器：又称附着式振动器，它通过螺栓或夹钳等固定在模板外部，是通过模板将振动传给混凝土拌合物，因而模板应有足够的刚度，它适用于振动断面小且钢筋密的构件。

④振动台：混凝土制品中的固定生产设备，用于振动小型预制构件。

(2)离心法成型

离心法是将装有混凝土的模板放在离心机上，使模板以一定速度绕自身的纵轴线旋转，模板内部的混凝土由于离心作用而远离纵轴，均匀分布于模板内壁，并将混凝土中的部分水分挤出，使混凝土密实。此法一般用于振动管道、电杆桩等具有圆形空腔的构件。

观看录像

梁板混凝土浇筑。

梁板混凝土浇筑

练习作业

1. 混凝土的搅拌、运输、浇筑过程有哪些要求？

2. 常用混凝土振捣器的种类及其适用范围是什么？

3.3.5 后浇带的做法

后浇带是指在现浇整体钢筋混凝土结构中，在施工期间保留临时性温度、收缩沉降的变形缝。该缝根据工程具体条件，保留一定时间(一般保留到结构封顶后不少于 40 d，或根据施工需要留设保留时间)，在此期间早期温差及大部分的收缩已完成，再用比结构提高一级的混凝土填筑密实后成为连续、整体、无伸缩缝的结构。后浇带构造图如图 3.47 所示。

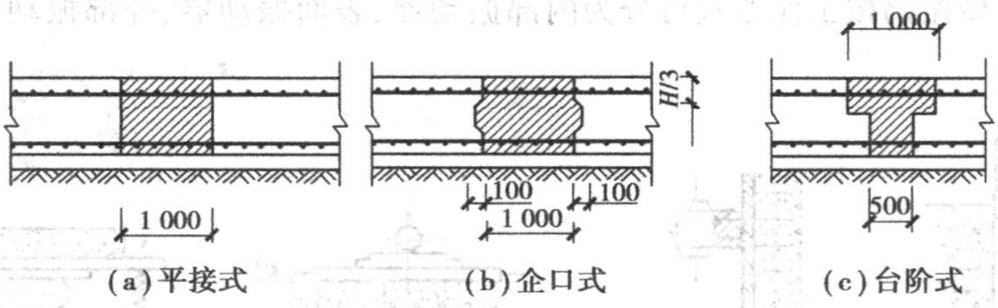

图 3.47　后浇带构造图

(1)模板工程

支模前，清除垃圾及杂物，将松动混凝土凿除，将整个混凝土表面的浮浆凿成毛面，用压力水冲洗干净。支撑系统必须搭设稳固，有足够的强度和刚度。模板与已浇筑混凝土面接缝严密，板底平整度≤2 mm，与已浇筑混凝土高低差≤2 mm。

(2)钢筋工程

后浇带钢筋与底板、混凝土墙和楼板结构钢筋相同，在后浇带位置钢筋连续不断。钢筋表面必须清理干净，必要时还要除锈。钢筋绑扎点应全部绑扎。

(3)混凝土工程

填筑前，必须重新清除垃圾及杂物，并隔夜浇水湿润。填筑的混凝土强度等级、外加剂掺量配合比等必须按照设计要求和施工规范规定执行，如设计无规定，填筑的混凝土强度等级必须比原结构强度提高 5 ~ 10 N/mm^2。混凝土浇筑完毕，必须保持不少于14 d的潮湿养护。

3.3.6 混凝土的养护

混凝土浇捣后之所以能逐渐凝结硬化，主要是因为水泥水化作用的结果，而水化作用需要适当的湿度和温度。混凝土的养护就是使混凝土具有一定的温度和湿度而逐渐硬化，养护分自然养护和人工养护。

（1）自然养护

自然养护就是在常温下（平均气温不低于 5 ℃）下，用浇水或保水方法使混凝土在规定时期内有适当的温湿条件进行硬化。做法：混凝土浇筑完的 12 h 内对混凝土加以覆盖和浇水。对采用硅酸盐水泥或矿渣硅酸盐水泥拌制的混凝土，浇水养护的时间不得少于 7 d；对掺用缓凝型外加剂或有抗渗要求的混凝土，浇水养护的时间不得少于 14 d。浇水次数应能保持混凝土处于湿润状态，混凝土的养护用水应与拌制用水相同。对不易浇水养护的高耸结构、大面积混凝土或缺水地区，可在已凝结的混凝土表面喷涂塑性溶液，等溶液挥发后形成塑性膜，使混凝土与空气隔绝，阻止水分蒸发，以保证水化作用正常进行。

（2）人工养护

人工养护就是人工控制混凝土的温度和湿度，使混凝土强度增长，如蒸汽养护、热水养护、太阳能养护等。

地下室底层和上部结构首层柱、墙混凝土带模养护时间不应少于 3 d。带模养护结束后，可采用洒水或覆盖或喷涂养护剂等方式继续养护。

混凝土强度达到 1.2 MPa 前，不得在其上踩踏、堆放物料、安装模板及支架。

3.3.7 混凝土的质量检查

1）混凝土在拌制和浇筑过程中的质量检查

①检查拌制混凝土所用原材料的品种、规格和用量，每一工作班至少两次。混凝土拌制时，原材料每盘计量的偏差不得超过表 3.26 的规定。

表 3.26 混凝土原材料计量允许偏差

单位：%

原材料品种	水泥	细骨料	粗骨料	水	矿物掺合料	外加剂
每盘计量允许偏差	±2	±3	±3	±1	±2	±1
累计计量允许偏差	±1	±2	±2	±1	±1	±1

注：①现场搅拌时原材料计量允许偏差应满足每盘计量允许偏差要求；
②累计计量允许偏差指每一运输车中各盘混凝土的每种材料累计称量的偏差，该项指标仅适用于采用计算机控制计量的搅拌站；
③骨料含水率应经常测定，雨、雪天施工应增加测定次数。

②检查混凝土在浇筑地点的坍落度，每一工作班至少两次。当采用预拌混凝土时，应在商

定的交货地点进行坍落度检查。实测坍落度与要求坍落度之间的允许偏差应符合表 3.27 的规定。

表 3.27 混凝土坍落度与要求坍落度之间的允许偏差

要求坍落度/mm	允许偏差/mm
≤40	±10
50～90	±20
≥100	±30

③在每一工作班内，当混凝土配合比由于外界影响有变动时，应及时检查调整。

④混凝土的拌制时间应随时检查，要满足规定的最短搅拌时间的要求。

2）检查商品混凝土厂家提供的技术资料

①水泥品种、强度等级及每立方米混凝土中水泥的用量。

②骨料的种类及最大粒径。

③外加剂、掺和料的品种和掺量。

④混凝土强度等级和坍落度。

⑤混凝土配合比和标准试件强度。

⑥对轻骨料混凝土尚应提供其密度等级。

⑦预拌混凝土合格证及运输单。

3）混凝土质量的试验检查

混凝土的强度等级必须符合设计要求。用于检查结构构件混凝土强度的试件，应在混凝土的浇筑地点随机抽取制作，对同一配合比混凝土试件的留置应符合下列规定：

①每拌制 100 盘且不超过 100 m^3 时，取样不得少于 1 次。

②每工作班拌制不足 100 盘时，取样不得少于 1 次。

③连续浇筑超过 1 000 m^3 时，每 200 m^3 取样不得少于 1 次。

④每楼层取样不得少于 1 次。

⑤每次取样应至少留置 1 组试件。

混凝土取样时，均应做成标准试件（即边长 150 mm 标准尺寸的立方体试件），每组 3 个试件应在同盘混凝土中取样制作，并在标准条件下（温度（20±3）℃，相对湿度为 90% 以上）按标准试验方法养护至 28 d 龄期，则得混凝土立方体抗压强度。取 3 个试件强度的平均值作为该组试件的混凝土强度代表值；或者当 3 个试件强度中的最大值或最小值之一与中间值之差超过中间值的 15% 时，取中间值作为该组试件的混凝土强度的代表值；当 3 个试件强度中的最大值和最小值与中间值之差均超过中间值的 15% 时，该组试件不应作为强度评定的依据。

4）现浇混凝土结构的允许偏差检查

现浇混凝土结构的允许偏差应符合表 3.28 的规定，当有专门规定时，尚应符合相应的规定要求。

表 3.28　现浇混凝土结构位置和尺寸允许偏差及检验方法

项　目			允许偏差/mm	检验方法
轴线位置	整体基础		15	经纬仪及尺量
	独立基础		10	经纬仪及尺量
	柱、墙、梁		8	尺量
垂直度	层高	≤6 m	10	经纬仪或吊线、尺量
		>6 m	12	经纬仪或吊线、尺量
	全高(H)≤300 m		H/30 000+20	经纬仪、尺量
	全高(H)>300 m		H/10 000 且≤80	经纬仪、尺量
标高	层高		±10	水准仪或拉线、尺量
	全高		±30	水准仪或拉线、尺量
截面尺寸	基础		+15，-10	尺量
	柱、梁、板、墙		+10，-5	尺量
	楼梯相邻踏步高差		6	尺量
电梯井	中心位置		10	尺量
	长、宽尺寸		+25，0	尺量
表面平整度			8	2 m 靠尺和塞尺量测
预埋件中心位置	预埋板		10	尺量
	预埋螺栓		5	尺量
	预埋管		5	尺量
	其他		10	尺量
预留洞、孔中心线位置			15	尺量

注：①检查柱轴线、中心线位置时，沿纵、横两个方向测量，并取其中偏差的较大值。

②H 为全高，单位为 mm。

3.3.8　混凝土缺陷的修整

混凝土缺陷分为一般缺陷和严重缺陷，见表 3.29。当混凝土拆除模板之后，混凝土表面如果出现缺陷，就应该找出原因，并应根据具体情况进行修整。

表 3.29　混凝土结构外观缺陷分类

名　称	现　象	严重缺陷	一般缺陷
露筋	构件内钢筋未被混凝土包裹而外露	纵向受力钢筋有露筋	其他钢筋有少量露筋

续表

名　称	现　象	严重缺陷	一般缺陷
蜂窝	混凝土表面缺少水泥砂浆而形成石子外露	构件主要受力部位有蜂窝	其他部位有少量蜂窝
孔洞	混凝土中孔穴深度和长度均超过保护层厚度	构件主要受力部位有孔洞	其他部位有少量孔洞
夹渣	混凝土中夹有杂物且深度超过保护层厚度	构件主要受力部位有夹渣	其他部位有少量夹渣
疏松	混凝土中局部不密实	构件主要受力部位有疏松	其他部位有少量疏松
裂缝	缝隙从混凝土表面延伸至混凝土内部	构件主要受力部位有影响结构性能或使用功能的裂缝	其他部位有少量不影响结构性能或使用功能的裂缝
连接部位缺陷	构件连接处混凝土有缺陷及连接钢筋、连接件松动	连接部位有影响结构传力性能的缺陷	连接部位有基本不影响结构传力性能的缺陷
外形缺陷	缺棱掉角、棱角不直、翘曲不平、飞边凸肋等	清水混凝土构件有影响使用功能或装饰效果的外形缺陷	其他混凝土构件有不影响使用功能的外形缺陷
外表缺陷	构件表面麻面、掉皮、起砂、沾污等	具有重要装饰效果的清水混凝土构件有外表缺陷	其他混凝土构件有不影响使用功能的外表缺陷

①面积较小且数量不多的蜂窝、麻面或露石的混凝土表面。主要是由于在浇筑混凝土前，模板湿润不够，吸收了混凝土中的大量水分，或由于振捣不够仔细所致。其修整方法一般是先用钢丝刷或加压水冲洗基层，再用 1∶2～1∶2.5 的水泥砂浆填满、抹平并加强养护。

②面积较大的蜂窝、露石或露筋。蜂窝可能是由于材料配比不当、搅拌不匀或振捣不密实所致。露筋主要是由于浇筑、振捣不均，垫块移动或作为保护层的混凝土没有捣实所致。所以，对较大面积的蜂窝、露石、露筋应全部深度凿去薄弱的混凝土和个别突出的骨料颗粒，然后用钢丝刷或加压水洗刷表面，再用细骨料混凝土（比原强度等级提高一级）填塞，并仔细捣实。

③对于影响结构性能的缺陷，如孔洞和大蜂窝，必须会同设计单位和有关单位研究处理。

观察思考

1. 施工缝与后浇带有什么区别？
2. 如果你是施工现场质检员，应从哪些方面进行混凝土的质量检查？

知识窗

1)大体积混凝土

现代建筑中时常涉及大体积混凝土施工,如高层楼房基础、大型设备基础、水利大坝等。它的主要特点就是体积大,表面系数比较小,水泥水化热释放比较集中,内部温升比较快。混凝土内外温差较大时,会使混凝土产生温度裂缝,其裂缝分为贯穿裂缝、深层裂缝及表面裂缝3种,影响结构安全和正常使用。

(1)概念　结构断面最小尺寸在80 cm以上,同时水化热引起的混凝土内最高温度与外界气温之差预计超过25 ℃的混凝土称为大体积混凝土。

(2)大体积混凝土的材料选用注意事项　粗骨料宜采用连续级配,细骨料宜采用中砂。外加剂宜采用缓凝剂、减水剂;掺合料宜采用粉煤灰、矿渣粉等。大体积混凝土在保证混凝土强度及坍落度要求的前提下,应提高掺合料及骨料的含量,以降低单方混凝土的水泥用量。

水泥应尽量选用水化热低、凝结时间长的水泥,优先采用中热硅酸盐水泥、低热矿渣硅酸盐水泥、大坝水泥、矿渣硅酸盐水泥、粉煤灰硅酸盐水泥、火山灰质硅酸盐水泥等。

(3)大体积混凝土的浇筑　除应满足每一处混凝土在初凝以前就被上一层新混凝土覆盖并捣实完毕外,还应考虑结构大小、钢筋疏密、预埋管道和地脚螺栓的留设,混凝土供应情况以及水化热等因素的影响,常采用以下几种方法:

①全面分层:即在第一层全面浇筑完毕后,再回头浇筑第二层,此时应使第一层混凝土还未初凝,如此逐层连续浇筑,直至完工。这种方案,适用于结构的平面尺寸不太大,施工时从短边开始,沿长边推进的工程。必要时可分成两段,从中间向两端或从两端向中间同时进行浇筑。

②分段分层:混凝土浇筑时,先从底层开始,浇筑至一定距离后浇筑第二层,如此依次向前浇筑其他各层。由于总的层数较多,所以浇筑到顶后,第一层末端的混凝土还未初凝,又可以从第二段依次分层浇筑。这种方案适用于单位时间内要求供应的混凝土较少、结构物厚度不太大而面积或长度较大的工程。

③斜面分层:要求斜面的坡度不大于1/3,适用于结构的长度大大超过厚度3倍的情况。混凝土从浇筑层下端开始,逐渐上移。

(4)大体积混凝土养护时的温度控制　温度控制就是对混凝土的浇筑温度、混凝土内部的最高温度及表面温度进行人为的控制。在混凝土养护阶段的温度控制应遵循以下几点:

①混凝土的中心温度与表面温度之间、混凝土表面温度与室外最低气温之间的差值均应小于20 ℃;当结构混凝土具有足够的抗裂能力时,不大于25~30 ℃。

②混凝土拆模时,混凝土的温差不超过20 ℃。其温差应包括表面温度、中心温度和外界气温之间的温差。

③采用内部降温法降低混凝土内外温差。内部降温法是在混凝土内部预埋水管,通入冷却水,降低混凝土内部最高温度。冷却在混凝土刚浇筑完时就开始进行,可以有效地控制因混凝土内外温差而引起的混凝土开裂。

④保温法是在结构物外露的混凝土表面以及模板外侧覆盖保温材料(如草袋、锯木、湿砂等),在缓慢的散热过程中,使混凝土获得必要的强度,以控制混凝土的内外温差小于20 ℃。

⑤混凝土表层布设抗裂钢筋网片,防止混凝土收缩时产生干裂。

2)防水混凝土(抗渗混凝土)

外加剂防水混凝土的性能及适用范围见表3.30。

表3.30 外加剂防水混凝土

普通混凝土	外加剂防水混凝土		
	种　类	特　性	适用范围
1.不依赖其他防水措施,施工简便,材料来源广泛,价格低廉,抗渗性最高可达3.0 MPa,适用于一般工业与民用建筑及公共建筑。 2.配合比要求:首先满足抗渗要求,同时考虑抗压强度、施工和易性和经济性等方面,选择不同特性的水泥配和比	减水剂防水混凝土	提高混凝土的和易性,在满足施工和易性的条件下可以大大降低拌和用水量,使硬化后混凝土内部孔结构的分散性状况得以改变,减小孔径和总孔隙率,可使水泥水化热值推迟,减少混凝土硬化前因温度应力而开裂,从而提高了混凝土的防水效果,抗渗压力可达2.2 MPa	适用钢筋密集或捣固困难的薄壁型防水构筑物,也适用于改善混凝土的凝结时间
	氯化铁防水混凝土(也叫密实剂)	其防水原理是与水泥水化物产生反应,渗入混凝土的孔隙中,还能产生晶体,使体积膨胀而挤密水泥及砂石间的空隙。其抗渗压力可达3.8 MPa,能使混凝土提前增大抗渗能力	适用于无筋、少筋的厚防水混凝土、一般地下防水工程及砂浆修补抹面等,对碱、盐、油有较高的抗腐蚀性,也可用于防油混凝土
	引气剂防水混凝土	其防水原理是因引气剂具有憎水性,可降低混凝土拌合物的表面张力,产生大量微小、均匀的密闭气泡。可增加混凝土的黏滞性,提高冷、冻、干的交替抵抗力。具较强的抗冻性,抗渗压力为2.2 MPa	适用于北方高寒地区抗冻性要求较高的防水工程及一般防水工程,不适于抗压强度大于2.0 MPa的防水工程
	三乙醇胺防水混凝土	可与水泥水化物反应生成体积膨胀物,增大混凝土的密实性,具有早强和增强作用	适用于工期紧、要求早强及抗渗性较高的防水工程及一般防水工程

3)高强混凝土

高强混凝土是指强度等级为C60及其以上的混凝土,C100以上称为超高强混凝土。

高强混凝土组成材料主要包括水泥、砂、石、外加剂、矿物掺合料和水。配制高强混凝土时,应选用质地坚硬的粗、细骨料。C60的混凝土,粗骨料不应大于31.5 mm;高于C60的混凝土,粗骨料不应大于25 mm,含泥量不应大于1.0%。细骨料的细度模数宜2.6~3.0,含泥量不应大于2.0%。水泥不低于42.5(强度等级)的硅酸盐水泥或普通硅酸盐水泥。掺用高效减水剂或缓高效减水剂,掺量为胶凝材料总量的0.4%~1.5%。掺用活性较好的矿物掺合料,如磨细矿渣粉、粉煤灰、沸石粉等。配合比设计时的重要参数采用水胶比(用水量与胶凝材料总量的比值),水胶比低(一般为0.24~0.42),胶凝材料用量多(一般达400 kg/m^{3}以上,但水泥用量不应大于500 kg/m^3,水泥和矿物掺合料总量不大于600 kg/m^3),砂率较大(一般在35%~42%)。

高强混凝土从原材料到搅拌、浇筑、养护等要求遵循严格的施工程序,如不得用自落式搅拌机,严禁在拌合物出机时加水，外加剂宜采用后掺法，采用“二次投料法”搅拌工艺，多以商品混凝土的形式供应，在现场采用泵送的施工方法。由于高强混凝土用水量较少，保湿养护对混凝土的强度发展、避免产生过多裂缝、获得良好的质量具有重要影响，应在浇筑完后，立即覆盖养护或喷洒或涂刷养护剂以保持混凝土表面湿润，养护日期不得少于7 d。

4）泵送混凝土

泵送混凝土是指混凝土拌合物的坍落度不低于100 mm，并能用混凝土泵输送的混凝土。其特点：施工效率高、施工占地较小、施工方便、有利于环境保护。泵送混凝土的配合比除原材料要求与普通混凝土相同外，还应符合下列规定：所用粗骨料的最大粒径与输送管之比，碎石在1∶3.0～1∶5.0，卵石在1∶2.5～1∶4.0，针状颗粒含量不宜大于10%，宜采用中砂，水灰比不宜大于0.6，水泥和矿物掺合料用量不宜小于300 kg/m^3，且不宜采用火山灰水泥，砂率宜为35%～45%，应掺减水剂或泵送剂。采用引气外加剂的泵送混凝土，其含气量不超过4%。

泵送混凝土的浇筑顺序：

①当采用混凝土输送管输送混凝土时，应由远而近。

②在同一区域的混凝土，应按先竖向结构后水平结构的顺序，分层连续浇筑。

③当不允许留施工缝时，区域之间、上下层之间的混凝土浇筑间歇时间不得超过混凝土初凝时间。

④当下层混凝土初凝后浇筑上层混凝土时，应按留施工缝的规定处理。

活动建议

1. 请有经验的现场施工人员到校讲解钢筋混凝土工程的施工要点。

2. 组织学生进入施工现场实地参观、学习。

3. 准备相关材料及工具（水泥、河砂、石子、钢筋、模板、工器具等），让学生参与操作，并作为评定学生成绩的依据之一。

学习鉴定

1. 填空题

（1）当梁的跨度在4 m及以上时，应使梁模底部略为起拱，如设计无规定时，起拱高度宜为________________。

（2）模板及支架应根据安装、使用和拆除工况进行设计，应有足够的________________，并应保证其整体稳定性。

（3）钢筋必须进行拉力试验（屈服点、抗拉强度、伸长率）和________________试验。

（4）钢筋接头连接的方法主要有________________3种形式。

（5）钢筋的外包尺寸是由构件的________________减去混凝土的保护层求得的。

（6）钢筋的代换原则有________________两种。

(7)柱中的竖向钢筋搭接时,角部钢筋的弯钩应与模板成________角。

(8)常用的混凝土投料顺序有一次投料法、二次投料法和________。

(9)若混凝土自由下落的高度超过________m时,要用溜槽或串筒下落。

(10)在施工缝处继续浇筑混凝土时,应待已浇的混凝土强度达到________才能进行。

2. 选择题

(1)柱模板的构造和安装主要考虑保证垂直度及抵抗新浇混凝土的(　　)。

A. 侧压力　B. 应力　C. 变形　D. 摩擦力

(2)现浇结构拆模的程序是(　　)。

A. 先支先拆　B. 先支后拆　C. 先拆承重部分　D. 后拆承重部分

(3)对有抗震等级设计的框架中的纵向受力钢筋,其最大力下总伸长率不应小于(　　)。

A. 4%　B. 5%　C. 10%　D. 9%

(4)光圆钢筋末端应做成180°弯钩,每个弯钩增长值为(　　)。

A. $2d$　B. $6.25d$　C. $3d$　D. $0.5d$

(5)钢筋的代换原则有(　　)。

A. 等强度代换　B. 等根数代换　C. 等面积代换　D. 等级别钢筋代换

(6)钢筋加工包括调直、(　　)等。

A. 除锈　B. 下料剪切　C. 接长　D. 弯曲成型

(7)混凝土的运输分为(　　)3种。

A. 地面运输　B. 商品运输　C. 垂直运输　D. 楼面运输

(8)在施工缝处继续浇筑混凝土时,应待已浇筑的混凝土达到(　　)强度后,才能按要求进行。

A. 1.2 N/mm^2　B. 1.5 N/mm^2　C. 2 N/mm^2　D. 2.5 N/mm^2

(9)混凝土的机械振捣按工作方式可分为(　　)。

A. 内部振动器　B. 表面振动器　C. 外部振动器　D. 振动台

(10)钢筋弯折后的量度差值与(　　)有关。

A. 钢筋品种　B. 钢筋的外观　C. 钢筋直径　D. 钢筋的试验强度

3. 问答题

(1)试述模板的作用,对模板及支架系统的基本要求有哪些?

(2)结合工程实际,总结现浇结构模板拆除的方法和要求。

(3)如何计算钢筋的下料长度?怎样编制钢筋配料单?

(4)钢筋进场时,对其验收的内容有哪些?

(5)浇筑混凝土之前应进行钢筋隐蔽工程验收,验收的内容有哪些?

(6)简述施工缝留设的原则及处理方法。

(7)何谓“后浇带”,其施工应注意什么问题?

3. 某混凝土实验室配合比为1∶2.56∶5.50。水灰比$W/C=0.6$,每立方米混凝土水泥用量$C=285$ kg,现场实测砂含水率为4%,石子含水率为2%。请计算其施工配合比及每立方米混凝土各种材料用量。

4. 某框架结构建筑,抗震等级为二级,KL2 有 5 根,其配筋如图 3.48 所示,计算条件见表 3.31。试计算 KL2 钢筋下料长度并编制配料单。

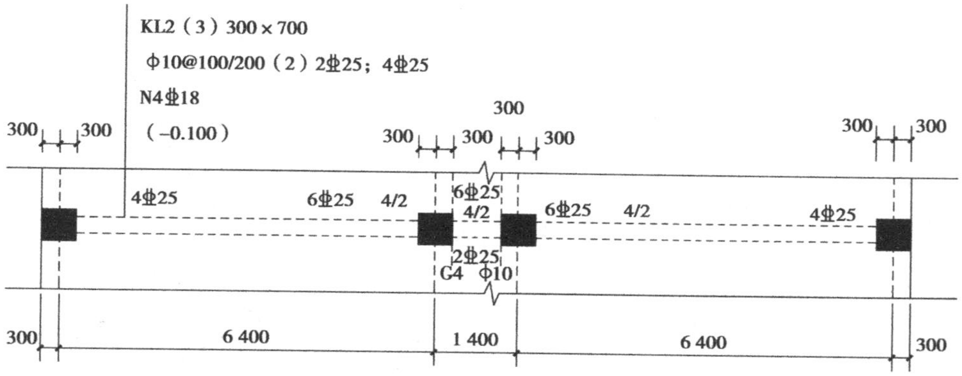

图 3.48 KL2 平法施工图

表 3.31 抗震 KL2 计算已知条件

混凝土强度等级	支座/梁保护层厚度 C/mm	抗震等级	l_{aE}($d\leqslant25$)	l_{abE}($d\leqslant25$)	连接方式	钢筋定尺长度/mm
C30	25/25	二级抗震	HPB300:$35d$; HRB400:$40d$	HPB300:$35d$; HRB400:$40d$	剥肋滚扎直螺纹套筒连接	9 000

教学评估

教学评估表见本书附录。

4 预应力混凝土工程

本章内容简介

先张法施工和后张法施工

无黏结预应力混凝土的后张法施工

部分预应力钢筋混凝土工程质量标准

本章教学目标

掌握先张法和后张法施工工艺流程及要点

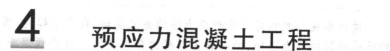

熟悉预应力钢筋混凝土工程的质量标准

活动建议

由教师带队参观预制构件厂或预应力结构施工现场，引导学生了解预应力的生产工艺。

问题引入

通过参观预制构件厂或预应力结构施工现场，我们了解到，预应力混凝土可以改善混凝土构件受拉区的受力性能，提高高强钢材的合理使用。与普通混凝土相比，有构件截面小、自重轻、刚度大、抗裂度高、耐久性好、省材料等优点。那么，预应力混凝土有哪些施工工艺？什么是先张法和后张法？下面，我们就来学习预应力混凝土的基本知识。

预应力混凝土就是在结构承受外荷载以前，在结构受拉区预先施加预压应力，从而抵消一部分或全部由于结构使用阶段外荷载产生的拉应力，推迟和限制构件裂缝的开展，充分利用钢筋的抗拉能力，提高结构的抗裂度、刚度和耐久性，以及取得较好的综合经济指标。

预应力混凝土适用于大跨度、重荷载、长悬臂等结构，在现代建筑结构中有着广阔的应用和发展前景。

预应力混凝土按预应力度大小可分为全预应力混凝土和部分预应力混凝土。全预应力混凝土是指在全部使用荷载下，受拉边缘不允许出现压应力，它适用于要求混凝土不开裂的结构；部分预应力混凝土是指在全部使用荷载下，受拉边缘允许出现一定的拉应力或裂缝，由于其综合性能好、费用低，因而在实际工程中应用十分广泛。

预应力筋进场时，应进行外观质量检查，并应按国家现行相关标准的规定抽取试件做抗拉强度、伸长率试验。有黏结预应力筋的表面不应有裂纹、小刺、机械损伤、氧化铁皮和油污，展开后应平顺、不应有弯折；无黏结预应力钢绞线护套应光滑、无裂纹，无明显褶皱，轻微破损处应用外包防水塑料胶带修补，严重破损者不得使用；浇筑混凝土之前，应进行预应力隐蔽工程验收。隐蔽工程验收应包括下列主要内容：

①预应力筋的品种、规格、级别、数量和位置；

②成孔管道的规格、数量、位置、形状、连接以及灌浆孔、排气兼泌水孔；

③局部加强钢筋的牌号、规格、数量和位置；

④预应力筋锚具和连接器及锚垫板的品种、规格、数量和位置。

4.1 先张法施工

4.1.1 概述

先张法施工是在浇筑混凝土前，用张拉机械先张拉预应力筋并锚固，然后进行普通钢筋的绑扎、支模板、浇筑混凝土，待混凝土养护达到规定强度后，放松预应力筋，借预应力筋弹性回缩，使混凝土与预应力之间产生黏结力，从而使钢筋混凝土构件受拉区的混凝土承受预压应力。

图4.1为预应力混凝土台座先张法生产示意图。一般情况下，先张法施工适于生产中小型构件。

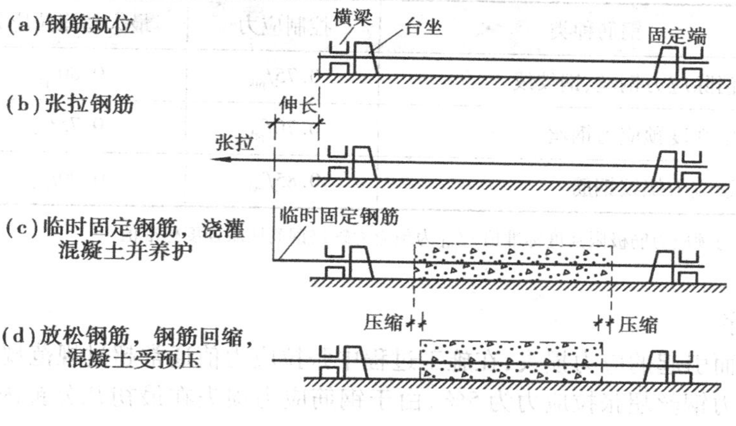

图4.1 先张法生产示意图

4.1.2 施工工艺

1)台座准备

台座是先张法施工的主要设备之一，它随预应力筋传递全部的拉力。因此，台座应具有足够的强度、刚度和稳定性。台座按构件形式分为墩式和槽式两类，具体选用时，根据张拉构件种类、吨位和施工条件而定。本书主要介绍墩式台座，如图4.2所示。

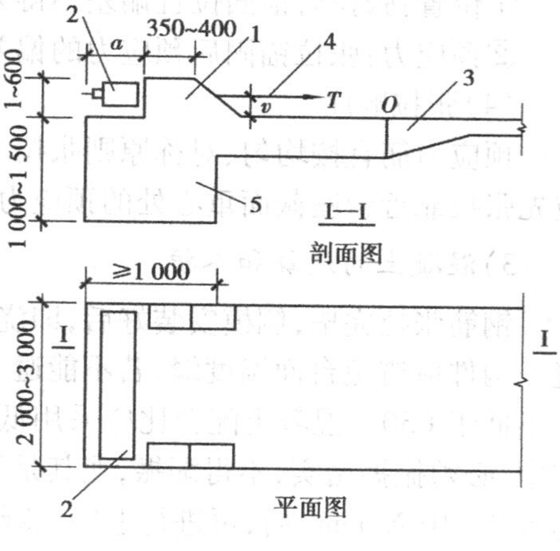

1—传力墩；2—横梁；3—台面；4—预应力钢筋；5—台座

图4.2 墩式台座示意图

墩式台座长度以100 m为宜，张拉一次可生产多根预应力混凝土构件，减少了张拉力和临时固定的工作以及预应力筋滑移、横梁变形引起的预应力损失。

墩式台座宽度一般为2~3 m，具体宽度视情况而定。

墩式台座台面是预应力混凝土构件成型的胎膜，要求表面光滑，无起灰、起砂、起毛、裂缝、起壳等现象。墩式台座台面平整度用2 m直尺检查不大于2 mm，伸缩缝视情况而定，尽量符合模数，排水坡度一般为0.3%~0.5%为宜。

夹具是预应力筋进行张拉和临时固定的工具，要求夹具工作可靠、施工方便、成本低。根据施工特点，夹具一般分为张拉夹具和锚固夹具。张拉夹具是张拉预应力筋的机构，要求工作可靠，操作简单，能以稳定的速率加荷。

2)预应力筋张拉

先张法预应力筋的张拉有单根和成组张拉两种。单根张拉力小，设备简单；多根张拉力大，设备、锚固要求应严格。

(1)张拉应力

预应力筋张拉应力应按照表4.1的规定。

表4.1 先张法张拉控制应力和最大超张拉应力值

钢筋种类	控制应力	最大超张拉应力
消除应力钢丝、钢绞线	$0.75f_{ptk}$	$0.80f_{ptk}$
中强度预应力钢丝	$0.70f_{ptk}$	$0.75f_{ptk}$
预应力螺纹钢筋	$0.85f_{pyk}$	$0.90f_{pyk}$

注:f_{ptk}为预应力筋极限强度标准值,f_{pyk}为预应力螺纹钢筋屈服强度标准值。

(2)张拉程序

为减少松弛而引起的应力损失,在施工过程中张拉应力值通常超过规范规定的控制应力,即超张拉。预应力钢丝超张拉应力为5%,由于钢筋应力损失在最初几分钟内可完成40%～50%,故常持荷2 min。

预应力筋的张拉程序:0→105%控制应力或0→103%控制应力。

(3)预应力筋的检验

①位置:张拉后锚固位置偏差不得大于5 mm和构件截面最短边长的4%。

②预应力:张拉锚固后预应力的偏差不得大于或小于构件全部钢筋预应力值总和的5%。

(4)张拉顺序

预应力筋宜按均匀、对称原则张拉。张拉多根钢筋时,为避免台座承受过大的偏心压力,应先张拉靠近台座截面重心处的预应力筋。

3)混凝土的浇筑和养护

钢筋张拉完毕,侧模安装好后,即浇筑混凝土,并且必须一次性浇筑完毕,不允许留设施工缝。构件应避免台面温度缝,若不能避开,必须在温度缝上铺设塑料薄膜或钢板等,混凝土强度不低于C30。混凝土配合比应采用低水灰比,并控制混凝土水泥用量和粒径级配。浇筑过程中,必须振捣密实,不得漏振,尤其是端部。对叠层混凝土构件,生产时,应待下层构件强度达到8～10 N/mm^{2}后,再进行上层混凝土构件浇筑。

混凝土的养护温度一般不得超过20 ℃,但若防止因温差引起的预应力损失,可按正常升温制度加热养护,不需二次升温。

4)预应力筋放张

预应力构件强度符合设计要求后应进行放张。当设计无具体要求时,至少应达到设计强度等级的75%时方可放张,对采用消除应力钢丝或钢绞线作为预应力筋的先张法构件,还不应低于30 MPa。若过早放张预应力筋会引起预应力损失或钢丝的滑动而大大降低钢筋的预应力。

预应力筋的剪切、割断或熔断应从中间的两侧逐根依次进行,以利于减少回弹或脱模等。对配筋较多的预应力钢丝混凝土构件,预应力钢丝放张应同时进行,禁止逐根放张的方法,以防止最后一根钢丝应力过大而导致构件断裂或开裂。

活动建议

在教师带领下,到现场进行观察、实习先张法的操作工艺流程。

练习作业

1. 什么叫预应力混凝土?试述其优点。
2. 简述先张法的施工工艺。
3. 先张法预应力混凝土构件,在什么时候放张?未达到混凝土放张强度时,对预应力混凝土构件有什么危害?

4.2 后张法施工

4.2.1 后张法施工的特点

后张法施工是在钢筋混凝土结构成型时,在规定的设计位置预留孔道,待混凝土结构达到设计强度后,将预应力筋穿入孔道中张拉;亦可先穿筋,然后用锚具将预应力筋锚固在构件上后进行孔道灌浆,如图 4.3 所示。

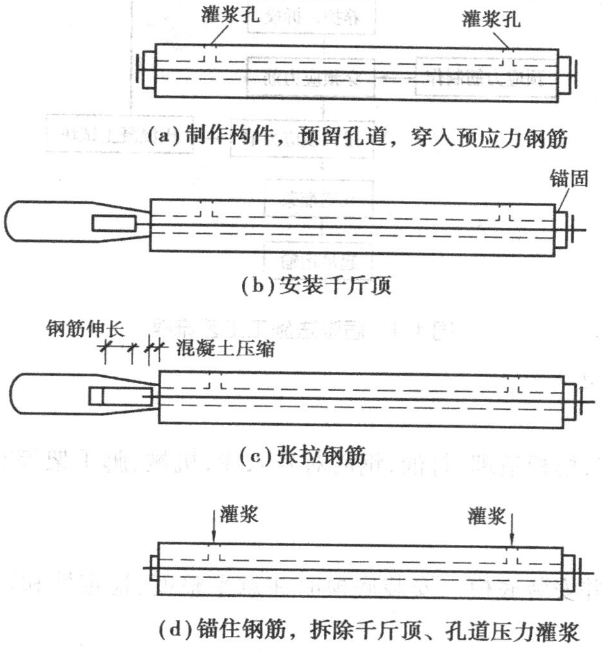

图 4.3 后张法生产示意图

后张法的施工特点：

①后张法施工适用于大型预应力混凝土构件、大跨度构件。

②后张法施工不需要固定的台座设备，不受地点限制，广泛适用于现浇混凝土结构及道路、桥梁等的拼装作业。

③后张法施工工序多，工艺复杂，锚具永远留置在构件内，不能周转使用。

④后张法施工适用于单根粗钢筋、钢筋束、钢绞线等。

4.2.2 后张法施工工艺

后张法施工

后张法施工。

后张法施工工艺流程如图4.4所示。

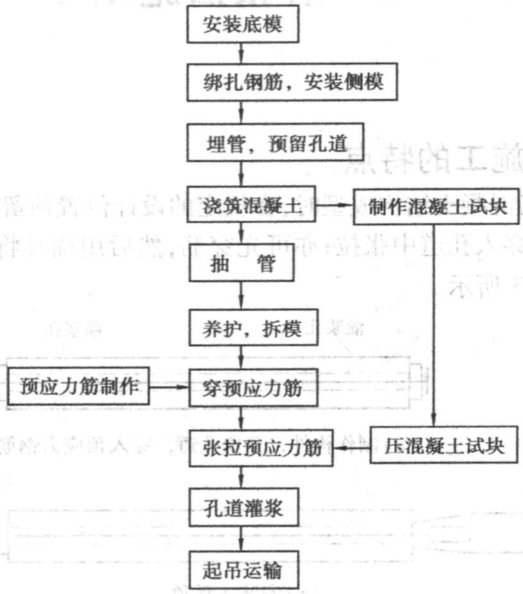

图4.4　后张法施工工艺流程

1）混凝土构件成型

（1）准备工作

清理现场，如平基，模板清理、打油，钢筋对号入库，机械、脚手架等有序入场，三通及安全防备到位。

（2）安装底模

根据施工图放样并安装底模。安装底模时注意平整度、稳定性和可操作性（位置准确和操作台足够）。

(3)安装钢筋骨架

根据施工图要求,在搭设的底座上安装钢筋骨架。安装时注意钢筋位置的准确性、钢筋的保护层、各接头的焊接长度和焊缝质量以及埋管位置的预留。

(4)埋管

根据施工图埋管的坐标要求,埋设好钢管,波纹、塑料管或胶管等。埋设过程中,注意坐标,若有弯曲,注意弯曲半径和弯曲位置,尤其是管的固定,一般用钢筋或钢管,每隔 50 ~ 100 cm焊接或绑扎一个孔道支架加以固定。

(5)支模

钢筋安装完毕,管道预埋结束,经检查无误后,按照施工图要求支侧模。支模过程中注意模板的加固和嵌缝以及管端位置的留设,以防浇捣混凝土时爆模或漏浆。

(6)浇捣混凝土

钢筋、模板验收合格并签字后方可浇筑混凝土。浇捣混凝土时,注意混凝土配合比的粒径级配、投料顺序及和易性。振捣时注意振捣方法,尽量避免接触预埋管,以免将预埋管振移位或管内漏浆,导致后续工作难以进行。

(7)混凝土的养护、拆模和抽管

混凝土浇捣完毕 24 h 后必须按照施工规范要求养护,不得间断,当混凝土强度符合施工验收规范时即可拆边模。预埋的管道若需抽出,必须注意抽出时间、顺序和方法。

抽管顺序和方法:抽管顺序宜先上后下进行。抽管方法可以是人工或卷扬机。抽管时必须速度均匀,边抽边转,并与孔道保持在一条直线上。抽管后应及时检查孔道情况,并做好孔道的清理工作,以防穿筋时发生困难。

2)预应力筋的制作、安装和张拉

(1)张拉锚具

锚具是后张法结构或构件中,为保持预应力筋拉力并将其传递到混凝土上的永久性锚固装置。锚具必须具有可靠的锚固性能,足够的强度、刚度,同时还要求其构造简单、施工方便、成本低廉、预应力损失小。

后张法锚具种类较多,不同类型的预应力筋所配用的锚具也不相同,常用的有螺丝端杆锚具、帮条锚具、镦头锚具、钢制锥形锚具、夹片式锚具、挤压锚具、压花锚具和精轧螺纹钢锚具等。

①螺丝端杆锚具:螺丝端杆锚具适用于锚固直径不大于 36 mm 的冷拉 HRB335 级、HRB400 级钢筋,也可作先张法夹具使用。螺丝端杆锚具由螺丝端杆、螺母及垫板组成,如图 4.5 所示。

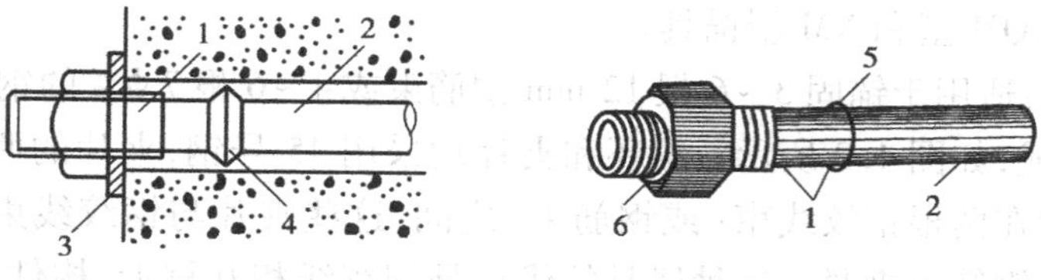

1—螺丝端杆;2—钢筋;3—垫板;4—对焊接头;5—焊接接头;6—螺帽

图 4.5 螺丝端杆锚具

使用时，螺丝端杆与预应力筋对焊，用张拉设备张拉螺丝端杆，然后用螺母锚固，拉力由螺母传至螺丝端杆与预应力筋。螺丝端杆与预应力筋的焊接，应在预应力筋冷拉前进行，冷拉后螺丝端杆不得发生塑性变形。螺丝端杆锚具的强度不得低于预应力筋抗拉强度实测值。

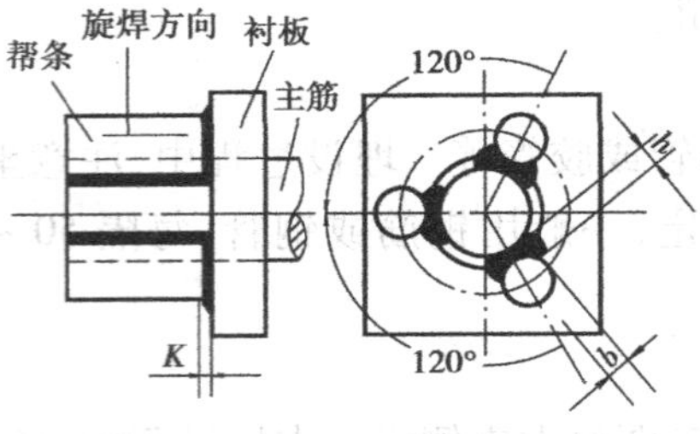

图4.6　帮条锚具

②帮条锚具：帮条锚具可作为冷拉 HRB335 级、HRB400 级钢筋固定端锚具用。它由一块方形衬板与 3 根帮条组成，如图 4.6 所示。衬板采用 Q235 钢，帮条用与预应力筋同级别的钢筋。帮条安装时，3 根帮条与衬板相接触的截面应在一个垂直面上，以免受力时产生扭曲。帮条的焊接可在预应力筋冷拉前或冷拉后进行。

③镦头锚具：如图 4.7 所示，这种锚具适用于锚固钢丝束。张拉端采用锚环，固定端采用锚板。先将钢丝端头镦粗成球形，穿入锚杯孔内，边张拉边拧紧锚杯的螺帽。每个锚具可同时锚固几根到 100 多根Φ5 与Φ7 的高强钢丝，也可用于单根粗钢筋。采用这种锚具时，要求钢丝的下料长度精度较高，否则会造成钢丝受力不均。

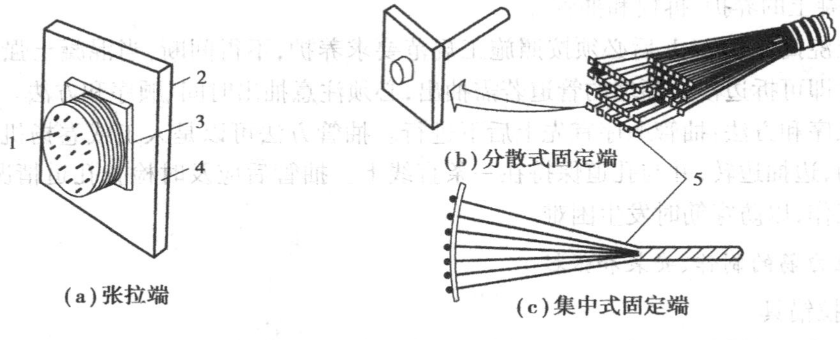

1—锚环；2—张拉端锚具；3—对开垫板；4—支承板；5—固定端锚具

图4.7　镦头锚具

④钢制锥形锚具：用于锚固钢丝束或钢绞线束，通常同时锚固 12 根直径为 5，7，9 mm 的钢丝，或 12 根直径为 12，15 mm 的钢绞线。锚具由带锥孔的锚环和锥形锚塞两部分组成，如图 4.8 所示。该锚具为法国的弗来西奈发明，张拉时采用专门的双作用或三作用弗氏千斤顶。三作用弗氏千斤顶除具有在张拉的同时顶紧锚塞的作用外，还有将夹持钢绞线或钢丝的楔块自动松脱的装置。

⑤夹片式锚具：如图 4.9 所示，是采用楔形夹片将预应力钢筋束或钢绞线楔紧锚固于锚环中，常用有 JM12 型、QM 型和 XM 型锚具。

- JM12 型锚具：适用于锚固 3～6 根 12 mm 钢筋束或 4～6 根 7Φ^s^4 的钢绞线。JM12 型锚具由锚环与夹片组成，如图 4.9 所示。锚环和夹片均采用 45 号钢，夹片的两个侧面具有带齿的半圆槽，每个夹片在两根钢绞线束（或钢筋束）之间，这些夹片与钢绞线束共同形成组合式锚塞，将钢绞线束或钢筋束楔紧。这种锚具的优点是钢绞线相互靠近，构件端部不扩孔，但一个夹片损坏将导致整束钢绞线失效。

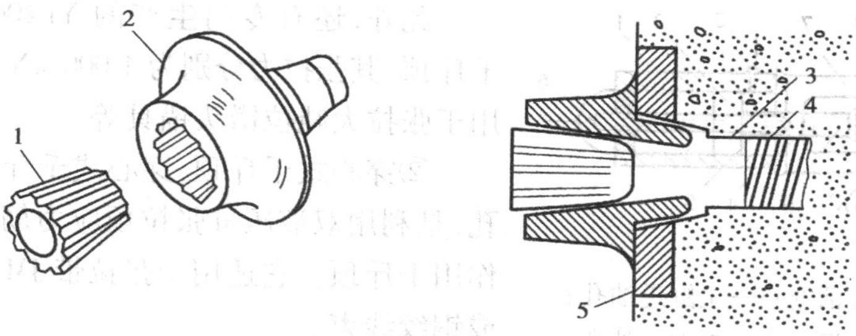

1—锥形塞;2—锚环;3—喇叭管;4—金属管;5—钢垫板

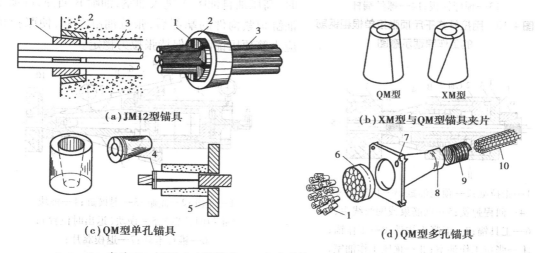

图 4.8　锥塞式锚具

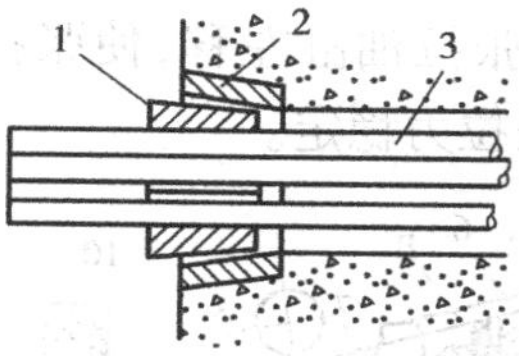

(a)JM12型锚具

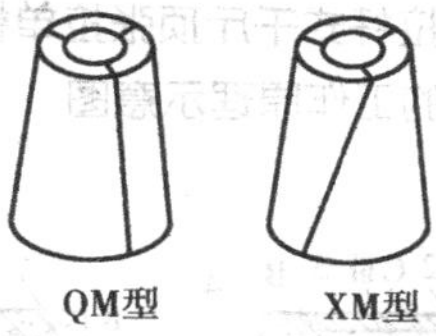

(b)XM型与QM型锚具夹片

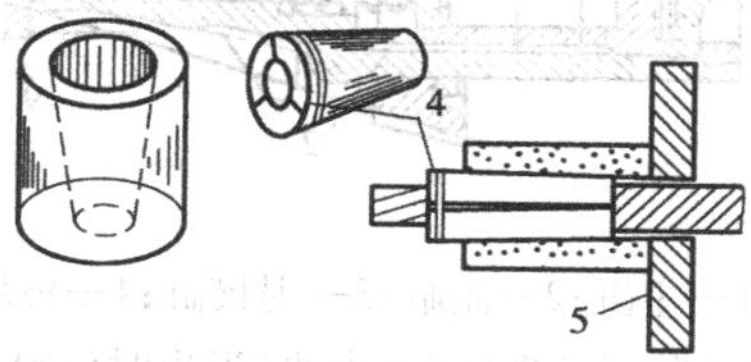

(c)QM型单孔锚具

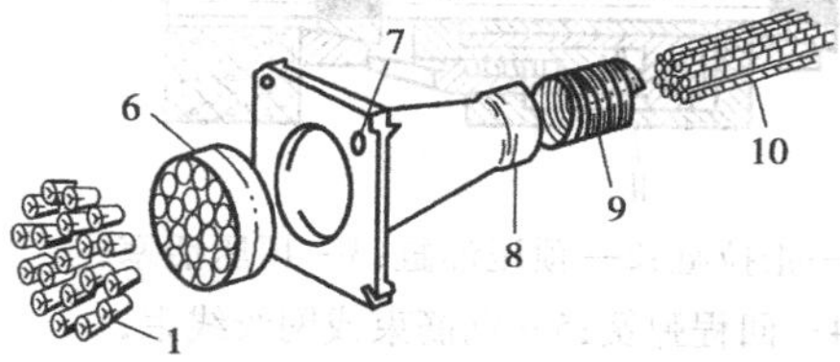

(d)QM型多孔锚具

1—夹片;2—锚环;3—钢筋束;4—夹片弹簧;5—垫板;6—锻钢锚环块;
7—排浆孔;8—铸铁导管;9—管道;10—预应力筋

图 4.9　夹片式锚具

• QM 型和 XM 型锚具:用于单根或每根钢绞线。每根钢绞线由 3 个夹片夹紧,夹片由空心锥台,按三等份切割而成。QM 型和 XM 型夹片切开的方向不同,QM 型与锥体母线平行,而 XM 型倾斜,倾斜方向与钢绞线的扭转角相反,以保证上锚固效果,如图 4.9(b)所示。这种锚具可根据钢绞线的布置,分别采用单孔或多孔[图 4.9(c)、(d)],多孔锚具又称群锚。

多孔夹片锚固体系是在一块多孔的锚板上,利用多个锥形孔装一副夹片,持一根钢绞线的楔紧式锚固。这种锚具的优点是任何一根钢绞线锚固失败都不会引起整束锚固失效,但构件端部需要扩孔。每束钢绞线的根数不受限制,对锚板与夹片的要求与单孔夹片锚具相同。

(2)张拉机具

预应力筋用张拉设备由液压千斤顶、高压油泵和外接油管组成。按机型不同,液压千斤顶可分为拉杆式千斤顶、穿心式千斤顶、锥锚式千斤顶和台座式千斤顶等。

①拉杆式千斤顶:拉杆式千斤顶是利用单活塞张拉预应力筋的单作用千斤顶,主要用于张拉带螺丝端杆锚具的 HRB335 级、HRB400 级钢筋。如图 4.10 所示为用拉杆式千斤顶张拉单根粗钢筋的工作原理示意图。

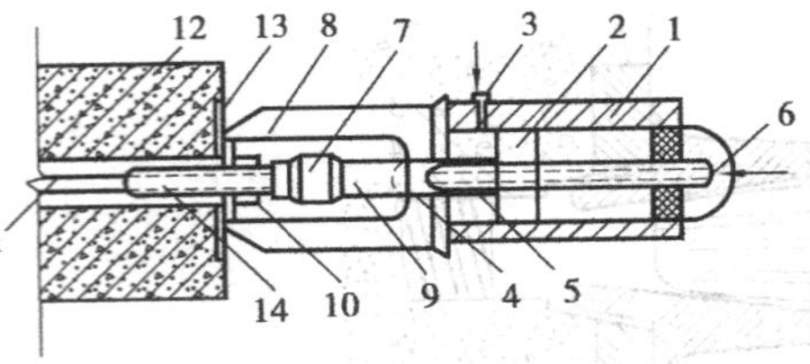

1—主缸;2—主缸活塞;3—主缸进油孔;
4—副缸;5—副缸活塞;6—副缸进油孔;
7—连接器;8—传力架;9—拉杆;10—螺母;
11—预应力筋;12—混凝土构件;
13—预埋铁板;14—螺丝端杆

图4.10　用拉杆式千斤顶张拉单根粗钢筋的工作原理示意图

此外,还有专门生产的YL400型和YL500型千斤顶,其张拉力分别为4 000 kN和5 000 kN,主要用于张拉大吨位镦头锚具等。

②穿心式千斤顶:穿心式千斤顶具有一个穿心孔,是利用双液压缸张拉预应力筋和顶压锚具的双作用千斤顶。它适用于张拉带JM型锚具的钢筋束或钢绞线束。

YC60型千斤顶是用途最广的一种穿心式千斤顶,如图4.11所示。其工作原理是张拉预应力筋时,高压油自油嘴A进入油室,油嘴B回油,待顶压油缸顶紧构件的端部后,张拉油缸左移,使张拉预应力筋顶压锚固时保持张拉力稳定。

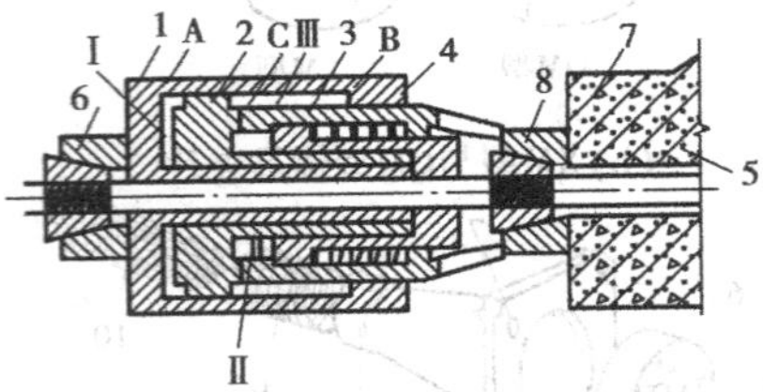

1—张拉缸;2—顶压油缸;3—顶压活塞;
4—回程弹簧;5—钢筋束或网绞线束;
6—工具锚;7—混凝土构件;8—工作锚;
Ⅰ—张拉工作油室;Ⅱ—顶压工作油室;
Ⅲ—张拉回程油室
A—张拉缸油嘴;B—顶压缸油嘴;C—油孔

图4.11　YC60型千斤顶工作原理示意图

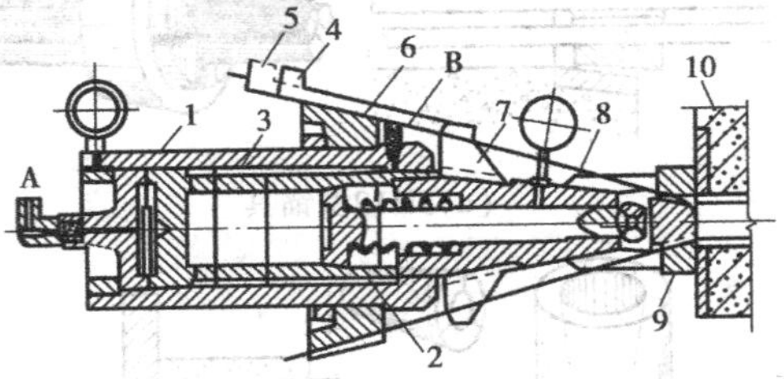

1—主缸;2—副缸;3—退楔缸;4—楔块(张拉时位置);5—楔块(退出时位置);
6—锥形卡环;7—退楔翼片;
8—钢丝;9—锥形锚具;10—构件
A,B—进油嘴

图4.12　锥锚式千斤顶的构造

③锥锚式千斤顶:锥锚式千斤顶是具有张拉、顶锚和退楔功能的三作用千斤顶,如图4.12所示。它仅用于张拉带钢制锥形锚具的钢丝束。

锥锚式千斤顶的工作原理是当张拉油缸进油时,张拉缸左移,使固定在其上的钢丝束被张拉。然后顶压油缸进油,由副缸活塞将锚塞顶入锚圈中。张拉缸、顶压缸的回油,则是借助于设置于主缸和副缸中的弹簧进行的。

④高压油泵:高压油泵是向液压千斤顶各个油缸供油,使其活塞按照一定速度伸出或回缩的主要设备。油泵的额定压力应等于或大于千斤顶的额定压力。目前,常用的高压油泵有ZB4-500型、ZB10/320-4/800型、ZB0.8-500型和ZB0.8-630型等,其额定压力为40~80 MPa。

预应力筋张拉机具及压力表应定期维护。张拉设备和压力表应配套标定与使用,标定期限不应超过半年。

3)预应力筋的制作与安装

预应力粗钢筋的制作一般包括配料、对焊、冷拉等工作。预应力筋的下料长度由计算确定，计算时应考虑锚具的特点，对焊接头的压缩量，钢筋的冷拉率、弹性回缩率、张拉伸长值和构件长度等影响。预应力钢筋束在冷拉后进行，为了减少钢绞线的结构变形和应力松弛的损失，在下料前需经预拉。

钢丝束的制作比较复杂，随锚具形式不同，制作方法也有差异，但一般需经过调直、下料、编束和安装锚具等工序。

钢丝束、粗钢筋、钢筋束的安装按照图纸下料要求进行穿筋。穿筋过程中，注意清孔及孔的通畅，并注意调整两端留出的长短，要保证张拉时锚具的工作长度。

4）预应力筋的张拉

①张拉时对混凝土构件强度的要求：后张法施工进行预应力筋张拉时，要求混凝土强度应符合设计要求或不得低于设计强度的75%。

②张拉顺序和制度：根据《混凝土结构设计规范》（GB 50010—2010）确定张拉控制应力。对多根预应力筋应分批、对称进行张拉。分批张拉时，由于后批张拉混凝土易产生弹性压缩，从而引起前批张拉预应力筋的应力降低，因此应增加前批预应力筋的应力。

对称张拉是为了避免张拉构件截面呈现过大偏心受压状态。

对平卧叠浇的预应力混凝土构件应自上而下逐层张拉。为减少上、下层之间的摩阻力引起的预应力损失，可逐层加大张拉力，但底层构件张拉力不应超过顶层的预应力筋的张拉力。

5）孔道灌浆

预应力筋张拉完毕，孔道应尽快灌浆，以防止预应力筋锈蚀，增加结构的整体性和耐久性。

灌浆采用纯水泥浆或水泥砂浆，水泥强度等级不低于32.5 MPa的普通硅酸盐水泥。由于纯水泥浆收缩性较大，为增加灌浆的密实性和纯水泥浆的流动性，可加入适量的微胀剂或其他对预应力筋无腐蚀作用的外加剂。

灌浆顺序应先下后上，以避免上层孔道漏浆阻塞下层孔道，灌浆要求缓慢均匀地进行，一次完成，不得中断。

观察思考

在专业教师带领下，到施工现场参观后张法施工工艺，并比较先张法和后张法的异同点，以及它们的优劣。

小组讨论

1. 后张法中是怎样预留孔道的？
2. 预应力混凝土张拉锚具起什么作用？

练习作业

1. 后张法施工时，预应力筋的张拉控制力应怎样确定？简述其张拉程序。
2. 后张法施工，对混凝土强度有什么要求？

4.3 无黏结预应力混凝土的后张法施工

无黏结预应力混凝土是预应力筋体系中一个分支体系，也是一项后张法新工艺。其工艺原理是利用无黏结钢筋与周围混凝土不黏结的特性，把预先组装好的无黏结预应力筋（简称“无黏结筋”）在浇筑混凝土之前与非预应力筋一起按设计要求铺放在模板内，然后浇筑混凝土。待混凝土强度达到设计强度的75%后，利用无黏结预应力筋在结构可做纵向滑动的特性，进行张拉锚固，借助两端锚具，达到对结构产生预应力的效果，其工艺流程如图4.13所示。

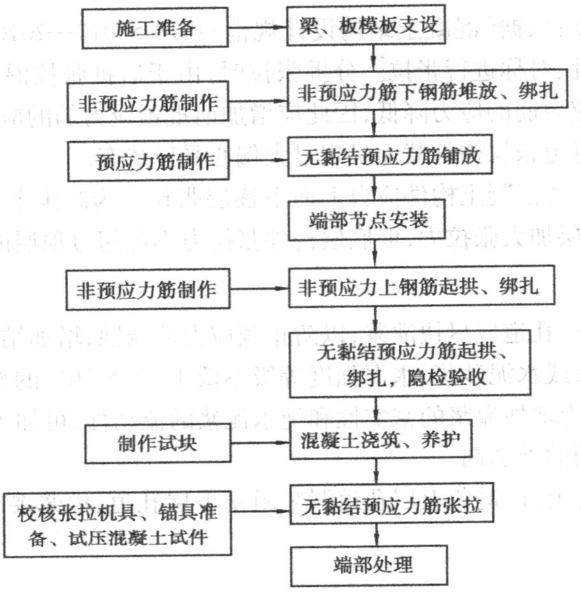

图4.13 无黏结预应力混凝土的后张法施工工艺流程图

4.3.1 无黏结预应力筋的制作

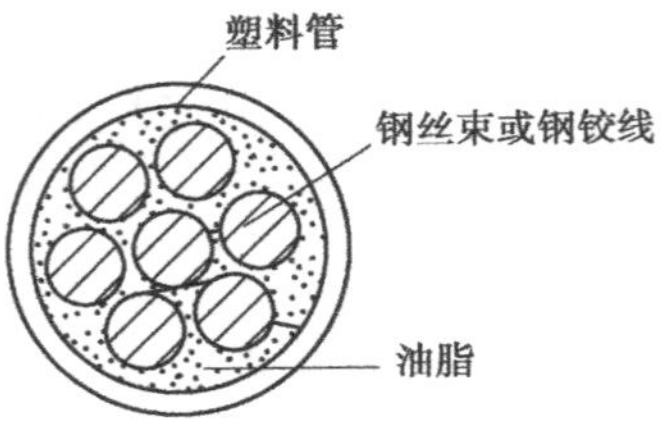

图4.14 无黏结筋断面

无黏结预应力筋系由7根$\Phi^{s}5$碳素钢丝组成的钢丝束或用7根碳素钢丝扭结而成的钢绞线，通过专门设备以防腐油脂作涂料层，由聚乙烯塑料作护套而构成的一种新型无黏结预应力筋，如图4.14所示。

无黏结预应力筋外包层材料应采用聚乙烯或聚丙烯，严禁使用聚氯乙烯。其性能应符合下列要求：

①在 −20 ~ +70 ℃范围内，低温不脆化，高温化学稳定性好。

②必须具有足够的韧性、抗破损性。

③对周围材料（如混凝土、钢材）无侵蚀作用。

④防水性好。

无黏结预应力筋涂料层应采用防腐油脂,其性能应符合下列要求:

①在 −20 ~ +70 ℃范围内,不流淌,不裂缝变脆,并有一定韧性。

②使用期内,化学稳定性好。

③对周围材料(如混凝土、钢材和外包材料)无侵蚀作用。

④不透水、不吸湿,防水性好。

⑤防腐性能好。

⑥润滑性能好,摩阻力小。

钢丝束、钢绞线涂料层及包裹层的制作工艺为:并束→涂油→包塑→冷却→牵引→收盘。

单根无黏结预应力筋的涂料层防腐油脂应完全填充预应力筋与外包层之间的环形空间,塑料外包层宜采用塑料注塑机注塑成形。

成束无黏结筋可用防腐沥青或防腐油脂作涂料层。当使用防腐沥青时,应用密缠塑料带作外包层,塑料带各圈之间的搭接宽度不小于带宽的1/2,缠绕层数不应少于4层。

4.3.2 无黏结预应力筋的锚具

无黏结预应力构件中,锚具是把无黏结筋的张拉力传递给混凝土的工具。无黏结预应力筋的锚具不仅受力比有黏结预应力筋的锚具大而且承受的是重复荷载,因而对无黏结预应力筋的锚具应有更高的要求,其性能应符合Ⅰ类锚具的规定。

我国主要采用高强钢丝和钢绞线作为无黏结筋。无黏结预应力筋根据设计需要,可在构件中配置较短的预应力筋,其一端锚固在构件端头作为张拉端,而另一端则直接埋入构件中形成有黏结的锚头。钢绞线无黏结筋的张拉端可采用镦头锚具,埋入端宜采用锚板式埋入锚具。

1)XM 型夹片式锚具

XM 型夹片式锚具(图4.9)是近年来随着预应力结构,特别是无黏结预应力结构的发展而研制的一种新型锚具,它适用于锚固 1 ~ 12 $\Phi^{s}5$ 钢绞线,由锚板与夹片组成。

锚板采用45号钢,调质热处理硬度 HB = 285 ± 15。夹片采用三片式,按120°均分的开缝沿轴向有偏移转角。这种锚具的特点是每根钢绞线都是分开锚固的,任何一根钢绞线的锚固失效(如钢绞线拉断、夹片碎裂等)不会引起整束锚固失效。XM 型夹片式锚具尺寸见表4.2。

表4.2 XM 型锚具的锚板尺寸

型号	孔数	预应力筋	D	H	d_1	d_2	D_1
XM15-1	1	1 $\Phi^{j}15$	39	50			
XM15-3	3	3 $\Phi^{j}15$	98	50	48	43	63
XM15-4	4	4 $\Phi^{j}15$	110	50	58	53	73
XM15-5	5	5 $\Phi^{j}15$	125	50	70	65	85
XM15-6	6	6 $\Phi^{j}15$	145	55	77	71.5	92

续表

型 号	孔 数	预应力筋	D	H	d_1	d_2	D_1
XM15-7	7	7 Φ^{j}15	145	55	83	77.5	98
XM15-8	1 +7	8 Φ^{j}15	155	60	93	87	107
XM15-8	1 +8	9 Φ^{j}15	165	60	106	100	120
XM15-12	3 +9	12 Φ^{j}15	184	65	120	113.5	132

2)压花式埋入锚具

采用无黏结钢绞线时,钢绞线在埋入端宜采用压花式埋入锚具,如图4.15所示。这种做法的关键是张拉前埋入端的混凝土强度等级应大于C30才能形成可靠的黏结式锚头。

3)锚板式埋入锚具

采用无黏结钢丝束时,钢丝束在埋入端采用锚板式埋入锚具并用螺旋筋加强,如图4.16所示。施工中如端头无结构配筋时,需要配置构造钢筋埋入端锚板与混凝土之间,有可靠的锚固性能。

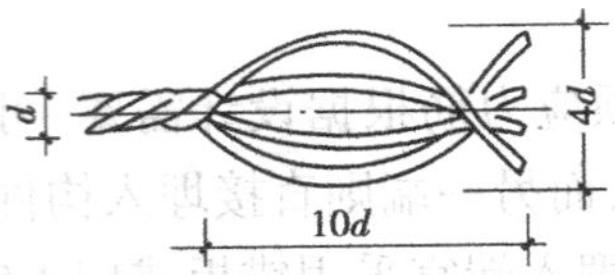

图4.15 压花式埋入锚具

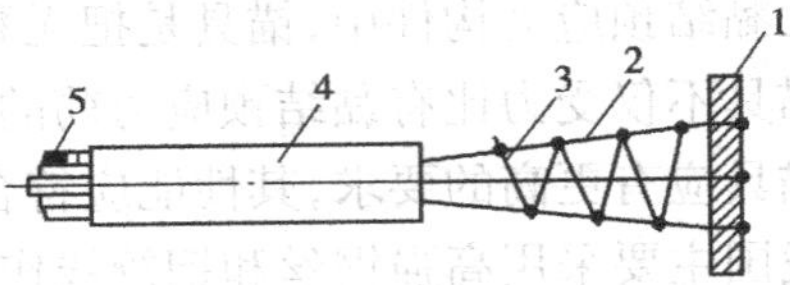

1—锚板;2—钢丝;3—螺旋筋;
4—软塑料管;5—无黏结钢丝束

图4.16 锚板式埋入锚具

4.3.3 无黏结预应力的施工工艺

1)无黏结预应力筋铺设

在单向连续板中,与非预应力筋铺设基本相同;在双向连续板中,应事先编出铺设顺序,先铺设搭接点标高较低部分的无黏结筋,后铺设标高较高部分的无黏结筋。

2)无黏结预应力筋就位固定

无黏结预应力筋应严格按设计要求的曲线形状就位并固定牢靠。在连续梁的支座处,用垫铁马凳(间距1~2 m)将无黏结曲线筋架立起来,并用铁丝与无黏结筋绑扎或用铁丝将曲线筋吊在上部的非预应力筋骨架上;跨中部位用混凝土垫块控制标高,位置正确后用铁丝固定在非预应力的钢筋骨架上,间距0.7~1.0 m,并与箍筋扎牢。在双向连续板中,无黏结曲线筋标高可采用铁马凳(A形钢筋架、间距1.25~2.0 m)垫好扎牢;在支座部位,无黏结筋可直接绑扎在梁或墙的顶部钢筋上;在跨中部位,无黏结筋可直接绑扎在板的底部钢筋上。

3)无黏结预应力筋张拉端固定

张拉端模板应按施工图中规定的无黏结筋的位置钻孔,张拉端的承压板采用钉子固定在端模板上或用点焊固定在钢筋上。无黏结曲线筋或折线末端的切线应与承压板相垂直，曲线端的起始点至张拉锚固点应有不小于300 mm的进线段。当张拉端采用凹入工作法时，可采用塑料穴模或泡沫穴模(图4.17)、木块等形成凹口。浇筑混凝土时，严禁踏压撞碰无黏结预应力筋、支撑钢筋及端部预埋件。张拉端与固定端混凝土必须振捣密实。

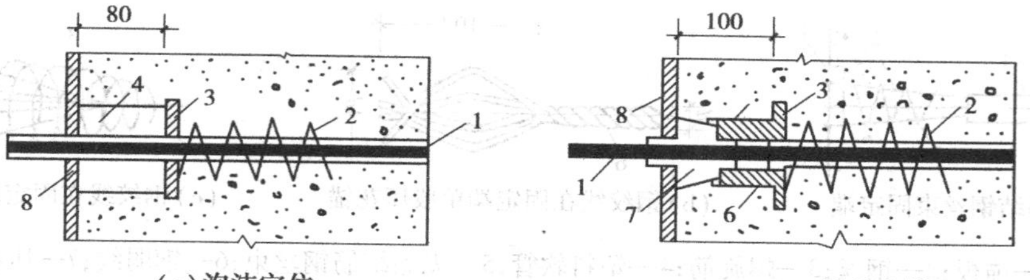

(a)泡沫穴位　　(b)塑料穴模

1—无黏结预应力筋;2—螺旋筋;3—承压钢板;4—泡沫穴模;

5—带杯口的塑料套管;6—塑料穴模;7—模板

图4.17　无黏结预应力筋张拉端凹口作法

4)无黏结预应力筋张拉与锚固

①无黏结预应力混凝土楼盖结构的张拉顺序，宜先张拉楼板，后张拉楼面梁。

②无黏结曲线筋的长度超过25 m时，宜采取两端张拉;当筋长超过60 m时，应采取两端张拉。如遇到摩擦损失较大，则宜先松动一次再张拉。

③无黏结预应力筋张拉伸长值校核与有黏结预应力筋相同。对超长无黏结预应力筋，由于张拉时阻力大，应力作用下的伸长值比常规推算伸长值小，应通过试验修正。

5)无黏结预应力筋端部处理

①张拉端处理按所采用的无黏结筋与锚具不同而异。在双向连续板中，采用钢丝束镦头锚具时，其张拉端头处理如图4.18(a),(b)所示。其中塑料套筒供钢丝束张拉时，锚环从混凝土中拉出来用，塑料套筒内空隙用油枪通过锚环的注油孔注满防腐油，最后用钢筋混凝土圈梁将板端外露锚具封闭。采用无黏结钢绞线夹片锚具时，张拉后端头钢绞线预留长度应不小于15 cm，多余部分割掉，并将钢绞线散开打弯，埋在圈梁内进行锚固，如图4.18(c)所示。

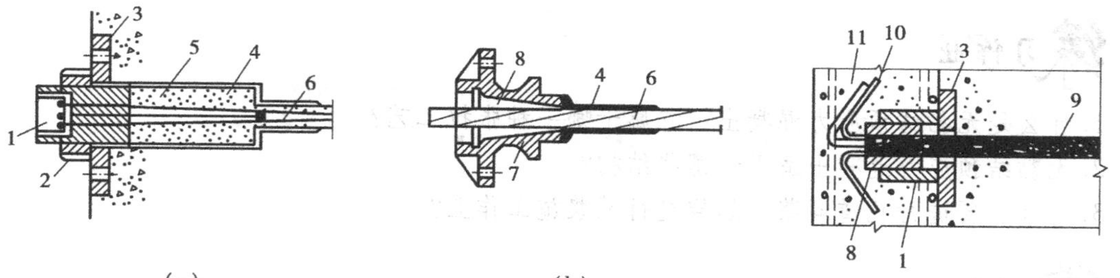

(a)　　(b)　　(c)

1—锚环;2—螺母;3—承压板;4—塑料保护套筒;5—油脂;6—无黏结钢丝束;

7—锚体;8—夹片;9—钢绞线;10—散开打弯钢丝;11—圈梁

图4.18　无黏结筋(丝)钢绞线张拉端处理

②无黏结筋的固定端可设在构件内。采用无黏结钢丝束时,固定端可采用扩大头的镦头锚板,并用螺栓加强,如图4.19(a)所示。如端部无结构配筋,需配置构造钢筋,采用无黏结钢绞线时,钢绞线在固定端需要散花,可用压花成型,如图4.19(b),(c)所示。压花锚也可用压花机成型,固定端的混凝土强度等级应大于C30,以形成可靠的黏结式锚头。

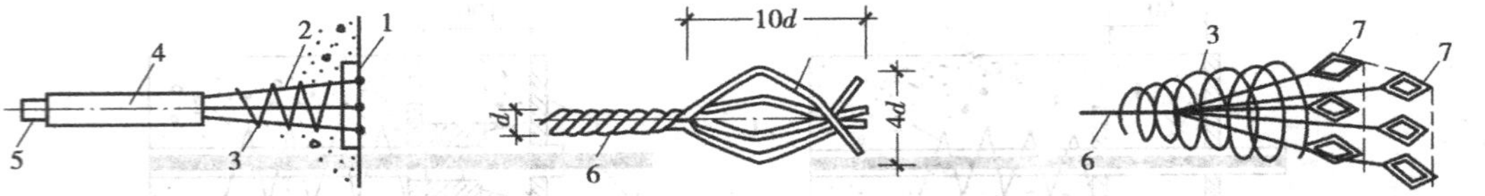

(a)无黏结钢丝束固定端　(b)钢绞线在固定端单股压花锚　(c)钢绞线在固定端多股压花锚

1—锚板;2—钢丝;3—螺旋筋;4—塑料软管;5—无黏结筋钢丝束;6—钢弱线;7—压花锚

图4.19　无黏结筋固定端处理

4.3.4　后张法(无黏结)施工质量

1)无黏结预应力筋的铺设要求

①无黏结预应力筋的定位应牢固,浇筑混凝土时不应出现移位和变形。

②端部的预埋锚垫板应垂直于预应力筋。

③内埋式、固定式端垫板不应重叠,锚具与垫板应夹紧。

④无黏结预应力筋成束布置时应能保证混凝土密实并能裹住预应力筋。

⑤无黏结预应力筋的护套应完整,局部破损处应采用防水胶带缠绕紧密。

2)锚具的封闭保护

锚具的封闭保护应符合设计要求,当设计无具体要求时,应符合下列规定:

①应采取防止锚具腐蚀和免受机械损伤的有效措施。

②凸出式锚固端锚具的保护层厚度不应小于50 mm。

③外露预应力筋的保护层厚度,处于一类环境时,不应小于20 mm;处于二a、二b类环境时,不应小于50 mm;处于三a、三b类环境时,不应小于80 mm。

练习作业

1. 什么是无黏结预应力混凝土?它属于哪一种张拉工艺?
2. 无黏结预应力混凝土适用于哪些结构?
3. 为什么要进行孔道灌浆?怎样进行灌浆施工作业?

学习鉴定

1. 填空题

(1)预应力混凝土按预应力度大小可分为____________和____________。

(2)先张法预应力混凝土台座是传递____________的主要部件。因此,它应具有足够的________、________和________。

(3)台座是预应力混凝土构件成型的胎模,要求表面________,无起层、起砂、________、________、________等现象。

(4)后张法常用锚具有________、________、________、________、________、________、________、压花锚具等。

(5)无黏结预应力混凝土楼盖张拉顺序宜先张拉________,后张拉________。

2. 问答题

(1)后张法中常用的锚具有哪些类型?怎样选用?

(2)为什么要进行孔道灌浆?对灌浆材料有哪些要求?怎样进行灌浆?

(3)为什么预应力混凝土构件必须采用高强钢筋和强度高的混凝土?

(4)简述先张法施工工艺流程。

(5)简述后张法施工工艺流程。

教学评估

教学评估表见本书附录。

5 砌体工程

本章内容简介

脚手架的基本知识

砖、石砌体施工

中小型砌块施工

填充墙砌体施工

本章教学目标

了解脚手架的种类、搭设要求

掌握砖、石、砌块、填充墙砌体的施工工艺和施工要点

掌握砖、砌块、填充墙的质量检测方法

问题引入

同学们小时候都玩过积木，知道用一块块几何体搭成需要的模型。那么，墙体是如何搭成的呢？需要使用哪些工具和设备？有哪些砌筑工艺？下面，我们就来学习如何用砖、石、砌块等材料搭建墙体。

5.1 脚手架的基本知识

5.1.1 建筑脚手架的作用及分类

1)建筑脚手架的作用

脚手架是建筑施工中不可缺少的空中作业工具，无论结构施工还是室外装修施工，以及设备安装和现浇混凝土模板支撑，都需要根据操作要求搭设各种脚手架。

脚手架的主要作用：

①可以使施工作业人员在高空不同部位进行操作。

②能堆放及运输一定数量的建筑材料。

③支撑现浇混凝土模板。

④保证施工作业人员在高空操作时的安全。

2)建筑脚手架的分类

(1)按用途划分

①操作脚手架：为施工操作提供高处作业条件的脚手架，包括结构脚手架和装修脚手架。

②防护用脚手架：只用作安全防护的脚手架，包括各种护栏架和棚架。

③承重、支撑用脚手架：用于材料的运转、存放、支撑以及其他承载用途的脚手架，如收料平台、模板支撑架和安装支撑架等。

(2)按设置形式划分

①单排脚手架：只有一排立杆的脚手架，其横向水平杆的另一端搁置在墙体结构上。

②双排脚手架：具有两排立杆的脚手架。

③多排脚手架：具有3排以上立杆的脚手架。

④满堂脚手架：按施工作业范围满设的、两个方向各有3排以上立杆的脚手架。

⑤满高脚手架：按墙体或施工作业最大高度，由地面起满高度设置的脚手架。

⑥特形脚手架：具有特殊平面和空间造型的脚手架，如用于烟囱、水塔、冷却塔以及其他平面为圆形、环形、多边形和上扩、上缩等特殊形式的建筑施工脚手架。

(3)按脚手架的支固方式划分

①落地式脚手架:搭设(支座)在地面、楼面、屋面或其他平台结构之上的脚手架。

②悬挑脚手架:简称“挑脚手架”,采用悬挑方式支固的脚手架。

③附墙悬挂脚手架:简称“挂脚手架”,在上部或(和)中部挂设于墙体挑挂件上的定型脚手架。

④悬吊脚手架:简称“吊篮”,悬吊于悬挑梁之下的脚手架。吊篮由悬挑机构、吊篮平台、提升机构、防坠落装置、电气控制系统、钢丝绳和配套附件、连接件组成,一般多用于外装饰施工,如图 5.1 所示。

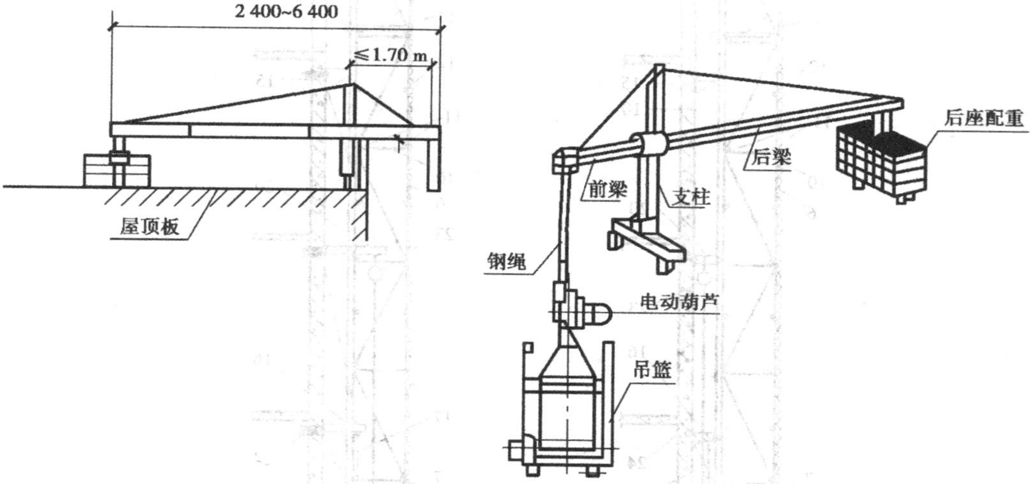

图 5.1　电动吊篮

⑤附着升降脚手架:简称“爬架”,附着于工程结构,依靠自身提升设备,可随工程逐层爬升或下降,具有防倾覆、防坠落装置的外脚手架,一般多用于高层建筑结构施工,如图 5.2 所示。

⑥水平移动脚手架:带行走装置的脚手架(段)或操作平台架。

5.1.2　建筑脚手架的基本要求

1)搭设建筑脚手架的基本要求

无论哪一种脚手架,必须满足以下基本要求:

①满足施工的需要。脚手架要有足够的作业面(比如适当的宽度、步架高度、离墙距离等),以保证施工人员操作、材料堆放和运输的需要。

②构架稳定、承载可靠、使用安全。脚手架要有足够的强度、刚度和稳定性,施工期间在规定的天气条件和允许荷载作用下,脚手架应稳定不倾斜、不摇晃、不倒塌,确保安全。

③脚手架的构造要简单,便于搭设和拆除。

2)脚手架施工安全的基本要求

脚手架搭设和使用,必须严格执行有关的安全技术规范。

①搭拆脚手架必须由专业架子工担任,并应按现行国家标准考核合格,持证上岗。上岗人

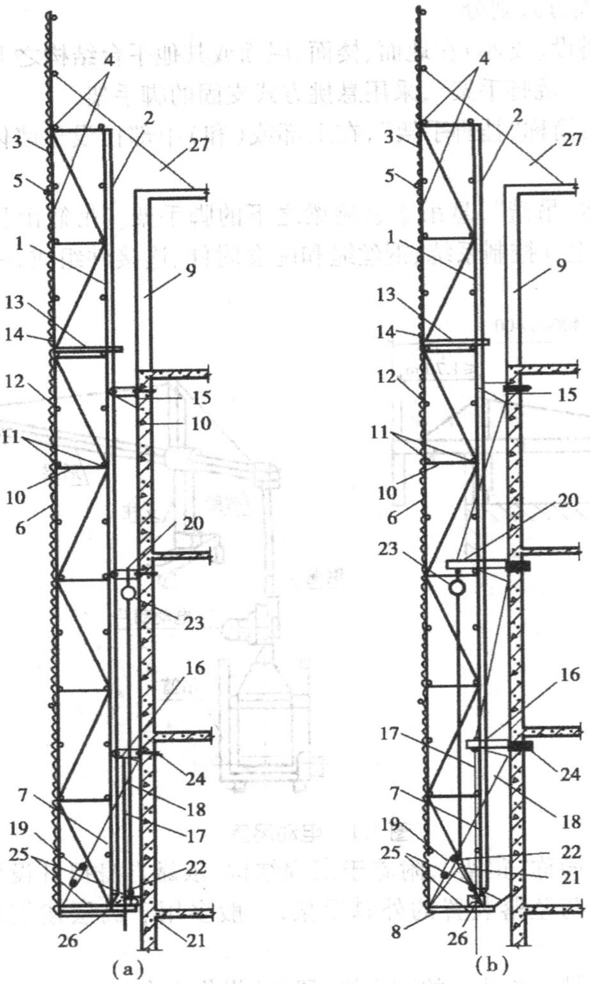

1—竖向主框架;2—导轨;3—密目安全网;4—架体;5—剪刀撑(45°~60°);
6—立杆;7—水平支承桁架;8—竖向主框架底部托盘;9—正在施工层;
10—架体横向水平杆;11—架体纵向水平杆;12—防护栏杆;13—脚手板;
14—作业层挡脚板;15—附墙支座(含导向、防倾装置);16—防坠装置上吊点;
17—防坠吊杆;18—吊拉杆(定位);19—花篮螺栓;20—升降上吊挂点;
21—升降下吊挂点;22—荷载传感器;23—电动葫芦;24—锚固螺栓;
25—底部脚手板及密封翻板;26—防坠装置;27—临时拉结

图 5.2　两种不同主框架的架体断面构造图

员应定期进行体检,凡不适合高处作业者不得上脚手架操作。

②搭拆脚手架时,操作人员必须戴安全帽、系安全带、穿防滑鞋。

③脚手架搭设前,必须制订施工方案和进行安全技术交底。对于高大异形的脚手架,应报上级审批后才能搭设。

④未搭设完的脚手架,非架子工一律不准上架。脚手架搭设完后,由施工负责人及技术、

安全等有关人员共同验收合格后方可使用。

⑤作业层上的施工荷载应符合设计要求，不得超载。不得在脚手架上集中堆放模板、钢筋等重物件，严禁在脚手架上拉缆风绳和固定、搭设模板支架及混凝土泵送管等，严禁在架体上悬挂起重设备。

⑥不得在脚手架基础及邻近处进行挖掘作业。

⑦临街搭设的脚手架外侧应有防护措施，以防坠物伤人。

⑧搭拆脚手架时，地面应设围栏和警戒标志，并派专人看守，严禁非操作人员入内。

⑨六级及六级以上大风和雨、雪、雾的天气不得进行脚手架搭拆作业。

⑩在脚手架使用过程中，应定期对脚手架及其地基基础进行检查和维护，特别是下列情况下，必须进行检查：

a. 作业层上施工加荷载前；

b. 遇大雨和六级以上大风后；

c. 寒冷地区开始结冻后；

d. 停用时间超过 1 个月；

e. 如发现倾斜、下沉、松扣、崩扣等现象要及时修理。

⑪工地临时用电线路架设及脚手架的接地、避雷措施，脚手架与架空输电线路的安全距离等应按《施工现场临时用电安全技术规范》(JGJ 46—2005)的有关规定执行。钢管脚手架上安装照明灯时，电线不得接触脚手架，并要做绝缘处理。

活动建议

在教师的带领下，到建筑工地参观架子的搭设，然后在实训基地分小组(4～6 人)搭设双排脚手架。

小组讨论

搭设脚手架时，如何保证架子的整体稳定？如何不让立杆在地面上下沉？

阅读理解

砌筑用脚手架

砌筑用脚手架是砌筑过程中堆放砌筑材料和供工人进行操作的临时设施。当砌筑到一定高度(也称可砌高度或一步架高度，一般为 1.2 m)时，工人无法继续施工，此时需要搭设砌筑施工脚手架。砌筑用脚手架常见的有扣件式钢管脚手架、门式脚手架、钢管折叠马凳式里脚手架、套管支柱式里脚手架及门架式里脚手架等。

对砌筑脚手架的基本要求有：应有足够的面积，能满足砌筑工人操作、材料堆放及运输的需要；应有足够的强度、刚度及稳定性，保证其受荷后不变形、不摇晃、不倾斜，确保施工安全；应搭拆简单、装运方便；因地制宜，就地取材或能多次周转使用。

1) 扣件式钢管脚手架

扣件式钢管脚手架由钢管、扣件、底板和脚手板等组成，如图 6.10 所示。其特点是：加工简便、装拆灵活、搬运方便、通用性强，是应用最广泛的脚手架之一。

2）门式脚手架

门式脚手架由门式框架、剪刀撑、水平梁架、螺旋基脚组成基本单元，将基本单元相互连接并增加梯子、栏杆及脚手板等即形成脚手架，如图5.3所示。此种脚手架搭设高度一般限制在45 m以内，采用一定措施后可达到80 m左右。

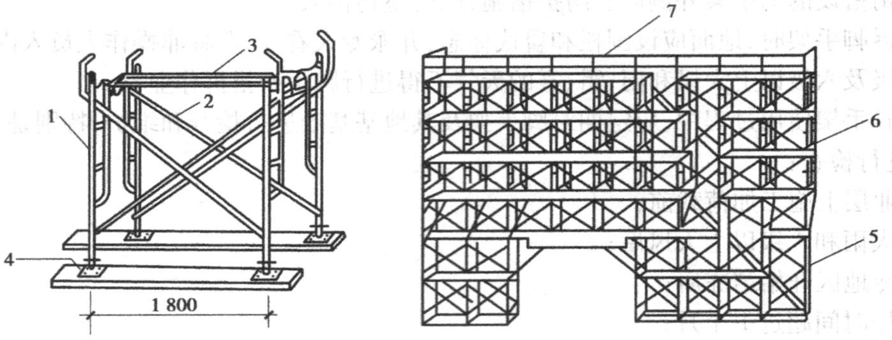

（a）基本单元　（b）框式外脚手架

1—门式框架；2—剪刀撑；3—水平梁架；4—螺旋基脚；5—梯子；6—脚手板；7—栏杆

图5.3　门式脚手架

3）钢管折叠马凳式里脚手架

钢管折叠马凳式里脚手架（图5.4）可用于砌筑墙体，也可用于装修施工。其架设间距：砌墙时不超过2 m，装修施工时不超过2.5 m。

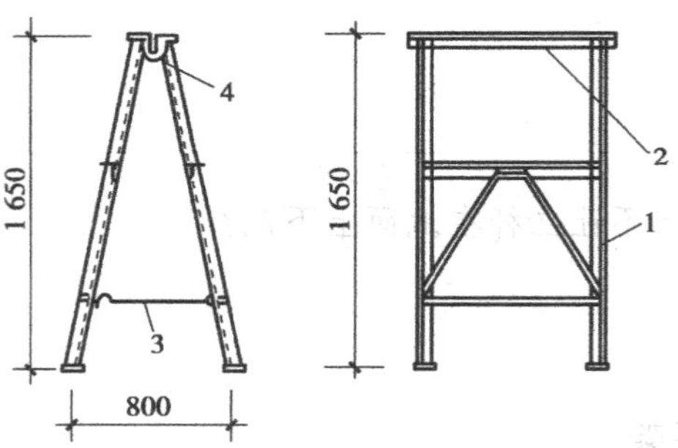

1—立柱；2—横楞；3—挂钩；4—铰链

图5.4　钢管折叠式里脚手架

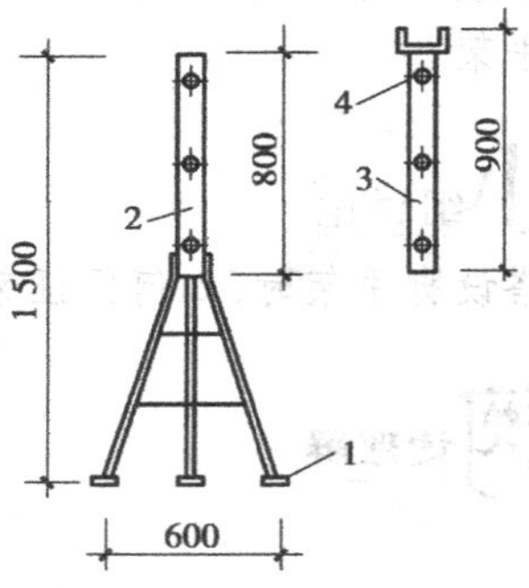

1—支架；2—立管；3—插管；4—销孔

图5.5　套管支柱式里脚手架

4）套管支柱式里脚手架

套管支柱式里脚手架（图5.5）是将插管插入立管中，以销孔间距调节高度，在插管顶端的凹形支托内搁置方木横杆，横杆上铺设脚手板，架设高度为1.5～2.1 m。

5）门架式里脚手架

门架式里脚手架（图5.6）的架设高度为1.5～2.4 m，两片A形支架间距为2.2～2.5 m。

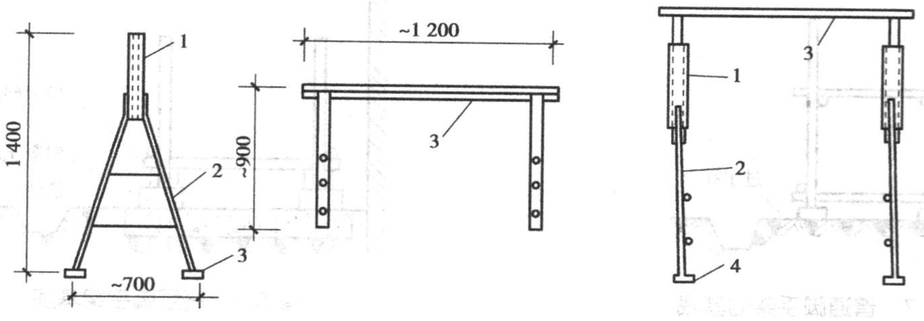

1—立管;2—支脚;3—门架;4—垫板

图 5.6　门架式里脚手架

5.1.3　落地扣件式钢管外脚手架

落地扣件式钢管外脚手架是指沿建筑物外侧从地面搭设的扣件式钢管脚手架,随建筑结构的施工进度而逐层增高。落地扣件式钢管脚手架是应用最广泛的脚手架之一。

扣件式钢管外脚手架由钢管和扣件组成,这种脚手架的特点是:加工简便、装拆灵活、搬运方便、通用性强。

落地扣件式钢管外脚手架分为普通脚手架和高层建筑脚手架。普通脚手架是指高度在 24 m 以下的脚手架;高层建筑脚手架是指高度在 24 m 以上的脚手架。

1)脚手架搭设的施工准备

(1)编制施工方案并进行安全技术交底

在架子搭设前要由技术部门根据施工要求和现场情况以及建筑物的结构特点等诸多因素编制方案,方案内容包括架子构造、负荷计算、安全要求等,方案要经审批后方能生效。

(2)脚手架的地基处理

落地脚手架需要有稳定的基础支承,以免发生过量沉降,特别是不均匀的沉降,引起脚手架倒塌。对脚手架的地基要求是:

①地基应平整夯实。

②有可靠的排水措施,防止积水浸泡地基。

(3)脚手架的放线定位、垫块的放置

根据脚手架立柱的位置进行放线。脚手架的立柱不能直接立在地面上,立柱下应加设底座或垫块,具体做法如图 5.7、图 5.8 所示。

①普通脚手架:垫块宜采用长 2.0 ~2.5 m、宽不小于 200 mm、厚 50 ~60 mm 的木板,垂直或平行于墙放置,在外侧挖一浅排水沟。

②高层建筑脚手架:在夯实的地基上加铺混凝土层,其上沿纵向铺放槽钢,将脚手架立杆底座置于槽钢上。

2)落地扣件式钢管脚手架的杆、配件

落地扣件式钢管脚手架的杆、配件主要有钢管杆件、扣件、底座、脚手板等。

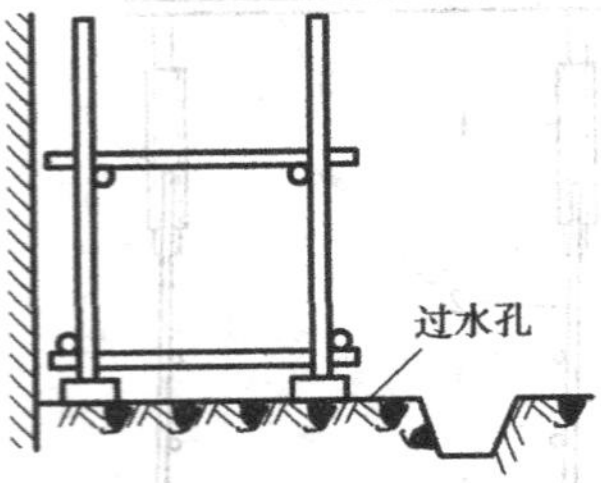

图5.7　普通脚手架的基底

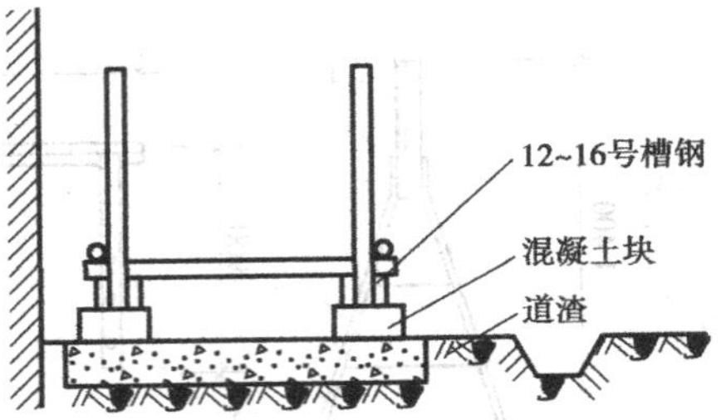

图5.8　高层脚手架基底

(1)钢管

扣件式钢管脚手架中的杆件,应采用外径为48.3 mm、壁厚为3.6 mm的3号焊接钢管。对搭设脚手架的钢管要求是:

①为便于脚手架的搭拆,确保施工安全和运转方便,每根钢管的质量应控制在25.8 kg之内;横向水平杆所用钢管的最大长度不得超过2.2 m,一般为1.8~2.2 m;其他杆件所用钢管的最大长度不得超过6.5 m,一般为4~6.5 m。

②搭设脚手架的钢管,必须进行防锈处理。对新购进的钢管应先进行除锈,钢管内壁刷涂两道防锈漆,外壁刷涂防锈漆一道、面漆两道。

③严禁在钢管上打孔。

(2)底座

可锻铸铁制造的标准底座,其材质和加工质量要求与可锻铸铁扣件相同。

(3)扣件

扣件式钢管脚手架的扣件用于钢管杆件之间的连接,其基本形式有直角扣件、旋转扣件和对接扣件3种,如图5.9所示。

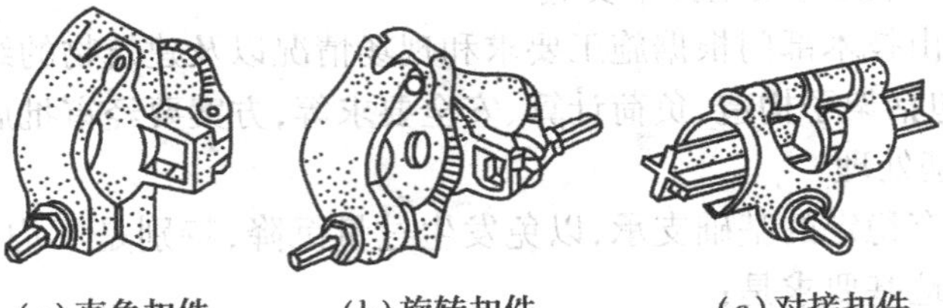

(a)直角扣件　(b)旋转扣件　(c)对接扣件

图5.9　扣件实物图

①直角扣件:可用来连接两根垂直相交的杆件(如立杆与纵向水平杆)。

②旋转扣件:可用来连接两根成任意角度相交的杆件(如立杆与剪刀撑)。

③对接扣件:用于两根杆件的对接,如立杆、纵向水平杆的接长。

(4)脚手板

脚手板铺设在脚手架的施工作业面上,以便施工人员工作和临时堆放零星施工材料。常用的脚手板有:冲压钢脚手板、木脚手板和竹脚手板等,每块脚手板的质量不宜大于30 kg,脚手板的厚度不应小于50 mm,两端宜各设置直径不小于4 mm的镀锌钢丝箍两道。

3)落地扣件式钢管脚手架的构造

(1)构造和组成

落地扣件式钢管脚手架由立杆、纵向水平杆(大横杆)、横向水平杆(小横杆)、剪刀撑、横向斜撑、连墙件等组成,如图5.10与图5.11所示。

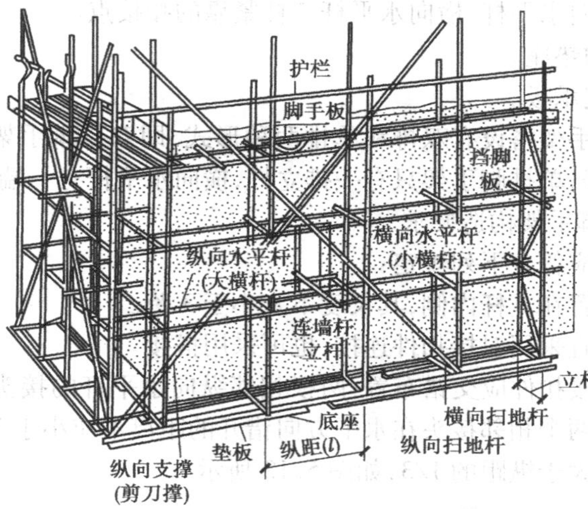

图5.10 扣件式钢管脚手架构造图

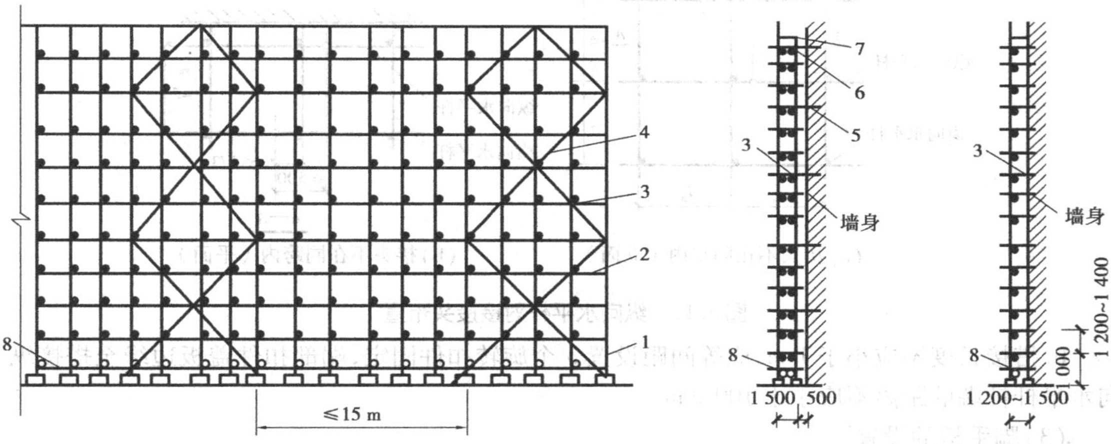

(a)立面图　(b)双排架　(c)单排架

1—立杆;2—大横杆;3—小横杆;4—剪刀撑;5—连墙件;6—作业层;7—栏杆;8—扫地杆

图5.11 落地扣件式钢管脚手架

①立杆:垂直于地面的竖向杆件,是承受自重和施工荷载的主要杆件。

②纵向水平杆(又称大横杆):沿脚手架纵向(顺着墙面方向)连接各立杆的水平杆件,其作用是承受并传递施工荷载给立杆。

③横向水平杆(又称小横杆):沿脚手架横向(垂直墙面方向)连接内、外排立杆的水平杆件,其作用是承受并传递施工荷载给立杆。

④扫地杆:连接立杆下端、贴近地面的水平杆,其作用是约束立杆下端部的移动。

⑤剪刀撑:在脚手架外侧面设置的呈十字交叉的斜杆,可增强脚手架的稳定和整体刚度。

⑥横向斜撑:在脚手架的内、外立杆之间设置并与横向水平杆相交呈之字形的斜杆,可增强脚手架的稳定性和刚度。

⑦连墙件:连接脚手架与建筑物的杆件。

⑧主节点:立杆、纵向水平杆、横向水平杆三杆紧靠的扣接点。

⑨底座:立杆底部的垫座。

⑩垫板:底座下的支承板。

落地扣件式钢管脚手架搭设有双排和单排两种形式,即双排脚手架和单排脚手架。双排脚手架有内、外两排立杆;单排脚手架只有一排立杆,横向水平杆有一端搁置在墙体上。

(2)落地式钢管外脚手架构造要求

纵向水平杆的构造应符合下列规定:

①纵向水平杆宜设置在立杆内侧,其长度不宜小于3跨。

②纵向水平杆接长宜采用对接扣件连接,也可采用搭接。

a. 纵向水平杆的对接扣件应交错布置:两根相邻纵向水平杆的接头不宜设置在同步或同跨内。不同步或不同跨两个相邻接头在水平方向错开的距离不应小于500 mm;各接头中心至最近主节点的距离不宜大于纵距的1/3,如图5.12所示。

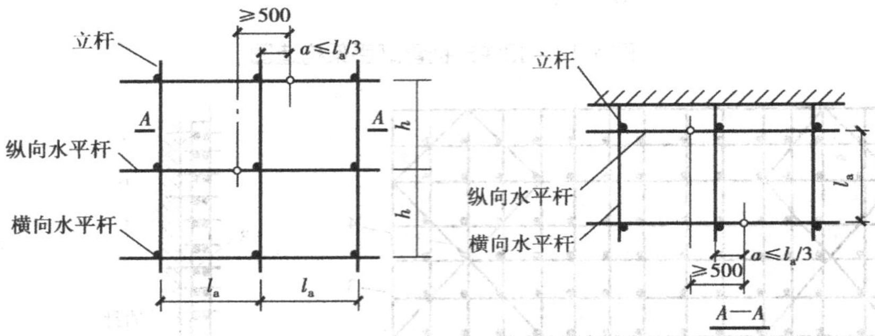

(a)接头不在同步内(立面)　　(b)接头不在同跨内(平面)

图5.12　纵向水平杆对接接头布置

b. 搭接长度不应小于1 m,应等间距设置3个旋转扣件固定,端部扣件盖板边缘至搭接纵向水平杆杆端的距离不应小于100 mm。

(3)脚手板的设置

脚手板的设置应符合下列规定:

①作业层脚手板应铺满、铺稳,离开墙面120~150 mm。

②脚手板应设置在3根横向水平杆上。当脚手板长度小于2 m时,可采用两根横向水平杆支承,但应将脚手板两端与其可靠固定,严防倾翻。脚手板对接平铺时,接头处必须设两根横向水平杆,脚手板外伸长应取130~150 mm,两块脚手板外伸长度的和不应大于300 mm;脚手板搭接铺设时,接头必须支在横向水平杆上,搭接长度应大于200 mm,其伸出横向水平杆的长度不应小于100 mm,如图5.13所示。

(4)立杆

①每根立杆底部应设置底座或垫板。

②脚手架必须设置纵、横向扫地杆。纵向扫地杆应采用直角扣件固定在距底座上皮不大于200 mm处的立杆上。横向扫地杆亦应采用直角扣件固定在紧靠纵向扫地杆下方的立杆上。当立杆基础不在同一高度上时,必须将高处的纵向扫地杆向低处延长两跨与立杆固定,高

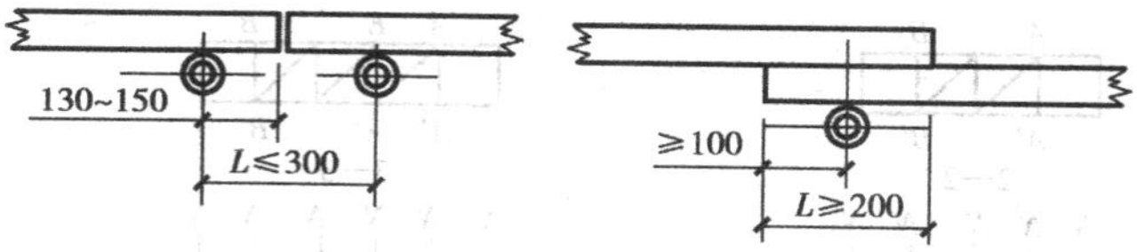

(a)脚手板对接　　(b)脚手板搭接

图 5.13　脚手板对接、搭接构造

低差不应大于 1 m,如图 5.14 所示。

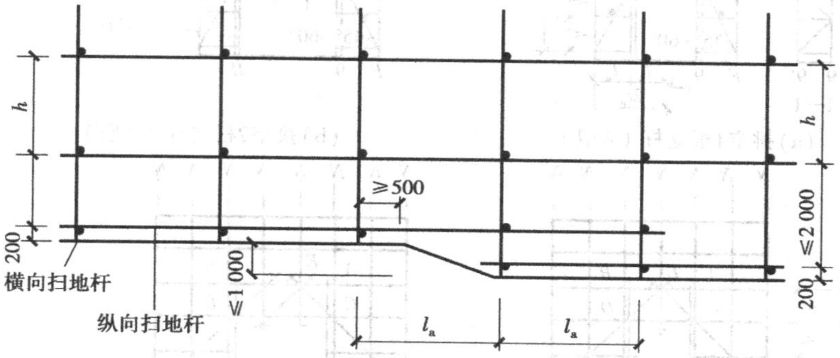

图 5.14　纵、横向扫地杆构造

③脚手架底层步距不应大于 2 m。

④立杆必须用连墙件与建筑物可靠连接,连墙件布置间距宜按规范采用。

⑤立杆接长除顶层顶步外,其余各层各步接头必须采用对接扣件连接。

⑥立杆顶端宜高出女儿墙上皮 1 m,高出檐口上皮 1.5 m。

(5)连墙件

连墙件布置的最大间距应符合表 5.1 的规定。

表 5.1　连墙件布置的最大间距

脚手架高度		竖向间距 h/m	水平间距 l_a/m	每根连墙件覆盖面积/m²
双排	≤50	$3h$	$3l_a$	≤40
	>50	$2h$	$3l_a$	≤27
单排	≤24	$2h$	$3l_a$	≤40

连墙件的布置应符合下列规定:

①宜靠近主节点设置,偏离主节点的距离不应大于 300 mm。

②应从底层第一步纵向水平杆处开始设置,当该处设置有困难时,应采用其他可靠措施固定:对高度 24 m 以上的双排脚手架,必须采用刚性连墙件与建筑物可靠连接。

(6)门洞

单、双排脚手架门洞宜采用上升斜杆、平行弦杆桁架结构形式(图 5.15),斜杆与地面的倾角应为 45°~60°。

(7)剪刀撑与横向斜撑

双排脚手架应设剪刀撑与横向斜撑,单排脚手架应设剪刀撑。剪刀撑的设置应符合下列规定:

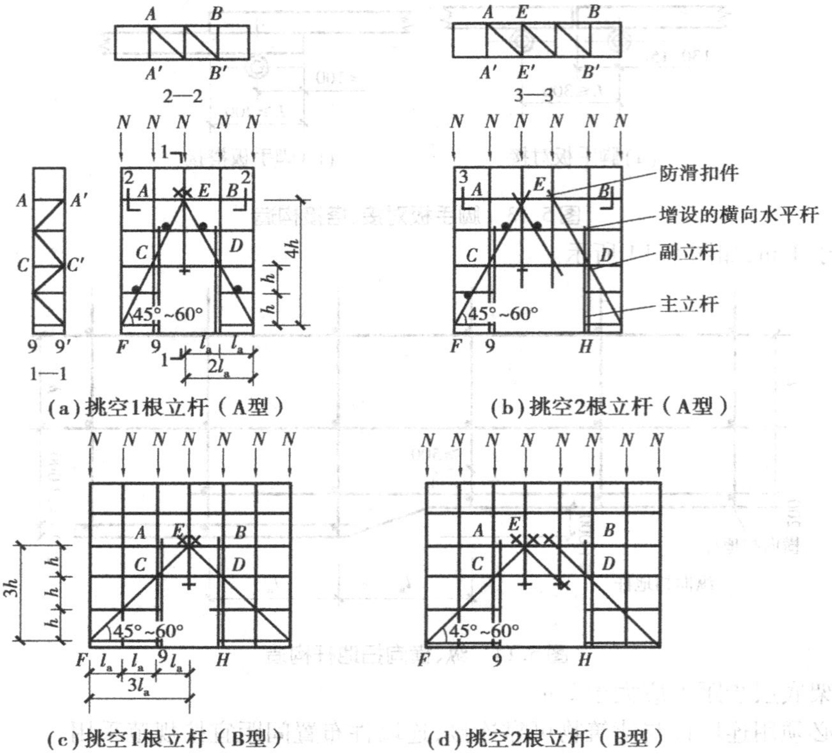

图 5.15　门洞处上升斜杆、平行弦杆桁架结构形式

①每道剪刀撑跨越立杆的根数宜按表 5.2 的规定确定。每道剪刀撑宽度不应小于 4 跨，且不应大于 6 m,斜杆与地面的倾角宜为 45°~60°。

表 5.2　剪刀撑跨越立杆的最多根数

剪刀撑斜杆与地面的倾角	45°	50°	60°
剪刀撑跨越立杆的最多根数	7	6	5

②高度在 24 m 以下的单、双排脚手架,均必须在外侧里面的两端各设置一道剪刀撑,并应由底至顶连续设置;中间各道剪刀撑之间的净距不应大于 15 m。

③高度在 24 m 以上的双排脚手架应在外侧里面整个长度和高度上连续设置剪刀撑。

④剪刀撑斜杆的接长宜采用搭接,搭接要求同立杆搭接要求。

(8)斜道(马道)

人行并兼作材料运输的斜道的形式宜按下列要求确定:高度不大于6 m的脚手架,宜采用一字形斜道;高度大于 6 m 的脚手架,宜采用之字形斜道。

斜道的构造应符合下列规定:

①斜道宜附着外脚手架或建筑物设置。

②运料斜道宽度不宜小于 1.5 m,坡度宜采用 1∶6;人行斜道宽度不宜小于 1 m,坡度宜采用 1∶3。

③拐弯处应设置平台，其宽度不应小于斜道宽度。

④斜道两侧及平台外围均应设置栏杆及挡脚板。栏杆高度应为 1.2 m，挡脚板高度不应小于 180 mm。

⑤人行斜道和运料斜道的脚手板上应每隔 250～300 mm 设置 1 根防滑木条，木条厚度宜为 20～30 mm。

(9)架安全栏杆，挂安全网

每一操作层均要在架子外侧（临空面）设安全栏杆和挡脚板。安全栏杆为上下两道，上道栏杆上口高度 1 200 mm，下道栏杆居中（500～600 mm），架设形式与大横杆相同。挡脚板高度不应小于 180 mm，设在立杆内侧，并用铅丝扎牢。在架体外侧满挂密目安全网，用铅丝与大横杆扎牢。

知识窗

下列墙体或部位不得留设脚手架眼：

①120 mm 厚墙、清水墙、料石墙、独立柱和附墙柱。

②过梁上与过梁成 60°角的三角形范围及过梁净跨度 1/2 的高度范围内。

③宽度小于 1 m 的窗间墙。

④门窗洞口两侧石砌体 300 mm，其他砌体 200 mm 范围内；转角处石砌体 600 mm，其他砌体 450 mm 范围内。

⑤梁或梁垫下及其左右 500 mm 范围内。

⑥设计不允许设置脚手眼的部位。

⑦轻质墙体。

⑧夹心复合墙外叶墙。

4)脚手架搭设的检查与验收

单排脚手架搭设高度不应超过 24 m，双排脚手架搭设高度不宜超过 50 m，高度超过 50 m 的双排脚手架应采用分段搭设的措施。脚手架搭到设计高度后，应对脚手架的质量进行检查、验收，经检查合格者方可验收交付使用。

高度 24 m 及以下的脚手架，应由单位工程负责人组织技术安全人员进行检查验收；高度大于 24 m 的脚手架，应由上一级技术负责人组织安全人员、单位工程负责人及有关的技术人员进行检查验收。

5)脚手架的拆除、保管和整修保养

(1)拆除准备工作

当工程施工完成后，必须经单位工程负责人检查验证，确认脚手架不再需要后，方可拆除。脚手架拆除必须由施工现场技术负责人下达正式通知。

(2)拆除作业的安全防护措施

脚手架拆除作业的安全防护要求与搭设作业时的安全防护要求相同，另外，还应满足以下要求：

①拆除脚手架现场应设置安全警戒区域和警告牌，并派专人看管，严禁非施工作业人员进入拆除作业区。

②应尽量避免单人进行拆卸作业；严禁单人拆除如脚手板、长杆件等较重、较大的杆部件。

拆下的脚手架杆、配件，应及时检查、整修和保养，并按品种、规格、分类堆放，以便运输保管。

练习作业

1. 脚手架的作用和要求是什么？

2. 脚手架如何分类？各有什么特点？

3. 脚手架搭设前为什么要进行结构计算？

5.1.4 模板支撑架

模板支撑架是用于建筑物的现浇混凝土模板支撑的负荷架子，承受模板、钢筋、新浇捣的混凝土和施工作业时的人员、工具等的质量，其作用是保证模板面板的开头和位置不改变。

模板支撑架通常采用脚手架的杆（构）配件搭设，应按《建筑施工模板安全技术规范》（JGJ 162—2008）的要求进行设计和计算，亦可按脚手架结构模式计算。

1）模板支撑架的类别

用脚手架材料可以搭设各类模板支撑架，包括梁模、板模、梁板模和箱基模等，并大量用于梁、板模的支设中。在板模和梁板模支架中，支撑高度4.0 m者，称为高支撑架。

2）模板支撑架的设置要求

支撑架的设置应能可靠承受模板荷载，确保沉降、变形、位移均符合规定，绝对避免出现坍塌和垮架，并应特别注意确保以下三点：

①承力点应设在支柱或靠近支柱处，避免水平杆跨中受力。

②充分考虑施工中可能出现的最大荷载作用，并确保其仍有2倍的安全系数。

③支柱的基底绝对可靠，不得发生沉降变形。

3）扣件式钢管支撑架

扣件式钢管支撑架采用扣件式钢管脚手架的杆、配件搭设。立杆间距一般应通过计算确定，通常取1.2～1.5 m，不得大于8 m。对较复杂的工程，应根据建筑结构的主、次梁和板的布置，模板的配板设计、装拆方式，纵横楞的安排等情况，画出支撑架立杆的布置图。

4）支撑架搭设

（1）立杆的接长

扣件式支撑架的调试可根据建筑物的层高而定。立杆的接长可采用对接（图5.16）或搭接连接（图5.17）。

当梁模板支架立杆采用单根立杆时，立杆应设在梁模板中心线处，其偏心距不应大于25 mm。

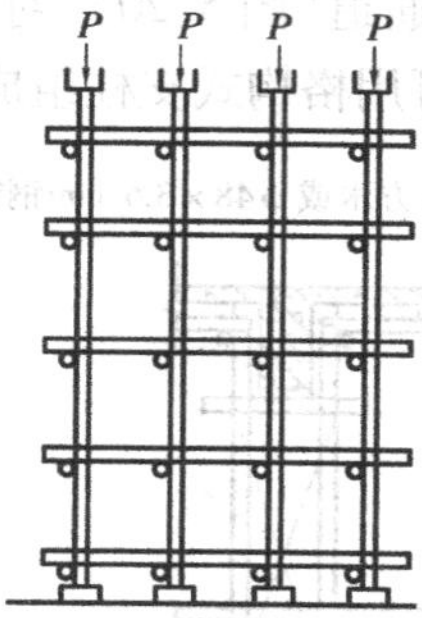

图 5.16　立杆的对接连接

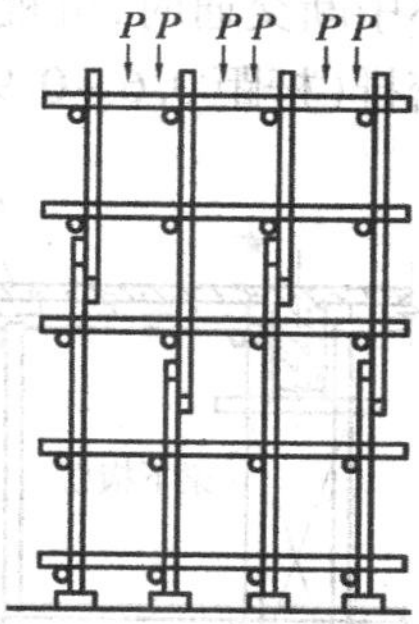

图 5.17　立杆的搭接连接

(2)水平拉结杆设置

为加强扣件式钢管支撑架的整体稳定性，在支撑架立杆之间纵、横两个方向必须设置扫地杆和水平拉结杆。各水平拉结杆的间距(步高)一般不大于1.6 m。

图5.18所示为一扣件式满堂支撑架水平拉结杆布置的实例(现浇模板支撑不应少于三层)。

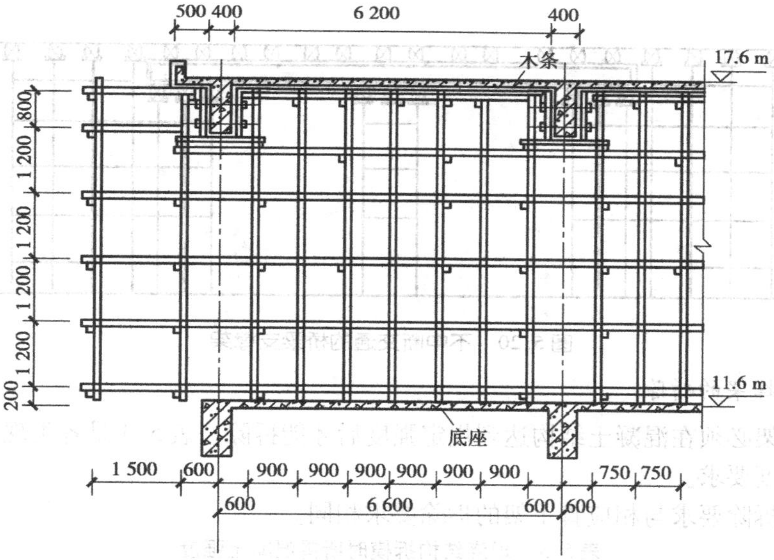

图 5.18　扣件式满堂支撑架水平拉结杆布置的实例

(3)斜杆设置

为保证支撑架的整体稳定性，在设置纵、横向水平拉结杆的同时，还必须设置斜杆，具体搭设可采用刚性斜撑或柔性斜撑，如图5.19所示。

(4)高架支撑架

支撑架由于杆件轴心受力、杆件和节点间距定型、整架稳定性好和承载力大，故特别适合于构造超高、超重的梁板模板支撑架，用于高大厅堂(如电视台的演播大厅、宾馆门厅、教学楼大厅、影剧院等)、结构转换层和道桥工程施工中。

当支撑架高宽(按窄边计)比超过5时，应采取高架支撑架，否则需按规定设置缆风绳紧固。

如桥梁施工期间要求不中断交通时,可视需要留出车辆通道(图5.20),对通道两侧荷载显著增大的支架部分则采用密排(杆距0.6~0.9 cm)设置,亦可用格构式支柱组成支墩或支撑架。

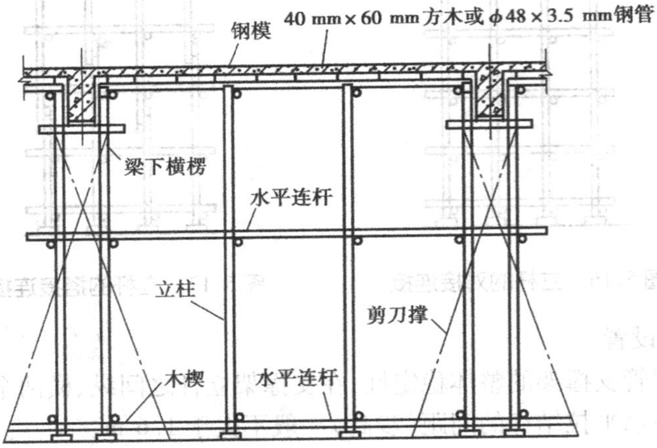

图5.19 柔性斜撑

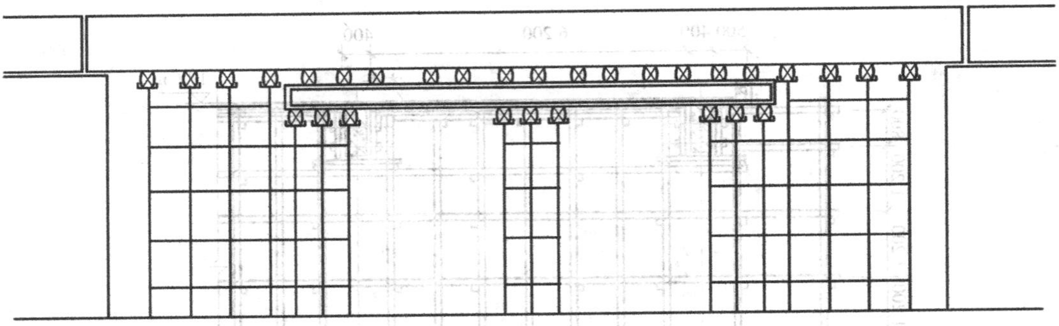

图5.20 不中断交通的桥梁支撑架

5)模板支撑架的拆除

模板支撑架必须在混凝土结构达到规定强度后才能拆除。表5.3是各类现浇构件拆模时必须达到的强度要求。

支撑架的拆除要求与相应脚手架的拆除要求相同。

表5.3 现浇结构拆模时所需混凝土强度

项 次	结构类型	结构跨度/m	按达到设计混凝土强度标准值的百分率计/%
1	板	≤2	50%
		>2,≤8	75%
		>8	100%
2	梁、拱、壳	≤8	75%
		>8	100%
3	悬臂构件	—	100%

活动建议

在专业教师的带领下，到施工现场了解脚手架搭设和垂直运输设备的选择和合理布置。

练习作业

1. 脚手架的作用和要求是什么？
2. 脚手架如何进行分类？各类脚手架有何特点？

5.2 砖石砌体施工

砖石砌体是建筑工程基础和墙体材料的主要组成部分，它的砌筑方法和质量要求对工程的质量、进度和投资控制起着重要的作用。

5.2.1 石砌体工程

1）毛条石砌筑砂浆

毛条石砌筑砂浆是石砌体的主要组成部分，基础采用 M5 水泥砂浆，灰缝厚度一般为 20 ~ 30 mm，不宜使用混合砂浆。施工中必须做砂浆试压块。

2）砌筑方法

条石基础一般采用阶梯形（图 5.21），具体形状根据现场及施工图确定。砌筑前先进行开挖、放线、清基、找平等程序。施工中须大面放下、放平、放稳，先铺砂浆后放条石，应分皮卧砌、上下错缝、内外搭接。砌筑皮数一般为单数，下面一层必须是丁石，顶面一层也必须是丁石。每皮厚度一般为 30 cm，每日砌筑高度不宜超过 1.2 m。若需间断必须留设踏步槎。注意：（大型）挡土墙石砌体必须留设好泄水孔，并保证其通畅，以防倾倒。

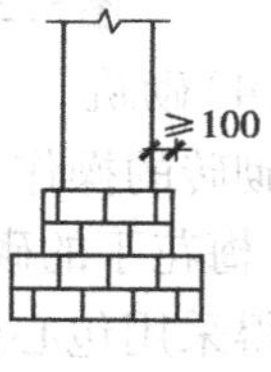

图 5.21　石基础

5.2.2 砖砌体工程

1）砖墙砌体的组砌形式

普通砖墙厚度有半砖、一砖、一砖半、二砖等。用普通砖砌筑的砖墙，依其墙面组砌形式不同，常有一顺一丁、三顺一丁、梅花丁等多种形式，如图 5.22 所示。

2）砖砌体施工工艺

（1）找平放线

砌筑之前用水泥砂浆或细石混凝土将基础顶面找平，根据引测桩确定定位轴线并弹出墙

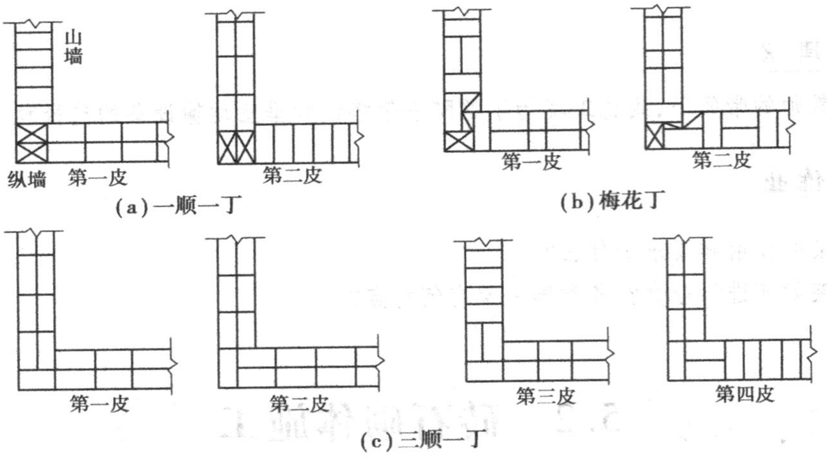

图 5.22　砖墙砌体的组砌形式

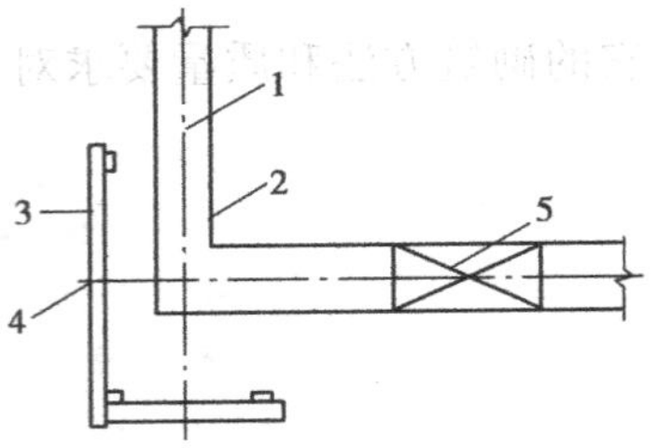

1—墙轴线;2—墙边线;3—龙门板;
4—墙轴线标志;5—门洞位置标志

图 5.23　墙身放线

体中线、边线、门窗洞口位置,如图 5.23 所示。

(2)摆砖

在弹好线的基面上按选定的组砌方式进行摆砖。核对所弹的墨线在门、窗、墙垛等处是否符合砖的模数,以便借助灰缝进行调整,减少砍砖。

(3)立皮数杆

为了控制砌体尺寸、门窗洞口、过梁的位置,常在墙体转角处或纵横墙交接处设置皮数杆,以达到控制砌体竖向尺寸的目的。

(4)砌筑

砌砖的操作方法与各地区操作习惯、使用工具等有关。实心砖砌体多采用一顺一丁、三顺一丁、梅花丁的砌筑形式。常用的方法有满刀灰砌筑法、夹灰器、大铲铺灰及单手挤浆法。砖柱不得采用包心砌法。每层承重墙的最上一皮砖或梁、梁垫下面,最上一皮砖均应采用丁砌砌筑。用砖砌填充墙时,在墙体砌到梁下皮 180 ~ 220 mm 高度时,应将砖横立或斜向侧砌,并从两端向中部砌筑,将砖块与梁下皮背紧。

(5)清扫勾缝

当砖砌体砌筑完毕后,应将墙面、柱面挤出的灰浆及落地灰进行清扫。如墙面为清水墙时,在砌完后应先划缝而后勾缝,勾缝使清水砖墙面美观、牢固。

练习作业

1. 砖墙砌体有哪几种组砌形式?
2. 简述砖墙施工工艺过程。

5.2.3 砖砌体的质量要求及保证措施

1)横平竖直

横平,即要求每一皮砖必须在同一水平面上,每块砖必须摆平;竖直,即要求砌体表面轮廓垂直平整,竖向灰缝垂直对齐。砖砌体水平灰缝厚度及竖向灰缝厚度宜为 10 mm,但不应小于 8 mm,也不应大于 12 mm。

检查墙面平整的方法:利用 2 m 长靠尺和塞尺来确认墙面平整度。检查墙面垂直的方法:利用 2 m 长托线板靠在墙面上,看线锤是否与墨线相重合。

2)砂浆饱满

砂浆的饱满程度对砌体均匀传力、砌块之间的连接以及砌体强度影响较大。水平灰缝不饱满会造成砌块局部受弯而断裂,因此,规范规定水平灰缝的饱满度不得低于 80%。砂浆饱满的检查方法:随机选段,在已砌完的砖墙上,掀掉顶面刚砌筑的砖块,在第三层处利用百格网检查。

3)错缝搭接

为了保证砖墙牢固,砖排列应遵循内外搭接、上下错缝的原则,避免出现通缝,错缝长度不应小于 60 mm。

检查方法:用眼观察是否有通缝。

4)接槎可靠

接槎是指相邻砌体不能同时砌筑而设置的临时间断,便于先砌砌体与后砌砌体之间的接合。一般情况下,砖墙的转角处和交接处应同时砌筑,不能同时砌筑处应砌成斜槎,以保证接槎可靠。如留斜槎确有困难,也可留直槎,但必须做成凸槎,并加设拉结筋,同时在留槎时将挤出的灰浆条清理干净,以保后砌槎口处的密实度。抗震设防地区的临时间断处不得留直槎。斜槎、直槎的形式及要求(对抗震设防烈度为 6 度、7 度的地区,加设拉结钢筋的长度不应小于 1 000 mm),如图 5.24 所示。

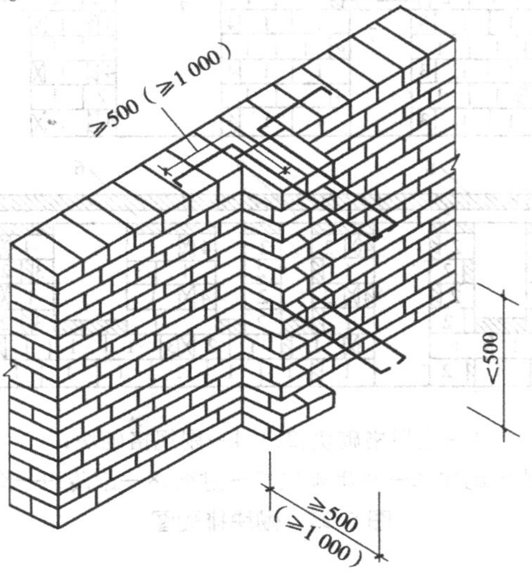

图 5.24 接槎

活动建议

带领学生到实训基地进行砖石砌筑的练习。

练习作业

1. 砖墙砌体的质量要求包括哪些方面的内容?
2. 对砂浆饱满度有什么要求,如何检查?影响砂浆饱满度的因素有哪些?
3. 砖墙砌体临时间断处的接槎方式有几种?各有什么要求?

5.3 中小型砌块施工

中小型砌块在建筑物上应用广泛。按材料不同,砌块有普通混凝土空心砌块、粉煤灰混凝土砌块、加气混凝土砌块等。

5.3.1 砌块施工前的准备工作

由于中小型砌块体积较大、较重,人力难以搬动,故需要专用设备进行吊装砌筑。在吊装前应绘制砌块排列图,以指导吊装砌筑施工。砌块排列图先绘制纵、横墙,将过梁、楼板、大梁、楼梯、混凝土垫块等在图上标出,再将水盘、管道等孔洞标出,在纵、横墙上画出水平灰缝线,然后按砌块错缝搭接的构造要求和竖缝的大小进行排列,如图5.25所示。

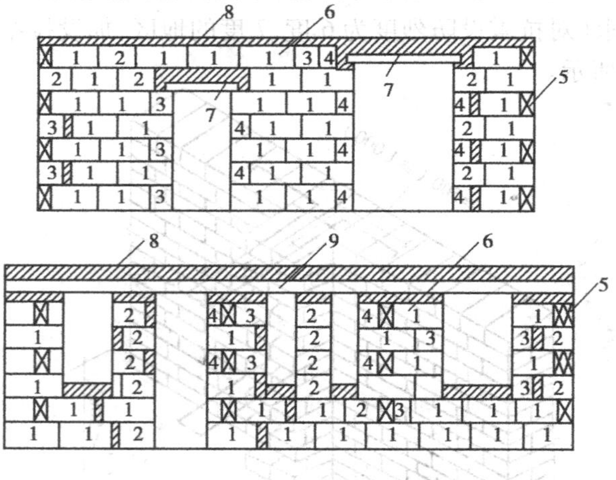

1—主规格砌块;2,3,4—副规格砌块;
5—顶砌砌块;6—顺砌砌块;7—过梁;8—镶砖;9—圈梁

图5.25　砌块排列图

5.3.2 砌块施工

砌块施工的主要工序是：铺灰→吊砌块就位→校正→灌缝→镶砖等。

①铺灰：砌块砌筑的砂浆应具有良好的和易性。铺灰应均匀平整，长度不宜超过 5 m，气温过冷或过热时应按设计要求适当缩短。灰缝的厚度应符合设计要求。

②吊砌块就位：砌块就位应从转角处或定位砌块处开始，严格按砌块排列图的顺序和错缝搭接的原则进行，内外墙同时砌筑。

③校正：用锤球或托线板检查垂直度，用拉准线的方法检查水平度，校正时可用人力轻微推动砌块或用撬棍轻轻撬动砌块。

④灌缝：校正后就灌筑竖缝。灌竖缝时，在竖缝两侧用夹灰板夹住砌块，用砂浆或细石混凝土进行灌缝，用竹片或捣杆振捣密实。当砂浆或细石混凝土稍收水后，即将竖缝和水平缝刮平。此后，一般不准再撬动砌块。

⑤镶砖：镶砖应在砌块校正后紧跟着进行，镶砖时要使砖的竖缝灌捣密实，安装楼板、梁、檩条等构件下的砖层都必须用丁砖镶砌。

当采用井架和台灵架吊装砌块且有镶砖时，其工艺流程如图 5.26 所示。

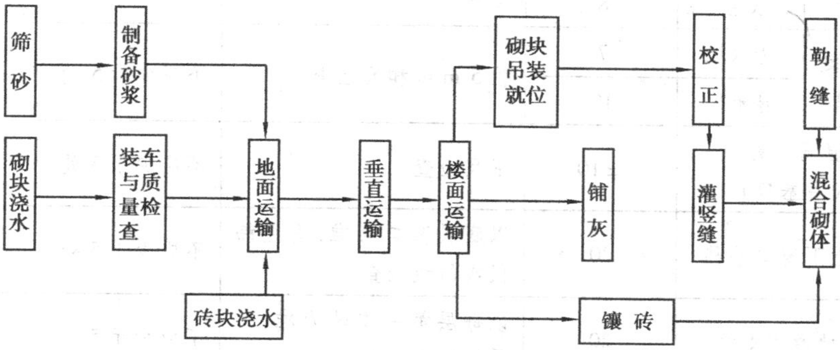

图 5.26 砌块吊装的工艺流程

5.3.3 砌块质量检查

砌块质量检查应符合下列规定：

①砌块和砂浆的强度等级必须符合设计要求。

②砌体水平灰缝的砂浆饱满度，应按净面积计算不得低于 90%；竖向灰缝饱满度不得小于 80%，竖缝凹槽部位应用砌筑砂浆填实，不得出现瞎缝、透明缝。

③墙体转角处和纵横墙交接处应同时砌筑。临时间断处应砌成斜槎，斜槎水平投影长度不应小于高度的 2/3。

④砌体的允许偏差和检查方法详见《砌体结构工程施工质量验收规范》（GB 50203—2011）。

阅读理解

砖砌体工程质量标准

砖砌体尺寸、位置的允许偏差及检验见表5.4。

表5.4 砖砌体尺寸、位置的允许偏差及检验

项次	项目			允许偏差/mm	检验方法	抽检数量
1	轴线位移			10	用经纬仪、尺或用其他测量仪器检查	承重墙、柱全数检查
2	基础、墙、柱顶面标高			±15	用水准仪和尺检查	不应少于5处
3	墙面垂直度	每层		5	用2 m托线板检查	不应少于5处
		全高	≤10 m	10	用经纬仪、吊线和尺或用其他测量仪器检查	外墙全部阳角
			>10 m	20		
4	表面平整度	清水墙、柱		5	用2 m靠尺和楔形塞尺检查	不应少于5处
		混水墙、柱		8		
5	水平灰缝平直度	清水墙		7	拉5 m线和尺检查	不应少于5处
		混水墙		10		
6	门窗洞口高、宽(后塞口)			±10	用尺检查	不应少于5处
7	外墙上下窗口偏移			20	以底层窗口为准,用经纬仪或吊线检查	不应少于5处
8	清水墙游丁走缝			20	以每层第一皮砖为准,用吊线和尺检查	不应少于5处

活动建议

在教师带领下,在实作场地实际操作各种组砌方式,并掌握其施工要点。

练习作业

1. 试述砌块砌筑的施工要点。
2. 砌块质量检查的规定有哪些?

5.4 填充墙砌体施工

填充墙砌体在建筑工程中广泛使用,特别是在高层框架、短肢剪力墙主体结构完成后,再

按房屋的使用功能和布局砌筑隔断墙，常把砌筑隔断墙称为“二次结构”。填充墙砌体多为烧结空心砖、蒸压加气混凝土块、轻骨料混凝土小型空心砌块等轻质材料。砌筑砂浆同墙体砌体，灰缝厚度控制在 8 ~ 12 mm。

砌筑填充墙时，轻骨料混凝土小型空心砌块和蒸压加气块产品龄期不应小于 28 d，蒸压加气混凝土砌块的含水率不宜小于 30%。

5.4.1 填充墙施工

填充墙砌体砌筑，应待承重主体结构检验批验收合格后进行。填充墙与承重主体结构间的空(缝)隙部位施工，应按填充墙体砌筑 14 d 后进行，且应将顶砖斜侧砌，使砖与梁下皮背紧，如图 5.27 所示。

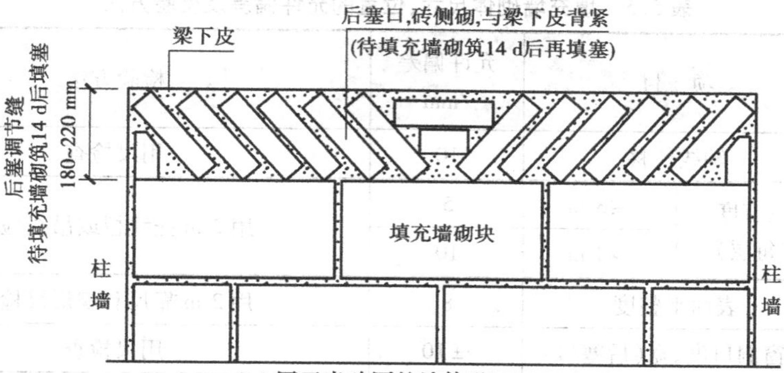

(a)用于半砖厚的墙体(即115 mm)

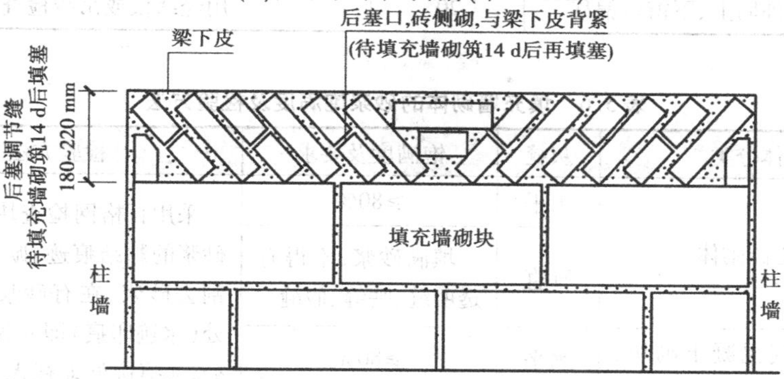

(b)用于一砖厚的墙体(即240 mm)

图 5.27 填充墙后塞口

填充墙砌体应与主体结构可靠连接，其连接构造应符合设计要求。每一填充墙与柱的拉结筋的位置超过一皮砌体高度的数量不得多于一处，拉结钢筋或网片的位置应与块体皮数相符合且应置于灰缝中，埋置长度应符合设计要求。

填充墙与承重墙、柱、梁的连接钢筋，当采用化学植筋的连接方式时，应进行实体检测，待检验合格后才能进行下道工序。

砌筑填充墙时应错缝搭砌，蒸压加气混凝土砌块搭接长度不应小于砌块长度 1/3；轻骨料混凝土小型空心砌块搭接长度不应小于 90 mm；竖向通缝不应大于 2 皮。

蒸压加气混凝土砌块、轻骨料混凝土小型空心砌块砌体收缩性较大，强度不高，为防止砌体干缩裂缝，不应与其他块体材料混合砌筑。在窗台处和因安装门窗需要，在门窗洞口两侧填充墙上可采用其他块体（多为烧结砖）局部嵌砌；对与框架柱、梁不脱开方法的填充墙，填塞填充墙顶部与梁之间缝隙可采用其他砌块（多为烧结砖），如图 6.27 所示。

在厨房、卫生间、浴室等处采用轻骨料混凝土小型空心砌块、蒸压加气混凝土砌块砌筑墙体时，墙底脚处宜用混凝土块或烧结砖砌筑约 0.15 m 高台脚。

5.4.2 填充墙质量检查

填充墙砌体尺寸、位置的允许偏差、砂浆饱满度及检验方法应符合表 5.5 和表 5.6 的规定，每检验批抽查不应少于 5 处。

表 5.5 填充墙砌体尺寸、位置的允许偏差及检验方法

<table>
<tr><th>项 次</th><th colspan="2">项 目</th><th>允许偏差
/mm</th><th>检验方法</th></tr>
<tr><td>1</td><td colspan="2">轴线位移</td><td>10</td><td>用尺检查</td></tr>
<tr><td rowspan="2">2</td><td rowspan="2">垂直度
（每层）</td><td>≤3 m</td><td>5</td><td rowspan="2">用 2 m 托线板或吊线检查</td></tr>
<tr><td>>3 m</td><td>10</td></tr>
<tr><td>3</td><td colspan="2">表面平整度</td><td>8</td><td>用 2 m 靠尺和楔形尺检查</td></tr>
<tr><td>4</td><td colspan="2">门窗洞口度、宽（后塞口）</td><td>±10</td><td>用尺检查</td></tr>
<tr><td>5</td><td colspan="2">外墙上、下窗口偏移</td><td>20</td><td>用经纬仪或吊线检查</td></tr>
</table>

表 5.6 填充墙砌体的砂浆饱满度及检验方法

<table>
<tr><th>砌体分类</th><th>灰缝</th><th>饱满度及要求</th><th>检验方法</th></tr>
<tr><td rowspan="2">空心砖砌体</td><td>水平</td><td>≥80%</td><td rowspan="4">采用百格网检查块体或侧面砂浆的黏结痕迹，掀开测试砖，刮去砂浆，在有砂浆黏结痕迹处（水迹印痕）即视为砂浆饱满处，无痕迹处即视无砂浆处，以此统计砌体砂浆饱满度</td></tr>
<tr><td>垂直</td><td>填满砂浆，不得有透明缝、瞎缝、假缝</td></tr>
<tr><td rowspan="2">蒸压加气混凝土砌块、轻骨料混凝土小型空心砌块砌体</td><td>水平</td><td>≥80%</td></tr>
<tr><td>垂直</td><td>≥80%</td></tr>
</table>

学习鉴定

1. 填空题

（1）搭设脚手架时，操作人员必须____________、____________、____________。

（2）在____________风以上和____________的天气不得进行脚手架的搭拆作业。

(3)脚手架在使用过程中如发现__________、__________、__________、__________等现象要及时__________。

(4)高层建筑脚手架是指高度在__________ m以上。

(5)常见的砖组砌形式有__________、__________、__________等多种形式。

(6)条石基础砌筑前先进行__________、__________、__________、__________等程序。

(7)砖砌体施工工艺为__________、__________、__________、__________、__________。

(8)砖砌体常用的组砌形式有__________、__________及__________。

(9)砖砌体的质量要求是__________、__________、__________、__________。

(10)检查砂浆饱满度的工具是__________。

(11)为了保证砖墙牢固,砖排列应遵循__________、__________的原则。

(12)砌块施工的主要工序是__________、__________、__________、__________和__________等。

2.选择题

(1)砌筑用脚手架的一步架高度,一般为(　　)。

A.1.5 m　　B.1.2 m　　C.2.0 m　　D.1.9 m

(2)条石砌筑时,砌筑皮数一般为单数,下面一层必须是(　　)。

A.丁石　　B.条石　　C.平石　　D.竖石

(3)规范规定砖砌体的水平灰缝的饱满度不得低于(　　)。

A.90%　　B.85%　　C.80%　　D.95%

(4)当留斜槎有困难时,也可留直槎,但必须做成(　　)。

A.凸槽　　B.凹槽　　C.平槽　　D.拉槽

(5)检查砖墙平整度的工具是(　　)。

A.托线板　　B.线锤　　C.靠尺和塞尺　　D.肉眼观察

(6)砌块砌筑的砂浆应具有良好的(　　)。

A.硬度　　B.强度　　C.密实性　　D.和易性

(7)砌块砌筑时应严格按砌块排列图的顺序,内外墙(　　)砌筑。

A.分期　　B.同时　　C.交错　　D.按先后顺序

(8)留斜槎时,斜槎的长度应为(　　)。

A.$\geqslant 2/3H$　　B.$\leqslant 2/3H$　　C.H　　D.$\leqslant 500$

(9)留直槎时,需加设拉结筋,拉结筋的间距沿墙高不得超过(　　)。

A.1 000 mm　　B.750 mm　　C.500 mm　　D.900 mm

(10)门式脚手架由(　　)螺旋基脚组成基本单元。

A.门式框架　　B.剪刀撑　　C.水平梁架　　D.脚手板

3.名词解释

(1)立杆　　(2)扫地杆

(3)剪刀撑　　(4)小横杆
(5)连墙件　　(6)单排脚手架

4. 问答题

(1)简述砌砖体的施工工艺。
(2)砖砌体有哪些质量要求？如何检查砖砌体的质量？
(3)简述砌块施工的主要工序。
(4)搭设脚手架的基本要求有哪些？
(5)哪些墙体或部位不得设置脚手眼？

教学评估

教学评估表见本书附录。

6 防水工程

本章内容简介

屋面防水工程的施工方法

地下防水工程的施工方法

防水工程的质量要求

本章教学目标

掌握沥青卷材防水工程施工

掌握高聚物改性沥青卷材防水工程施工

掌握合成高分子卷材防水工程施工

熟悉防水工程的质量要求

问题引入

就像雨天需穿雨衣或打雨伞以保护我们的衣服不被淋湿一样，建筑物也需要采取措施避免雨水的侵蚀并防漏。那么，建筑物的哪些部位需要采取防水或抗渗措施呢？有哪些构造做法？下面，我们就来学习建筑物的防水施工。

防水工程是利用防水材料对建筑物的某些部位所采取的防水或抗渗措施。防水工程按其部位和用途不同，分为屋面防水工程和地下防水工程；按其构造做法不同，分为结构自防水和防水层防水；按其材料性质不同，分为柔性防水和刚性防水。

6.1 屋面防水工程

屋面防水工程按其所用材料的不同，主要有卷材防水屋面、涂膜防水屋面、刚性防水屋面、瓦屋面等。

阅读理解

屋面工程的设防等级

屋面工程设计应遵照“保证功能、构造合理、防排结合、优选用材、美观耐用”的原则。因此，屋面防水工程应根据建筑物的类别、重要程度、使用功能要求确定防水等级，并应按相应等级进行防水设防。对防水有特殊要求的建筑屋面，应进行专项防水设计。屋面防水等级和设防要求应符合表6.1的规定。多道防水设防可采用同种卷材叠层、不同卷材复合、卷材和涂膜复合以及刚性防水或涂膜复合。

表6.1 屋面防水等级和设防要求

防水等级	建筑类别	设防要求
Ⅰ级	重要建筑和高层建筑	两道防水设防
Ⅱ级	一般建筑	一道防水设防

屋面工程施工应遵照“按图施工、材料检验、工序检查、过程控制、质量验收”的原则。屋面防水工程应由具备相应资质的专业队伍进行施工，作业人员应持证上岗。屋面工程施工前应进行图纸会审，施工单位应编制屋面工程的专项施工方案或技术措施，并进行现场技术安全交底。

6.1.1 卷材防水屋面

1)卷材防水屋面的构造

卷材防水屋面一般由结构层、隔汽层、找坡层、保温层、找平层、防水层、保护层等组成,如图6.1所示。

图6.1 屋面基本构造层次图

2)卷材防水屋面的施工

卷材防水屋面一般采用沥青防水卷材、高聚物改性沥青防水卷材、合成高分子防水卷材等柔性防水材料粘成一整片能防水的屋面覆盖层。

(1)沥青防水卷材屋面施工

①找平层施工:屋面结构层(或保温层)与防水层之间设找平层,其目的是使卷材铺设平整、黏结牢固。屋面结构层如采用整体现浇混凝土时,防水层受屋面结构变形的影响很小,可直接铺抹水泥砂浆找平层;如采用预制钢筋混凝土板时,防水层受屋面结构局部变形的影响较大,故必须先对板缝和端缝按要求进行灌缝处理后,再铺水泥砂浆找平层(二次压光)。找平层应平整坚实,无松动、翻砂和起壳现象。

②涂刷冷底子油:视找平层面积的大小,冷底子油既可用长把滚刷手工涂刷,也可用机械喷涂。用滚刷涂布时,应沿前后方向涂刷,前后两刷之间应进行搭接;用机械喷涂时,应沿前后左右方向成"+"字交叉状喷涂。涂布应均匀有序,不得随意乱涂。应注意细部构造复杂部位的涂布,不能出现漏"白"和漏涂现象。涂布时间一般在铺贴前的0.5~2 d进行,使其表面干燥并不粘灰尘。

③细部构造、防水节点增强处理:在铺设屋面卷材防水层前,应对干燥、平整、干净并已涂刷基层处理剂(冷底子油)的找平层各细部构造、节点防水部位(檐沟、檐口、天沟、变形缝、水落口、管道根部、天窗根部、女儿墙根部、烟囱根部等屋面阴阳角转角部位)用附加卷材或防水涂料、密封材料做附加增强处理。

④卷材铺贴:

- 卷材的铺贴顺序:卷材屋面施工时,应先进行细部构造处理,然后由屋面最低标高向上铺贴。天沟、檐沟卷材铺贴时,应顺天沟、檐沟方向铺贴,搭接缝应顺水流方向。有高低跨相邻的屋面,一般是"先高后低、先远后近",即高低跨相邻的屋面,先铺高跨后铺低跨;在等高的大面积屋面,先铺离上料点较远的部位,后铺较近部位,以便保证完工的屋面防水层不被破坏。
- 卷材的铺贴方向:卷材以平行屋脊铺贴,上下层卷材不得相互垂直铺贴。当屋面坡度小于3%时,卷材宜平行屋脊铺贴;屋面坡度在3%~15%时,卷材可平行或垂直屋脊铺贴;屋面坡度大于15%或屋面受震动时,沥青防水卷材应垂直屋脊铺贴。屋面坡度大于25%时,常发生下滑现象,卷材应采取满粘和钉压固定措施,固定点应封闭严密。
- 卷材铺贴方法:常用的有浇油粘贴法和刷油粘贴法。浇油粘贴法用带嘴油壶将沥青胶浇在基层上,然后用力将卷材往前推滚;刷油粘贴法是用长柄粗帆布刷或毛刷将沥青胶均匀涂刷在基层上,然后迅速铺贴卷材。铺贴卷材时,沥青胶粘剂的厚度应严格控制,底层和里层宜为1~1.5 mm,面层宜为2~3 mm,以保证卷材推铺平直、黏结牢固。

• 排汽屋面的卷材铺贴方法:排汽屋面是利用底层卷材和基层之间的空隙作为排汽道。卷材和基层之间的空隙应与找平层和保温层的排汽道一起与大气相通。排汽屋面底层卷材可采用条铺法、花铺法、半铺法、空铺法,如图6.2所示。采用这些铺法时,底层卷材在檐口、屋脊和屋面的转角处及突出屋面的连接处,至少有800 mm宽的油毡同以上各层油毡及卷材的搭接,应满涂沥青胶粘贴牢固。在立面或在坡面铺贴油毡亦应满涂沥青胶粘剂,并尽量减少油毡短边搭接。

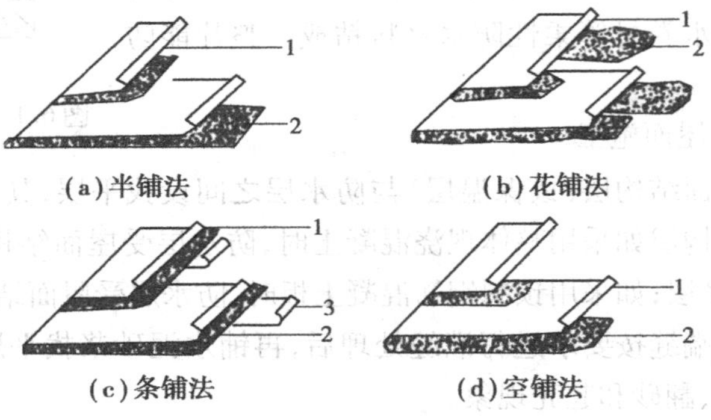

1—卷材;2—沥青胶结材料;3—增加卷材条(宽度不小于150 mm)

图6.2　排汽屋面卷材铺贴法

⑤撒绿豆砂保护层施工:沥青在热能、阳光、空气等长期作用下,内部成分将逐渐老化,为延长防水层的使用寿命,应设置绿豆砂保护层。

(2)高聚物改性沥青卷材防水施工

高聚物改性沥青卷材屋面防水构造如图6.3所示。

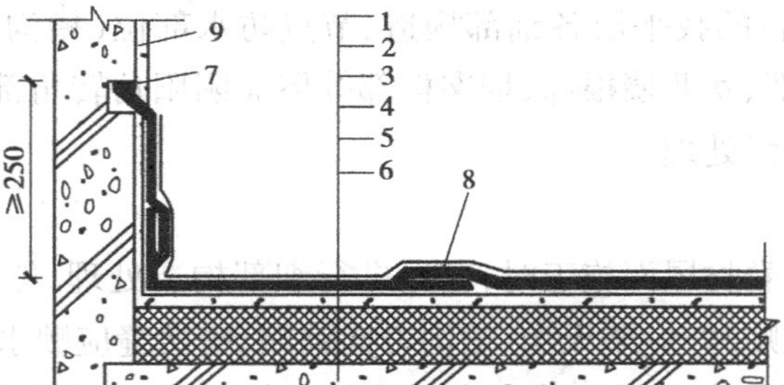

1—保护材料;2—改性沥青卷材防水层;3—胶粘剂;4—水泥砂浆找平层;
5—保温层;6—钢筋混凝土屋面板;7—密封膏封口;8—热熔焊接的搭接接缝;9—防水处理

图6.3　高聚物改性沥青卷材屋面防水构造图

①基层的处理:高聚物改性沥青卷材防水屋面可用水泥砂浆、沥青砂浆和细石混凝土找平层作基层。要求找平层抹平压光,坡度应符合设计要求,不允许有起砂、掉灰和凹凸不平等缺陷存在,其含水率不宜大于9%。找平层与突起物(如女儿墙、烟囱、通气孔、变形缝等)相连接

的阴角，应做成均匀光滑的小圆角；与檐口、排水口、沟脊等相连接的转角，应抹成光滑一致的圆弧形。

②施工方法：高聚物改性沥青防水卷材可采用冷热结合施工法和热熔法两种施工方法。

• 冷热结合施工法：可按卷材的配置方案，在基层处理剂已干燥的基层（找平层）表面上，边涂刷胶粘剂（高聚物改性沥青胶粘剂）边滚铺卷材，并用压辊滚压排除卷材与基层（找平层）之间的空气，使其黏结牢固。对卷材搭接缝部位，可采用热风焊接机或火焰加热器（热熔法铺贴高聚物改性沥青防水卷材的专用机具）进行热熔焊接的方法，使其黏结牢固、封闭严密。

• 热熔法施工：如图 6.4 所示，将卷材（厚度应在 3 mm 以上）展铺在预定的部位，确定铺贴的位置后，用火焰加热器或汽油喷灯的火炬加热熔融卷材末端的涂盖层，使其黏结在基层（找平层）表面上。接着再把卷材的其余部位重新卷起，并用加热器在卷材幅宽内均匀加热，使卷材表面开始熔融至光亮黑色时，即可边加热边向前滚铺卷材。卷材与基层、卷材与卷材的搭接缝需黏结牢固、封闭严密。

高聚物改性沥青卷材防水层的末端收头应塞入预留的凹槽内，用密封材料嵌填封闭严密后，宜再用掺入 30% 左右聚合物乳液的水泥砂浆进行压缝防水处理，如图 6.5 所示。

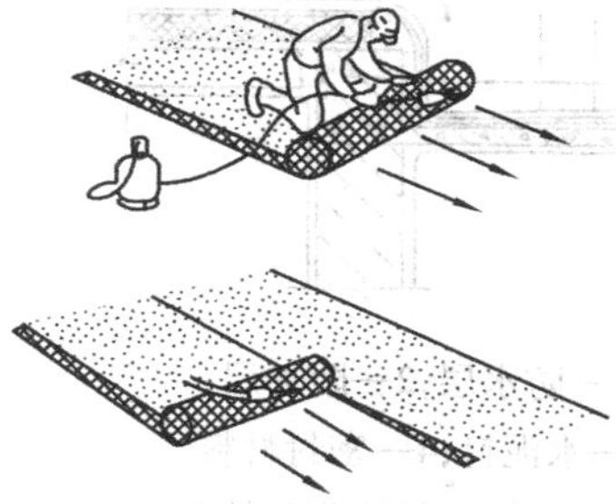

图 6.4　卷材热熔法施工示意图

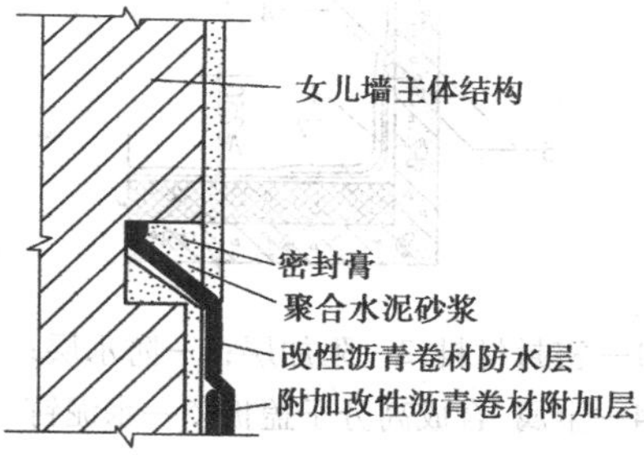

图 6.5　改性沥青卷材防水层末端收头处理

防水层铺设完毕，经清扫干净和质检合格后，即可在防水层的表面采用边涂刷改性沥青胶粘剂，边撒铺膨胀蛭石粉或云母粉作保护层，也可以涂刷银色或绿色的专用涂料作保护层。

（3）合成高分子卷材防水施工

铺贴合成高分子防水卷材多采用冷粘法。用胶粘剂为黏结材料，直接将卷材铺贴在已处理好的找平层上。

①基层处理：首先在已处理好的基层表面均匀涂刷基层处理剂，干燥 4 h 以上。对于界面高低的转角以及与女儿墙、管道等相连接的阴角等易渗漏的薄弱部位，宜涂刷 2 ~ 3 度涂膜防水材料，待涂膜固化后，再进行铺贴卷材施工。

②施工要点：

• 其铺贴顺序和铺设方向与沥青卷材相同。

• 卷材的铺贴：铺贴卷材不得产生皱褶，也不得用力拉伸卷材，并应排除卷材下面的空气，辊压粘贴牢固。铺贴的卷材应平整顺直，搭接尺寸准确，不得扭曲。卷材铺好压粘后，应将搭接部位的结合面清除干净，并采用与卷材配套的接缝专用胶粘剂，在搭接缝黏合面上涂刷均匀，不露底、不堆积。根据专用胶粘剂的性能，应控制胶粘剂涂刷与黏合的间隔时间，并排除接缝间的空气，辊压黏结牢固。接缝口应采用密封材料封严，其宽度不应小于10 mm。

• 卷材的接缝及节点构造的处理：卷材接缝的搭接宽度一般为80 mm，在接缝边缘以及末端收头部位，必须采用密封膏进行密封，末端收头处还应做好压缝处理。几种常见的屋面卷材防水构造如图6.6至图6.11所示。

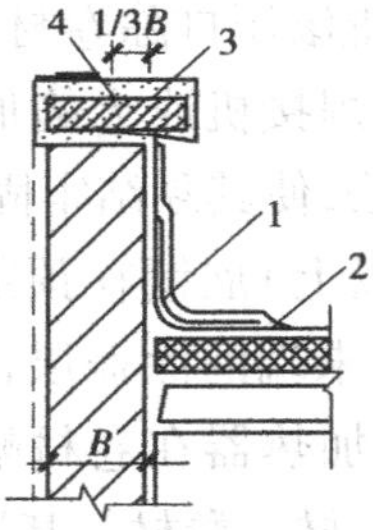

1—附加层；2—防水层；

3—压顶；4—防水处理

图6.6　卷材泛水收头

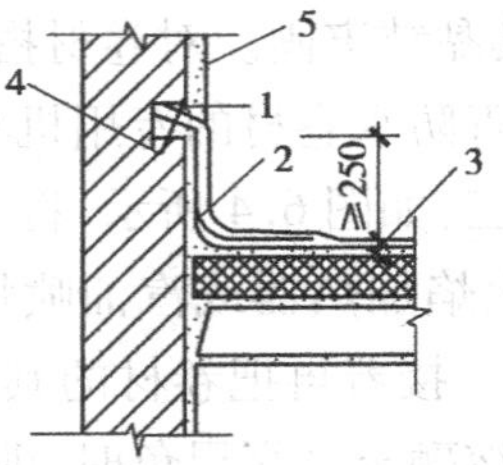

1—密封材料；2—附加层；3—防水层；

4—水泥钉；5—防水处理

图6.7　砖墙卷材泛水收头

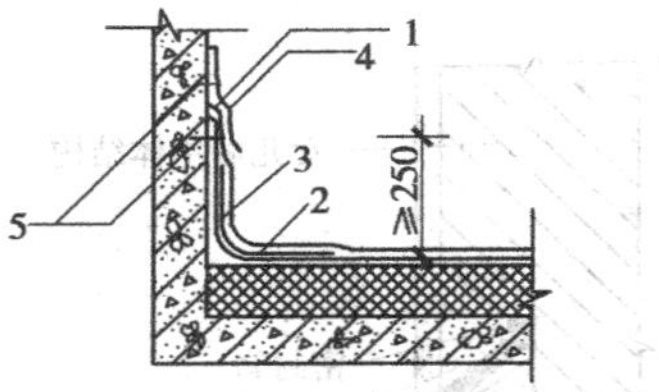

1—密封材料；2—附加层；3—防水层；

4—金属、合成高分子盖板；5—水泥钉

图6.8　混凝土墙卷材泛水收头

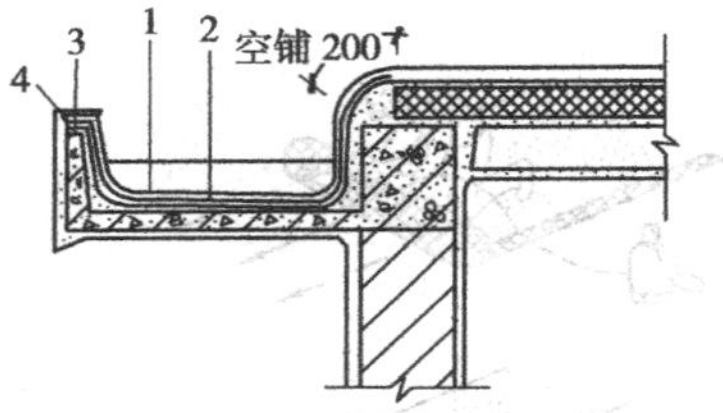

1—防水层；2—附加层；

3—水泥钉；4—密封材料

图6.9　檐沟部位收头处理

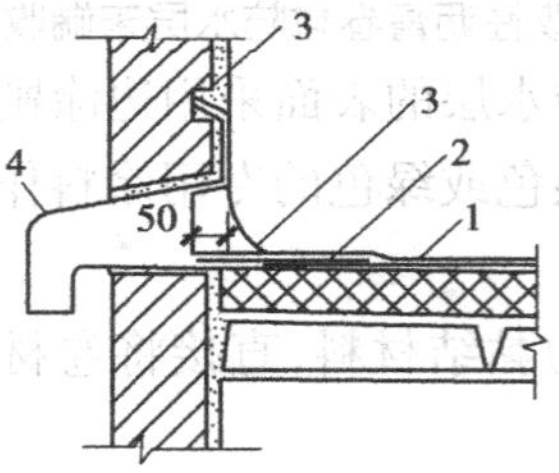

1—防水层；2—附加层；3—密封材料；4—水落口

图6.10　横式水落口部位收头处理

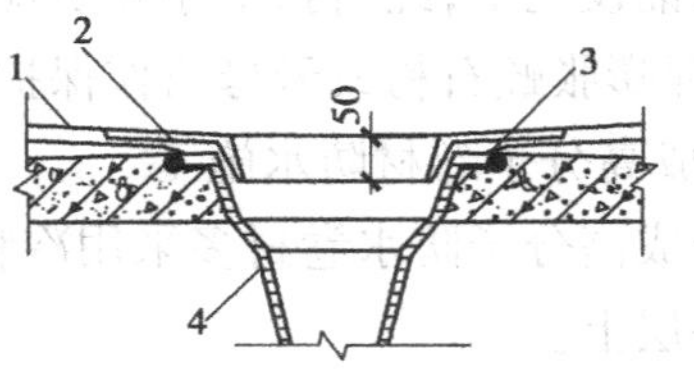

1—防水层；2—附加层；3—密封材料；4—水落口

图6.11　竖式水落口部位收头处理

③涂刷保护层：铺设完毕，应涂刷专用的银色、绿色或其他彩色涂料作保护层。

观看录像

基底橡胶防水卷材施工。

基底橡胶防水卷材施工

阅读理解

卷材防水屋面施工要点

防水卷材施工前，基层应坚实、平整、干净、干燥。防水卷材及其配套材料的质量应符合设计要求，每道防水卷材防水层的最小厚度应符合表6.2的规定。铺贴时防水卷材接缝应采用搭接缝，搭接缝应粘接或焊接牢固，密封应严密，不得扭曲、皱褶和翘边，卷材搭接宽度应符合表6.3规定。卷材防水屋面常用的铺贴方法有冷粘法、热熔法和自粘法。

表6.2　每道卷材防水层最小厚度

单位：mm

防水等级	合成高分子防水卷材	高聚物改性沥青防水卷材		
		聚酯胎、玻纤胎、聚乙烯胎	自粘聚酯胎	自粘无胎
Ⅰ级	1.2	3.0	2.0	1.5
Ⅱ级	1.5	4.0	3.0	2.0

表6.3　卷材搭接宽度

单位：mm

卷材类别		搭接宽度
合成高分子防水卷材	胶黏剂	80
	胶黏带	50
	单缝焊	60，有效焊接宽度不小于25
	双缝焊	80，有效焊接宽度10×2+空腔宽度
高聚物改性沥青防水卷材	胶黏剂	100
	自粘	80

1）冷粘法铺贴卷材

（1）施工验收规范规定

胶黏剂涂刷应均匀，不露底、不堆积。根据胶黏剂的性能，控制胶黏剂涂刷与卷材铺贴的间隔时间。铺贴的卷材下面的空气应排尽，并辊压黏结牢固。铺贴卷材应平整顺直，搭接尺寸应准确，不得扭曲、有褶皱。接缝口应用密封材料封严，宽度不应小于10 mm。

（2）施工要点

在构造节点部位及周边200 mm范围内，均匀涂刷一层不小于1 mm厚的弹性沥青胶黏剂，随即粘贴一层聚酯纤维无纺布，并在布上涂一层1 mm厚的胶黏剂。基层胶黏剂的涂刷可用胶皮刮板进行，要求涂刷均匀，不漏底、不堆积，厚度约为0.5 mm。胶黏剂涂刷后，掌握好时间，由两人操作，其中一人推赶卷材，确保卷材下无空气、粘贴牢固。搭接部位的接缝应满涂胶黏剂,用溢出的胶黏剂刮平封口。接缝口应用密封材料封严,宽度不小于 10 mm。

2)热熔法铺贴卷材

(1)施工验收规范规定

火焰加热器加热卷材应均匀,不得过分加热或烧穿卷材,厚度小于 3 mm 的高聚物改性沥青防水卷材严禁采用热熔法施工;卷材表面热熔后应立即滚铺卷材,卷材下面的空气应排尽,并辊压黏结牢固,不得空鼓;卷材接缝部位必须溢出热熔的改性沥青胶;铺贴的卷材应平整顺直,搭接尺寸应准确,不得扭曲、有褶皱。

(2)施工要点

清理基层上的杂质,涂刷基层处理剂,要求涂刷均匀、厚薄一致,待干燥后,按设计节点构造做好处理。按规范要求排布卷材,定位、画线、弹出基线;热熔时,应将卷材沥青膜底面向下,对正粉线,用火焰喷枪对准卷材与基层的结合面,同时加热卷材与基层,喷枪距加热面 50 ~ 100 mm,当烘烤到沥青熔化,卷材表面熔融至光亮黑色时,应立即滚铺卷材,并用胶皮压辊辊压密实,排除卷材下的空气,粘贴牢固。

3)自粘法铺贴卷材

(1)施工验收规范规定

铺贴卷材前基层表面应均匀涂刷基层处理剂,干燥后应及时铺贴卷材;铺贴卷材时,应将自粘胶底面的隔离纸全部撕净;卷材下面的空气应排尽,并辊压黏结牢固;铺贴的卷材应平整顺直,搭接尺寸应准确,不得扭曲、有褶皱,搭接部位宜采用热风加热,随即粘贴牢固;接缝口应用密封材料封严,宽度不小于 10 mm。

(2)施工要点

清理基层,涂刷基层处理剂,节点除加增强处理、定位、弹线工序外,均同冷粘法和热熔法铺贴卷材;铺贴卷材一般三人操作;铺贴时,应按基线的位置,缓缓剥开卷材背面的防粘隔离纸,将卷材直接粘贴于基层上,随撕隔离纸,随即将卷材向前滚铺;卷材搭接部位宜用热风枪加热,加热后粘贴牢固,溢出的自粘剂刮平封口;大面积卷材铺贴完毕,所有卷材接缝处应用密封膏封严,宽度不应小于 10 mm;铺贴立面、大坡度卷材时,应采取加热后粘贴牢固;采用浅色涂料作保护层时,应待卷材铺贴完成,并经检验合格,清扫干净后涂刷。

6.1.2 屋面涂膜防水施工

屋面涂膜防水施工是采用防水涂料在屋面基层(找平层)上现场喷涂、刮涂或涂刷抹压作业。涂料经过自然固化形成一定厚度的无接缝整体涂膜防水层,从而使屋面工程具有抗渗、防水作用。

涂膜防水为冷作业施工,施工安全方便。涂膜防水的关键是成膜厚度和涂刷均匀,为确保施工质量,应做到精确计量,充分搅拌,多遍涂刷,防水涂料的量要用够。

1)施工工艺

基层表面清理、修整→喷涂基层处理剂→特殊部位附加增强处理→涂布防水涂料及铺贴胎体增强材料→清理及检查修理→保护层施工。

2)施工要点

①涂刷前应将基层清理干净后涂刷第一层涂膜。在第一层涂膜后及时满铺胎体增强材料,且应铺贴平整、滚压密实。其胎体材料搭接宽度应符合规定要求。

②第一层胎体材料铺完干燥固化 4 h 后,就在其表面涂刷第二层涂膜。涂膜防水层的每道涂膜厚度不应小于表 6.4 的规定,且总厚度以不小于 2.0 mm 为宜,胎体上面的涂膜厚度不应小于 1 mm。

表 6.4　每道涂膜防水层最小厚度

单位:mm

防水等级	合成高分子防水涂膜	聚合物水泥防水涂膜	高聚物改性沥青防水涂膜
Ⅰ级	1.5	1.5	2.0
Ⅱ级	2.0	2.0	3.0

③层面涂膜防水层的表面,可按要求撒上细砂、蛭石粉、云母片等或铺设水泥砂浆和粘贴陶瓷面砖饰面保护层,以延长防水层的使用寿命。

观察思考

涂膜防水层出现表面开裂、破损并有渗漏,是什么原因引起的?

6.1.3　刚性防水屋面

刚性防水屋面多以细石混凝土、块体材料或补偿收缩混凝土等材料做防水层,主要依靠混凝土自身的密实性,并采取一定的构造措施以达到防水目的。

刚性防水屋面的构造层次如图 6.12 所示。下面以细石混凝土防水层为例进行介绍。

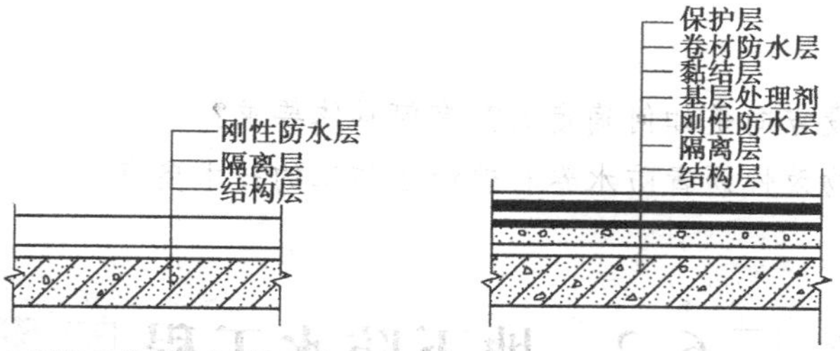

(a)现浇整体屋面刚性防水　　(b)刚性卷材复合防水

图 6.12　刚性防水屋面构造示意图

①分格缝设置。为防止防水层由于温度变化等影响产生裂缝,对防水层必须设置分格缝。分格缝的位置应按设计要求而定,一般应留在结构应力变化较大部位。分格缝的面积以20 m^2 左右为宜。分格缝处应有防水措施。

②设置隔离层。为减少结构变形对防水层的不利影响,宜在防水层与基层间设置隔离层。

③混凝土浇筑。浇筑混凝土时必须保证钢筋不错位。分格板块内的混凝土应一次整体浇灌,不留施工缝。从搅拌至浇筑完成应控制在2 h以内。

④振捣。用平板振捣器振捣至表面泛浆为度,在分格缝处,应在两侧同时浇筑混凝土后再振,以免模板位移。浇筑中用2 m靠尺检查,混凝土表面应刮平、抹压。

⑤表面处理。表面刮平,用铁抹子压光压实,达到平整并符合排水坡要求。抹压时严禁在表面洒水、加水泥浆或撒干水泥。当混凝土初凝后,提出分格缝模板并修整。混凝土收水后应进行二次表面压光,或在终凝前3次压光成活。

⑥养护。混凝土浇筑12~24 h后应进行养护,养护时间不应少于14 d。养护方法采用淋水,覆盖砂、锯末、草帘或涂刷养护剂等。养护初期屋面不允许上人。

阅读理解

分格缝设置

屋面防水施工中,保护层采用细石混凝土时,应设屋面分格缝。分格缝的位置应设置在结构应力变化比较突出的部位,如装配式结构屋面的支承端、屋面转折处、防水层与突出屋面结构的交接处及屋面板排列方向不一致的相接处等部位。在一般情况下,屋面板的支承端每个开间应留横向缝,屋脊应留纵向缝,留缝时应注意与屋面板缝对齐,分格缝的纵横间距不应大于6 m,其宽度为10~20 mm,并用密封剂嵌填。

分格缝的一般做法是在浇筑细石混凝土防水层前,事先在隔离层上定好分格缝位置,再用分格木条隔开作为分格缝,按分格板块浇筑混凝土,等混凝土初凝后,将木条取出即可。

活动建议

参观施工现场的屋面防水工程施工后,在实训基地进行实作。

练习作业

1. 卷材防水层铺设方向是如何确定的?有何具体要求?
2. 试述屋面高聚物改性沥青防水卷材热熔法施工的技术要点。

6.2 地下防水工程

地下防水工程是指对地下建筑物进行防水设计、防水施工和维护管理等各项技术工作的工程实体。地下防水工程采用的防水方案有结构自防水和加防水层防水。

6.2.1 结构自防水施工

结构自防水是以调整混凝土配合比或掺外加剂的方法来提高混凝土的密实度、抗渗性、抗腐性，满足设计对地下建筑的抗渗要求，达到防水目的。

1）材料要求

防水混凝土一般多需掺加外加剂、掺合料，并经调整配合比，使水泥砂浆除满足填充和黏结石子骨架作用外，还在粗骨料周围形成一定数量、良好的砂浆包裹层，从而提高混凝土的抗渗性。

防水混凝土结构厚度不应小于 250 mm，适用于抗渗等级不小于 P6 的地下混凝土结构，不适用于环境温度高于 80 ℃的地下工程。

2）防水混凝土施工

①防水混凝土应连续浇筑，尽量不留或少留施工缝。当留有施工缝时，应遵守下列规定：

a. 墙体水平施工缝不应留在剪力与弯矩最大处或底板与侧墙的交接处，应留在高出底板表面不小于 300 mm 的墙体上。墙体有预留孔洞时，施工缝距孔洞边缘不应小于 300 mm。施工缝可做成如图 6.13 所示形式。

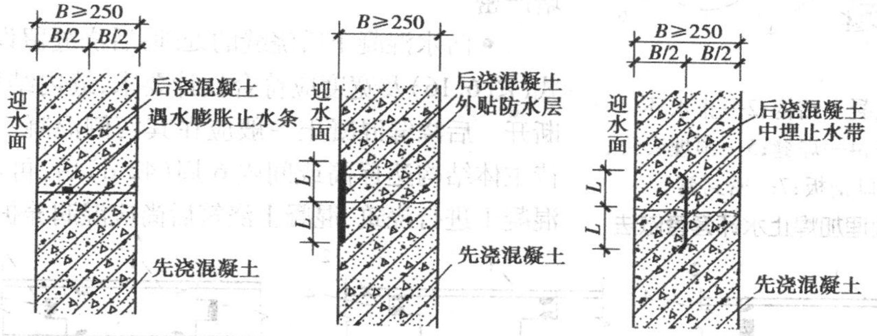

（a）防水基本构造（一）　（b）防水基本构造（二）　（c）防水基本构造（三）

图 6.13　施工缝防水的构造形式（单位：mm）

b. 如必须留垂直施工缝时，应避开地下水和裂缝水较多的地段，并尽量与变形缝相结合。

②对于大体积的防水混凝土工程，可采取分区浇筑，使用发热量低的水泥或加掺合料（如粉煤灰）等相应措施，以防止温度裂缝的发生。

③水平施工缝浇筑混凝土前，应将其表面浮浆和杂物清除，先铺净浆，再铺 30 ~ 50 mm 厚的 1∶1 水泥砂浆或涂刷混凝土界面处理剂，并及时浇筑混凝土。

④防水混凝土必须采用高频机械振捣密实，振捣时间宜为 10 ~ 30 s，以混凝土泛浆和不冒气泡为准，应避免漏振、欠振和超振。

⑤防水混凝土的养护对其抗渗性能影响极大，因此应加强养护。一般混凝土进入终凝（浇筑后 4 ~ 6 h）即应覆盖，浇水湿润养护不少于 14 d。

⑥结构细部防水的做法。

- 施工缝的处理：如图 6.14 所示，将包装膨胀橡胶止水条的隔离纸撕掉，直接粘贴在平整和清理干净的施工缝处，压紧粘牢。必要时还须每隔 1 m 左右加钉一个水泥钢钉，固定后即可浇灌下一作业的防水混凝土。

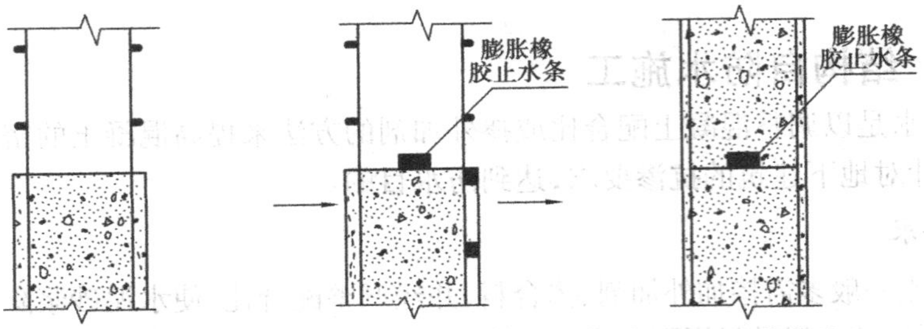

(a)上一工序浇筑的混凝土施工缝平面　(b)在施工缝平面处粘贴膨胀橡胶止水条　(c)施工缝处前后浇筑的混凝土

图 6.14　地下室防水混凝土施工缝的处理顺序

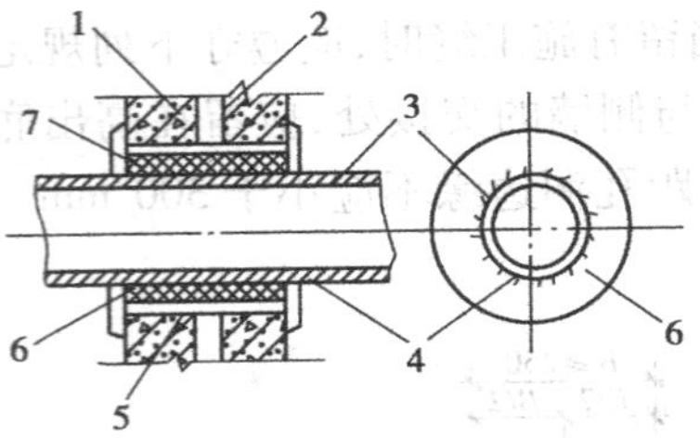

1—防水混凝土结构;2—止水环;
3—穿墙管道;4—焊缝;5—预埋套管;
6—封口钢板;7—密封膏

图 6.15　预埋加焊止水环套管做法

• 穿墙管道的防水处理:如图 6.15 所示,在穿墙管部位,一般采用预埋加焊止水环的套管。安装穿墙管道时,先将管道穿过预埋套管,然后一端以封口钢板将套管与穿墙管焊牢,再从另一端将套管与穿墙管之间的缝隙用聚氨酯或聚硫等弹性密封膏嵌填,再用封口钢板封堵严密。

• 防水混凝土后浇缝的处理:后浇缝留设的位置、形式(图 6.16)及宽度应符合设计要求,缝内结构钢筋不能断开。后浇缝混凝土一般应在其两侧混凝土浇筑完毕,待主体结构达标高或间隔 6 周(42 d)后,再用补偿收缩混凝土进行浇筑,混凝土浇筑后尚应湿润养护 28 d。

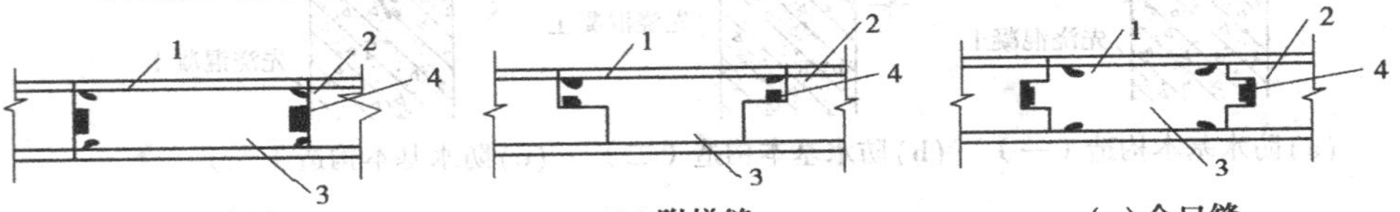

(a)平直缝　(b)附梯缝　(c)企口缝

1—钢筋;2—先浇混凝土;3—后浇混凝土;4—遇水膨胀橡胶止水条

图 6.16　后浇缝部位的防水做法

观音录像

止水带施工。

止水带施工

7.2.2　加防水层防水

加防水层防水即在地下建筑物的表面另加防水层,使地下水与结构隔离,以达到防水的目的。常用的防水层有水泥砂浆、卷材、涂料、塑料防水板、金属板和膨润土防水材料防水层。下面以卷材防水为例进行介绍。

1)材料要求

卷材防水层应选用高聚物改性沥青类或合成高分子类防水卷材。卷材外观质量、品种和主要物理力学性能应符合现行国家标准或行业标准；卷材及其胶粘剂应具有良好的耐水性、耐久性、耐穿刺、耐腐蚀性和耐菌性；胶粘剂应与粘贴的卷材材性相容。卷材防水层应铺设在主体结构的迎水面。

2）施工方法

地下室卷材防水层施工一般多采用整体全外包防水做法，按工艺不同可分为外防外贴法和外防内贴法两种。

（1）外防外贴法施工

外防外贴法是待结构边墙施工完成后，直接把防水层贴在边墙上，最后砌保护墙（或做软保护层）的方法。外防外贴法防水构造如图6.17所示。

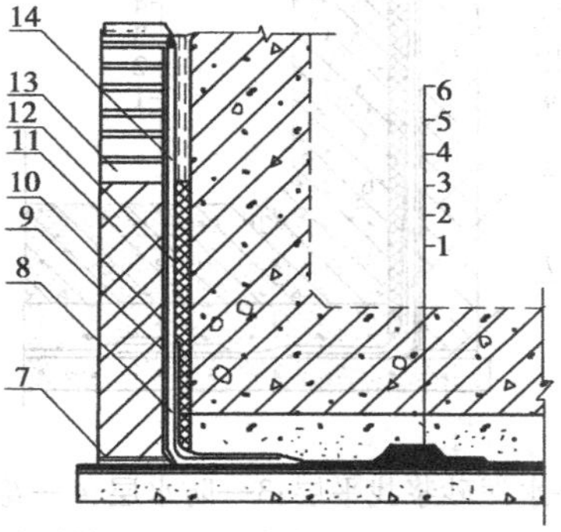

1—混凝土垫层；2—水泥砂浆找平层；3—防水层；4—卷材压条及密封膏；
5—细石混凝土保护层；6—混凝土底板及立墙；7—干铺油毡；8—卷材附加层；9—密封膏；10—防水层；
11—永久保护砖墙；12—砂浆找平层；13—临时保护砖墙；14—5 mm厚聚乙烯泡沫塑料软保护层

图6.17　地下室外防外贴法卷材防水构造

卷材外防外贴法施工顺序：混凝土垫层施工→砌永久性保护墙→砌临时性保护墙→内墙面抹灰→刷基层处理剂→转角处附加层施工→铺贴平面和立面卷材→浇筑钢筋混凝土底板和墙体→拆除临时保护墙→外墙面找平层施工→涂刷基层处理剂→铺贴外墙面卷材→卷材保护层施工→基坑回填土。

其施工要点为：

①铺贴卷材前，应将基层打抹平整后在基面上涂刷基层处理剂，当基面较潮湿时，应涂刷湿固化型胶粘剂或潮湿界面隔离剂。

②铺贴高聚物改性沥青卷材应优先采用热熔法施工，铺贴合成高分子卷材应采用冷粘法施工。

③铺贴卷材应先铺平面，后铺立面，交接处应交叉搭接。

④临时性保护墙应用石灰砂浆砌筑，内表面应用石灰浆做找平层，并刷石灰浆。如用模板代替临时性保护墙时，应在其上涂刷隔离剂。

⑤从底面折向立面的卷材与永久性保护墙的接触部位，应临时贴附在该墙上或模板上，卷材铺好后，其顶端应临时固定。

⑥主体结构完成后，铺贴立面卷材时，应先将接茬部位的各层卷材揭开，并将其表面清理干净，如卷材有局部损伤，应及时进行修补。卷材接茬搭接长度：高聚物改性沥青卷材为

150 mm，合成高分子卷材为 100 mm。当使用两层卷材时，卷材应错茬接缝，上层卷材应盖过下层卷材。

⑦地下室主体结构（外侧墙）防水层的外侧应做保护层（如聚乙烯泡沫塑料），以防止回填土时打夯碰撞而使防水层受损。

（2）外防内贴法施工

外防内贴法是在施工条件受到限制，外防外贴法施工难以实施时，不得不采用的一种防水施工方法。外防内贴法是在结构边墙施工前先砌保护墙，然后将防水层贴在保护墙上，最后浇筑边墙混凝土的方法。外防内贴法防水构造如图 6.18 所示。

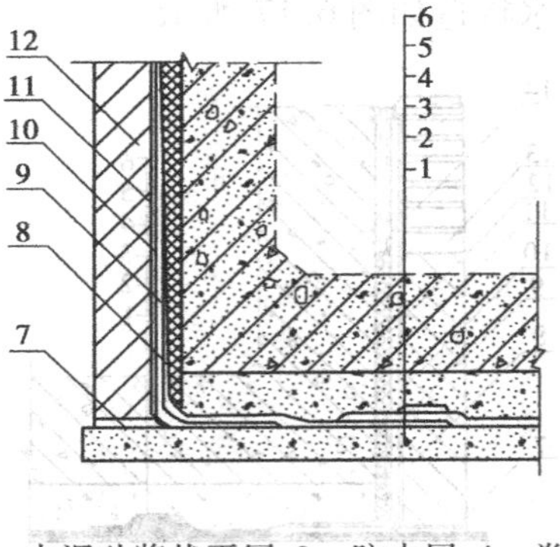

1—混凝土垫层；2—水泥砂浆找平层；3—防水层；4—卷材太条及密封膏；
5—细石混凝土保护层；6—混凝土底板及立墙；7—干铺油毡；8—卷材附加层；
9—密封膏；10—防水层；11—砂浆找平层；12—永久保护砖墙

图 6.18　地下室外防内贴法卷材防水构造

外防内贴法施工顺序：垫层施工、养护→砌永久性保护墙→水泥砂浆找平，抹成圆角→养护→涂布基层处理剂或冷底子油→铺贴卷材防水层，复杂部位增加处理→涂布胶黏剂、附加油毡保护层→保护层施工→地下结构施工→回填土。

外防内贴法卷材防水层施工，主体结构保护墙内表面水泥砂浆找平层配合比宜为 1∶3。卷材铺贴先铺立面后铺平面，铺贴立面时，先铺转角处，后铺大面。卷材防水层铺贴后应及时做保护层。

观看录像

墙面 SBS 防水卷材施工。

墙面SBS防水卷材施工

练习作业

1. 墙体留设施工缝时，应遵守哪些规定？
2. 防水混凝土结构的穿墙管道应如何处理？
3. 试述外防外贴法的施工要点。

6.3 防水工程质量要求

6.3.1 质量要求

①防水工程所用的防水、保温材料应有产品合格证和性能检测报告，材料品种、规格、性能等必须符合国家现行产品标准和设计要求。产品质量应由资质经过省级以上建设行政主管部门认可且计量经过质量技术监督部门认证的质量检测单位进行检测。

②防水工程完工后，应进行观感质量检查和雨后观察或淋水、蓄水试验，不得有渗漏和积水现象。

③基层要求：

a. 基层（找平层）表面平整度不应大于 5 mm，表面无酥松、起砂、起皮现象。平面与突出物连接处或阴阳角等部位的找平层应抹成圆弧并达到规范规定或设计要求。防水层作业前，基层应干净、干燥。

b. 屋面坡度应准确，排水系统应通畅。

④细部构造要求：各细部构造处理均应达到设计要求，不得出现渗漏现象。地下室防水层铺贴卷材的搭接缝应覆盖压条，条边应封固严密。

⑤卷材防水层要求：铺贴工艺应符合标准、规范规定和设计要求，卷材搭接宽度准确，接缝严密。平立面卷材及搭接部位卷材铺贴后，表面应平整，无皱折、鼓泡、翘边，接缝牢固严密。

⑥涂膜防水层要求：

a. 涂膜厚度必须达到标准、规范规定和设计要求。

b. 涂膜防水层不应有裂纹、脱皮、起鼓、薄厚不匀或堆积、露胎以及皱皮等现象。

⑦密封处理要求：密封部位的材料应紧密黏结基层。密封处理必须达到设计要求，嵌填密实，表面光滑、平直，不出现开裂、翘边，无鼓泡、龟裂等现象。

⑧刚性防水要求：

a. 除防水混凝土和防水砂浆的材料应符合标准规定外，外加剂及预埋件等均应符合有关标准和设计要求。

b. 防水混凝土必须密实，其强度和抗渗等级必须符合设计要求和有关标准规定。

c. 刚性防水层的厚度应符合设计要求，其表面平整，不起砂，不出现裂缝。细石混凝土防水层内的钢筋位置应准确。分格缝做到平直、位置正确。

d. 施工缝、变形缝的止水片（带）、穿墙管件、支模铁件等设置和构造部位必须符合设计要求和有关规范规定，不得有渗漏现象。

⑨屋面保温层要求：

a. 保温材料的强度、表观密度、导热系数、吸水率以及配合比，均应符合规范规定和设计要求。

b. 松散保温材料，应分层铺设、压实适当、表面平整、找坡正确。

c. 板状保温材料，应粘贴紧密、铺平垫稳、找坡正确、上下层错缝并嵌填密实。

6.3.2 防水施工检验

①找平层和刚性防水层的平整度，用2 m靠尺和塞尺检查，面层与靠尺间的最大空隙不超过5 mm，空隙应平缓变化，每米长度内不多于一处。

②屋面工程、地下室工程等在施工中应做分项交接检查，未经检查验收，不得进行后续施工。防水与密封工程各分项工程每个检验批的抽检数量，防水层应按面积每100 m^2抽查1处，每处应为10 m^2，且不得少于3处。接缝密封防水应每50 m抽查1处，每处应为5 m，且不得少于3处。

③防水层施工中，每一道防水层完成后，应由专人进行检查，合格后方可进行下一道防水的施工。

④检验屋面有无渗漏水、积水，排水系统是否畅通，可在雨后或持续淋水2 h以后进行。有可能做蓄水检验时，蓄水时间为24 h，厕浴间蓄水检验亦为24 h。

⑤各类防水工程的细部构造处理，各种接缝、保护层等均应做外观检验。

⑥涂膜防水的涂膜厚度检查，可用针刺法或仪器检测。

⑦各种密封防水处理部位和地下防水工程，经检查合格后方可隐蔽。

练习作业

1. 防水工程中对基层的质量要求有哪些？

2. 防水工程应从哪些方面进行质量检验？

学习鉴定

1. 填空题

(1) 屋面防水工程按其所用材料的不同，主要有________、________、________和瓦屋面等。

(2) 有高低跨相邻屋面防水卷材的铺贴顺序一般是“________、________”。

(3) 沥青卷材防水屋面施工时，卷材铺贴方法常用的有________和________。

(4) 高聚物改性沥青防水卷材可采用________和________施工方法。

(5) 涂膜防水的关键是________和________。

(6) 刚性防水屋面多以________、________或________等材料做。

(7) 分格缝的位置一般应留设在________部位。

(8) 结构自防水是以调整________或________的方法来提高混凝土的密实度，达到防水的目的。

(9) 防水混凝土必须采用________振捣密实，振捣时间宜为________。

(10) 地下室卷材防水层施工一般多采用________，按工艺不同可分为________和________。

2. 选择题

(1) 卷材铺设方向的确定是根据(　　)。

A. 主导风向　B. 屋顶高度　C. 屋面坡度　D. 屋面结构

(2) 防水混凝土适用于(　　)。

A. 屋面防水工程　B. 墙体防水工程

C. 卫生间楼板防水工程　D. 地下室底板防水工程

(3) 防水工程施工应在(　　)。

A. 装饰工程施工之前　B. 与装饰工程施工同时

C. 装饰工程施工之后　D. 冬期施工之前

(4) 防水混凝土浇筑后必须认真养护,一周内必须覆盖浇水养护,时间不少于(　　)。

A. 10 d　B. 14 d　C. 20 d　D. 28 d

(5) 屋面坡度在3% ~15%时,卷材(　　)。

A. 平行于屋面铺贴　B. 垂直于屋面铺贴

C. 不宜使用　D. 既可平行又可垂直于屋面铺贴

(6) 防水层表面起砂最主要原因是(　　)。

A. 水泥标高低　B. 养护时间不当　C. 掺入了外加剂　D. 压光时间不好

(7) 抹好防水的水泥砂浆层应做(　　)闭水试验,不得出现渗漏。

A. 10 h　B. 14 h　C. 24 h　D. 48 h

(8) 防水混凝土适用于抗渗等级不小于(　　)的地下混凝土结构。

A. P4　B. P6　C. P8　D. P10

(9) 混凝土刚性屋面出现有规则的分布均匀的裂缝通常是由于(　　)。

A. 结构裂缝　B. 温度裂缝　C. 施工裂缝　D. 沉降裂缝

(10) 卷材铺贴的质检按施工面积每100 m^2 抽查1处,但不少于(　　)处。

A. 3　B. 5　C. 7　D. 10

3. 问答题

(1) 卷材防水屋面的基本构造层次包括哪些?各层次有什么作用?

(2) 卷材防水屋面施工时,其防水卷材的铺贴方向是如何规定的?

(3) 屋面涂膜防水施工的要点有哪些?每道涂膜防水层的最小厚度是如何规定的?

(4) 屋面防水施工中,保护层采用细石混凝土时为什么要设置分格缝?如何设置?

(5) 防水混凝土与普通混凝土不同,其结构自防水混凝土采用哪些方法达到防水目的?

(6) 在地下防水施工中,什么是加防水层防水施工?常用的防水层有哪些?

(7) 地下混凝土工程施工缝有哪几种主要形式?留设施工缝应主要考虑什么问题?

(8) 试述外贴法与内贴法的施工顺序、优缺点及适用范围。

教学评估

教学评估表见本书附录。

7 装饰工程

本章内容简介

门窗工程

抹灰工程

饰面板(砖)工程

顶棚工程

地面工程和涂饰工程

本章教学目标

掌握木门窗、金属门窗和塑料门窗的安装方法和质量要求

掌握抹灰工程的施工操作方法和质量要求

掌握大理石、花岗石板传统湿作业方法，干挂法的施工工艺

掌握轻钢龙骨吊顶的施工工艺

掌握饰面板地板的施工方法

问题引入

如何把一座座由钢筋混凝土等建筑材料构成的物体装扮得既美观大方,又温馨自然、舒适实用,形成人与居所和谐、协调的统一体呢?这就是装饰工程所追求的境界。那么,装饰工程包括哪些分部工程?各分部工程又包括哪些分项工程?各分项工程如何进行安装施工呢?下面,我们就来学习装饰工程施工技术。

7.1 门窗工程

门窗工程是建筑装饰装修分部工程中的子分部工程,包括木门窗安装、金属门窗安装、塑料门窗安装、特种门安装和门窗玻璃安装等分项工程。本节主要叙述木门窗、金属门窗和塑料门窗的安装方法及其质量要求。

7.1.1 木门窗的安装施工

1)门窗框的安装

(1)常用机具

门窗框安装的常用机具有粗刨、细刨、裁口刨、单线刨、锯、锤子、斧子、螺丝刀、线勒子、扁铲、塞尺、墨线仪或线锤(坠)、红线包、墨汁、木钻、小电锯、担子板和扫帚等。

(2)施工方法

门窗框的安装方法有先立口法和后塞口法两种。其中,后塞口法是比较常用的方法。

①先立口法安装施工方法:

a. 当施工到室内地坪时,立门框;施工到窗台时,立窗框。

b. 立口前,按照图纸上门窗的位置、尺寸,先把门窗的中线和边线画在地面或墙上。然后,把门窗框立在相应的位置上,用支撑临时撑住,并用线锤和水平尺找直找平,检查框的标高是否正确,如有不直不平之处要随即纠正。不垂直可挪动支撑加以调整,不平处可垫木片或砂浆调整。支撑不应过早拆除,应在墙身砌完后再拆除为好。

c. 施工过程中不要碰动支撑,并应随时对门窗框进行校正,防止门窗框出现位移、歪斜等现象。砌到放木砖的位置时,要校核是否垂直。如有不直,在放木砖时随即纠正,每边的木砖不少于2或3块。

d. 同一面墙的木窗框应安装整齐。可先立两端的门窗框,然后拉一通线,其他的框按通线竖立。这样可保证同排门框的位置和窗框的标高一致。

e. 立框时,一定要注意两点:一是门窗的开启方向,防止出现错误难以纠正;二是确认图纸上门窗框是在墙中还是靠近墙里皮,如果是靠近墙里皮,门窗框应出里皮墙面(即内墙面)20 mm,这样抹完灰后,门窗框正好和墙面相平,如图7.1所示。

②后塞口法安装施工方法：

a. 施工时留出的洞口应比门窗口大 30 ~ 40 mm。

b. 施工时，洞口两侧按规定砌入木砖，木砖大小约为半砖，间距不大于 1.2 m，每边 2 或 3 块。

c. 安装门窗框时，先把门窗框塞进门窗洞内，用木楔临时固定，用线锤和水平尺校正。然后用钉子把门窗框钉牢在木砖上，每个木砖上应钉两颗钉子，钉帽砸扁冲入框内。

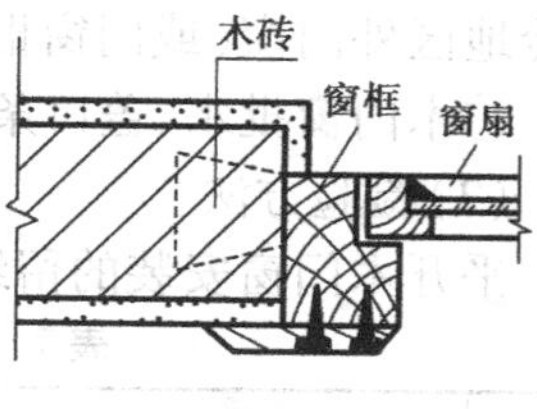

图 7.1 窗框在墙里皮的做法

2）门窗扇的安装

（1）常用机具

门窗扇安装的常用机具有槲头、斧子、螺丝刀、线勒子、扁铲、塞尺、黑线仪或线锤（坠）、红线包、墨线和木钻等。

（2）施工方法

①门窗扇安装前，先量好门窗框的高度、宽度尺寸，然后在门窗扇上画线。画线时应正对着窗扇画，以防止有错位和安装后发生过紧现象。

②门窗安装时，先将扇侧立在小马凳上，两头木楔卡紧，将门窗扇上的余头锯掉，先用粗刨刮一遍，再用细刨刨光。

③裁双开门窗扇时，先在门窗框上找中心，然后把门窗扇放好，根据找出的中心点再画出线，作为裁口深度。

④门窗扇剔合页槽前，先将门窗扇试放在门窗框上，在下冒头打入楔子，使其抬高：门约 6 mm，窗约 3 mm；如需在有地毯房间和厨卫房间安装门扇时，门下留空隙应增加到 20 ~ 30 mm（因厨卫房间应留设通风缝）。此外，顶部与两边应插入楔子，允许空隙：门为 3 mm，窗为 2 mm。然后在门窗框和扇上画统一的合页位置线。

⑤门铰链位置距顶面 150 ~ 180 mm，距底面为 250 ~ 280 mm，以合页为准用铅笔画出合页轮廓线，合页扣眼要超出门的内表面，用凿子剔出合页槽，合页槽深应比合页厚度大 1 mm。

3）木门窗安装的质量要求和检验方法

（1）质量要求

①木门窗的品种、类型、规格、尺寸、开启方向、安装位置、连接方式及性能应符合设计要求。

②木门窗应采用烘干木材，含水率及饰面质量应符合国家现行标准的有关规定。

③木门窗的防火、防腐、防虫处理应符合设计要求。

④木门窗框的安装应牢固。预埋木砖的防腐处理，木门窗框固定点的数量、位置和固定方法应符合设计要求。

⑤木门窗扇应安装牢固、开启灵活、关闭严密、无倒翘。

⑥木门窗配件的型号、规格和数量应符合设计要求，安装应牢固，位置应正确，功能满足使用要求。

⑦木门窗表面应洁净，不得有刨痕和锤印。

⑧木门窗的割角和拼缝应严密。门窗框、扇裁口应顺直，刨面应平整。

⑨木门窗上的槽和孔边缘应整齐，无毛刺。木门窗与墙体间的缝隙应填嵌饱满。严寒和

寒冷地区外门窗(或门窗框)与砌体间的空隙应填充保温材料。

⑩木门窗批水、盖口条、压缝条和密封条安装应顺直,与门窗结合应牢固、严密。

(2)检验方法

平开木门窗安装的留缝限值、有限偏差和检验方法应符合表7.1规定。

表7.1 平开木门窗安装的留缝限值、有限偏差和检验方法

<table>
<tr><th>项次</th><th colspan="2">项 目</th><th>留缝限值/mm</th><th>允许偏差/mm</th><th>检验方法</th></tr>
<tr><td>1</td><td colspan="2">门窗框的正、侧面垂直度</td><td>—</td><td>2</td><td>用1 m垂直检测尺检查</td></tr>
<tr><td rowspan="2">2</td><td colspan="2">框与扇接缝高低差</td><td rowspan="2">—</td><td>1</td><td rowspan="2">用塞尺检查</td></tr>
<tr><td colspan="2">扇与扇接缝高低差</td><td>1</td></tr>
<tr><td>3</td><td colspan="2">门窗扇对口缝</td><td>1~4</td><td>—</td><td rowspan="5">用塞尺检查</td></tr>
<tr><td>4</td><td colspan="2">工业厂房,围墙双扇大门对口缝</td><td>2~7</td><td>—</td></tr>
<tr><td>5</td><td colspan="2">门窗扇与上框间留缝</td><td>1~3</td><td>—</td></tr>
<tr><td>6</td><td colspan="2">门窗扇与合页侧框间留缝</td><td>1~3</td><td>—</td></tr>
<tr><td>7</td><td colspan="2">室外门扇与锁侧框间留缝</td><td>1~3</td><td>—</td></tr>
<tr><td>8</td><td colspan="2">门扇与下框间留缝</td><td>3~5</td><td>—</td><td rowspan="2">用塞尺检查</td></tr>
<tr><td>9</td><td colspan="2">窗扇与下框间留缝</td><td>1~3</td><td>—</td></tr>
<tr><td>10</td><td colspan="2">双层门窗内外框间距</td><td>—</td><td>4</td><td>用钢直尺检查</td></tr>
<tr><td rowspan="5">11</td><td rowspan="5">无下框时门扇与地面间留缝</td><td>室外门</td><td>4~7</td><td>—</td><td rowspan="5">用钢直尺或塞尺检查</td></tr>
<tr><td>室内门</td><td rowspan="2">4~8</td><td rowspan="2">—</td></tr>
<tr><td>卫生间门</td></tr>
<tr><td>厂房大门</td><td rowspan="2">10~20</td><td rowspan="2">—</td></tr>
<tr><td>围墙大门</td></tr>
<tr><td rowspan="2">12</td><td rowspan="2">框与扇搭接宽度</td><td>门</td><td>—</td><td>2</td><td>用钢直尺检查</td></tr>
<tr><td>窗</td><td>—</td><td>1</td><td>用钢直尺检查</td></tr>
</table>

7.1.2 金属门窗安装施工

金属门窗包括普通钢门窗、铝合金门窗、涂色镀锌钢板门窗等,不包括金属卷帘门等特种门。金属门窗安装方法应采用预留洞口法,不得采用边安装边砌口或先安装后砌口的方法施工。各类金属门窗的安装工艺流程基本一致,即先把门窗框在洞口内摆正并用楔块临时固定,校正至横平竖直,再用连接件把外框与墙体连接牢固,并选用适当材料填缝,最后装扇、五金件或配件、玻璃等。下面以铝合金门窗为例进行介绍。

1)铝合金门窗的安装

(1)施工材料

强度等级32.5以上水泥、中砂、射钉、膨胀螺栓、密封胶和发泡聚氨酯等。

(2)常用机具

铝合金门窗安装的常用机具有手电钻、射钉枪、小型焊机、锤子、抹子、墨线仪或线锤(坠)、盒尺和100 N弹簧秤等。

(3)施工方法

工艺流程:弹线→门窗洞口处理→框就位并临时固定→固定门窗框→填缝→安装门窗扇→五金安装→纱扇安装→清理。

①弹线。从建筑物顶层找出外窗口边线位置,用大线锤(坠)垂下,在每层窗口上眉及窗台处弹短线来控制窗框的垂直方向位置。以室内地面标高+500 mm水平线为依据,往上量出门窗框上皮标高,并做标记来控制门窗水平位置。墙厚方向安装位置根据设计在墙中、偏中或齐边位置。在窗台板的房间,以同一房间内窗台板外露20 mm为准,确定墙厚方向框口位置。

②门窗洞口处理。门窗框为后塞法施工。安装前要对洞口实际尺寸进行检查。洞口尺寸允许偏差值为:宽度和高度±5 mm,垂直度偏差1.5/1 000;洞口中心线与建筑物基准轴线偏差±5 mm。

③固定门窗框。根据已放好的安装位置线安装,并将其吊正找直,无问题后,方可用木楔临时固定。与墙体固定时,铝合金门窗体有3种固定方法:

a.沿窗框外墙用电锤打ϕ6孔(深60 mm),并用Γ型ϕ6钢筋(40 mm×60 mm)粘107胶水泥浆,打入孔中,待水泥浆终凝后,再将铁脚与预埋筋焊牢。

b.连接铁件与预埋钢板或剔出的结构钢筋焊牢。

c.混凝土墙体可用射钉枪或膨胀螺栓将铁脚与墙体固定。

不论采用哪种方法固定,铁脚至窗角的距离不应大于180 mm,铁脚间距应小于500 mm。固定安装节点如图7.2所示。

④填缝。铝合金门窗固定好后,应及时处理门窗框与墙体缝隙。如设计未规定填塞材料品种时,应采用矿棉或玻璃棉毡条分层填塞缝隙,外表面留5~8 mm深槽口填嵌嵌缝膏,严禁用水泥砂浆填塞。在门窗两侧进行防腐处理后,可填嵌设计指定的保温材料和密封材料。待铝合金窗和窗台板安装后,将窗框四周的缝隙同时填嵌,填嵌时用力不应过大,防止窗框受力后变形。

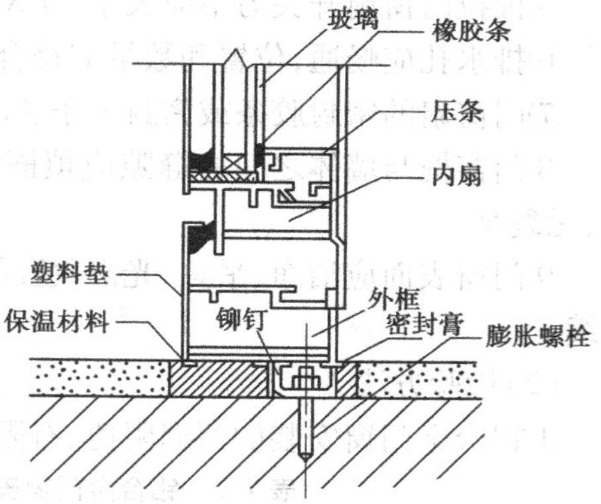

图7.2 铝合金门窗安装节点

⑤门窗扇安装。门窗扇安装在室内外抹灰完成后进行。安装时先将外扇插入上滑道的外槽内,自然下落于对应的下滑道的外滑槽内。然后用同样的方法安装内扇,最后调节边框外侧滑轮螺钉,使滑轮向下向外伸至下槽内的长毛条刚好能与窗框下滑面相接触为准。

⑥五金安装。五金安装要待室内油漆、粉刷完工后进行。

- 窗钩锁、挂钩:安装位置、尺寸要与窗扇上挂钩锁洞的位置相对应。挂钩的钩平面位于锁洞孔的中心线处。锁钩与边缝用M4×15自攻螺钉连接。
- 拉手:拉手安装在窗扇竖向边框中部,用锉刀把边框上压线条的槽锉一个缺口,再把装在该处的玻璃压条切一个缺口,缺口大小按拉手尺寸而定,然后钻孔,用自攻螺钉将把手固定在窗扇边框上。

• 风撑:风撑基座用抽芯铝铆钉与窗框内边固定。风撑与窗扇有两个连接点:一处是小滑块,一处是支杆。这两点定位在一个连杆上。移动连杆使风撑开启到最大位置,然后将窗扇框与连杆固定。

⑦纱扇安装。纱扇安装分裁纱、绷纱、压胶条、挂纱扇和装五金配件5个步骤。裁纱时要比实际长度长500 mm,宽度方向不裁。将一侧长边用胶条压入凹槽内,另一侧长边拉紧,压入胶条和纱,再用同样的方法压两短边胶条和纱,最后将多余的纱用扁铲割掉,不留纱头。

⑧清理。铝合金门窗交工前,将型材表面保护胶纸撕掉,如有胶迹,可用香蕉水清理干净。玻璃先用湿布再用干布擦拭清洁。

2)铝合金门窗安装质量要求和检验方法

(1)质量要求

①门窗的品种、类型、规格、尺寸、性能、开启方向、安装位置、连接方式及门窗的型材壁厚应符合设计要求。门窗的防雷、防腐处理及填嵌、密封处理应符合设计要求。

②门窗框和附框的安装应牢固。预埋件及锚固件的数量、位置、埋设方式、与框的连接方式应符合设计要求。

③门窗扇应安装牢固、开启灵活、关闭严密、无倒翘。推拉门窗扇应安装防止脱落的装置。

④门窗配件的型号、规格和数量应符合设计要求,安装应牢固,位置应正确,功能满足使用要求。

⑤推拉门窗扇开关力不应大于50 N。

⑥排水孔应畅通,位置和数量应符合设计要求。

⑦门窗扇的密封胶条或密封毛条装配应平整、完好,不得脱槽,交角处应平顺。

⑧门窗框与墙体之间的缝隙应填嵌饱满,并应采用密封胶密封。密封胶表面应光滑、顺直、无裂纹。

⑨门窗表面应洁净、平整、光滑、色泽一致,应无锈蚀、擦伤、划痕和碰伤。漆膜或保护层应连续。

(2)检验方法

①铝合金门窗安装的留缝限值、有限偏差和检验方法应符合表7.2规定。

表7.2 铝合金门窗安装的留缝限值、有限偏差和检验方法

项次	项目		留缝限值/mm	允许偏差/mm	检验方法
1	门窗槽口宽度、高度	≤1 500 mm	—	2	用钢卷尺检查
		>1 500 mm	—	3	
2	门窗槽口对角线长度差	≤2 000 mm	—	3	用钢卷尺检查
		>2 000 mm	—	4	
3	门窗框的正、侧面垂直度		—	3	用1 m垂直检测尺检查
4	门窗横框的水平度		—	3	用1 m水平尺和塞尺检查
5	门窗横框标高		—	5	用钢卷尺检查

续表

项次	项 目		留缝限值/mm	允许偏差/mm	检验方法
6	门窗竖向偏离中心		—	4	用钢卷尺检查
7	双层门窗内外框间距		—	5	用钢卷尺检查
8	门窗框、扇配合间隙		≤2	—	用塞尺检查
9	平开门窗框扇搭接宽度	门	≥6	—	用钢直尺检查
		窗	≥4	—	用钢直尺检查
	推拉门窗框扇搭接宽度		≥6	—	用钢直尺检查
10	无下框时门扇与地面间留缝		4~8	—	用塞尺检查

②铝合金门窗安装的允许偏差和检验方法应符合表7.3的规定。

表7.3 铝合金门窗安装的允许偏差和检验方法

单位:mm

项 次	项 目		允许偏差	检验方法
1	门窗槽口宽度、高度	≤2 000	2	用钢卷尺检查
		>2 000	3	
2	门窗槽口对角线长度差	≤2 500	4	用钢卷尺检查
		>2 500	5	
3	门窗框的正、侧面垂直度		2	用1 m垂直检测尺检查
4	门窗横框的水平度		2	用1 m水平尺和塞尺检查
5	门窗横框标高		5	用钢卷尺检查
6	门窗竖向偏离中心		5	用钢卷尺检查
7	双层门窗内外框间距		4	用钢卷尺检查
8	推拉门窗扇与框搭接宽度	门	2	用钢直尺检查
		窗	1	

7.1.3 塑料门窗安装

塑料门窗是以聚氯乙烯、改性聚氯乙烯或其他树脂为主要原料,轻质碳酸钙为填料,添加适量助剂和改性剂,采用挤压成型的办法制成的空腹门窗。塑料门窗造型美观,具有良好的耐腐蚀性和装饰性。但相对于其他门窗而言,其线性膨胀系数较大,所以刚度稍差,一般可在空腔内加入型钢,以增强抗弯变形的能力,称为塑钢门窗。

1)塑料门窗的安装

塑料门窗的安装方法、工艺流程与铝合金门窗相似,但尚应注意如下要点:

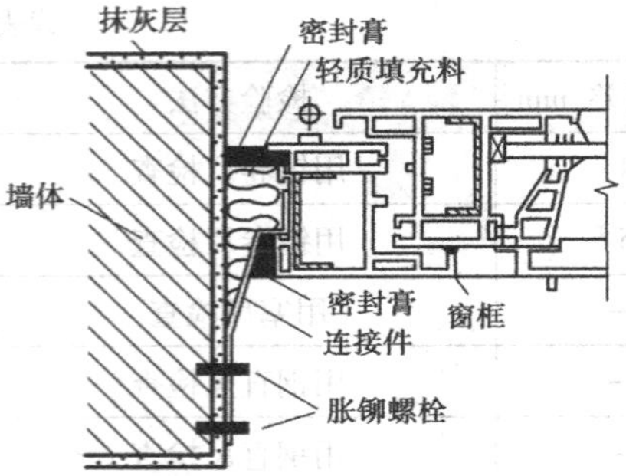

图 7.3　塑料窗框与墙体间隙填充处理做法示意

①门窗框固定点应距窗角、中横(竖)框不超过 200 mm,且固定点间距应不大于 600 mm。

②在门窗框上安装连接件、五金配件时,需先钻孔后用自攻螺丝拧入,严禁直接锤击钉入,以防损坏门窗。

③门窗框与墙体间隙应采用闭孔弹性发泡材料填嵌饱满,表面也应采用密封胶密封。

塑料窗安装工程中窗框与墙体间隙进行填充处理的常用做法示意如图 7.3 所示。

2)塑料门窗的安装质量要求

①塑料门窗及其五金配件必须符合设计要求和有关标准的规定。

②塑料门窗安装的位置、开启方向,必须符合设计要求。

③门窗安装必须牢固,预埋连接件的数量、位置、埋设连接方法必须符合设计要求。

④塑料门窗安装的允许偏差和检验方法见表 7.4。

表 7.4　塑料门窗安装的允许偏差和检验方法

单位:mm

项　次	项　目		允许偏差	检验方法
1	门、窗框外形(高、宽)尺寸长度差	≤1 500	2	用钢卷尺检查
		>1 500	3	
2	门、窗框两对角线长度差	≤2 000	3	用钢卷尺检查
		>2 000	5	
3	门、窗框(含拼樘料)正、侧面垂直度		3	用 1 m 垂直检测尺检查
4	门、窗框(含拼樘料)水平度		3	用 1 m 水平尺和塞尺检查
5	门、窗下横框的标高		5	用钢卷尺检查,与基准线比较
6	门、窗竖向偏离中心		5	用钢卷尺检查
7	双层门、窗内外框间距		4	用钢卷尺检查
8	平开门窗及上悬、下悬、中悬窗	门、窗扇及框搭接宽度	2	用深度尺或钢直尺检查
		同樘门、窗相邻扇的水平高度差	2	用靠尺和钢直尺检查
		门、窗框扇四周的配合间隙	1	用楔形塞尺检查
9	推拉门窗	门、窗扇与框搭接宽度	2	用深度尺或钢直尺检查
		门、窗扇与框或相邻扇立边平行度	2	用钢直尺检查

续表

项　次	项　目		允许偏差	检验方法
10	组合门窗	平整度	3	用2 m靠尺和钢直尺检查
		缝直线度	3	用2 m靠尺和钢直尺检查

阅读理解

门窗工程检验批的划分

门窗工程分为木门窗、金属门窗、塑料门窗和特种门安装，以及门窗玻璃安装等分项工程。金属门窗包括钢门窗、铝合金门窗和涂色镀锌钢板门窗等；特种门包括自动门、全玻门和旋转门等；门窗玻璃包括平板、吸热、反射、中空、夹层、夹丝、磨砂、钢化、防火和压花玻璃等。门窗工程应对预埋件和锚固件、隐蔽部位的防腐和填嵌处理、高层建筑金属窗防雷连接节点进行隐蔽检查验收。建筑外门窗安装必须牢固，在砌体上安装时严禁用射钉固定，并要对外窗的气密性能、水密性能和抗风压性能指标进行复验。

门窗工程各分项工程的检验批应按下列规定划分：

①同一品种、类型和规格的木门窗、金属门窗、塑料门窗和门窗玻璃每100樘应划分为1个检验批，不足100樘也应划分为1个检验批。木门窗、金属门窗、塑料门窗和门窗玻璃每个检验批应至少抽查5%，并不得少于3樘，不足3樘时应全数检查；高层建筑外窗每个检验批应至少抽查10%，并不得少于6樘，不足6樘时应全数检查。

②同一品种、类型和规格的特种门每50樘应划分为1个检验批，不足50樘也应划分为1个检验批。特种门每个检验批应至少抽查50%，并不得少于10樘，不足10樘时应全数检查。

练习作业

1. 木门窗扇安装时应注意哪些要点？
2. 根据国家标准，在对各类门窗安装质量验收时，其分项工程的检验批是如何划分的？

7.2 抹灰工程

抹灰工程按使用要求及装饰效果可分为一般抹灰、装饰抹灰和保温层薄抹灰。一般抹灰又可分为普通抹灰和高级抹灰。一般抹灰包括水泥砂浆、水泥混合砂浆、聚合物水泥砂浆和粉刷石膏等抹灰；装饰抹灰包括水刷石、斩假石、干粘石和假面砖等装饰抹灰；保温层薄抹灰包括保温层外面聚合物砂浆薄抹灰。其施工顺序通常是先外墙后内墙，先上面后下面，先顶棚、墙面后地面。外墙由屋檐开始自上而下，先抹阳角线（包括门窗角、墙角）、台口线，后抹窗台和墙面，再做勒脚、散水和明沟。内墙和顶棚抹灰，应待屋面防水完工后，并在不致被后续工程损坏和沾污的条件下进行。室内抹灰是先房间，后走廊，再楼梯和门厅。室内地坪可与外墙抹灰同时或交叉进行。

7.2.1 内墙面抹灰

建筑内墙抹灰是指将石灰、石膏、水泥砂浆和水泥混合砂浆等无机胶凝材料抹在墙面上进行装饰的一种施工方法。建筑物内墙经过抹灰后，墙面光滑平整、清亮美观，改善了采光的条件，还具有保护墙体的作用，同时增强了墙面的保温、隔热、隔声的功能，又起到防尘、防腐和防辐射的作用，使人们的工作或生活环境更加舒适。

1）工艺流程

基层处理→找规矩做灰饼→抹冲筋（标筋）→抹护角线→抹窗台板→抹底层、中层灰→抹面层灰（待地面抹完后再抹踢脚线）。

2）操作要点

（1）找规矩、做灰饼

先用托线板和靠尺检查整个墙面的平整度和垂直度，并结合不同抹灰类型构造厚度的规定，决定墙面抹灰厚度，以此确定灰饼厚度。

做灰饼方法如下：

①在墙面距地面 0.45 m 左右，上面距顶面 0.45 ~ 0.60 m 的高度，距墙面两边阴角 200 ~ 300 mm 处各做一个 50 mm × 50 mm的灰饼。

②以上边两灰饼的出墙厚度为标准，用托线板或线锤（坠）在此灰饼面挂垂直，在墙面的上下各补做 2 个灰饼，以此为基准做筋条。

③在做好左右灰饼的外侧，与灰饼中线相平齐的高度各钉一个小钉，在钉上拴细线并拉紧，沿线每隔 1.2 ~ 1.5 m 补做灰饼。灰饼、冲筋位置如图 7.4、图 7.5 所示。

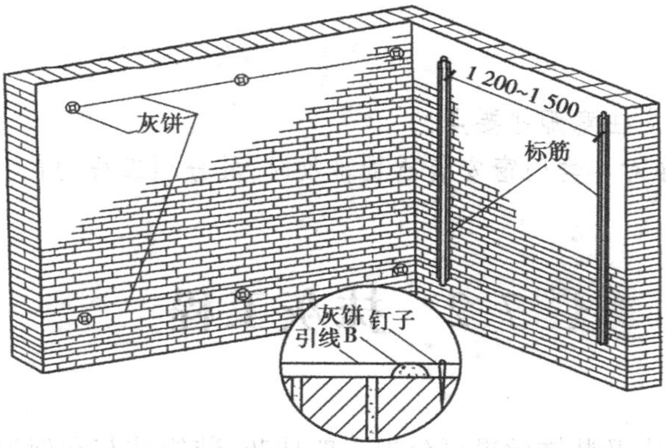

图 7.4 找规矩

小组讨论

做灰饼有什么作用？

（2）抹冲筋

如图 7.6 所示，灰饼收水后，用砂浆在上、中、下灰饼间抹冲筋，其宽度和厚度均与做灰饼

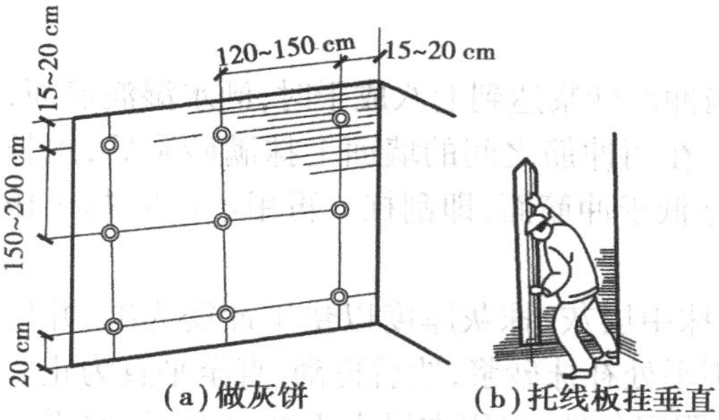

图 7.5 做灰饼与托线板挂垂直

图 7.6 抹冲筋

相同，其方法如下：

①在上、下两灰饼间抹一层灰带，收水后再抹第二遍，做成梯形断面，其厚度比灰饼高出 10 mm 左右。

②用刮尺紧贴灰饼左上右下地搓刮，直到把灰带与灰饼搓平为止。

③将灰带两边修成斜面，以便与抹灰层结合牢固。

(3)抹护角线

室内的门窗洞口及墙面、柱子的阳角处应做护角，其方法是：

①在门窗口的侧面抹 1∶2 水泥砂浆，在上面粘好八字靠尺，用线锤吊直，用钢筋卡子稳住，方尺找方。

②在八字靠尺的另一边墙角面用 1∶2 水泥砂浆分层抹护角线，其外角与靠尺外口齐平，如图 7.7(a)所示。

③抹好一边后，再把八字靠尺移到已抹好护角的另一边，用钢筋卡子稳住后，再用线锤吊直，把另一面护角做好，然后将八字靠尺轻轻取下，如图 7.7(b)所示。

④待护角的挂角稍干时，用捋角器捋光压实，并捋成小圆角。

⑤在墙面处稳住八字靠尺，按要求只沿角留出 50 mm 宽，将多余砂浆成 45°斜面切掉，以便使墙面抹灰与护角线结合，如图 7.8 所示。

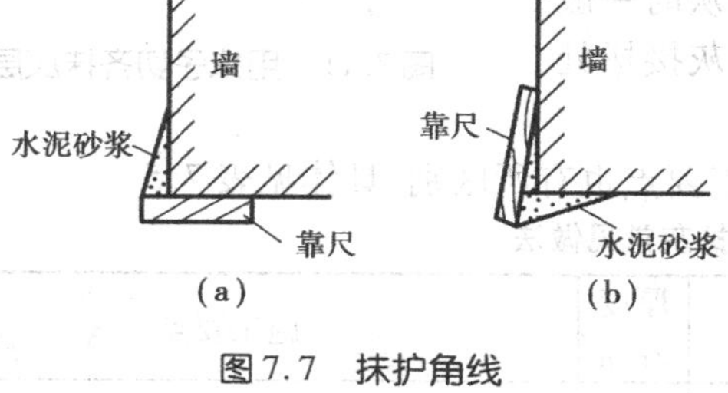

图 7.7 抹护角线

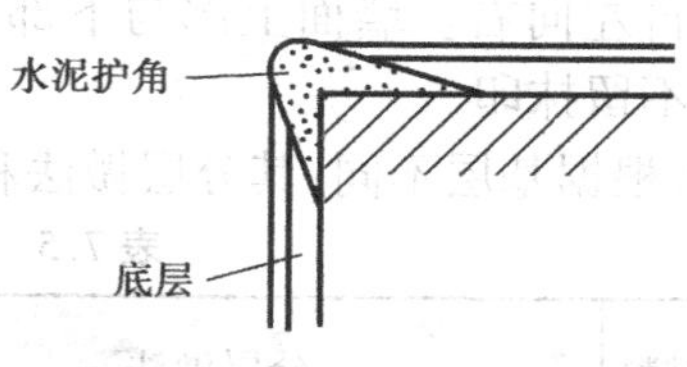

图 7.8 墙面抹灰与水泥护角

同一高度的护角线撑八字靠尺时要一次完成，以免分次成活造成明显的接茬印。

(4)抹窗台板

室内窗台的施工，一般与抹窗口护角时一并进行，也可在做窗口护角时只打底，随后单独进行窗台面板和出檐的罩面抹灰。

先将窗口基层清理干净，用水浇透，再用 1∶3 水泥砂浆抹底层，表面用木(塑)抹子搓毛，隔 1 d 后，用素水泥浆刷一道，后用 1∶2.5 的水泥砂浆抹面层。面层要原浆压光，上口做成小圆角,下口要求平直,不得有毛刺,浇水养护 4 d。

(5)抹底层灰、中层灰

①抹底层灰的操作包括装挡、刮杠、搓平。当冲筋砂浆达到七八成干时,洒水湿润墙面,将砂浆抹于两筋之间称为装挡。装挡要分层进行。在两冲筋之间的墙面上抹满砂浆后,用长刮尺两头靠着冲筋,从上向下进行刮灰,使底层灰略低于冲筋面,即刮杠。再用木(塑)抹子压实搓毛,去高补低,即搓平,如图 7.9 所示。

②抹中层灰。待底层灰干至六七成后,即可抹中层灰,抹灰厚度以垫平冲筋为准,并使其稍高于冲筋。抹上砂浆后,用木杠按冲筋刮平,不平处补抹砂浆,然后再刮,直至平直为止。紧接着用木(塑)抹子搓压,使表面平整密实。墙的阴阳角处,先用方尺上下核对方正(水平冲筋则免去此道工序),然后用阴阳角器上下抹动搓平,使室内四角方正,中层灰达到平整,如图7.10 所示。

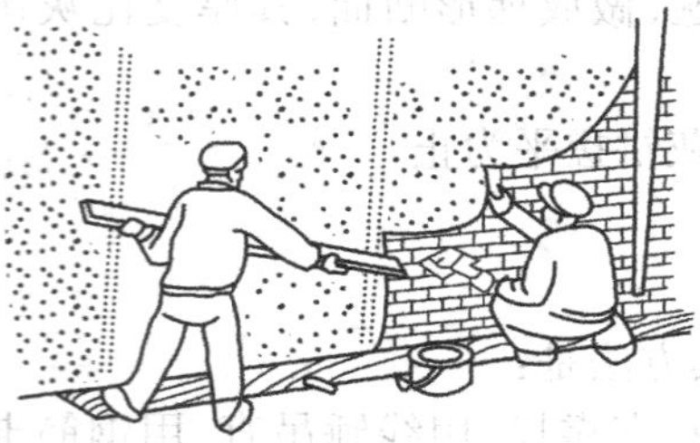

图 7.9　装挡、刮杠

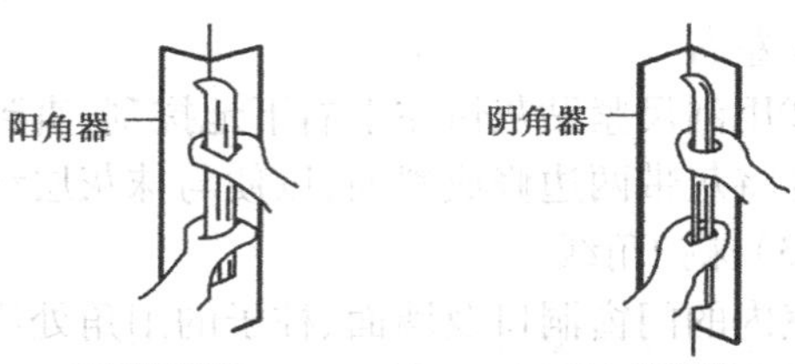

(a)抹阳角　(b)抹阴角

图 7.10　阴阳角抹灰

(6)抹踢脚线(或墙裙)

抹踢脚线(或墙裙)时,应依给定的踢脚线或墙裙上口位置,先弹出一周封闭的上口水平线,用 1∶3水泥砂浆或水泥混合砂浆抹底层。隔 1 天后,用 1∶2水泥砂浆抹面层,面层应原浆压光,比墙面的抹灰层突出 3 ~5 mm,上口切齐,压实抹平,如图7.11所示。

(7)抹面层灰

待中层灰有六七成干时,即可抹面层灰,面层表面必须保证平整、光滑和无裂缝。抹面层灰之前,应将预留孔洞,电器箱、槽、盒等处修抹好,再抹面层灰。抹灰时一般应从上而下,自左向右。墙面上部与下部面层灰接槎处应压抹理顺,不留抹印。

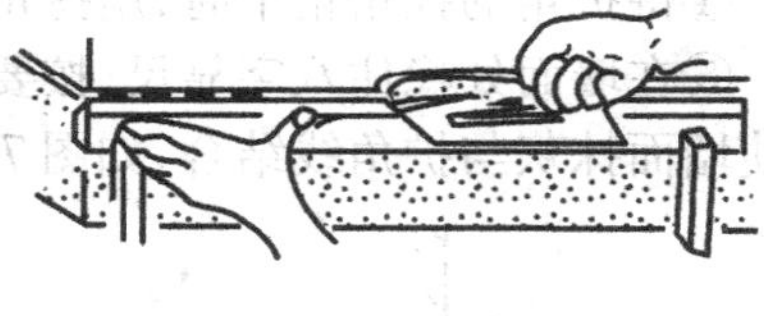

图 7.11　用抹子切齐抹灰层

内墙抹灰根据基层不同,其分层做法和施工要点也有所区别,具体见表 7.5。

表 7.5　内墙抹灰常见做法

名称	基层材料	分层做法	厚度/mm	施工要点
水泥混合砂浆抹灰	普通砖墙	①1∶1.6 水泥石灰砂浆抹底层; ②1∶1.6 水泥石灰砂浆抹中层; ③刮灰膏或大白腻子	7 ~9 7 ~9 1	①中层石灰砂浆木抹子搓平; ②满刮抹平整,越薄越好; ③待前一抹灰层凝结后,再抹面层
	做油漆墙面	①1∶0.3∶3水泥石灰砂浆抹底层; ②1∶0.3∶3水泥石灰砂浆抹中层; ③1∶0.3∶3水泥砂浆罩面	5 ~7 5 ~7 5	如为混凝土基层,要先刮水泥浆后随即抹灰

续表

名称	基层材料	分层做法	厚度/mm	施工要点
水泥砂浆抹灰	普通砖墙（墙裙、踢脚板）	①1∶3水泥石灰砂浆抹底层； ②1∶3水泥石灰砂浆抹中层； ③1∶2.5或1∶2水泥砂浆罩面	5~7 5~7 5	待前一抹灰层凝结后，方可抹第二层
	混凝土	①1∶3水泥砂浆抹底层； ②1∶3水泥砂浆抹中层； ③1∶2.5或1∶2水泥石灰砂浆罩面	5~7 5~7 5	混凝土表面先刮水泥浆或洒水泥砂浆处理
砂浆抹灰聚合物水泥	加气混凝土墙体	①1∶1∶4水泥石灰砂浆用含7%107胶水溶液拌制聚合物砂浆抹底、中层； ②1∶3水泥砂浆含7%107胶水溶液拌制聚合物水泥砂浆抹面层	10 8	加气混凝土表面清净，刷一遍107胶∶水=1.3~4溶液，随即抹灰

3）内墙抹灰注意事项

①石灰砂浆的抹灰层，应待前一层七八成干后，方可抹后一层。

②水泥砂浆的抹灰层，应待前一层抹灰凝结后，方可涂抹后一层；水泥砂浆不得涂抹在石灰砂浆层上。

③罩面石膏灰不得涂抹在水泥砂浆层上。

7.2.2 外墙面抹灰

外墙是建筑物的主要外部围护构件之一。外墙装饰的主要目的是保护墙体结构，防止墙体结构直接受到风雨的侵袭和日晒，防止有害气体的腐蚀和微生物侵蚀，并且使建筑物的色彩、质感和线型等外观效果和周围环境取得和谐与统一，有益于美化环境。外墙通常选用具有抗老化、耐光照、耐风化、耐水、耐腐蚀和耐大气污染的装饰材料。

1）工艺流程

基层处理→找规矩、做灰饼、冲筋→抹底层、中层灰→弹分格线、嵌分格条→做滴水线（槽）→抹面层灰→起分格条→养护。

2）操作要点

（1）找规矩、做灰饼、冲筋

找规矩要先在建筑物外墙的四大角挂好由上而下的垂直通线，用目测决定其大致的抹灰厚度，每步架的大角两侧最好弹上控制线，再拉水平通线，以此为准线做灰饼，竖向每步架都做一个灰饼，然后再做冲筋。尽量做到同一墙面不接茬，必须接茬时，可留在阴阳角或水落管处。其灰饼、冲筋的做法与内墙抹灰相同。

（2）抹底、中层灰

其操作方法与内墙抹灰相似。

(3)弹分格线、嵌分格条

为增加墙面美观,防止产生裂缝,在底层灰抹完后,应按一定尺寸将外墙面弹线分格,粘贴分格条。

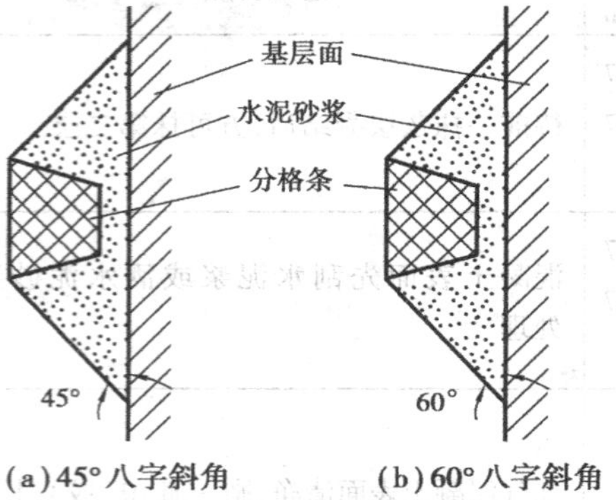

图 7.12 粘贴分格条

①弹线、分格:按设计尺寸,进行排列分格,弹出竖向和横向分格线。弹线时要按顺序进行,先弹竖向,后弹横向。

②粘贴分格条:分格条在使用前要用水泡透,粘贴时,两侧用抹成八字形的水泥砂浆固定,如当天抹面层灰,分格条两侧八字斜角抹成45°;如当天不抹罩面灰,"隔夜条"两侧则要抹成60°,如图7.12所示。其四周要交接严密,横平竖直,不得有错缝或扭曲现象。分格缝宽窄和深浅应均匀一致。

(4)做滴水线(槽)

窗台、窗楣、雨篷、阳台、压顶和突出腰线等部位,应先抹立面,再抹顶面,最后抹底面。顶面应做流水坡度,底面应做滴水线或滴水槽。线和槽的深度和宽度一般不小于10 mm,且整齐一致,如图7.13所示。

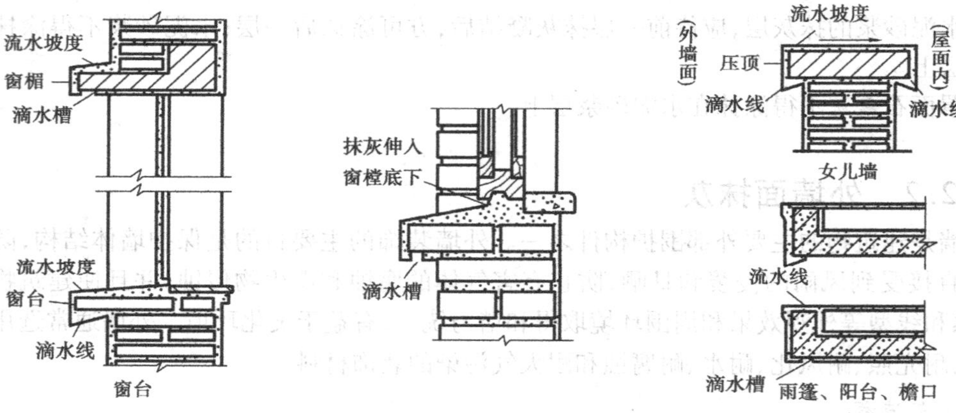

图 7.13 流水坡度、滴水线槽示意图

窗台抹灰用1:2.5水泥砂浆2遍成活。抹灰时,各棱角做成钝角或小圆角,抹灰层应伸入窗台下坎的间隙并填满嵌实,以防窗口渗水,窗台表面抹灰应平整光滑。

(5)抹面层灰

外墙抹灰层要求有一定的防水性能。中层抹平后,应搓毛,以便与面层粘贴牢固。抹面层灰应在中层凝固后进行,先薄抹一遍,紧接着抹第二遍,与分格条齐平。用木杠刮平后,用木(塑)抹子搓平,最后用钢抹子揉实压光,抹压遍数不宜太多,避免水泥浆过多挤出。刮杠时要用力适当,防止因压力过大而损伤底层。如面层较干,抹最后一遍时,要有次序地上下挤压且轻重相同,使墙面平整、纹路一致。罩面压光后,用刷子蘸水,按同一方向轻刷一遍,使墙面色泽、纹路均匀。

(6)起分格条

当日粘的分格条,压光后可及时取出,并用溜子把分格缝溜平、溜光。隔夜的分格条不能当时取出,应隔日再取。

(7)养护

抹灰完成24 h后注意养护,宜洒水养护7 d以上。

3)外墙抹灰注意事项

外墙抹灰的面积大,不易压光罩面层的抹纹。所以,一般采用木(塑)抹子搓成毛面,搓平时要轻重一致,先以圆圈形搓抹,然后上下抽拉,方向一致,以使面层纹路均匀。抹灰完成24 h要注意养护,宜洒水养护7 d以上。另外,外墙抹灰时,阳台、窗楣、雨篷、檐口等部位应做成流水坡度,设计无要求时,可做成10%的泛水,下面按要求做滴水线或滴水槽,要求棱角整齐、光滑平整,能起到挡水作用。

小组讨论

1. 滴水槽(线)有什么作用?

2. 为什么在外墙抹灰时设分格条?

7.2.3 顶棚抹灰

顶棚抹灰根据其基层不同可分为预制混凝土顶板抹灰、现浇钢筋混凝土板顶棚抹灰。抹灰时应根据顶棚结构材料的不同,选用不同的灰浆进行施抹。灰浆直接抹在结构层的表面,既可保护楼板,还可作为饰面装饰底灰,通过不同的工艺直接做成饰面层。

1)工艺流程

基层处理→洒水湿润→刷结合层→刮抹底(中)层灰→刮抹面层灰。

2)操作要点

①刷结合层。在已湿润的顶棚基层上满刷或刮抹一道掺加15%水泥的108胶浆,或掺加5%水的水泥乳液聚合物灰浆。

②刮抹底层灰。抹底层灰时应用力抹压,使砂浆挤入细小缝隙内。底层灰不宜太厚。

③抹中层灰。底层灰抹完后,紧跟着抹中层灰找平,先抹顶棚四周,再抹大面。

④抹面层灰。待中层有六七成干时,就可抹面灰。

阅读理解

抹灰工程检验批的划分和质量允许偏差

抹灰工程施工时应检查材料的产品合格证、性能检验报告、进场验收记录和复验报告。室内墙面、柱面和门洞口的阳角应采用不低于M20水泥砂浆做护角,其高度不应低于2 m,每侧宽度不应小于50 mm。抹灰厚度大于或等于35 mm时应采取加强措施,当要求抹灰层具有防水、防潮功能时,应采用防水砂浆。外墙抹灰施工前应先安装钢木门窗框、护栏等,应将墙上的施工孔洞堵塞密实,并对基层进行处理。外墙和顶棚的抹灰层与基层之间及各抹灰层之间应黏结牢固。各种砂浆抹灰层在凝结前应防止快干、水冲、撞击、振动和受冻,在凝结后应采取措施防止沾污和损坏。水泥砂浆抹灰层应在湿润条件下养护。

1)各分项工程的检验批划分规定

①相同材料、工艺和施工条件的室外抹灰工程每 1 000 m^2 应划分为 1 个检验批,不足 1 000 m^2 时也应划分为 1 个检验批。室外每个检验批每 100 m^2 应至少抽查 1 处,每处不得小于 10 m^2。

②相同材料、工艺和施工条件的室内抹灰工程每 50 个自然间应划分为 1 个检验批,不足 50 间时也应划分为 1 个检验批,大面积房间和走廊可按抹灰面积每 30 m^2 计为 1 间。室内每个检验批应至少抽查 10%,并不得少于 3 间,不足 3 间时应全数检查。

2)抹灰工程的质量允许偏差

①一般抹灰的允许偏差和检验方法见表 7.6。

表 7.6　一般抹灰的允许偏差和检验方法

项次	项　目	允许偏差/mm		检验方法
		普通抹灰	高级抹灰	
1	立面垂直度	4	3	用 2 m 垂直检测尺检查
2	表面平整度	4	3	用 2 m 靠尺和塞尺检查
3	阴阳角方正	4	3	用 200 mm 直角检测尺检查
4	分格条(缝)直线度	4	3	拉 5 m 线,不足 5 m 拉通线,用钢直尺检查
5	墙裙、勒脚上口直线度	4	3	拉 5 m 线,不足 5 m 拉通线,用钢直尺检查

注:①普通抹灰,本表第 3 项阴角方正可不检查;
②顶棚抹灰,本表第 2 项表面平整度可不检查,但应平顺。

②装饰抹灰的允许偏差和检验方法见表 7.7。

表 7.7　装饰抹灰的允许偏差和检验方法

项次	项　目	允许偏差/mm				检验方法
		水刷石	斩假石	干粘石	假面砖	
1	立面垂直度	5	4	5	5	用 2 m 垂直检测尺检查
2	表面平整度	3	3	5	4	用 2 m 靠尺和塞尺检查
3	阳角方正	3	3	4	4	用 200 mm 直角检测尺检查
4	分格条(缝)直线度	3	3	3	3	拉 5 m 线,不足 5 m 拉通线,用钢直尺检查
5	墙裙、勒脚上口直线度	3	3	—	—	拉 5 m 线,不足 5 m 拉通线,用钢直尺检查

③保温层薄抹灰的允许偏差和检验方法见表 7.8。

表 7.8 保温层薄抹灰的允许偏差和检验方法

项次	项　目	允许偏差/mm	检验方法
1	立面垂直度	3	用 2 m 垂直检测尺检查
2	表面平整度	3	用 2 m 靠尺和塞尺检查
3	阴阳角方正	3	用 200 mm 直角检测尺检查
4	分格条(缝)直线度	3	拉 5 m 线,不足 5 m 拉通线,用钢直尺检查

实习实作

在专业教师带领下,在实训基地进行抹灰工程的实际操作,并按抹灰工程的质量验收规范进行检查,教师进行评估打分。

练习作业

1. 抹灰施工为何要分层操作?试述内、外墙抹灰的施工要点。
2. 抹灰前的基层处理应做好哪些工作?
3. 试述抹灰工程检验批的划分。

7.3 饰面砖(板)工程

贴面类是把各种贴面材料镶贴在基层上的一种装饰方法。常用的贴面类有天然石材、人造石材、陶瓷砖等。

7.3.1 内墙镶贴饰面

内墙镶贴饰面主要是建筑物内厨房、厕所、浴室、卫生间等墙面陶瓷、釉面砖的镶贴。

1)施工条件

①预留孔洞及排水管道等应处理完毕,门窗框固定好,缝隙堵塞严密。铝合金门窗缝隙按要求堵塞严密后贴好保护膜。

②室内明装线改暗装线时,在墙面上所凿的凹槽要用与墙体相近的材料堵塞严实、平整,脚手眼堵好。

③墙面基层要清理干净。

④大面积釉面砖镶贴,事先应做样板,经各方认可后,按样板组织施工。

⑤按设计要求,事先挑选出颜色一致、规格相同、质量符合标准的釉面砖,分类堆放并保管好。

2) 施工要点

(1) 釉面砖浸水、排砖

将经过挑选、分类的釉面砖放入水中浸泡 2 h 以上，取出阴干备用。预排的目的是保证缝隙均匀，同一面墙的横竖排列不得有一行以上的非整砖。非整砖应排在次要部位或阴角处，排列时非整砖不得小于整砖的 1/2。砖的排列可采用直线排列和错缝排列两种，如图 7.14 所示。

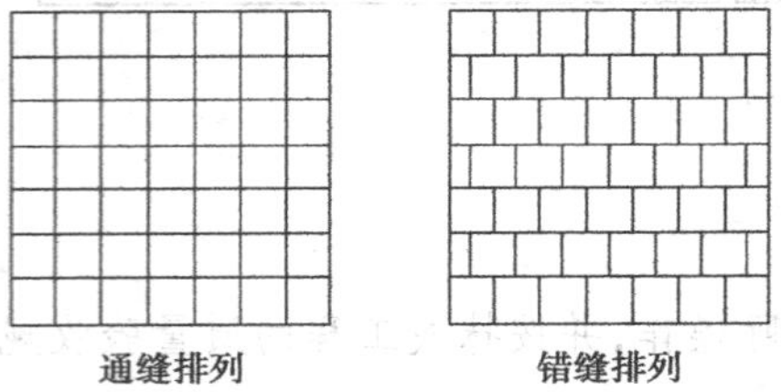

图 7.14　釉面砖的排列

(2) 弹线分格

从墙面的 500 mm 线下找出地面设计标高，再上返量出粘贴釉面砖的墙面尺寸，一般比抹灰高出 5 mm 即可，然后计算出墙面的纵横皮数，画出皮数杆，在墙面上弹出粘贴釉面砖的垂直和水平控制线，用废釉面砖做标准块，上、下用托线板挂垂直，用来控制粘贴釉面砖的厚度，横向拉水平通线，每隔 1.5 m 左右做标准块，在门洞口和阳角处应双面挂线，如图 7.15 所示。如果整个墙面贴砖，其釉面砖的粘贴高度应与顶棚的下皮标高一致。从上到下按皮数计算，非整砖应留到最下一层，竖向线应将非整砖赶到不显眼的阴角处（且对称布排，非整砖不宜小于整砖的1/2）。

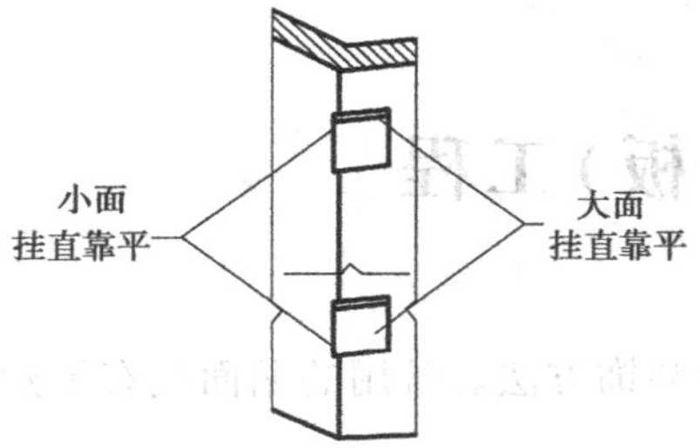

图 7.15　釉面砖阳角双面挂线

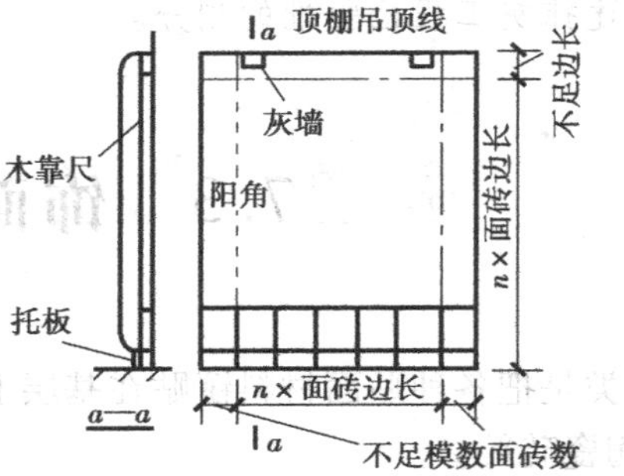

图 7.16　釉面砖粘贴弹分格图

(3) 釉面砖的镶贴

釉面砖镶贴时宜从墙的阳角自下往上进行。在底层第一块整砖的下面用木托板支牢，防止下滑，如图 7.16 所示，镶贴一般用 1∶2（体积比）水泥砂浆（可掺入不大于水泥用量 15% 的石灰膏）刮满砖的背面（厚度 6 ~ 8 mm），贴于墙面用力按压，并用铲刀木柄轻轻敲击，使砖密贴墙面，再用靠尺按灰饼校正平直，高出标志块可再轻击调平，低于标志块的应取出重贴，不要在砖口处往里塞灰，以免造成空鼓。

镶贴完第一行砖以后，按上述步骤往上贴。在镶贴过程中要随时调整砖面的平整度和垂直度，砖缝要横平竖直。如因砖尺寸误差较大，应尽量在每块砖的范围内随时调整，避免砖的缝隙累积误差过大，造成砖缝宽窄不一致。当贴到最上一行时，要求上口成一直线，上口如无镶边，应用一面圆的釉面砖。边、条等配件砖的粘贴顺序是先从一侧墙面开始粘贴，然后粘贴阴（阳）三角，再粘贴另一侧墙面的釉面砖，以确保阴（阳）三角与墙面的吻合。

(4)勾缝、清洁墙面及养护

釉面砖镶贴完毕后,应用清水将砖的表面清洗干净,即进行封缝处理,一般釉面砖的接缝宽度不超过1 mm,故擦缝是用白色硅酸盐水泥拌和成素浆,在砖的表面上刮一层,稍后再用干净的湿抹布在各接缝处进行反复搓擦,直到封平缝隙为止。待贴面24 h后,用喷壶洒水养护3~5 d。

3)成品保护

①镶贴好的饰面砖墙面应有切实可靠的防污染措施,同时要及时清擦干净残留在门框、窗扇上的砂浆,特别是铝合金门窗、扇,事先要粘贴好保护膜,保护膜应在室内装饰完后清理阶段才揭掉。

②各抹灰层在凝结前应防止风干、暴晒、水冲、撞击和振动。

③影响饰面砖施工的水电、通风、设备安装应事先做好,如果后做,有可能损坏面砖。

7.3.2 外墙镶贴饰面

1)施工条件

①外架子应提前支搭和安设好,架子的搭设符合施工要求和安全操作规程。

②阳台栏杆、预留孔洞、排水管道等应处理完毕,门窗框固定后,缝隙堵实,铝合金门窗应事先粘贴好保护膜。

③根据面砖的尺寸、颜色进行选砖,并分类存放备用。

④基层或基体处理完毕,表面应平整,粗糙处、附在表面上的杂物(质)及油污应清除干净。

2)施工要点

(1)吊垂直、套方、找规矩、贴灰饼

建筑物为高层时,应在四大角和门窗边用经纬仪打垂直线找直。建筑物为多层时,可从顶层开始用特制的大线锤绷铁丝吊垂直,然后根据面砖的规格和尺寸分层设点,做灰饼。横线应以楼层水平线为基准线交圈控制,竖向线则以四周大角和通天柱或垛子为基准线控制。应全部是整砖,每层打底时则以此灰饼作为基准点充筋,使底灰做到横平竖直,同时要注意找好突出檐口、腰线、窗台、雨篷等饰面的流水坡度和滴水线(槽)。

(2)抹底层砂浆

先刷一道掺有聚合物水泥砂浆,紧跟分层分遍用1∶3水泥砂浆抹灰,一般2或3遍成活,第1遍厚度宜为5 mm,抹后用木(塑)抹子搓平,隔天浇水养护,待第1遍六七成干时,可抹第2遍灰(厚8~12 mm),用木杠刮平,木(塑)抹子搓毛,隔天浇水养护。若需做第3遍时,其操作方法同第2遍,直到把底层灰抹平为止。

(3)弹线排砖

外墙面砖镶贴的排列方法很多,常用的矩形面砖有长边水平排列和竖向排列,按砖的宽度又可分为密缝、疏缝,按水平、竖向相互排列,如图7.17所示。

在找平层上进行弹线、分段、分格、排砖,要求同一面墙上饰面砖横竖排列不准出现一行以上的非整砖。如确实不能排开,非整砖只能在不醒目处。排砖时,遇有突出的管线,要用整砖

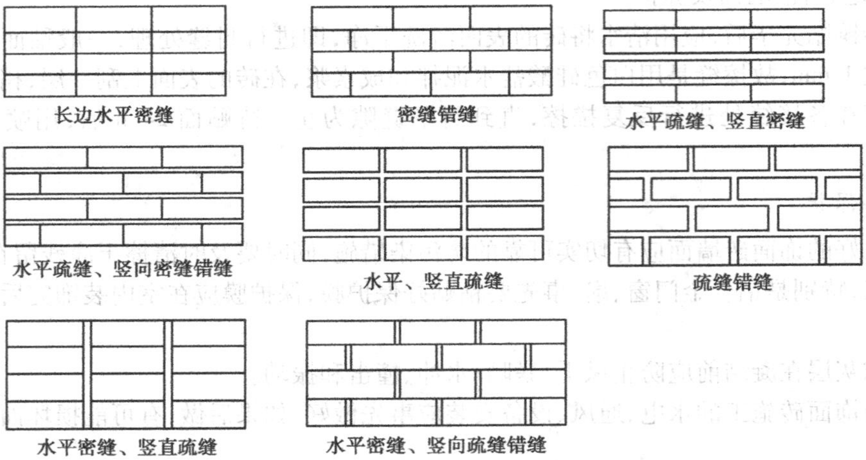

图 7.17　外墙面砖的排列方式

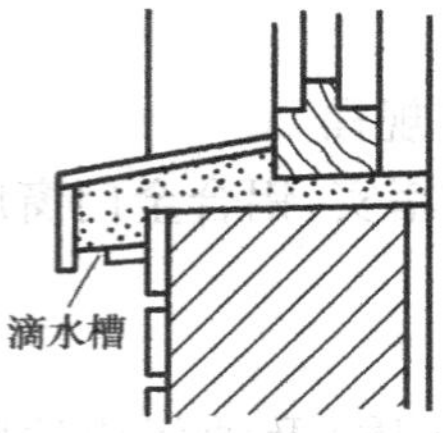

图 7.18　突出墙面部分贴法

套割吻合，不准用碎砖片拼凑镶贴。对突出墙面的窗台、腰线、滴水槽等部位的排砖，注意台面应做出一定的坡度，台面砖盖立面砖，底面砖应贴成滴水鹰嘴，如图 7.18 所示。

(4)浸砖

将选好的砖放入水中浸泡 2 h 以上，取出阴干备用。因为浸透但没有阴干或擦干的砖，由于表面有一层水膜，粘贴时会产生浮滑现象，不仅影响操作，而且会因为砖和黏结层水分的挥发造成砖与黏结层分离而自坠。

(5)面砖镶贴

镶贴顺序自上而下分层分段进行，每段内镶贴程序自下而上，砖的背面要满抹砂浆，四周刮成斜面，砂浆厚度为 5 mm 左右，然后按墙面分格条上的位置就位，用抹子轻轻敲击砖面，使之与邻面砖平，贴完一排后，需将每块砖上的灰浆擦净。如上口不在同一直线上，应在相关砖的下口垫小木片，尽量保持一排砖的上口都在同一直线上，然后在上口放置分格条，既可控制水平缝的大小与平直，又可防止面砖向下滑动，随后就进行第二排面砖的镶贴。

门窗会脸、窗台及腰线镶贴面砖时，要先将基体分层刮平，表面随手划毛，待七八成干时，再洒水抹 2 ~ 3 mm 的聚合物浆，随即粘贴面砖。为了保证面砖粘贴牢固，应采用 T 形托板作为临时支撑，隔夜后拆除。分格条应隔夜取出，取出后的分格条要清洗干净，以备再用。

(6)面砖勾缝、擦缝及养护

在完成一个段、层的面砖镶贴并检查合格后，即可进行勾缝。勾缝用 1∶1水泥砂浆，分 2 次进行嵌缝。第一次用一般水泥。第二次按设计要求用彩色水泥浆或白水泥浆勾缝，勾缝做成凹缝，深度 3 mm 左右，勾缝材料硬化后，应将面砖表面清理干净，如有污染，可用浓度为 10% 的盐酸刷洗，再用水冲净。待贴面 24 h 后，浇水养护 3 ~ 5 d。

观看录像

外墙贴瓷砖。

外墙贴瓷砖

3)成品保护

①要及时清除残留在门窗框上的砂浆,特别是金属门窗框应贴保护膜,以免污染、锈蚀。

②涂料施工时,不得将涂料滴在已完的饰面砖上。如果面砖以上为涂料装饰,应先做涂料后做面砖;如果先做了面砖再做涂料时,就应该采取防污染措施。

③各抹灰层在凝结前应防止风干、暴晒、水冲和振动,以保证基层有足够的强度和稳定性。

④拆除外脚手架时,不要碰撞墙面。

7.3.3 板材镶贴饰面

板材类饰面是指用大理石、花岗石、预制水磨石、合成石等的贴面安装施工。其小规格的板材(边长 400 mm 以内,厚度在 12 mm 以内)安装高度不超过 3 m 时,可采用粘贴方法;大规格的板材,一般采用钢筋网片锚固灌浆固定或是用膨胀螺栓与不锈钢连接件干挂固定施工方法。

1)钢筋网片锚固灌浆固定法

(1)施工条件

①准备好结构工程的验收,影响饰面板安装的水电、通风、设备的安装应事先做好,并准备好加工板材的水源、电源。

②内墙面弹好 50 cm 的水平标准线,室外墙面弹好 ±0.000 和各层的水平标高控制线。

③室外施工应按要求搭好脚手架。

④有门窗的应按要求把门窗框立好并留出饰面板安装的余量,缝隙用规定材料堵塞严实,铝合金门窗框应贴好保护膜。

⑤对进场的石材应进行验收,颜色不均匀的应进行挑选,必要时进行试拼使用,石料应进行试铺、配花、编号,按规格和数量堆放在室内以备施工时按号取用。

⑥大面积施工前应先做样板,经各方验收合格、共同认定后,方可组织班组按样板要求施工。

(2)分格弹线

在墙面上弹出板材的水平和垂直控制墨线,在水平方向宜每排设置一度,垂直方向每块宽设置一度。

(3)安装钢筋网片

钢筋网片与预埋铁件应连接牢固,预埋铁件可预先埋好,也可以用冲击钻在基体上打孔埋入短钢筋,用来绑扎或焊接固定水平钢筋,如图 7.19 所示。

注意钢筋网片竖向钢筋用直径 6 mm 或直径 8 mm,横向钢筋用直径 6 mm,位置较板材上端高出 20～30 mm,如图 7.20 所示。

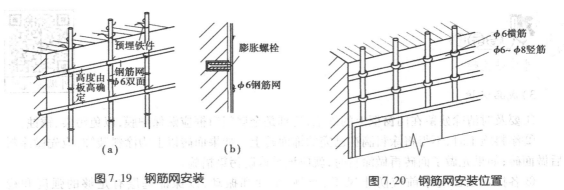

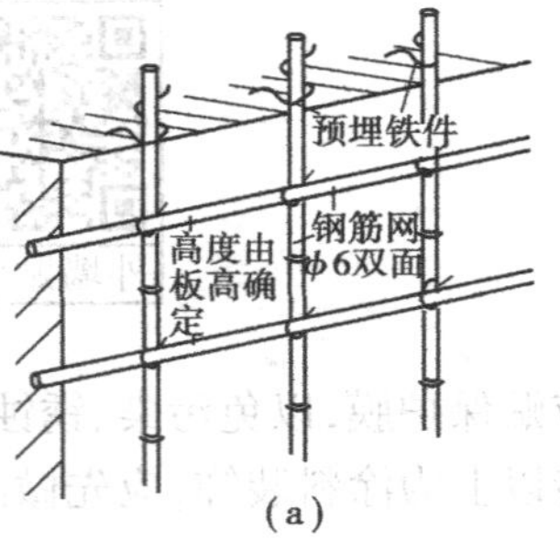

图 7.19　钢筋网安装

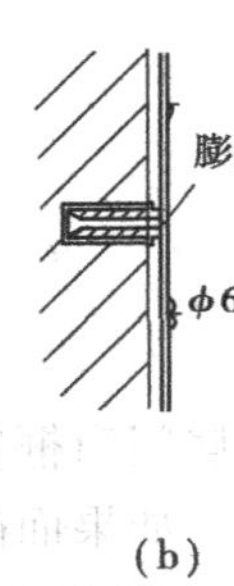

图 7.20　钢筋网安装位置

(4)板材钻孔

大规格的板材需钻孔绑扎固定,做法是在板的背面与上下两面之间钻斜孔或L形孔,如图7.21(a)所示。孔打好后,在顶面孔口处向背面凿一水平槽(深4 mm),然后用细铜线或钢丝穿线,要在板材上、下各打两个孔,两孔分别距两侧边为板宽的1/4,如图7.21(b)所示。

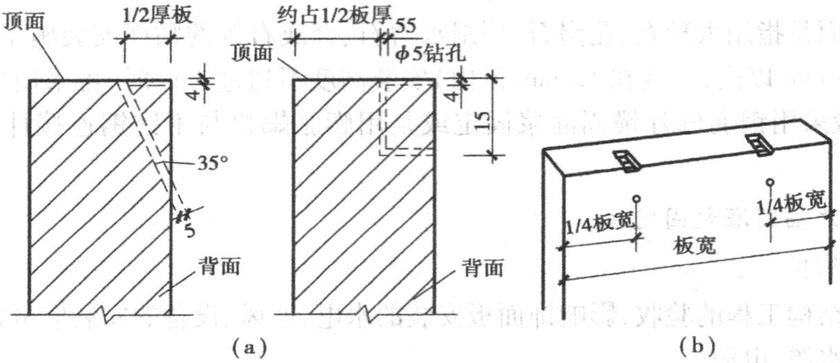

图 7.21　板材钻孔

阳角墙柱处理:遇到阳角时,为了拼缝,板材需要磨边卡面,方法如图7.22所示。

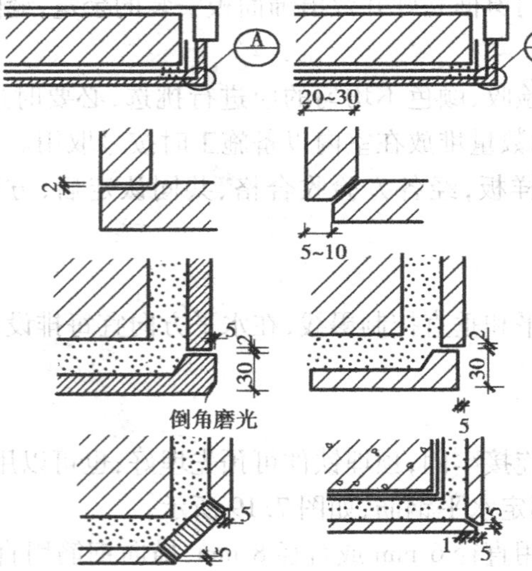

图 7.22　阴阳角墙面处理示意图

(5)板材就位、固定

安装顺序一般由下往上进行，两端用板材找平找直，拉上横线，每层板材由中间或一端开始。操作时，两人一组，一人提板材，使板下口对准水平线，板上口略向外倾，另一人及时将板下口的钢丝或铜丝绑扎在钢筋的横筋上，然后扣好上口钢丝，用托线板检查垂直度，用水平尺检查水平度，调整板材底部的木楔，保证板与板交换平衡点四角平整，再扎紧钢丝与钢筋网的连接，并将木楔垫稳。柱面可按顺时针安装，一般先从正面开始，第一层就位后，要用靠尺找垂直，用水平尺找平整，用方尺打好阴阳角。

安装完一层后，重新用托线板和水平尺校正垂直度和水平度，用方尺找阴阳角，校正后的缝隙用胶布或石膏灰堵严。在表面横竖方向接缝处，每隔 100 ~ 150 mm 处用石膏浆(石膏加 20% 的水泥)临时黏结固定，以防移动，待石膏凝结硬化后进行灌浆，如图 7.23 所示。

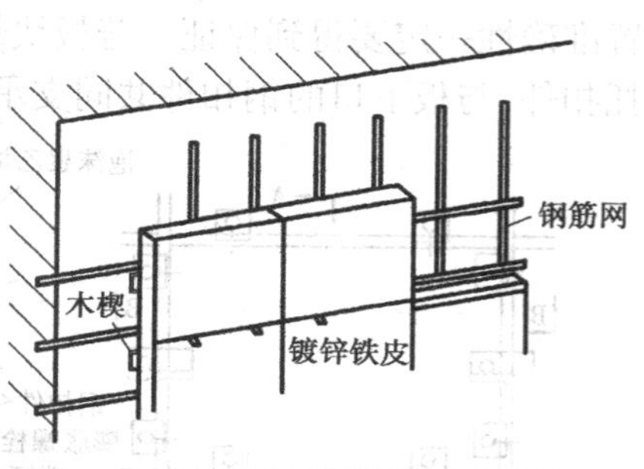

图 7.23　板材临时黏结固定

(6)灌浆

用1：2.5 水泥砂浆，稠度一般为 80 ~ 120 mm，分层灌浆。第一层灌浆高度为 15 cm，即不得超过板材高度的 1/3，灌浆时不得碰动板材，同时要检查板材是否因灌浆而外移。间隔 2 h 之后再第二次灌浆，灌浆高度为板材的 1/2，第三次灌到距板上口50 mm，余下高度作为上板材灌浆的接缝。柱子在灌浆前用方木加工成夹具(或木卡子)夹住板材，以防止灌浆时板材外胀。

(7)清理表面

灌浆全部完成后 2 h 即可清除板材的余浆并擦干净，一般用棉丝擦净，第二天取下临时固定的木楔和石膏灰等物品，并浇水养护 3 ~ 5 d。

(8)嵌缝

全部板材安装完毕后，应再一次清理干净表面，并按板材颜色调制水泥色浆嵌缝，边嵌边擦拭清洁，使缝隙密实干净。安装固定后的板材，如面层光泽受到影响，要重新打蜡上光。

(9)成品保护

①安装完毕后，对所有的阳角应及时用木板保护，同时要清除残留在门窗上的砂浆，特别是金属门窗在事先贴好保护膜，防止污染。

②饰面板安装完毕后，墙面应及时贴纸或用塑料薄膜加以保护，保证墙面不被污染。

③饰面板的结合层在凝结前应防止风干、暴晒、水冲、撞击和振动。

④拆架子时，不要碰撞安装好的墙面板。

2)扣件固定干挂法施工

(1)作业条件

①检查板材的质量、规格、品种、数量、力学性能和物理性能是否符合设计要求，并进行表面处理。

②搭设双排脚手架，处理基层结构，并做好预检记录，合格后方进行下道工序。

③水电及设备、墙上预留预埋件已按设计安装完毕，垂直运输机具均已准备好。

④外门窗已安装完毕并符合质量要求。

⑤对施工人员进行技术交底，应特别强调技术措施、质量要求和成品保护，大面积施工前应先做样板，经验收合格后，方可组织班组施工。

(2)板材加工

大块的石材要按设计图纸要求进行切割分块，要先划线后切割，要保证切出的板材边角挺直、尺寸准确，不超过偏差范围。然后，将专用模具固定在台钻上，进行板材钻孔，为保证孔眼的位置准确和垂直，要用专用的板材托架固定板材，使打孔的小面与钻头垂直，钻盲孔的直径为5 mm，孔深20 mm，以供连接销钉插入上下两块板内起定位连接作用，孔与孔之间的相对位置准确性一定要得到保证。若板块规格大、自重大，还需在板块背面的中部开槽，设置辅助承托扣件，与板下口的钢扣件共同支承板材，如图7.24所示。

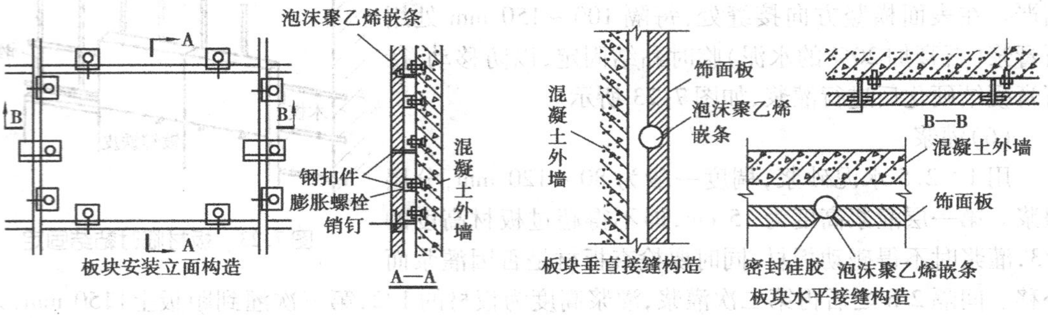

图7.24　扣件固定饰面板干挂构造

为提高板材的防水、抗渗能力，要在板材的背面涂刷一道丙烯酸防水涂料，涂层厚薄均匀，不得漏刷。

(3)墙面处理

墙面应基本平整，大的凸出部分要剔平，大的凹陷部分要用1∶3水泥砂浆填平，也可以抹一层5～6 mm的防水砂浆或涂刷一层防水涂料。

(4)弹线、预埋膨胀螺栓

根据设计要求在墙面上弹出垂直、水平基准线，按板材的规格尺寸和连接定位销的位置利用电锤打孔，预埋膨胀螺栓，然后在墙面上按规定的间距做1∶3水泥砂浆灰饼，用来控制板材安装的平整度。

(5)板材安装

把侧面的连接铁件安好，便可把底层面板靠角上的一块就位。方法是用夹具暂时固定，先将板材孔抹胶，调整铁件插连接销钉，依次按顺序安装底层面板，板材的平整度以墙面的灰饼为依据，但要随时用线锤吊垂直，水平尺靠平，经校正准确后进行固定。一排板材安装完毕后，再进行上一排扣件的固定安装，即板材的安装顺序是自下而上分排安装，要求四角平整、横纵对缝。板材的固定借助于不锈钢扣件和连接销钉，扣件又借助于膨胀螺栓与墙体的连接，板材安装构造如图7.24所示。

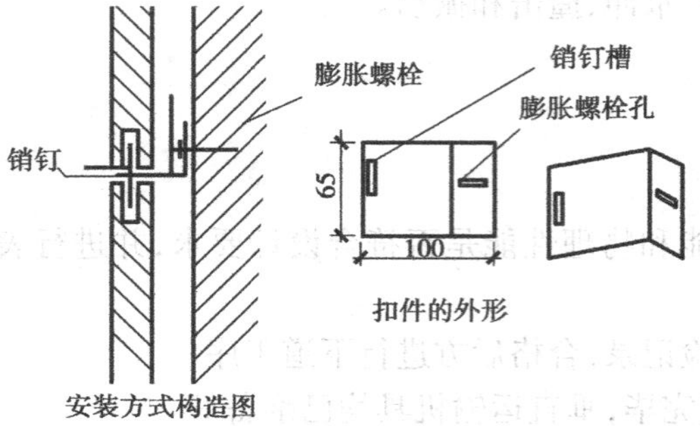

图7.25　膨胀螺栓固定扣件及扣件构造图

扣件的外形构造和安装如图7.25所示。扣件上的孔都要加工成椭圆形，以便在安装时进行位置上的调节。

(6)嵌缝、清理

每一施工段安装完后经检查无误，可清扫拼接缝，填入橡胶条，然后用打胶机进行硅胶涂封（硅胶只封平接缝表面或比板面稍凹少许即可，雨天或板材受潮时不宜涂硅胶），最后用棉丝将板材擦干净，表面有胶痕时，可用开刀轻铲及棉丝沾丙酮擦干净。

(7)成品保护

①要及时清擦干净残留在门窗框、玻璃和金属饰面板上的污物，如密封胶、手印、尘土、水印等，还应贴保护膜，防止污染、锈蚀。

②拆、换架子时，严禁碰撞干挂石材饰面板。

③外饰面完工后，易破损部分的棱角处要钉护角，其他工种操作时不得划伤面板和碰撞石材。

④室外刷的干燥剂未干燥前，严禁下渣土和翻架子脚手板。

⑤已完工的外挂石材应设专人看管，遇有危险成品的行为应立即制止。

观看录像

石材干挂。

石材干挂

阅读理解

饰面砖(板)工程检验批的划分和质量允许偏差

饰面砖(板)工程验收时应检查材料的产品合格证、性能检验报告、进场验收记录和复验报告。外墙饰面砖粘贴应对饰面砖黏结强度进行检验。饰面砖(板)工程的防震缝、伸缩缝、沉降缝等部位的处理应保证缝的使用功能和饰面完整性。

1)各分项工程的检验批划分规定

①相同材料、工艺和施工条件的室外饰面工程每1 000 m^2 应划分为1个检验批，不足1 000 m^2 时也应划分为1个检验批。室外每个检验批每100 m^2 应至少抽查1处，每处不得小于10 m^2。

②相同材料、工艺和施工条件的室内饰面工程每50个自然间应划分为1个检验批，不足50间时也应划分为1个检验批，大面积房间和走廊可按抹灰面积每30 m^2 计为1间。室内每个检验批应至少抽查10%，并不得少于3间，不足3间时应全数检查。

2)饰面砖(板)工程的质量允许偏差

①内墙饰面砖粘贴的允许偏差和检验方法见表7.9。

表7.9　内墙饰面砖粘贴的允许偏差和检验方法

项次	项　目	允许偏差/mm	检验方法
1	立面垂直度	2	用2 m垂直检测尺检查
2	表面平整度	3	用2 m靠尺和塞尺检查

续表

项次	项　目	允许偏差/mm	检验方法
3	阴阳角方正	3	用 200 mm 直角检测尺检查
4	接缝直线度	2	拉 5 m 线，不足 5 m 拉通线，用钢直尺检查
5	接缝高低差	1	用钢直尺和塞尺检查
6	接缝宽度	1	用钢直尺检查

②外墙饰面砖粘贴的允许偏差和检验方法见表 7.10。

表 7.10　外墙饰面砖粘贴的允许偏差和检验方法

项次	项　目	允许偏差/mm	检验方法
1	立面垂直度	3	用 2 m 垂直检测尺检查
2	表面平整度	4	用 2 m 靠尺和塞尺检查
3	阴阳角方正	3	用 200 mm 直角检测尺检查
4	接缝直线度	3	拉 5 m 线，不足 5 m 拉通线，用钢直尺检查
5	接缝高低差	1	用钢直尺和塞尺检查
6	接缝宽度	1	用钢直尺检查

③石板的允许偏差和检验方法见表 7.11。

表 7.11　石板的允许偏差和检验方法

<table>
<tr><th rowspan="2">项次</th><th rowspan="2">项　目</th><th colspan="3">允许偏差/mm</th><th rowspan="2">检验方法</th></tr>
<tr><th>光面</th><th>剁斧石</th><th>蘑菇石</th></tr>
<tr><td>1</td><td>立面垂直度</td><td>2</td><td>3</td><td>3</td><td>用 2 m 垂直检测尺检查</td></tr>
<tr><td>2</td><td>表面平整度</td><td>2</td><td>3</td><td>—</td><td>用 2 m 靠尺和塞尺检查</td></tr>
<tr><td>3</td><td>阴阳角方正</td><td>2</td><td>4</td><td>4</td><td>用 200 mm 直角检测尺检查</td></tr>
<tr><td>4</td><td>接缝直线度</td><td>2</td><td>4</td><td>4</td><td rowspan="2">拉 5 m 线，不足 5 m 拉通线，用钢直尺检查</td></tr>
<tr><td>5</td><td>墙裙、勒脚上口直线度</td><td>2</td><td>3</td><td>3</td></tr>
<tr><td>6</td><td>接缝高低差</td><td>1</td><td>3</td><td>—</td><td>用钢直尺和塞尺检查</td></tr>
<tr><td>7</td><td>接缝宽度</td><td>1</td><td>2</td><td>2</td><td>用钢直尺检查</td></tr>
</table>

练习作业

1. 室内釉面砖镶贴时，如何控制其平整度？
2. 试述饰面板材安装方法。
3. 试述常用饰面砖的种类及镶贴施工工艺。
4. 试述饰面砖（板）工程检验批的划分。

7.4 顶棚工程

顶棚是建筑内部的上部界面，是室内装修的重要部位。按与结构顶板的关系分为直接式顶棚和悬吊式顶棚两种。

直接式顶棚是在楼板底面直接喷浆和抹灰，或粘贴其他装饰材料。其施工方法在第 8.2 节抹灰工程中已介绍，此处不再叙述。

悬吊式顶棚又名吊顶、天花板、天棚、平顶，是室内装饰工程的一个重要组成部分。它是由吊杆、龙骨和罩面板组成的空间顶棚体系。

轻钢龙骨吊顶是以薄壁轻钢龙骨作为支撑框架，配以轻型装饰罩面板材组合而成的新型顶棚体系。

1）施工方法

工艺流程：弹线→安装吊点紧固件→安装主龙骨→安装次龙骨→灯具安装→面板安装→压条安装→板缝处理。

其弹线和安装吊点紧固件与木龙骨吊顶安装相同。

（1）弹线

弹线包括：标高线、顶棚造型位置线、吊挂点布局线、大中型灯位线。

①标高线的做法：

• 根据室内墙上 50 cm 水平线，用尺量至顶棚的设计标高，在四周墙上弹线作为顶棚四周的标高线。弹线应清楚、位置准确，其水平允许偏差 ±5 cm。

• 水柱法。用一条塑料透明软管灌满水后，将软管的一端水平面对准墙面上的高度线，再用软管另一端头内水面，在同侧墙面找出高度线的另一点。找法：当软管两端头内水平面静止在同一平面时，画下该点的水平位置，再将这两点连一直线，即得吊顶高度水平线，如图 7.26 所示。用同样方法可以在其他墙面上做出高度水平线。

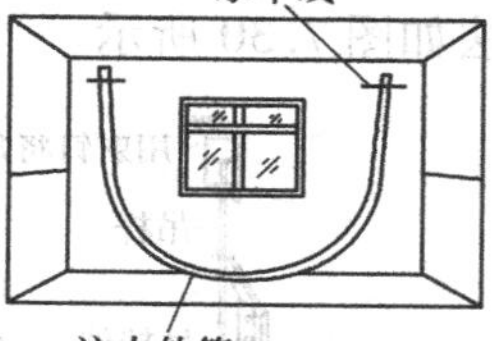

图 7.26　水平标高线的做法

②确定造型位置线：对于较规则的建筑空间，其吊顶造型位置可先在一个墙面量出竖向距离，以此画出其他墙面的水平线，即得吊顶位置外框线，而后逐步找出各局部的造型框架线。对于不规则的空间画吊顶造型线，宜采用找点法，即根据施工图纸测出造型边缘距墙面的距离，于墙面和顶棚基层进行实测，找出吊顶造型边框的有关基本点，将各点连线形成吊顶造型线。

③确定吊点位置：对于平顶天花，其吊点一般是按每平方米布置 1 个，在顶棚上均匀排布。对于有叠级造型的吊顶，应注意在分层交界处布置吊点，吊点间距 0.8 ~ 1.2 m。较大的灯具应安排单独吊点来吊挂。

(2)安装主龙骨

①将主龙骨与吊杆通过垂直吊挂件连接。上人吊顶的悬挂,用一个吊环将龙骨箍住,用钳夹紧,既要挂住龙骨,同时也要阻止龙骨摆动;不上人吊顶悬挂,用一个特别的挂件卡在龙骨的槽中,使之达到悬挂目的。轻钢大龙骨一般选用连接件接长,也可以焊接,但宜点焊。连接件可用铝合金,亦可用镀锌钢板,须将表面冲成倒刺,与主龙骨方孔连接,可以点焊连接,连接件应错位安装,如图 7.27 和图 7.28 所示。

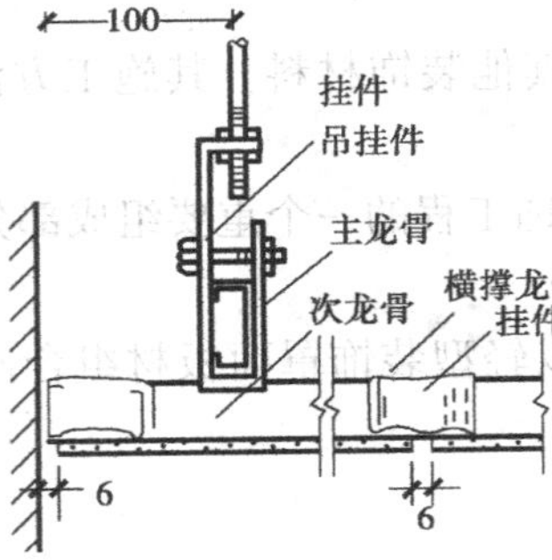

图 7.27　上人吊顶挂件安装图

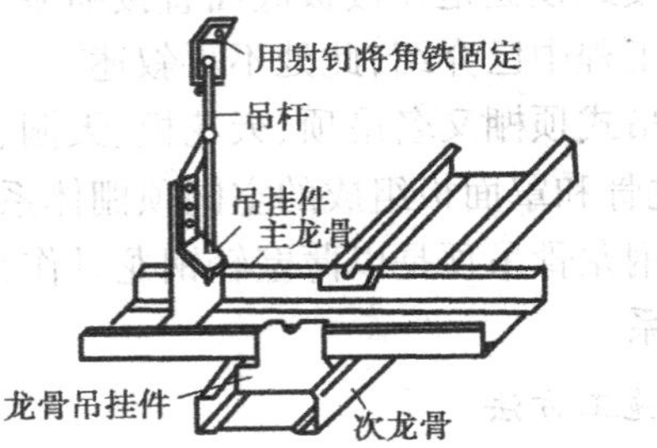

图 7.28　不上人吊顶龙骨悬吊与安装

②根据标高控制线使龙骨就位。待主龙骨与吊件及吊杆安装就位以后,以一个房间为单位进行调整平直。调平时按房间的十字和对角拉线,以水平线调整主龙骨的平直。

(3)安装次龙骨、横撑龙骨

①安装次龙骨:在覆面次龙骨与承载主龙骨的交叉布置点,使用其配套的龙骨挂件(或称吊挂件、挂搭)将二者上下连接固定,龙骨挂件的下部勾挂住覆面龙骨,上端搭在承载龙骨上,将其 U 形或 W 形腿用钳子嵌入承载龙骨内,如图 7.29 所示。次龙骨与封边材料(木方)的连接方法如图 7.30 所示。

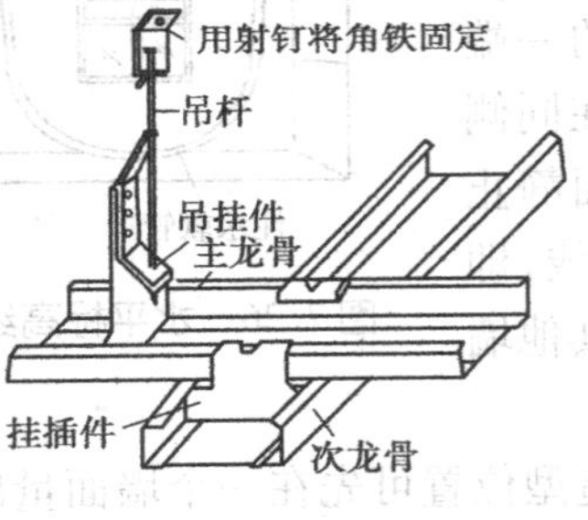

图 7.29　主、次龙骨连接图

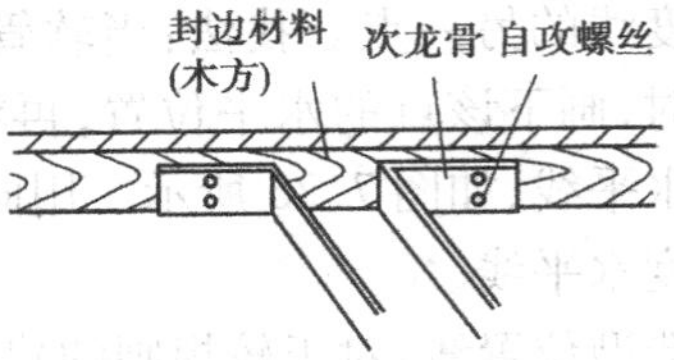

图 7.30　次龙骨与封边材料连接

②横撑龙骨安装:将次龙骨的端头插入挂插件,扣在次龙骨上,并用钳子将吊挂弯入次龙骨内。组装完后,横撑龙骨与次龙骨的接缝处间隙不应大于 2 mm,底面应平整。

(4)面板安装

轻钢龙骨一般多是轻质铝塑板和纸面石膏板相配,使板材在自由状态下就位固定,以防止出现弯棱、凸鼓等现象。纸面石膏板的长边(包封边),应沿纵向次龙骨铺设。板材与龙骨固定时,应从一块板的中间向板的四边循序固定,不得采用在多点上同时作业的做法。

(5)纸面石膏板板缝处理

①清扫板缝,用小刮刀将嵌缝石膏腻子均匀饱满地嵌入板缝,并在板缝处刮涂约 60 mm 宽、1 mm 厚的腻子。随即贴上穿孔纸带(或玻璃纤维网格胶带),使用宽约 60 mm 的腻子刮刀顺穿孔纸带(或玻璃纤维网格胶带)方向压刮,将多余的腻子挤出,并刮平、刮实,不可留有气泡。

②用宽约 150 mm 的刮刀将石膏腻子填满宽约 150 mm 的板缝处带状部分。

③用宽约 300 mm 的刮刀再补一遍石膏腻子,其厚度不得超出 2 mm。

④待腻子完全干燥后(约 12 h),用 2 号砂布或砂纸将嵌缝石膏腻子打磨平滑,其中可以部分略微凸起,但要向两边平滑过渡。

2)质量要求

①轻钢骨架、吊挂件、连接件和罩面板的材质、品种、规格、式样应符合设计要求和施工规范的规定。

②轻钢骨架的吊杆和大、中、小龙骨必须安装牢固,无松动,位置正确;整体轻钢骨架应顺直、无弯曲、无变形。

③罩面板表面应平整、洁净,无污染、麻点和锤印,颜色一致。罩面板无脱层、翘曲、折裂、缺棱掉角等缺陷,安装必须牢固。

④罩面板之间的缝隙或压条的宽窄应一致、整齐、平直,压条与板接缝严密。

阅读理解

吊顶工程检验批的划分和质量允许偏差

吊顶工程有整体面层吊顶、板块面层吊顶和格栅吊顶等分项工程。整体面层吊顶包括以轻钢龙骨、铝合金龙骨和木龙骨等为骨架,以石膏板、水泥纤维板和木板等为整体面层的吊顶。板块面层吊顶包括以轻钢龙骨、铝合金龙骨和木龙骨等为骨架,以石膏板、金属板、矿棉板、木板、塑料板、玻璃板和复合板等为板块面层的吊顶。格栅吊顶包括以轻钢龙骨、铝合金龙骨和木龙骨等为骨架,以金属、木材、塑料和复合材料等为格栅面层的吊顶。

吊顶工程在验收时应检查材料的产品合格证、性能检验报告、进场验收记录和复验报告,应对人造木板的甲醛释放量进行复验,木面板、木龙骨应进行防火处理。吊杆距主龙骨端部距离不得大于 300 mm,当吊杆长度大于 1 500 mm 时应设置反支撑。当吊杆与设备相遇时,应调整并增设吊杆或采用型钢支架,重型设备和有振动荷载的设备严禁安装在吊顶工程的龙骨上。

1)各分项工程的检验批划分规定

同一品种的吊顶工程每 50 间应划分为 1 个检验批,不足 50 间时也应划分为 1 个检验批,大面积房间和走廊可按吊顶面积每 30 m^2 计为 1 间。每个检验批应至少抽查 10%,并不得少于 3 间,不足 3 间时应全数检查。

2)吊顶工程的质量允许偏差

①整体面层吊顶工程安装的允许偏差和检验方法见表 7.12。

表 7.12 整体面层吊顶工程安装的允许偏差和检验方法

项次	项 目	允许偏差/mm	检验方法
1	表面平整度	3	用 2 m 靠尺和塞尺检查
2	缝格、凹槽直线度	3	拉 5 m 线，不足 5 m 拉通线，用钢直尺检查

②板块面层吊顶工程安装的允许偏差和检验方法见表 7.13。

表 7.13 板块面层吊顶工程安装的允许偏差和检验方法

项次	项 目	允许偏差/mm				检验方法
		石膏板	金属板	矿棉板	木板、塑料板、玻璃板、复合板	
1	表面平整度	3	2	3	2	用 2 m 靠尺和塞尺检查
2	接缝直线度	3	2	3	3	拉 5 m 线，不足 5 m 拉通线，用钢直尺检查
3	接缝高低差	1	1	2	1	用钢直尺和塞尺检查

③格栅面层吊顶工程安装的允许偏差和检验方法见表 7.14。

表 7.14 格栅面层吊顶工程安装的允许偏差和检验方法

项次	项 目	允许偏差/mm		检验方法
		金属格栅	木格栅、塑料格栅、复合材料格栅	
1	表面平整度	2	3	用 2 m 靠尺和塞尺检查
2	格栅直线度	2	3	拉 5 m 线，不足 5 m 拉通线，用钢直尺检查

练习作业

1. 试述轻钢龙骨吊顶的施工要点。
2. 试述吊顶工程检验批的划分。

7.5 楼地面工程

楼地面是房屋建筑底层地坪和楼层地坪的总称。

楼地面一般由基层、垫层和面层等部分构成，有的楼地面也附加有找平层、绝热层和防水层等其他构造层。面层材料有土、灰土、三合土、菱苦土、水泥砂浆、细石混凝土、水磨石木、塑料、陶瓷地砖、石材和马赛克等。面层结构有：整体面层，包括细石混凝土面层、水泥砂浆面层、现浇水磨石面层等；板块面层，包括陶瓷地砖面层、石材面层、塑料板面层、金属板面层、地毯面层等；竹木面层，包括实木地板面层、竹地板面层、实木复合地板面层等。

7.5.1 现浇水磨石楼地面

现浇水磨石楼地面是在水泥砂浆找平层或垫层上按设计要求分格，并浇捣水泥石子浆，硬化后磨光打蜡即成现浇水磨石。现浇水磨石有美观大方、平整光滑、坚固耐久、易于保洁、整体性好的优点，并可根据设计要求做成各种彩色图案，广泛应用于一般和高级建筑工程中的地面。现浇水磨石楼地面的构造作法如图 7.31 所示。

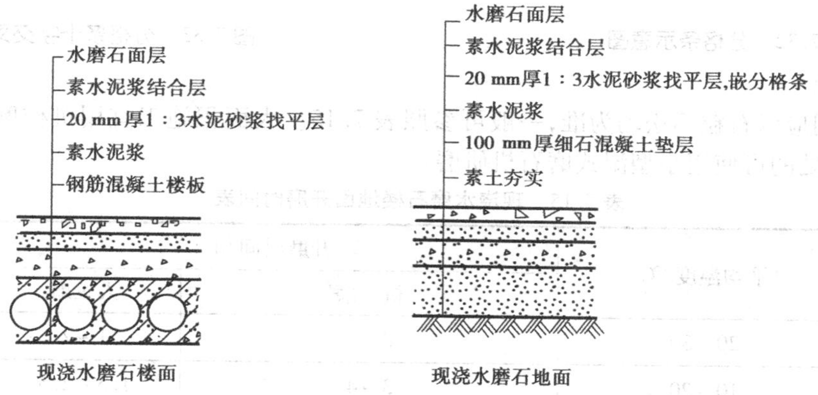

图 7.31　现浇水磨石楼地面的构造作法

1）工艺流程

工艺流程：基层处理→浇水冲洗湿润→设置标筋→做水泥砂浆找平层→养护→弹线并嵌分格条→铺抹水泥石粒浆面层→养护并初试磨→第 1 遍磨平浆面并养护→第 2 遍磨平磨光浆面并养护→第 3 遍磨光并养护→酸洗打蜡。

2）水磨石楼地面面层施工方法

（1）弹线并嵌分格条

铺水泥砂浆找平层 2 ~ 3 d 后，即可进行嵌条分格工作。先在找平层上按设计要求弹上纵横垂直水平线或图案分格墨线，然后按墨线固定铜条或玻璃条，作为铺设面层的标志。嵌条时，用木条顺线找齐，将嵌条紧靠在木条边上，用素水泥浆涂抹嵌条的一边，先稳好一面，然后再拿开木条，在嵌条的另一边涂抹素水泥浆。使分格条两侧的水泥浆形成八字角，稳脚抹灰过高易出现黑边，分格条交叉约 50 mm 范围处不得稳脚，以防止出现黑角，如图 7.32 和图 7.33 所示。分格条嵌好后，经 24 h 即可洒水养护，一般养护 3 ~ 5 h。

（2）铺抹水泥石粒浆面层

粘嵌分格条的素水泥浆硬化后，铺面层水泥石粒浆。先清除积水浮砂，刷素水泥浆一道，随刷随铺设面层水泥石粒浆。石粒浆应按分格顺序进行铺设，其厚度高出分格条 1 ~ 2 mm。做多种颜色的彩色水磨石面层时，应先做深色，后做浅色；先做大面，后做镶边。待前一种色浆凝固后，再抹后一种色浆。在抹平后的水泥石粒浆表面，再均匀地平撒一层干石子（特别在靠分格条边和分格条交叉处），随即用大、小钢滚筒或混凝土滚筒压实。第一次先用大滚筒压实，纵横各压一遍，间隔2 h左右，再用小滚筒做第二次压实，直到将水泥浆全部压出为止，随之再用木抹子或铁抹子找平，次日开始养护。

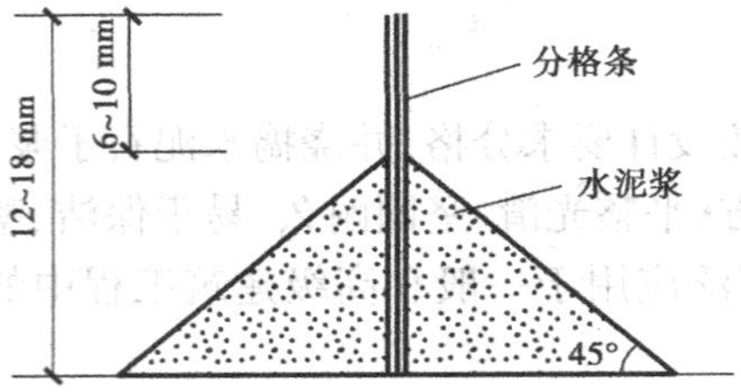

图7.32　分格条示意图

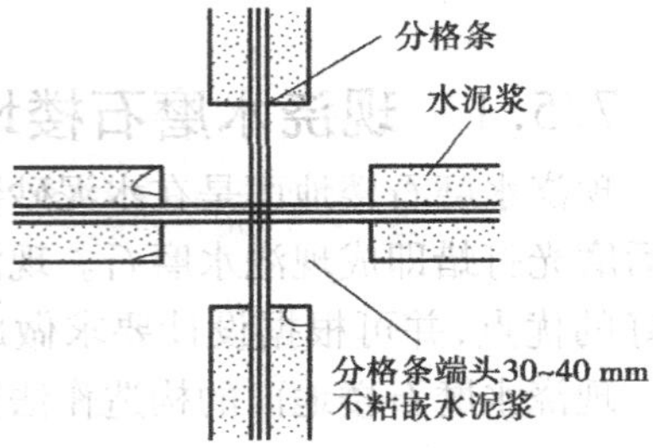

图7.33　分格条十字交叉处平面

(3)磨光

开磨时间应以石粒不松动为准，一般可参照表7.15。大面积施工宜用机械磨石机研磨，小面积、边角处的可使用小型湿式磨石机研磨。

表7.15　现浇水磨石楼地面开磨时间表

平均温度/℃	开磨时间/d	
	机　磨	人工磨
20～30	2～3	1～2
10～20	3～4	1.5～2.5
5～10	5～6	2～3

水磨石地面在研磨过程中，难免会出现少量的洞眼孔隙，清除这些洞眼孔隙一般用补浆的办法，即用布蘸上较浓的水泥浆仔细擦抹，待2～3 d凝结硬化后，再行磨光。一般常用“二浆三磨”法，即整个研磨过程为磨光3遍，补浆2次。第一遍先用60～80号粗金刚石磨光，边磨边加水，要磨匀磨平，使全部分格条外露，磨后要将水泥冲洗干净，稍干后涂擦后道同色水泥浆，用以填补砂眼，次日应洒水养护2～3 d；第二遍用120～180号细金刚石磨光，方法同第一遍，主要是磨去凹痕，磨光后再补上一道浆；第三遍用180～240号油石，磨至表面石粒颗颗显露，平整光滑，无砂眼细孔。

(4)酸洗打蜡

擦草酸可使用10%浓度的草酸溶液，再加入1%～2%的氧化铝，先用水把面层冲洗干净，涂草酸溶液一遍，随即用280～320号油石进行细磨至出白浆、表面光滑为止，再冲洗干净并晾干后，在水磨石面层上涂一层薄薄的蜡，稍干后用磨光机研磨，或用钉有细帆布的木块代替油石，装在磨石机上研磨出光亮后，再涂蜡研磨一遍，直到光滑洁亮为止。

3)水磨石地面质量要求

①选用材质、品种、强度(配合比)及颜色应符合设计要求和施工规范规定。

②面层与基层的结合必须牢固，无空鼓、裂纹等缺陷。

③表面光滑，无裂纹、砂眼和磨纹，石粒密实，显露均匀，无黑边、黑角，图案符合设计要求，颜色一致，不混色，分格条牢固，清晰顺直。

④地漏和储存液体用的带有坡度的面层应符合设计要求，不倒泛水，无渗漏、无积水，与地漏（管道）结合处严密平顺。

⑤踢脚板高度一致，出墙厚度均匀，与墙面结合牢固，局部虽有空鼓但其长度不大于 200 mm，且在一个检查范围内不多于 2 处。

⑥楼梯和台阶相邻两步的宽度和高差不超过 10 mm，棱角整齐，防滑条顺直。

⑦地面镶边的用料及尺寸应符合设计和施工规范规定，边角整齐光滑，不同面层的颜色相邻处不混色。

观看录像

水磨石地面。

水磨石地面

阅读理解

水磨石面层材料质量要求

①白色或浅色的水磨石面层，应用白水泥；深色面层，宜采用普通硅酸盐水泥。

②同一彩色面层应使用同厂且同批的颜料，其掺入量宜为水泥质量的 3% ~6% 或由试验确定。

③石粒中不得含有风化、水锈及其他杂色。

④嵌条常采用铜条或玻璃条。金属嵌条应事先检查。

⑤草酸使用前应使用沸水将其溶化成浓度为 10% ~25% 的溶液，冷却后使用。

⑥地板蜡由天然的或石油中提取的固体石蜡和溶剂配制而成，按 0.5 kg 石蜡配 2.5 kg 煤油的配比自行配制，用时加 300 g 松香水调制。

7.5.2 楼地面镶贴装饰面

块材楼地面是以陶瓷锦砖、玻化砖、大理石、花岗石及预制水磨石板等铺贴面层，其构造如图 7.34 所示。

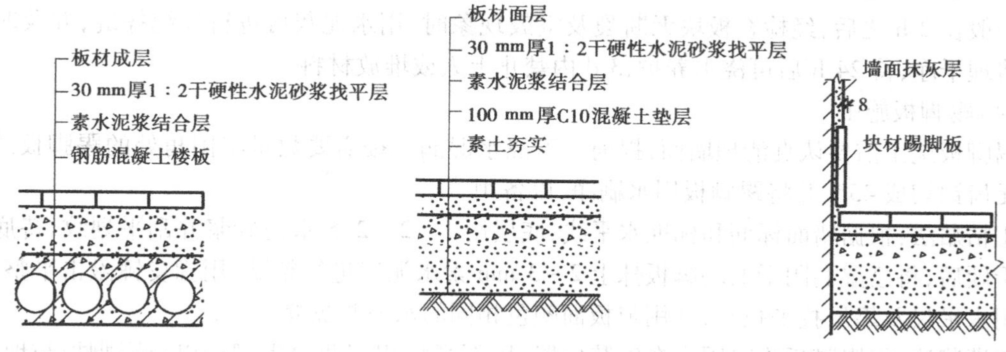

(a)楼面构造做法示意　(b)地面构造做法示意　(c)踢脚板安装示意

图 7.34　块材楼地面构造图

1)施工准备

(1)基层处理

板块铺贴前,应先挂线检查垫层的平整度,然后清扫基层并用水刷净,如表面光滑应凿毛,并提前一天浇水湿润。

(2)分格弹线

根据设计要求,确定地面的标高位置,并在相应墙面上弹好 +50 cm 水平线,作为控制标高的依据,以此为准在墙上弹出面层水平标高线。然后根据板材的分块情况,挂线找中,拉十字线进行分格弹线。如室内外板材的颜色不同时,分界线应在门口门扇中间处。

(3)试拼、试排

根据标准线确定板材的铺贴顺序和标准块的位置,在预定的位置上进行试拼,检查图案、颜色及纹理的装饰效果,试拼后按两方向编号,并按号堆放整齐。在房间相互垂直的方向,按弹好的标准线铺两条宽度大于板材的干砂,按设计图纸试排,以检查板缝,核查板块与墙面、柱、管线洞口的相对位置,确定找平层的厚度,根据试排结果在房间的关键部位弹上互相垂直的控制线,用以控制板材铺贴时的位置。

2)施工方法

(1)刷素水泥浆及铺结合层

试铺后将干砂和板块移开,清扫干净,用喷壶洒水湿润,刷一层素水泥浆(水灰比为0.4:0.5,面积不要刷得过大,随铺砂浆随刷),根据板面水平线确定结合层砂浆厚度,拉十字控制线,开始铺结合层干硬性水泥砂浆(一般用1:2~1:3的干硬性水泥砂浆,以手握成团、落地开花为最好),厚度控制在放上板材板块时宜高出面层水平 3~4 mm。铺好后用大杠刮平,再用抹子拍实找平。

(2)镶铺

正式铺贴时,要四角同时对准纵横缝下落,注意不要砸在已铺好的板面上,以免造成空鼓,等板材对缝铺好后,用橡皮锤轻轻敲击,并用水平尺找平,压平敲实,注意对好纵横缝并调整好与相邻板面的标高。

(3)灌缝擦缝

一般在 2 h 之后,经检查板块无断裂及空鼓现象时,用水泥灰可进行灌缝擦缝,并及时将表面清理干净,待 24 h 后可浇水养护,3 d 内禁止上人或堆放材料。

(4)踢脚板施工

踢脚板施工前要认真清理墙面,提前一天浇水湿润。按需要数量将阳角处的踢脚板的一端用无齿锯切成45°,并将踢脚板用水刷净,以备用。

①粘贴法:根据墙面标筋和标准水平线,底层用 1:2~2.5 水泥砂浆并刮平划纹,待底层砂浆干硬后,将已湿润阴干的踢脚板抹上 2~3 mm 素水泥浆进行粘贴,用橡皮锤敲击平整,并随时用水平尺及靠尺找平找直,并用与板面颜色相同的水泥浆擦缝。

②灌浆法:将踢脚板临时固定在安装位置,用石膏将相邻两块踢脚板以及踢脚板与地面、墙面之间稳定,然后用稠度 10~15 cm 的 1:2水泥砂浆灌缝,注意随时把溢出的砂浆擦拭干净,待灌入的水泥砂浆终凝后,把石膏铲掉擦净,并用与板面同色水泥浆擦缝。

(5)成品保护

①在铺砌板块的操作过程中,对已安装好的门窗、管道都要加以妥善的保护。

②铺砌板块时,应随铺随用干布揩干净板块面上的水泥浆痕迹。

③当铺砌的砂浆强度达到一定要求时,方可上人操作,但必须注意油漆、砂浆不得存放在板块上,铁管等硬器不得碰撞面层。喷浆时要对面层加以覆盖保护。

3)质量要求

①饰面板(大理石、预制水磨石板等)品种、规格、颜色、图案必须符合设计要求和有关标准规定。

②饰面板安装(镶贴)必须牢固,无空鼓,无歪斜、缺棱掉角和裂缝等缺陷。

③饰面板表面平整清净、图案清晰、颜色协调一致。接缝均匀,填嵌密实、平直,宽窄一致,阴阳角处板的压向正确,非整板的使用部位适宜。

④套割:用整块套割吻合,边缘整齐、光滑。

⑤地漏坡度符合设计要求,不倒水、不积水,与地漏结合处严密牢固,无渗漏。

练习作业

1. 试述水磨石地面的施工工艺流程。
2. 试述块材楼地面铺贴操作方法。

7.6 涂饰工程

涂饰工程是利用不同涂料涂刷于物体或建筑物表面,形成一种固着于物体表面,对物体起装饰与保护作用的施工过程。涂料分为水溶性与溶剂性两种。

7.6.1 水溶性涂料施工

1)水溶性涂料施工操作

水溶性涂料施工操作主要有刷涂、喷涂、滚涂、刮涂、弹涂、抹涂等。

①刷涂施工:就是人工用刷子涂漆的方法。

②喷涂施工:是一种利用压缩空气将涂料喷涂于物面上的机械化施工方法。

③滚涂施工:利用涂料辊进行涂饰。

④刮涂施工:利用刮板,将涂料厚浆均匀地刮于饰涂面上。

⑤弹涂施工:通过机械的方法将弹涂色浆均匀地溅在墙面上。

⑥抹涂施工:将纤维涂料抹涂成薄层涂料饰面。

2）墙面涂料涂饰施工

（1）基层处理

①基层要有足够的强度，无酥松、脱皮、起砂、粉化等现象。

②施工前需将基层表面的灰浆、浮灰、附着物等清除干净，必要时用水冲洗干净。

③基层的空鼓必须剔除，连同蜂窝、孔洞等用腻子修补完整。

④旧墙面应清除疏松的旧装修层，并涂刷界面剂。

⑤新建筑物的混凝土或抹灰基层尚应涂刷抗碱封闭底漆。

（2）施工操作要点及注意事项

①刷涂前需清洗墙面，无明水后才可刷涂。刷涂方向应长短一致，涂层饰面接茬应在分格缝处，一般刷涂两遍盖底。

②滚涂时先将涂料按刷涂做法的要求刷在基层上，随即用滚筒滚净。滚筒上所蘸涂料的量要适当，滚压方向要一致，操作应迅速，以免出现皱皮、透底、漏刷等现象。

③采用喷涂施工时，空气压缩机压力需保持在 0.5 ~0.7 MPa，排气量 0.6 m^3/s 以上。根据涂料的细度和稠度，确定喷枪喷口直径的大小，并据此调整喷头进气阀门，以将涂料喷成雾状为准。喷涂时喷枪需与墙面垂直，不可上下做斜，以免出现虚喷发花，不能漏喷、挂流。漏喷及时补上，挂流及时除掉。喷涂厚度以盖底后最薄为佳，不宜过厚。

④外墙涂料涂饰施工温度不宜低于 5 ℃，涂饰后 4 ~8 h 内避免淋雨，预计有雨时宜停止施工。

3）质量要求

①水溶性涂料涂饰工程的颜色、光泽、图案应符合设计要求。

②水溶性涂料涂饰工程应涂饰均匀、黏结牢固，不得漏涂、透底、开裂、起皮和掉粉。

③水溶性涂料涂饰工程的涂饰质量和允许偏差见表 7.16 至表 7.19。

表 7.16　薄涂料的涂饰质量和检验方法

项次	项　目	普通涂饰	高级涂饰	检验方法
1	颜色	均匀一致	均匀一致	观察
2	光泽、光滑	基本均匀，光滑无挡手感	均匀一致，光滑	
3	泛碱、咬色	允许少量轻微	不允许	
4	流坠、疙瘩	允许少量轻微	不允许	
5	砂眼、刷纹	允许少量轻微砂眼、刷纹通顺	无砂眼，无刷纹	

表 7.17　厚涂料的涂饰质量和检验方法

项次	项　目	普通涂饰	高级涂饰	检验方法
1	颜色	均匀一致	均匀一致	观察
2	光泽	基本均匀	均匀一致	
3	泛碱、咬色	允许少量轻微	不允许	
4	点状分布	—	疏密均匀	

表7.18 复合涂料的涂饰质量和检验方法

项 次	项 目	质量要求	检验方法
1	颜色	均匀一致	观察
2	光泽	基本均匀	
3	泛碱、咬色	不允许	
4	喷点疏密程度	均匀,不允许连片	

表7.19 墙面水溶性涂料涂饰工程的允许偏差和检验方法

项次	项 目	允许偏差/mm					检验方法
		薄涂料		厚涂料		复层涂料	
		普通涂饰	高级涂饰	普通涂饰	高级涂饰		
1	立面垂直度	3	2	4	3	5	用2 m垂直检测尺检查
2	表面平整度	3	2	4	3	5	用2 m靠尺和塞尺检查
3	阴阳角方正	3	2	4	3	4	用200 mm直角检测尺检查
4	装饰线、分色线直线度	2	1	2	1	3	拉5 m线,不足5 m拉通线,用钢直尺检查
5	墙裙、勒脚上口直线度	2	1	2	1	3	拉5 m线,不足5 m拉通线,用钢直尺检查

7.6.2 溶剂性涂料施工

1)溶剂性涂料施工

溶剂性涂料施工包括基层处理、打磨、打底子、抹腻子和涂刷溶剂性涂料等工序。

①基层处理:与水溶性涂料工程基层处理相同。

②打磨施工:用砂或其他砂磨材料对物体表面进行打磨。

③打底子:在打磨好的基层面上刷底子油一遍,并保证其厚薄均匀一致。

④抹腻子:物体表面的缺陷,在涂饰前须用腻子嵌补,使其表面平整。

⑤涂刷涂料:常用的涂饰方法有刷涂、擦涂、喷涂、滚涂等,具体做法与水溶性涂料相同。

2)质量要求

①溶剂性涂料涂饰工程的颜色、光泽、图案应符合设计要求。

②溶剂性涂料涂饰工程应涂饰均匀、黏结牢固,不得漏涂、透底、开裂、起皮和反锈。

③溶剂性涂料涂饰工程的涂饰质量和允许偏差见表7.20至表7.22。

表 7.20 色漆的涂饰质量和检验方法

项次	项 目	普通涂饰	高级涂饰	检验方法
1	颜色	均匀一致	均匀一致	观察
2	光泽、光滑度	光泽基本均匀,光滑无挡手感	光泽均匀一致,光滑	观察、手摸检查
3	刷纹	刷纹通顺	无刷纹	观察
4	裹棱、流坠、皱皮	明显处不允许	不允许	观察

表 7.21 清漆的涂饰质量和检验方法

项次	项 目	普通涂饰	高级涂饰	检验方法
1	颜色	基本一致	均匀一致	观察
2	木纹	棕眼刮平,木纹清楚	棕眼刮平,木纹清楚	观察
3	光泽、光滑度	光泽基本均匀,光滑无挡手感	光泽均匀一致,光滑	观察、手摸检查
4	刷纹	无刷纹	无刷纹	观察
5	裹棱、流坠、皱皮	显明处不允许	不允许	观察

表 7.22 墙面溶剂性涂料涂饰工程的允许偏差和检验方法

项次	项 目	允许偏差/mm				检验方法
		色 漆		清 漆		
		普通涂饰	高级涂饰	普通涂饰	高级涂饰	
1	立面垂直度	4	3	3	2	用 2 m 垂直检测尺检查
2	表面平整度	4	3	3	2	用 2 m 靠尺和塞尺检查
3	阴阳角方正	4	3	3	2	用 200 mm 直角检测尺检查
4	装饰线、分色线直线度	2	1	2	1	拉 5 m 线,不足 5 m 拉通线,用钢直尺检查
5	墙裙、勒脚上口直线度	2	1	2	1	拉 5 m 线,不足 5 m 拉通线,用钢直尺检查

阅读理解

涂饰工程检验批的划分

涂饰工程包括水溶性涂料涂饰工程、溶剂性涂料涂饰工程、美术涂饰工程等。水溶性涂料包括乳液型涂料、无机涂料、水溶性涂料等;溶剂性涂料包括丙烯酸酯涂料、聚氨酯丙烯酸涂料、有机硅丙烯酸、交联型氟树脂涂料等;美术涂饰包括套色涂饰、滚花涂饰、仿花纹涂饰等。

涂饰工程验收时应检查材料的产品合格证、性能检验报告、有害物质限量检验报告和进场验收记录。各分项工程的检验批应按下列规定划分：

①室外涂饰工程每一栋楼的同类型涂料涂饰的墙面每 1 000 m^2 应划分为 1 个检验批，不足 1 000 m^2 也应划分为 1 个检验批。室外涂饰工程每 100 m^2 应至少检查 1 处，每处不得小于 10 m^2。

②室内涂饰工程同类型涂料涂饰每 50 间应划分为 1 个检验批，不足 50 间也应划分为 1 个检验批，大面积房间和走廊可按涂饰面积每 30 m^2 计为 1 间。室内涂饰工程每个检验批应至少抽查 10%，并不得少于 3 间，不足 3 间时应全数检查。

练习作业

1. 试述墙面喷涂、弹涂和滚涂的施工方法。
2. 试述涂饰工程检验批的划分。

学习鉴定

1. 填空题

(1)木门窗框的安装方法有__________和__________两种。

(2)金属门窗安装方法应采用__________，不得采用__________或__________的方法施工。

(3)抹灰工程按使用要求及装饰效果可分为__________和__________。

(4)抹底层灰的操作包括__________、__________、__________。

(5)外墙抹灰时，__________、__________、__________、__________等部位应做成流水坡度。

(6)大规格的板材安装方法，一般采用__________或用__________。

(7)悬挂式顶棚是由__________、__________和__________组成的空间顶棚体系。

(8)现浇水磨石地面是在__________或__________上按设计要求分格，并浇捣水泥石粒浆，硬化后磨光打蜡而成。

(9)水溶性涂料施工操作主要有__________、__________、__________、__________、__________等。

2. 选择题

(1)金属门窗框为后塞法施工，洞口尺寸允许偏差值为宽度和高度(　　)。

A. ±5 mm　　B. ±3 mm　　C. ±10 mm　　D. ±15 mm

(2)为避免一般抹灰各抹灰层间产生开裂、空鼓或脱落，(　　)。

A. 中层砂浆强度不能高于底层砂浆强度

B. 底层砂浆强度应等于中层砂浆强度

C. 底层砂浆强度应高于中层砂浆强度

D. 底层砂浆强度应高于基层砂浆强度

(3)托线板的作用主要是(　　)。

A. 靠吊墙面的平整度　　B. 靠吊墙面的垂直度
C. 测量阴角的方正　　D. 测量阳角的方正

(4) 水磨石施工贴镶嵌条抹八字形灰埂时，其灰浆顶部应比嵌条顶部(　　)。
A. 高 3 mm 左右　　B. 低 3 mm 左右　　C. 高 10 mm 左右　　D. 低 10 mm 左右

(5) 为使外墙面砖镶贴不出现非整砖，应采用的调整方法为(　　)。
A. 调整分格缝的尺寸　　B. 采用不同规格的面砖
C. 调整正交墙面抹灰层的厚度　　D. A + B + C

(6) 大理石采用灌浆法安装时，在灌浆时应分 3 层进行，其第三层灌浆高度为(　　)。
A. 低于板材上口 50 mm　　B. 高于板材上口 20 mm
C. 与板材上口相平　　D. 视板材吸水率而定

(7) 龙骨吊顶时，弹线包括(　　)。
A. 标高线　　B. 顶棚造型位置线　　C. 水管线　　D. 电线

(8) 水磨石地面在研磨过程中，对出现的少量洞眼等，一般采用(　　)。
A. 挤浆　　B. 补浆　　C. 重做　　D. 打磨

(9) 利用压缩空气将涂料喷涂于物面的机械化施工方法是(　　)。
A. 刷涂　　B. 刮涂　　C. 弹涂　　D. 喷涂

(10) 木门窗安装时，门窗扇对口缝的检查工具是(　　)。
A. 塞尺　　B. 钢尺　　C. 线锤(坠)　　D. 靠尺

3. 问答题

(1) 根据国家标准，在对各类门窗安装质量验收时，分别采用什么检验方法？
(2) 试述一般抹灰的分层做法、操作要点及质量标准。
(3) 简述饰面板块的安装要点。
(4) 简述内墙饰面砖镶贴的施工要点。
(5) 简述现浇水磨石楼地面的施工工艺流程。

教学评估

教学评估表见本书附录。

8 冬期与雨期施工

本章内容简介

冬期施工基本知识

混凝土工程冬期施工

砌体工程冬期施工

土方工程冬期施工

雨期施工

本章教学目标

了解混凝土受冻的变化机理和危害

掌握混凝土冬期施工的常用方法和施工工艺

掌握砌体工程冬期施工准备和施工要求

掌握土方工程冬期施工准备和施工要求

掌握雨期施工的施工准备和各分项工程技术措施

问题引入

低温和雨水对工程质量的影响和危害不可忽视，因此冬雨期施工时，如何保证工程质量，采用哪些方法和措施？这是我们应了解和掌握的施工要领。那么，冬雨期施工在我国是怎样界定的？气候变化对工程质量有哪些危害？应采取什么措施保证施工质量呢？下面，我们就来学习冬雨期施工。

8.1 冬期施工基本知识

8.1.1 冬期施工概述

《建筑工程冬期施工规程》(JGJ/T 104—2011)规定：根据当地多年的气象资料确定，在秋冬期节，当室外日平均气温连续5天稳定低于5 ℃的初始日至翌年的春季连续稳定高于5 ℃的终止日即为冬期施工的具体日期。取连续5天气温稳定低于5 ℃的第一天即为冬期施工的初始日；同样，当气温加升时取连续5天稳定高于5 ℃的末日时，即为冬期施工的终止日。但也应注意，在上述期限以外，有时由于寒流袭来最低气温可能暂时突然降到0 ℃以下，但寒流过后气温又回升，因而在这突然降温期也应注意防止混凝土和砌体、抹灰遭到冻害。

冬季由于气候寒冷，经常有风雪天气，施工环境要比夏季复杂、艰难得多，加之在严寒中工人操作时手脚不甚灵活，易发生安全事故；冬期施工用电比夏期施工增加许多，临时用电设备及电线铺设较多，管理不善易出现安全事故；冬期施工现场使用明火处较多，使用煤炉、天然气(煤气)时，管理不善易发生火灾。

冬期施工应对各类外加剂及化学物品加强施工管理，材料堆放要设标牌，防止用时分不清，造成事故。防止将亚硝酸钠防冻剂误认为食用盐而发生中毒事故。

冬期施工期间，由于施工方法不同，要使用许多专用材料、设备和仪器，对它们都要预先贮备、安装并调试好，否则会影响工程进度；供热设备不足，会影响混凝土养护而不能保证工程质量；若相关的测温仪器、仪表缺乏，则难于控制混凝土施工质量。

冬期施工时，气温常处于负温下，因此，在负温下进行焊接操作时应和常温时有所不同。如果不了解、不熟悉，盲目操作，可能会造成焊接质量不合格。

练习作业

在什么气候条件下应按冬期施工要求施工？

观察思考

你所在地有冬期施工吗？它们采用的是哪些方法？效果怎样？你有什么看法和评价？

8.1.2 混凝土在负温下的受冻模式及机理

1)混凝土在负温下的四种受冻模式

混凝土在负温下硬化并受冻,其作用机理到现在仍然没有一种公认的理论。一般主张将混凝土受冻分为已硬化混凝土受冻及新拌混凝土浇灌后早期受冻两种类型。

在泛称早期受冻的情况中,也包含着彼此极为不同的场合,它们的受冻机理极为不同。

第一种受冻模式称为混凝土初龄受冻。新拌混凝土浇筑后,初凝前或刚初凝立即受冻属于这种情况。这种模式的典型情况是,水泥来不及水化就受冻,没有或极微水化热,冻前强度等于零。这种受冻特别是对于 C10 ~ C20 混凝土,由于水泥用量少,水化热少,因而可以迅速冻结。

这种受冻模式水泥受冻后处于“休眠”状态,恢复正温养护后,强度可以重新发展直到与未受冻基本相同,没有什么强度损失。

第二种受冻模式称为混凝土幼龄受冻。新拌混凝土中水泥初凝后,在水化胶凝期间受冻属于这种类型。这种受冻可使后期强度损失 20% ~50%。与前一种类型受冻的主要区别在于:前者的冻结温度低,冻结迅速,混凝土中水分在受冻期间基本没有转移现象;而本类型受冻特点是,冻结温度较高(0 ~ −5 ℃),冻结缓慢,混凝土中水分在冻结期间有水分转移。绝大部分早期受冻属于这种类型,其强度损失的大小取决于水分转移程度。

第三种受冻模式称为混凝土龄期受冻。它相当于水泥水化已进入凝聚-结晶阶段,已经达到能抵抗受一次冻融破坏的强度。这种受冻模式可以看作水泥水化产生的结构形成作用,已经等于或大于冰冻产生的结构破坏作用。水泥与水化合时水化生成物体积减小,基本上可与水结冰其体积增大相补偿。在这种情况下,混凝土受冻是可以允许的,其强度可以没有损失或其损失最多不超过 5%,耐久性也基本上不降低。

第四种受冻模式是已硬化达到设计强度后混凝土受冻,即所谓混凝土的抗冻性。这一阶段受冻,相当于水泥水化的结晶期,其受冻机理与第一、第二种模式截然不同。

冬期混凝土施工中的任务,就在于尽量杜绝第二种受冻模式。第一种受冻模式虽然基本上没有强度损失,但由于工程有期限要求,往往由于使工程迅速投入使用等技术经济上的要求,而不得不予避免。以节约冬期施工费用及节能出发,第三种受冻模式是可以允许的。

2)混凝土受冻机理

混凝土的不同受冻模式,不仅对冬期混凝土施工有着极为重要的技术经济意义,而且对混凝土结构的力学性质、耐久性等都有着重大影响。

第一种受冻模式是由于水化热很小,气温迅速下降到 −20 ℃或更低,冻结过程迅速,水分没有转移或基本上没有转移,因此冻结水分在混凝土中的分布是比较均匀的,冰的形态是微小冰晶。水分在混凝土中没有重新分布现象,所以基本上没有强度损失或损失很小。

第二种受冻模式的破坏机理与土的冻胀相似。造成破坏的主要原因并不完全是由于水转变为冰及在相变过程体积增大产生所谓膨胀压力，而是由于在整个混凝土硬化期间受负温影响所造成的水分移动。这种移动的后果，引起水分在混凝土中重新分布，在混凝土内部生成较大的扁平冰聚体，造成严重的物理损害。

新成型混凝土中水分移动，最初是由于混凝土内部及表面的温度差引起的。冷却只是从表面开始，逐渐扩大至混凝土的内部。众所周知，低温区的蒸汽分压力较低，因此，水分向表面的低温区移动。当表面温度与周围介质的温差为零时，水分冻结成冰。冰晶从水泥颗粒移开，并以冰聚体形式，破坏水泥水化所形成的结晶骨架。除此之外，它还减弱混凝土各组分的黏结力，然后移动的水分以冰膜的形式包围粗骨料及钢筋的表面。当混凝土为密实级配时，由于毛细管现象，冰膜的形成则更为加速。当混凝土融化时，冰聚体及冰膜也消失，但在其位置上形成了空隙，影响了混凝土的密实性。

除了抗压强度指标降低外，对其他各项物理力学指标，如抗拉、弹性模量、混凝土和钢筋的握裹力等都有较大的降低，抗冻性、抗渗性和自然耐久性亦下降了。

因此第二种受冻破坏主要是水分转移引起的。缓慢受冻是造成水分转移的最良好条件（在 −5 ℃下冻结），这就是在 −20 ℃下冻结强度损失大的原因。

第三种受冻模式的机理是，当混凝土达到了临界强度，虽然混凝土中还有小部分拌和水存在，但受一次冻结后对抗压强度没有重大影响。承受多次冻融，其破坏机理同第四种受冻模式。

第四种受冻模式的受冻机理是，混凝土在饱水状态下经过多次冻融而降低强度或重量。这种受冻模式的破坏机理是冰晶的膨胀压力起主要作用，如混凝土全部孔隙都充满了水，则一次冻融循环后，应立即破坏。在饱水状态下混凝土经多次循环未被破坏，主要是由于混凝土孔隙容积中没有全被水所充满及在冻结过程中在冰晶生长的压力作用下，水的一部分受到压缩的缘故。

练习作业

1. 混凝土受冻有几种模式？
2. 混凝土受冻胀破坏是怎样形成的？怎样才能防止混凝土发生冻胀破坏？

8.2 混凝土工程冬期施工

8.2.1 混凝土工程冬期施工方法主要理论

1) 混凝土冬期施工方法分类

根据上述混凝土受冻模式，可以对冬期施工方法进行分类。混凝土冬期施工总的要求在于杜绝第二种受冻模式，也尽量避免第一种受冻模式。使混凝土不出现第一种及第二种受冻模式，一般有 3 类方法：

第一类方法是使混凝土在负温下仍有液相存在，水泥可照常水化，混凝土强度仍能按一定的速度增长，这可以通过加抗冻外加剂实现。用这种方法浇筑的混凝土，称负温混凝土或冷温混凝土。

第二类方法是混凝土浇筑后进入第三种受冻模式前，一直能在正温条件下养护，因而要对混凝土或在拌和前对其所用材料进行加热。

第三类方法是上述两类方法的复合。最常用的复合方案是先对组成材料、混凝土拌合物加热，然后蓄热，直到达到临界强度为止；其次是加入少量外加剂，同时进行短期加热。由于施工的当地条件及构件类型不同，影响选择方法的因素很多，很难制定一般应遵循的原则，必须结合具体条件进行技术经济分析，根据工程进度要求，结合能源情况，予以综合考虑。从节能出发，应首选第一及第三类方法。

2）第一类方法：负温混凝土（机理）方法

根据前已述及的混凝土在负温下硬化的基本理论，要保证混凝土在负温下硬化并获得强度，首要条件就在于必须有液相存在。

加入抗冻外加剂是使水的冰点下降，促使混凝土在负温下硬化。掺加抗冻外加剂时，其剂量应适宜，当气温降至设计温度以下，允许有 30% ~50% 的水变为冰。掺抗冻外加剂生成的冰，不对混凝土产生显著的损害。当水泥水化所需要的水随着水化进程增多时，可由融冰来补充，直到含冰量减少并逐渐消失。

尽管掺抗冻外加剂，仍需提防第二种受冻模式造成的损害发生。产生这种受冻现象的条件是正负温度反复交替出现，混凝土的冷却及受热的速率是 1 ~5 ℃/h，一般是初春及初冬，以及冬季气候转暖出现融冰时刻。当空气中相对湿度增加，混凝土中水泥及抗冻外加剂用量大时，第二种受冻模式就会加速进行。这时外加剂溶液会在混凝土中发生迁移现象，并可能在构件中某些部位集中。这些部位多是表面、截面变动处，构件内有缺陷处，然后有结晶析出，并可能体积增大，在构件内造成局部损害。因此造成负温混凝土耐久性降低的原因，可能不只是遭受寒流的袭击，还要注意突然来临的暖流。

3）第二类方法：临界强度（理论）方法

受冻临界强度是指混凝土抵抗负温冻害时的最小强度。对于不同负温下冻结或用不同品种水泥拌制的混凝土，或不同等级的混凝土，其受冻临界强度值不同，当采用不同防冻剂时其受冻临界强度值也不同。其具体要求见《建筑工程冬期施工规程》（JGJ/T 104—2011）。

临界强度，即混凝土进入第三种受冻模式所需的最低强度。这一概念只是从技术经济考虑，当采用第二类施工方法或第三类施工方法时才有实际意义。混凝土进入第三种受冻模式的最短养护龄期，即临界龄期。

在什么条件下混凝土才按第三种模式受冻，从而没有强度损失，耐久性也不降低呢？这是一个复杂的问题，必须根据水泥的水化程度、水化生成物的结晶度、孔结构特征等综合考虑，是不可能用某个值来表示的。但是，一般说混凝土的强度是它的一个重要参数，是判断混凝土中结构形成与破坏过程的标准，所以选用临界强度作为允许受冻的指标。

由于第三种受冻模式的受冻破坏机理与第四种模式基本相同，主要由混凝土的孔结构所决定，因此，对有抗冻性要求的混凝土结构一定要加入引气外加剂，改变其孔结构。在设计混凝土配合比时，要采用尽可能小的水灰比，可以加减水剂，并酌情提高其临界强度值。不管混凝土的使用条件、强度,而采用某一固定值是不够合理的。

活动建议

在专业教师带领下,参观施工现场。

(1)看工地对新浇混凝土是怎样选择防冻措施的?

(2)对不同部位的构件采取的防冻方法是否相同?

(3)怎样识别工业盐与食用盐?

练习作业

1. 为什么要降低混凝土拌和水的冰点?

2. 测算出混凝土临界龄期有什么意义?

8.2.2 混凝土冬期施工方法

1)选择冬期施工方法考虑的因素

在混凝土冬期施工中,我们要解决的问题主要有两个:一是根据设计强度要求,如何确定最短的养护龄期;二是在冬期如何防止混凝土遭受初期冻害,以免损害混凝土的其他性能。

通常在选择冬期施工方案时,考虑的主要因素有:自然气温情况、结构类型、水泥的品种、工期的限制条件以及经济情况。但是,人们在确定某项施工方案时,往往单纯从经济比较着手,而且只是从混凝土的单项经济比较着手,忽视整体工程经济分析,因而常常拖延工期。

2)冬期施工方法

(1)蓄热法施工

蓄热法是将混凝土的原材料(水、砂、石)预先加热,经过搅拌、运输、浇筑成型后的混凝土仍能保持一定正温度,以保温材料覆盖保温,防止热量散失过快,充分利用水泥的水化热,使混凝土在正温条件下增长强度。蓄热法适用于气温不太寒冷的地区或是秋冬和冬末季节。蓄热法施工应进行热工计算。

(2)蒸汽养护法施工

在混凝土冬期施工中,当要求混凝土强度增长较快,采用蓄热法等无法满足要求时,通常采用蒸汽养护法。

(3)电热法施工

电热法设备简单,收效快,可以在任何温度下使用,所以当工程要求紧迫且条件具备时可以采用。我国使用电热法大致可分为两大类:直接加热法,主要为电极法,如棒形电极、片形电极、弦形电极等;间接加热法,如电热焙烘、电加热器、电热模板等,主要用于板式结构。电热法耗电能较多,一般工程不宜采用。

(4)电热毯法施工

混凝土浇筑后,在混凝土表面或模板外覆盖柔性电热毯,通电加热养护混凝土的施工方法,称为电热毯法。

(5)负温养护法(化学外加剂法)

我国混凝土冬期施工使用化学外加剂始于 1954 年,到现在大致可分为 5 种类型,即氯盐及其复合剂、三乙酸胺及其复合剂、硫酸钠及其复合剂、亚硝酸钠及其复合剂、减水剂及其复合剂。

氯盐冷混凝土的优点是不需加热,施工简便,可降低工程费用 20% 左右,但存在硬化慢、早期强度低、加剧钢筋锈蚀等缺点,因此在使用中对氯盐的掺量和使用范围作了限制。

(6)电极加热法

用钢筋作电极,利用电流通过混凝土所产生的热量对混凝土进行养护的施工方法,称为电极加热法。

混凝土冬期施工常用方法见表 8.1。

表 8.1　混凝土冬期施工常用方法(供参考)

施工方法		施工方法的特点	适用条件
养护期间不加热的方法	蓄热法	①原材料加热; ②混凝土表面用塑料薄膜覆盖后,上铺高效保温材料进行保温蓄热,防止水分或热量散失; ③混凝土温度降低到 0 ℃以前要达到早期允许受冻临界强度值; ④混凝土强度增长较慢,费用较低	①室外最低气温不低于 −15 ℃; ②表面系数 M 不大于 5 m^{-1} 的结构; ③地下结构; ④大体积混凝土结构
	综合蓄热法	①原材料加热; ②混凝土中掺早强剂或早强型防冻剂; ③混凝土表面塑料薄膜覆盖后,铺以高效保温材料进行保温蓄热,防止水分和热量散失; ④混凝土内温度降低到外加剂设计温度前要达到早期允许受冻临界强度值; ⑤混凝土早期强度增长较好,费用较低	①混凝土结构表面系数为 5 m^{-1} ≤ M ≤ 15 m^{-1}; ②混凝土养护期间平均气温不低于 −15 ℃; ③适用于梁、板、柱及框架结构,大模板墙等结构
	负温养护法(防冻外加剂法)	①原材料加热视气温条件; ②混凝土掺加防冻剂,亦可适当保温防护,防止失水; ③混凝土内温度降低到防冻剂规定的设计温度前要达到早期允许受冻临界强度值; ④混凝土强度增长慢,但费用低,方法简便	①自然气温不低于 −25 ℃; ②适用于不易保温的结构、野外裸露结构、高空框架,圈梁,且对混凝土强度增长无特别要求的结构; ③防冻剂的品种及掺量选定根据气温及结构实际状况选用
	硫(铁)铝酸盐早强水泥混凝土	①原材料加热视气温条件; ②水泥采用硫(铁)铝酸盐早强水泥,并掺用亚硝酸钠及其他专用外加剂; ③混凝土浇筑后要用塑料薄膜覆盖防护,可适当用保温材料保温; ④混凝土早期强度增长快,具有早强防冻性能; ⑤水泥价格较贵	①适用于 −25 ℃以内气温; ②适用于梁、板、柱及预制构件接头的现浇混凝土; ③表面系数小于 6 m^{-1} 的大体积结构不宜用; ④使用条件处于 100 ℃以上及高温条件下的结构不适用

续表

施工方法		施工方法的特点	适用条件
养护期间不加热的方法	电加热法	工频涡流法： ①采用涡流模板，能以交流电，使模板发热养护混凝土； ②加热温度均匀，温度可控制，加热效率高； ③制作涡流模板费钢材，一次投资大，但模板可重复利用	①适用于各种温度条件； ②适用于梁、板、柱，大型墙板等结构； ③适用于现浇的梁、柱接头混凝土养护
		线圈感应法： ①在构件钢模板外面用导线缠绕成线圈，能电加热钢模板及混凝土构件内部的钢筋来养护混凝土； ②方法简单，缠绕线圈的导线可重复利用； ③加热时间及温度视构件体积及内部配筋率多少来控制	①适用于 -20 ℃以内温度； ②适用于配筋较多的梁、柱类构件，亦适用于现浇配筋较多的混凝土构件接头养护； ③可用于钢板预热及受冻构件解冻

8.2.3 混凝土冬期施工工艺

1)混凝土冬期施工对材料的要求

(1)对组成混凝土的原材料要求

冬期施工对组成混凝土的原材料要求，见表8.2。

表8.2 冬期施工对组成混凝土原材料的要求(供参考)

养护方法	原材料要求			
	水 泥	骨 料	外加剂	保温材料
蓄热法、综合蓄热法、防冻外加剂法、暖棚法	优先选用强度≥42.5 MPa硅酸盐水泥或普通硅酸盐水泥	骨料除应符合有关质量要求外，骨料必须清洁，不得含有冰雪和冻块，以及易冻裂的物质。在掺有含钾、钠离子的外加剂时，不得使用活性骨料，对重要工程混凝土使用的砂，应采用化学法和砂浆长度法进行集料的碱活性检验；对重要工程的混凝土所使用的碎石或卵石应进行碱活性检验	参考《混凝土外加剂应用技术规范》(GB 50119—2013)	草袋、草帘、珍珠岩、岩棉及聚酯泡沫塑料等
蒸汽加热法	宜采用强度≥42.5 MPa矿渣硅酸盐水泥、火山灰硅酸盐水泥或采用普通硅酸盐水泥			
电加热法	应采用强度为32.5 MPa普通硅酸盐水泥、火山灰硅酸盐水泥、矿渣硅酸盐水泥			

(2)对原材料加热的要求

①原材料加热方法，见表8.3。

表 8.3　原材料加热方法

加热方法		原材料要求
水	直接加热	用铁桶、大锅或热水锅炉直接用燃料提高水的温度
	间接加热	一种是直接向贮水箱内通蒸汽，以提高水温度；另一种是水箱内装置蒸汽加热器、电回热器或汽水热交换罐提高水的温度
骨　料	直接加热	在砂堆内插入蒸汽排管，直接向砂堆排放蒸汽，以提高砂子温度；砂堆也可用帆布覆盖，有条件的将热空气装入帆布内
	间接加热（干热法）	在砂堆中安设蒸汽排管或采用保温加热斗；砂堆帆布覆盖，有条件时可将热空气吹入帆布内

②水、骨料加热最高温度。拌和水及骨料加热温度根据热工计算确定，但不得超过表 8.4 的规定。

表 8.4　拌和水及骨料加热最高温度

单位：℃

项　次	水泥品种及强度等级	拌和水	骨　料
1	强度等级 <42.5 的普通硅酸盐水泥、矿渣硅酸盐水泥	80	60
2	强度等级 ≥42.5，42.5R 的普通硅酸盐水泥、硅酸盐水泥	60	40

2）混凝土的搅拌、运输与浇筑

（1）混凝土的搅拌

在常温条件下施工，搅拌塑性混凝土常选用自落式搅拌机；搅拌干硬性混凝土宜采用强制式搅拌机。在冬期施工时，除考虑上述条件外，还应考虑混凝土的水灰比减少和外加剂的掺入等因素，宜选择强制式搅拌机。

为确保混凝土的搅拌质量，冬期施工时除合理选择搅拌机型号外，还要确定装料容积、投料顺序和搅拌时间等。

①装料容积。混凝土搅拌机的规格常以装料容积表示，装料容积通常只为搅拌几何容积的 1/3 ~ 1/2。一次搅拌好的混凝土体积称为出料容积，为装料容积的 55% ~ 75%。

混凝土搅拌机以其出料容积（m^3）×1 000 标定规格，常用规格有 150 L，250 L，350 L 等。

②投料顺序。冬期搅拌混凝土的合理投料顺序应与材料加热条件相适应。一般是先投骨料和加热的水，待搅拌一定时间后，水温降到 40 ℃左右时，再投入水泥继续搅拌到规定的时间，要绝对避免水泥出现假凝。

③搅拌时间。为满足各组成材料间的热平衡，冬期拌制混凝土时应比常温规定的搅拌时间适当延长。对搅拌掺有外加剂的混凝土时，搅拌时间应取常温搅拌时间的 1.5 倍。

（2）混凝土的运输和浇筑

①混凝土的运输。混凝土拌合物出机后，应及时运到浇筑地点。在运输过程中，要采取措施防止混凝土热量散失和冻结等现象。在条件可能的情况下，加强运输工具的保温覆盖、制作定型保温车或运输采暖设备。途中混凝土温度不能降低过快，一般每小时温度降低不宜超过 5 ~ 6 ℃。

混凝土浇筑时入模温度除与拌合物的出机温度有关外，主要取决于运输过程中的蓄热温度。因此，运输速度要快，运输距离要短，倒运次数要少，保温效果要好。其他有关事宜可参照混凝土工程中的有关规定执行。

②混凝土浇筑。在浇筑前，应清除模板和钢筋表面的冰雪和污垢。在施工缝处接槎浇筑混凝土，应去除水泥薄膜和松动石子，将表面湿润冲洗干净，并使接缝处原混凝土的温度高于2 ℃，然后铺抹水泥浆或与混凝土砂浆成分相同的砂浆一层，待已浇筑的混凝土强度高于1.2 MPa时，允许继续浇筑。

有条件宜采用热风机清除模板、钢筋上的冰雪和进行预热。

分层浇筑厚大整体式结构时，已浇筑层的混凝土温度，在被上层混凝土覆盖时，不应降至热工计算的数值以下，也不得低于2 ℃。

浇筑随内力接头的混凝土（或砂浆）宜先将结合处的表面加热到正温。浇筑后的接头混凝土（或砂浆）在温度不超过45 ℃的条件下，应养护至设计要求强度；当设计无要求时，其强度不得低于设计强度等级的70%。

冬期一般不得在强冻胀性地基上浇筑混凝土；在弱冻胀性地基上浇筑混凝土时，地基土应保温；在非冻胀性地基上浇筑混凝土时，可不考虑土对混凝土的冻胀影响，但在受冻前，混凝土的抗压强度不得低于受冻临界强度。

其他混凝土浇筑技术与要求，可按混凝土工程中的有关规定执行。

3）蓄热法养护

混凝土蓄热法养护是利用原材料加热及水泥水化热的热量，通过适当保温延缓混凝土冷却，使混凝土冷却到0 ℃以前达到预期要求强度的一种施工方法。

（1）蓄热法的适用范围

蓄热法适用于初冬或早春季节室外日平均气温为 −10 ℃，最低气温不低于 −15 ℃的环境，混凝土表面系数不大于5 m^{-1}或地面以下结构。由于蓄热法施工简单，冬期施工费用低廉，容易保证施工质量，故在冬期施工时应优先考虑采用。

蓄热法使用的保温材料应该以传热系数小，价格低廉和易于获得的地方材料为宜。

（2）混凝土受冻临界强度

在寒冷地区进行混凝土冬期施工，由于各种因素，欲使混凝土完全不受冻是不现实也不经济的。因为这要增加许多防护措施，而且工期拖长。在一定条件下允许混凝土早期受冻，而不致损害混凝土各项性能，满足设计和使用要求，这就提出了混凝土早期受冻允许受冻临界强度的概念。

新浇混凝土在受冻前达到某一初始强度值，然后遭到冻结，当恢复正常温度后，混凝土强度仍会继续增长，经28 d养护后，其后期强度可达设计标准值的95%以上。这一受冻前的初始强度值称为混凝土早期受冻允许临界强度。

冬期浇筑的混凝土受冻前，其抗压强度不得低于《建筑工程冬期施工规程》（JGJ/T 104—2011）的规定：

①采用硅酸盐水泥或普通硅酸盐水泥配制的普通混凝土，为设计的混凝土强度标准值的30%。

②采用矿渣硅酸盐水泥配制的普通混凝土，为设计的混凝土强度标准值的40%。

③对于强度等级为C10或更小的混凝土,其强度不得小于50 MPa。

④对于掺防冻剂的混凝土,当室外最低气温为-15 ℃以内时,其强度不低于40 MPa;当室外最低气温为-30 ℃以内时,其强度不低于50 MPa。

蓄热法养护新浇筑混凝土早期受冻允许受冻临界强度确定:一是蓄热法施工前应进行热工计算,确定其临界强度值;二是蓄热法养护期间混凝土强度的估算,确定其临界强度值。

混凝土临界强度值的确定,有利于保证混凝土施工质量,加速保温材料周转使用,降低工程造价,保证施工期限。

8.2.4 混凝土冬期施工的质量控制和准备工作

1)冬期施工的质量控制

(1)关于混凝土免受冻害及临界强度的控制

冬期浇筑混凝土的冻害分为两个方面:一是早期冻害,即所谓出现混凝土的幼龄受冻(第二种受冻模式);其二为拆模时构件周围的负温影响,使结构表面急剧降温,由于内外温差较大使表面产生裂纹,这是由温度应力而产生的破坏。这两种类型冻害都影响混凝土的性能,所以在冬期施工中应力求避免。

(2)关于气温的影响因素及气象预报利用

冬期施工对气温资料的掌握和分析很重要,许多冬期施工失败的工程事例就是因忽视这项工作引起的。

(3)注意薄弱部位混凝土过早冷却

冬期浇筑混凝土的保温养护是获得高质量的关键,施工前应做好保温覆盖的准备工作。由于水泥水化热大部分要在前三天放出,而且放出的快慢与混凝土体内温度有关,因而在混凝土养护期中,前三天的保温极为重要。从混凝土的温度记录中可以看出,薄构件的混凝土冷却速度要比厚大体积构件快得多。

(4)使用外加剂注意事项

混凝土冬期施工中,采用外加剂方案较受欢迎。但是,施工实践表明,使用外加剂出现的质量事故也不少,其原因归纳起来,一是对各种外加剂性能了解不清,使用不当造成的,例如把减水剂误当作抗冻剂,或将不具抗冻性能的早强剂当作抗冻剂使用;二是使用时没严格按实验室下达的掺量使用。这两种情况都要通过加强施工管理来杜绝。

2)冬期施工准备工作

冬期施工时要做好以下准备工作:

①落实热源,包括正式热源、临热源、炉子等,并做好消烟除尘工作。

②提前做好冬期施工材料的准备,如煤、草帘、席子、聚苯泡沫板、篷布、塑料薄膜以及化学抗冻剂等。

③做好现场临时设施的保温防冻工作,如供水管的保温或深埋于冰冻线以下。

④培训司炉和保温人员。

⑤冬期施工的室内装修工程要提前做好工程的封闭和保温工作。

⑥安排和检查停工部位。

a. 基础完后，停工时应将室内外回填土填至地平以上同一高度。室内外管沟盖板，并在沟底加保温、设支撑。

b. 装修阶段，室内装修要将本层做完，室外力求一次做完，地面要进行保温和防冻。

⑦生活区也应及早做好防冻措施，用炉子取暖的要防煤气中毒。同时室内要有防风和通气措施。

活动建议

组织学生到学校附近工地了解冬期施工是怎样操作的。

练习作业

1. 什么叫负温混凝土？
2. 混凝土的冻结和冻害有什么区别？
3. 混凝土冬期施工中什么叫混凝土受冻临界强度？
4. 蓄热法施工工艺过程适用何种条件？
5. 冬期施工如何做好混凝土的养护？

8.3 砌体工程冬期施工

砌体工程的冬期施工方法，有外加剂法、暖棚法等。由于外加剂砂浆在负温条件下强度可以持续增长，砌体不会发生沉降变形，施工工艺简单，因此常被采用。对地下工程或急需的工程可采用暖棚法。本节主要介绍外加剂法。

8.3.1 冬期施工前的资源及原料准备

1) 冬期施工前的资源准备工作

①暂设工棚的搭设。

②加热设备需用量的准备。

③机械设备需用量及试运转。

④防寒保温材料的品种及储备。

2) 冬期保温材料的品种及储备

在冬期施工前，应收集原材料出厂化验单、外加剂产品说明书等，对水泥、外加剂等产品进厂后要取样送往实验室检验，经实验室复验合格后，方准使用。

①冬期施工砖石材料除应达到国家要求外，还应符合“冬期施工砖石材料”的要求。

a. 普通黏土砖吸水率不大于15%，黏土质砖吸水率不大于8%，石材吸水率不大于5%，石材表面不得有水锈。

b. 遇水浸泡后受冻的砖、砌块不能使用。

c. 砌筑时，当室外气温高于 1 ℃，普通黏土砖可适当浇水，但不宜过多，一般以表面吸进 10 mm 为宜，且随浇随用。当室外气温低于 1 ℃时不得浇水。

②砂浆宜采用普通硅酸盐水泥拌制，不得使用不掺水泥的砂浆。水泥的强度等级一般以 32.5 ~ 42.5 MPa 为宜。不同品种的水泥不得混合搅拌使用。

③石灰膏应防止污染、干燥和受冻，受冻而脱水风化干燥的石灰膏不得使用。

④宜采用中砂，除符合有关标准外，砂中不得含有冻块和直径大于 10 mm 的冻结块。砂加热温度不得超过 40 ℃。砂加热可用排管、火炕、蒸汽、铁板炒等。

⑤砖石工程冬期施工中常用外加剂有防冻剂和有机塑化剂。砌筑砂浆使用的防冻剂分单组分及复合产品。

⑥拌和砂浆时，水温不得超过 80 ℃。水加热可将蒸汽直接通入水箱，也可用铁桶烧水。

3）砌筑砂浆的要求和准备

①冬期施工中不得使用无水泥配制的砂浆。

②在负温条件下砌筑时，砂浆稠度可比常温时大 10 ~ 30 mm，但不宜超过 130 mm。冬期施工砌筑砂浆的稠度要求见表 8.5，冬期施工砌筑砂浆使用温度不宜低于表 8.6 数值。

表 8.5　冬期施工砌筑砂浆稠度要求

项　次	砌体类别	常温时砂浆稠度/mm	冬期时砂浆稠度/mm
1	实心砖墙、柱	70 ~ 100	80 ~ 130
2	空心砖墙、柱	60 ~ 80	80 ~ 100
3	空心砖墙、拱式过梁	50 ~ 70	80 ~ 100
4	空斗墙	50 ~ 70	70 ~ 90
5	石砌体	30 ~ 50	40 ~ 60
6	加气混凝土砌块	—	130

表 8.6　砌筑时砂浆使用温度

气　温	外加剂法	气　温	外加剂法
0 ~ −10 ℃	+5 ℃	低于 −25 ℃	+15 ℃
−11 ~ −25 ℃	+10 ℃		

8.3.2　外加剂法

外加剂法是指在水泥砂浆、水泥混合砂浆中掺入一定量的外加剂，并用这种掺外加剂砂浆进行砌筑的施工方法。

1）外加剂的掺量

冬期砌筑采用外加剂法时，可使用氯盐或亚硝酸钠等盐类外加剂拌制砂浆。氯盐应以氯化钠为主。当气温低于 -15 ℃时,也可与氯化钙复合使用。氯盐掺量见表 8.7。

表 8.7　氯盐外加剂掺量(占用水质量%)

<table>
<tr><th colspan="3" rowspan="2">氯盐及砌体材料种类</th><th colspan="4">日最低气温/℃</th></tr>
<tr><th>≥ -10</th><th>-10 ~ -15</th><th>-16 ~ -20</th><th>-21 ~ -25</th></tr>
<tr><td colspan="2" rowspan="2">氯化钠(单盐)</td><td>砖、砌块</td><td>3</td><td>5</td><td>7</td><td>—</td></tr>
<tr><td>砌　石</td><td>4</td><td>7</td><td>10</td><td>—</td></tr>
<tr><td rowspan="2">(复盐)</td><td>氯化钠</td><td rowspan="2">砖、砌块</td><td>—</td><td>—</td><td>5</td><td>7</td></tr>
<tr><td>氯化钙</td><td>—</td><td>—</td><td>2</td><td>3</td></tr>
</table>

注:掺盐量以无水盐计,掺量为拌和水质量百分比。

2)外加剂溶液的配制

外加剂溶液配制一般有两种方法:一种是配制定量浓度的溶液,在砂浆拌制时掺进去;另一种是先配制高浓度的溶液,使用时再稀释到含量合乎要求浓度的溶液,作为拌和水加进去。

每个搅拌站应备有不少于两个盛溶液的容器,使用时应先将一个容器内的溶液用完,再使用另一个容器内的溶液,空容器可继续配制溶液,确保溶液中溶质含量的准确性。如果采用两种以上溶液时,应分别配制,容器应标上不同明显标记,以便辨认。溶液的配制应设专人负责,用比重计随时测定溶液的浓度。

3)外加剂法施工

(1)掺外加剂砂浆的拌制

掺盐砂浆掺入有机塑化剂时,盐溶液和有机塑化剂必须分别存放,在砂浆拌和过程中应先加入盐溶液拌和,再加有机塑化剂拌和(防止砂浆失去塑化作用),砂浆搅拌机的搅拌时间应比常温季节增加 0.5 ~ 1.0 倍。

当室外温度低于 -10 ℃时,对原材料要进行加热。首先将水加热,当加热水满足不了热工计算温度时,可再加热砂子。水泥不加热,但应放在不低于 0 ℃的室内。当拌和水的温度超过 60 ℃时,拌制时的投料顺序:水和砂子先拌和,然后再投入水泥。

(2)砌筑砂浆温度控制

冬期施工使用的砂浆温度,不应低于 +5 ℃。砖与砂浆的温差最好控制在 20 ℃以内,最大不超过 30 ℃。砂浆的出机温度不宜超过 35 ℃。

(3)砌筑砂浆的强度等级

使用掺外加剂砂浆,如设计无要求时,当最低气温等于或低于 -15 ℃时,砌筑承重砌体砂浆强度等级应按常温施工的规定提高一级。冬期施工时不应忽视掺外加剂砂浆的保温。

(4)砌筑砖浆稠度

冬期施工砖浇水有困难,可增加砂浆稠度来解决砖含水率不足而影响砌筑质量等不利因素,但砖浆最大稠度不应超过 130 mm。

(5)墙体内施工洞口的留置

施工时,墙体内留置的施工洞口边缘,距离交接处的距离不应小于 500 mm,洞口顶部应设置过梁。每日砌筑高度不宜超过 1.20 m。

(6)砌体内钢筋及铁埋件做防锈处理

掺氯盐砂浆对钢筋及铁埋件有锈蚀作用,因此,钢筋及铁埋件要涂刷防锈涂料,一般做法是涂樟丹 2 ~3 道或防锈漆 2 道。

其他施工要点可按常温要求做法执行。

4)掺用氯盐的砂浆严禁采用的结构

①对装饰工程有特殊要求的建筑物。

②使用时,相对湿度大于 80% 的建筑物。

③配筋、钢埋件无可靠的防腐处理措施的砌体。

④接近高压电线的建筑物(如变电所、发电站等)。

⑤经常处于地下水位变化范围内,以及在地下未设防水层的结构。

⑥热工要求高的建筑物。

练习作业

1. 为什么有的砌体结构限制使用掺氯盐的砂浆?
2. 为什么掺有氯盐的砂浆中,对预埋的金属铁件应做处理?

8.3.3 施工质量措施

①砌体工程冬期施工应有完整的冬期施工方案,并按规定程序进行审批后方可施工。

②冬期施工所用材料应符合下列规定:

a. 石灰膏、电石膏等应防止受冻,如遭冻结,应经融化后使用;

b. 拌制砂浆用砂,不得含有冰块和大于 10 mm 的冻结块;

c. 砌体用砖或其他块材不得遭水浸冻。

③冬期施工砂浆试块的留置,除应按常温规定要求外,尚应增留不少于 1 组与砌体同条件养护的试块,测试检验 28 d 强度。

④普通砖、多孔砖和空心砖在气温高于 0 ℃条件下砌筑时,应浇水湿润。在气温低于或等于 0 ℃条件下砌筑时,可不浇水,但必须增大砂浆稠度。抗震设防烈度为 9 度的建筑物,普通砖、多孔砖和空心砖无法浇水湿润时,如无特殊措施,不得砌筑。

⑤拌和砂浆宜采用两步投料法。水的温度不得超过 80 ℃,砂的温度不得超过 40 ℃。

⑥砂浆使用温度应符合下列规定:采用掺外加剂法外,不应低于 +5 ℃;采用氯盐砂浆法时,不应低于 +5 ℃;采用冻结法,砂浆使用温度不宜低于表 9.6 数值。

⑦当采用掺盐砂浆法施工时,宜将砂浆强度等级按常温施工的强度等级提高一级。

⑧配筋砌体不得采用掺盐砂浆法施工。

观察思考

你所在地的冬期施工中,常采用哪种方法来保证砖砌体的质量?

练习作业

1. 什么叫外加剂法?

2. 砌体工程冬期施工要点有哪些?如何保证其施工质量?有何措施?

8.4 土方工程冬期施工

土在冬期,由于遭受冻结,变得坚硬,挖掘困难,施工费用比常温期高,所以土方工程的冬期施工应在经济及技术条件认为合理时方可进行。

8.4.1 土的冻结

土在地表面无雪和草皮覆盖条件下的全年标准冻结深度 H_0(单位:m)可按下式估计:

$$H_0 = 0.28\sqrt{\sum T_m + 7} - 0.5 \tag{8.1}$$

式中 $\sum T_m$——低于0 ℃的月平均气温的累计值(连续10年以上的年平均值),以正号代入。

【例8.1】 根据气象资料查得某地低于0 ℃月平均气温为:1月为20.2 ℃,2月为16 ℃,3月为6.2 ℃,11月为6.9 ℃,12月为17.1 ℃。试估计该地的全年冻结深度。

【解】 $\sum T_m = 20.2\ ℃ + 16\ ℃ + 6.2\ ℃ + 6.9\ ℃ + 17.1\ ℃ = 66.4\ ℃$

按式(9.1)得:

$$H_0 = (0.28\sqrt{66.4 + 7} - 0.5)\text{m} = 1.90\text{ m}$$

暴露在外界大气中的土冻结时,其冻结速度与外界气温的规律见表8.8。表8.8只是冻结时期的规律,当上层冻结以后,下面土由于有了上层冻结层的覆盖,传热发生变化,就不应按这一规律进行测算。

表8.8 根据气温确定土的冻结速度表

土的种类	在下列条件下,接近最佳含水量时土的冻结速度/(cm·h⁻¹)			
	-5 ℃	-10 ℃	-15 ℃	-20 ℃
覆盖有积雪的砂质粉土和粉质黏土	0.03	0.05	0.08	0.10
没有积雪的砂质粉土和粉质黏土	0.15	0.30	0.35	0.50

基于土冻结的规律,冬期施工时必须周密计划,组织好施工力量,进行连续不断的作业。一般来说,土方工程尽量安排在入冬之前较为合理。

土受冻变得坚硬,除不便开挖施工外,对工程质量有很大的影响和危害。在冻土层或受冻后的土上做基础、埋设管道时，土冻胀可破损结构，解冻后土收缩变形，使房屋基础遭受沉陷、房心地面开裂等危害。

8.4.2 回填土

由于土冻结后即变成坚硬的土块，在回填过程中不能压实夯实，土解冻后就会造成大量下沉，因此冬期后尽量避免房心、管沟等处的回填土。工作需要时，每层铺土厚度应比常温施工时减少20%～25%。预留沉陷量应比常温施工时增加。并应采取以下措施：

①把回填土预先保温。在入冬前，将挖土堆积在一处进行严密覆盖保温。

②在冬期挖土中，将挖出的未受冻的土堆在一起加覆盖保温，留作回填用。

③回填前将基底的冰雪和保温材料清理干净。

④用人工夯实时，每层铺土厚度不得超过200 mm，夯实后度为100～150 mm。

⑤为确保冬期回填土的质量，对一些重大工程项目，必要时可用砂土进行回填。

⑥在冻胀土上的地梁、桩基承台等，其下面可能被冻土隆起，可垫以炉砖、矿砖、碎石等松散材料。

⑦冬期回填土应连续进行，并逐层夯实。

观察思考

1. 用冻土作房心回填土有什么危害？
2. 土受冻后为什么会变得坚硬？

练习作业

1. 为什么建筑基础不能建在冻土层上？
2. 为什么在冻土层上的地梁不能用土填实？为什么可用松散材料做下垫填塞？

8.5 雨期施工

8.5.1 雨期概述

1）降水与降水量

降水是降雨、雪、雹等的总称，在夏季则突出表现为降雨。雨量用积水的高度来计算，假定所下的雨既不流到别处，又不蒸发到空中，也不渗透到土里，其所积累的高度就是这个地方的雨量。如果是雪、雹等，则等它们化成水之后再看水的高度，也称为降雨量，一般都以毫米为计算单位。

2)雨季降水强度的划分

一般情况下的降水强度以一天的雨量多少来计算。当一天的雨量小于 10 mm 时为小雨，当雨量为 10 ~ 25 mm 时为中雨，雨量为 25 ~ 50 mm 时为大雨，雨量大于 50 mm 时为暴雨(衡量暴雨也有以 12 h 内的降雨量大于 30 mm 来计算的)。

8.5.2 雨期施工部署原则

①根据雨期施工特点分轻重缓急，对不适于雨季施工的工程可以拖后或移前。如，雨季到来后尽量不开土方、基础和地下室工程;在不影响竣工的情况下，外线工程可移至雨季后进行。对必须在雨期施工的工程，一定要在有针对性的保证措施的条件下，采取集中突击的方法完成。同时，对于雨施工程，还要考虑到既不影响工程顺利进行，又不过多增加雨施费用，加大工程成本。

②在施工部署上要根据晴、雨、内、外相结合的原则。晴天多搞室外，雨天多搞室内，尽量缩短雨天露天作业时间，缩小雨天露天作业面以及尽可能地采取分栋、分段、分部位突击施工的方法。例如，将基础工程加快进度，突击抢出地面，避免倒灌和坍方;对已完结构的工程，突击将屋面防水层做完，将水落管安上或采取至少铺一层防水的做法;对停工的工程要停到一定的部位等。在安排雨季施工的工程时，要考虑降雨的影响，要考虑雨期施工的作业面，要加强劳力调配，要强调合理的工序穿插，要善于利用各种有利条件，减少防雨措施，加快施工进度，并适当考虑一些机动的施工项目，加强生产调度工作。

③要将雨期施工准备工作纳入生产计划，考虑一定的劳动力，安排一定的作业时间，搞好雨期施工期间材料和雨期施工材料的储备。

④加强技术管理和安全工作，要认真编制和贯彻雨期施工技术措施和安全措施，要定期组织雨期施工交底和检查，积极督促做好有关工作。

8.5.3 雨期施工准备

1)现场排水

①要根据工程情况，有条件的要结合正式工程，预先做好正式下水道。贯彻先地下后地上的原则，在搞基础的同时，根据自然排水的流向，配合将外线工程(包括雨水管线或污水管线)搞好。

②结合总图利用自然地形确定排水方向，找出坡度，挖临时排水沟，排水沟应按规定放坡。

③排水管沟如不通往泄水处时，可选择远距建筑物地点，挖集水池，用水泵外调，但对其他建筑物不得有影响。

④布置排水路线须横过马路时，应埋置横管，防止路面溢水。

⑤现场排水应随时保证畅通，可设专人负责，要定期疏浚。

⑥现场邻近高地，高地边沿应挖截水沟，防止雨水侵入现场。傍山或在切坡下的工地要结合正式防洪沟，考虑防洪和排洪问题。同时还要在雨季前做好对危岩的处理，防止滑坡及塌方，同时要加强观测工作。

⑦要防止地面水排入地下室、基础、地沟及室内，应在雨季前将其封严。

2）运输道路的维护

①现场道路和排水应结合施工总平面图布置统一安排，争取先做正式道路，作为施工中运输干线。要保证现场做到道路循环、畅通和防滑。

②做正式道路有困难或不能修正式道路时：

a. 不论做什么样的路面，路基起拱高度按设计规定，路基两旁要做排水沟，路旁要辗实，路基易受冲刷的部分可采取用石块堆置的方法加固，主要路面可铺焦渣、碎石、砂、砾石等渗水防滑材料，经常保持道路畅通无阻。

b. 砂性土壤区，渗水排水能力强的土质，可不另铺临时路面，重型车辆通行地区可加做路面。

c. 为了使干线上减少泥泞淤滑，凡黏土焦渣路或黏土碎石路与高级路面交接处可修 10 ~ 15 m 长的一段碎石截泥道，将车辆轮胎上的泥土截在该段路上。

d. 道路维护需指定专人负责，特别在路面稍有不平和积水处应抓紧在晴天及时修好。

e. 临时道路可起拱 0.5%，两侧做宽 30 cm、深 20 cm 排水沟。

f. 消防道要标志鲜明，保证畅通。

3）原材料、成品、半成品

①水泥：

a. 水泥应按不同品种、强度等级、出厂日期和厂别分别堆放。雨季更应遵守"先收先发，后收后发"的原则，避免久存的水泥受潮影响活性。

b. 尽量堆放在正式房屋内，要做到绝对不使水泥因雨受潮。雨季前要检查库房，防止渗漏，四周排水。处于低洼地区的库房，要把垛台适当加高。散水泥库也要保证不漏不灌。

c. 露天堆垛要砌砖平台，高度不少于 50 cm，四周设排水沟，垛底铺塑料压膜等防水材料，用篷布覆盖封好。

②砂石、炉渣应尽量集中大堆堆置，堆置于地势较高地区，排水要有出路。

③石灰应随到随淋，使用期长的淋灰池可搭雨棚。

④砖要尽可能大堆码放，四周注意排水。

⑤钢、木门窗，加工铁活和加气块等怕潮湿的材料可架高，用篷盖或堆放室内。

⑥构件及大模板的堆放场地要碾压平整坚实，插柱、靠放架要检查加固，必要时可砌地龙墙，防止因下沉造成倒塌事故。

⑦要适当储备篷布、塑料布等防雨材料，排水需用的水泵及有关器材。

4）其他准备工作

①现场工棚、仓库、食堂、宿舍等大小型暂设工程应在雨季前整修完毕，要保证不塌、不漏和周围不积水。

②在施的脚手架、高车架的下脚埋深、缆风绳等应进行一次全面检查，每次大风雨后也要及时复查，检查中发现松动、腐蚀情况应及时做好处理。马道必须钉好防滑条。

③雨季多在夏季，不但雨多量大而且多伴有大风和雷电，高耸建筑和钢管架子、竖立的钢筋、塔吊等金属是易遭风袭和引雷的导体。在塔式起重机，高于 15 m 的高车架或其他临时设施，应有避雷装置。塔基、地锚等在雨季前做好检查。

④现场机电设备(配电盘、闸箱、电焊机、水泵等)都应有防雨措施。照明线检查有无混线、漏电,线杆有无埋设不牢、腐蚀等情况,要处理及时,保证正常供电。

⑤在江、河、湖、低洼地施工时,要防山洪和河、湖水暴涨,海岸和易受大风侵袭的地方,临时建筑和新建的房屋应有抗风措施。

⑥加强气象预报工作,每日上班后、下班前要及时掌握气象预报情况,便于采取措施,做好防风雨、防雷暴工作。

8.5.4 分项工程技术措施

1)地基和基础工程

①大型基槽或施工期长的地下工程,可先在建筑物四周做好截水沟或挡水堤,防止场内雨水倒灌。基槽内也要挖引水沟、集水坑,随时抽水。在基槽开挖后发现地下水多时,可沿槽底在开挖的同一方向挖引水边沟,沟宽视槽宽大小而定,一般 20 ~ 30 cm,沟底至少要比槽底深 20 ~ 30 cm,将槽内的积水引向集水坑,用抽水机排出。

②一般挖槽要根据土壤性质、湿度和挖槽深度按安全规程规定放坡。由基槽开挖到下一工序,施工要搭接紧凑,可采取墙基分段、柱基分组、地下室分层分段的办法,如当天不能进行下一工序时,应在槽底预留不少于 30 cm 的土层,待下一工序施工时再挖。

③挖出的土方要集中运至场外,避免场内造成积水塌方,如需用于回填土者,要集中堆置于槽边 3 m 以外。槽外机械行驶,应距槽边 5m 以外,手推车距槽边应大于 1 m。

④个别独立柱基或地下施工部位,必须在大雨期间施工时,可专门考虑雨棚或雨搭的做法。

⑤回填时,槽内如有积水应先排掉,灰土基础要做到四随(筛、拌、运、打),如未经夯实遇雨被冲,则应重作。雨施期间,当日所下灰土,当日必须打完,槽内不得留有虚土,并尽快做好垫层。

⑥钻孔灌注桩,基础土方挖至承台梁上平,基底土方要加灰碾压,然后机械进场钻孔。雨季要随钻孔随浇灌混凝土,每日不得留有空桩,防止灌水坍孔。基底四周要挖排水沟,基槽四周要加挡水堤或截水沟。

2)砌体工程

①雨季期间一般采取大雨停、小雨可干的施工方法。砌砖收工时应在墙顶盖一层干砖,避免大雨时冲刷灰浆,如大雨后发现砌体灰浆被雨水冲刷时,可将砌体翻掉一至二层另铺砂浆重砌,过湿的砖不可上墙。

②砌体施工时,内外墙要尽量同时砌筑,并注意转角及丁字墙间的连接,要同时跟上。遇大风时,独立墙在与风向相反方向应加临时支撑保护。

3)混凝土工程

①雨季施工混凝土时,要注意根据砂石含水量及时调整加水量,浇灌要做适当覆盖,避免大雨淋坏混凝土表面。

②模板支柱下要夯实,并加好垫板,雨后要及时检查有无下沉。

③现浇混凝土应根据结构情况,多考虑几道施工缝,以便大雨来时随时停到一定部位。

4）吊装工程

①构件堆放地点要平整坚实，周围要做好排水。

②构件就位或堆放的临时支撑和插柱、靠放架要牢固可靠，并指定专人经常检查，有问题及时处理。

③塔式起重机基础，应在雨季施工期间严格检查，严禁雨水浸泡基础。

④雨后吊装时，要先做试吊，将构件吊至 1 m 左右，往返上下数次，稳妥后再进行工作。

⑤电、气焊时要注意采取措施防止触电、引爆。

5）屋面及防水工程

①卷材屋面应尽量在雨季前施工，水落管安好。如时间来不及，应先铺一层防水材料。

②要尽量避免做水泥砂浆找平层。卷材屋面的基层如为加气混凝土板时，如必须做水泥砂浆找平层时，应预先掌握气象预报，避开雨天，必要时找平层可改做沥青砂浆。

6）抹灰工程

①室外抹灰应安排在晴天施工，至少应能预计 1～2 d 的天气变化情况，以免被雨水冲坏。雨天转入室内作业。

②室内抹灰尽量在做完屋面后进行，装修必须提前的应先做地面，并灌好板缝、沉降缝，留槎及各种洞口要及时封闭。室内顶棚抹灰应在屋面不渗漏的情况下施工。

7）管道工程

①管沟挖好后，在混凝土管捻口或钢管焊接部位，可采取搭简易活动雨棚的措施。接口约 50 cm 以外，在验收前可至少先还土 50～100 cm 厚的土层。

②钢管与零件应刷油防锈，接管所用石棉、水泥、焊条等材料，必须加盖防雨布，保温层抹好应立即盖好，防止被雨水冲刷。

小组讨论

永久性房屋、工地搭设临建房屋为什么不能建在沟谷、低洼、坡崖山脚处？

练习作业

1. 雨期砌筑工艺应采取哪些防范措施？
2. 土方工程在雨期施工时应做些什么？

学习鉴定

1. 名词解释

初凝受冻

幼龄受冻

龄期受冻

早期受冻

临界龄期

临界强度

2. 填空题

(1)取连续__________天气温稳定低于5 ℃的第一天即为冬期施工的初始日。

(2)为确保混凝土的搅拌质量,冬期施工时除合理选择搅拌机型号外,还要确定__________、__________和__________等。

(3)蓄热法施工前应进行热工计算,确定其____________________。

(4)由基槽开挖到下一工序,施工要搭接紧凑,可采取__________、__________、__________的办法。

(5)雨季期间一般采取__________、__________的施工方法。

(6)雨期室内抹灰尽量在做完__________后进行。

3. 问答题

(1)冬期施工常用方法有哪些?

(2)混凝土的冻结和冻害有什么区别?

(3)冬期施工如何做好混凝土的养护?

(4)冬期施工时,在钢筋混凝土结构中随意掺用氯盐类的防冻剂有什么危害?

(5)雨期施工有哪些准备工作?

教学评估

教学评估表见本书附录。

9 高层建筑大模施工

本章内容简介

大模板概述

大模板系统组成

拼装式大模板、筒形模板和外墙大模板

大模板施工工艺

本章教学目标

熟悉大模板的组成

掌握大模板的施工工艺

问题引入

前面,我们已经学习了3.1节模板工程,对模板的种类及用途已有所了解。本章介绍的大模板是采用专业设计和工业化生产加工制作的,用于浇筑现浇混凝土墙体。那么,大模板有哪些优点?大模板由哪些部件组成?又有哪些种类?大模板的施工工艺是什么?下面,我们就来学习高层建筑大模施工。

9.1 大模板概述

9.1.1 大模板基本知识

1)大模板简介

大模板是大型模板或大块模板的简称,由面板系统、支撑系统、操作平台系统、对应螺栓等组成,利用辅助设备按模位整装整拆的整体式或拼装式模板。大模板属于工具式模板,是针对工程结构体的特点研制开发的一种可以持续周转使用的专用模板。大模板单块模板面积大,通常一面现浇墙使用一块模板。

大模板是采用专业设计和工业化加工制作而成的,与支架连为一体,自重大,施工时需配以相应的吊装和运输机械,用于浇筑现浇混凝土墙体。其具有安装和拆除简便、尺寸准确、板面平整、周转使用次数多等特点。

大模板结构形式由普通小开间剪力墙工程发展成大开间剪力墙工程,并普遍应用于框架-剪力墙工程和箱形基础工程,特别是全现浇钢筋混凝土结构高层住宅楼。

2)大模板的施工工艺特点

大模板的施工工艺是采用各类大模板施工混凝土墙体结构的模板工艺,其工艺取决于结构类型、施工要求和大模板及其侧支撑、操作台的设置与构造。

大模板建筑施工以建筑物的开间、进深、层高为基础进行大模板设计、制作,以大模板为主要施工手段,以现浇钢筋混凝土墙体为主导工序,组织有节奏的均衡施工。施工工艺简单,施工速度快,工程质量好,结构整体性强,抗震能力好。混凝土表面平整光滑,可以减少抹灰湿作业。由于它的工业化、机械化施工程度高,综合技术经济效益好,因而受到普遍欢迎。

9.1.2 大模板分类

大模板按应用工程分类,可分为墙壁大模板、电梯井大模板、筒仓大模板、坝体大模板和渠道大模板等;按模板的配置设计分类,可分为整间大模板和组合大模板;按模板的材料分类,可分为钢大模板和铝合金大模板;依其构造和组拼方式分类,可以分为整体式大模板、组合式大模板、拼装式大模板和筒形模板,以及用于外墙面施工的装饰混凝土模板。

1)组合式大模板

(1)结构构造

组合式大模板由板面、支撑系统、操作平台及连接件等部分组成,是目前较常用的模板形式,如图 9.1、图 9.2 所示。板面系统由面板、横肋、竖肋以及竖向龙骨和角模组成。横肋与竖肋承受面板传来的荷载。两端焊接角钢作边框,使板面结构形成封闭骨架并形成小角模,解决了纵横墙模板之间的连接问题。

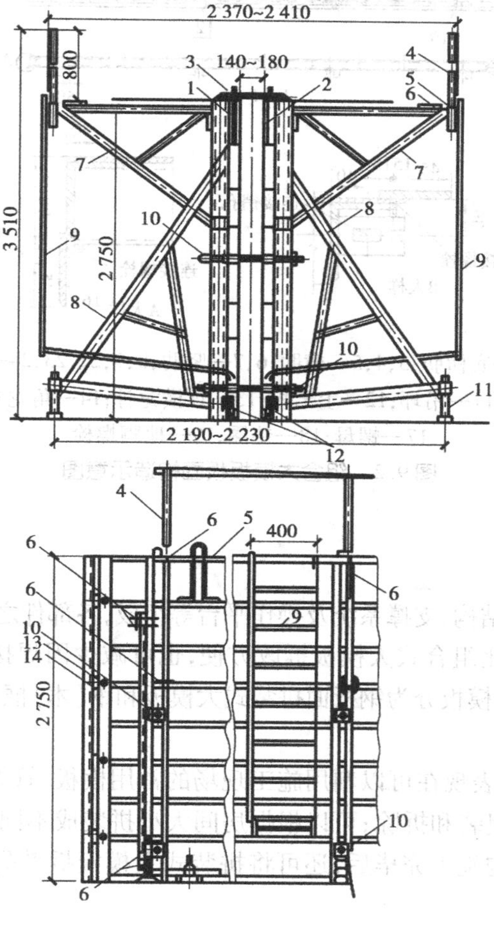

1—反向模板;2—正向模板;3—上口卡板;4—活动护身栏;5—爬梯横担;
6—螺栓连接;7—操作平台斜撑;8—支承架 G;9—爬梯;10—穿墙螺栓;
11—地脚螺栓;12—地脚;13—反活动角模;14—正活动角模

图 9.1　组合大模板构造

(2)特点

组合式大模板通过固定于大模板上的角模,把纵、横墙模板组装在一起来同时浇筑纵、横墙混凝土,并可利用模数条模板调整大模板的尺寸,以适应不同开间、进深尺寸的变化。

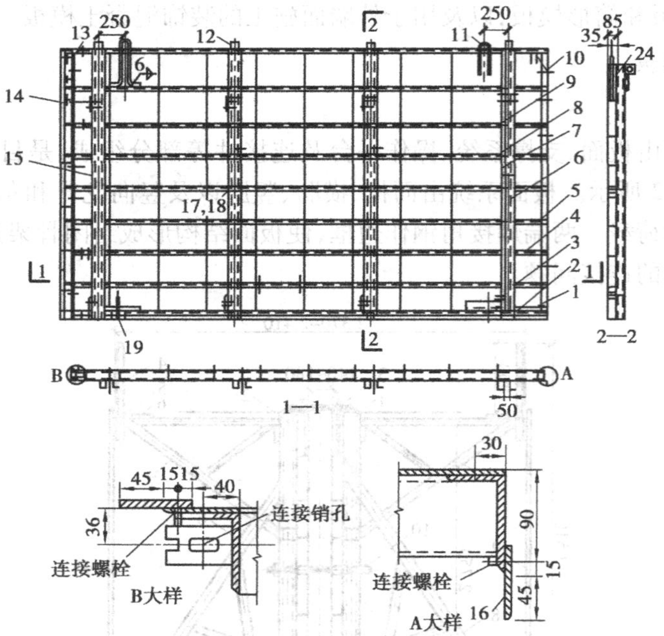

1—面板;2—底横肋;3,4,5—横肋;6,7—竖肋;8,9,22,23,24—扁钢竖肋;
10,16—拼缝扁钢;11—吊环;12—上卡板;13—顶横龙骨;14—角龙骨;15—撑板钢管;
17—螺母;18—垫圈;19—地脚螺栓

图9.2　组合大模板板面构造示意图

2)拼装式大模板

(1)结构构造

拼装式大模板由板面结构、支撑系统及操作平台等组成,各部件之间是采用螺栓或销钉连接固定组装的。这种大模板比组合式大模板拆改方便,也可减少因焊接而产生的模板变形问题。按板面结构不同,拼装式大模板分为钢板面拼装式大模板和钢(木)框胶合板面拼装式大模板。

(2)特点

拼装式大模板的特点表现在可以利用施工现场的常用模板、管架及少量的型钢制作;装拆容易,可以在较短的时间组装和拆除;可以根据房间大小拼装成不同规格的大模板,适用开间、轴线尺寸变化的要求;结构施工完毕后,还可将拼装式大模板拆散另作他用,从而减少工程费用的开支。

3)筒形模板

(1)结构构造

筒形大模板将四面墙体的模板用角模和铰链、支架连接成整体,形成筒状。此种形式的模板可以将一个房间的两道、三道或四道现浇混凝土墙体的大模板,通过模板的固定架和铰链、脱模器等连接件组成大模板群体。

筒形大模板按其构造形式分为构架式筒形大模板(图9.3、图9.4)、铰接式筒形大模板(图9.5)等。

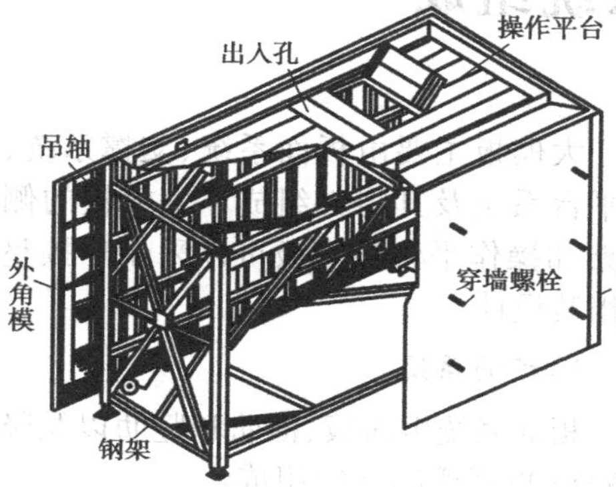

图 9.3 构造式筒形大模板

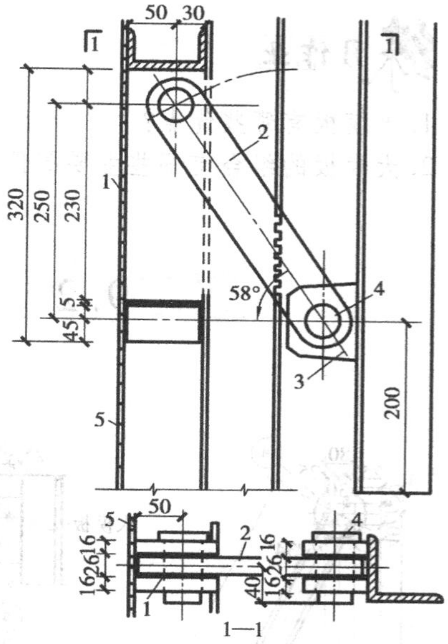
1,3—固定连接板;2—活动连接板;
4—销轴;5—大模板
图 9.4 构架式大模板下连接点构造

(2)特点

构架式筒形大模板将一个房间的几面现浇墙体模板,通过挂轴悬挂在同一钢架上,墙角用小角模封闭形成一个筒形单元体。钢腿、上横杆、下横杆、斜杆等彼此焊成一个整体,钢架上面铺设操作平台,钢架腿下端各设丝杠千斤顶。

筒形大模板适于电梯井筒的施工,其稳定性能好,不易倾覆,还可以减少吊次。入模和拆除吊装时要注意安全,防止碰坏钢筋和混凝土墙体。

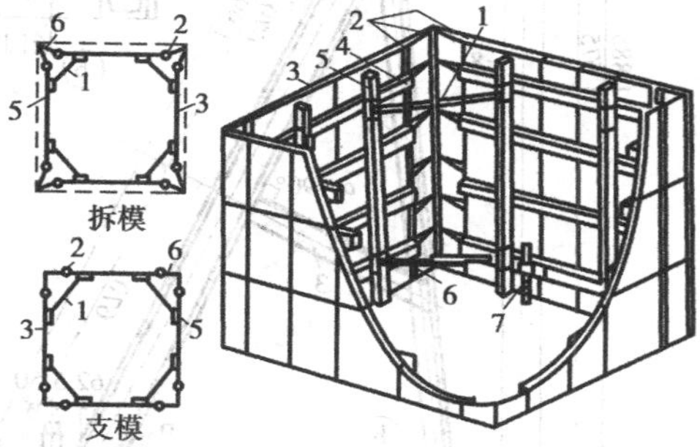

1—脱模器;2—铰链;3—大模板;4—横肋;
5—竖肋;6—角模;7—支腿
图 9.5 铰接式筒形大模板示意图

4)外墙大模板

(1)结构构造

外墙大模板需满足外墙墙面垂直平整和大角的垂直方正,以及楼层层面的平整过渡;注意门窗洞口模板设计和门窗洞口的方正;解决装饰混凝土的设计制作及脱模和外墙大模板的安装支设。

(2)特点

外墙面的垂直平整度要求高,特别是清水混凝土或装饰混凝土外墙面,对外墙大模板的设计、制作有特殊要求。

小组讨论

组合大模板与常规的(木)胶合板各自的优势是什么?

练习作业

1. 大模板有哪些优点?
2. 大模板的组合有哪些主要部件?

9.2 大模板系统组成

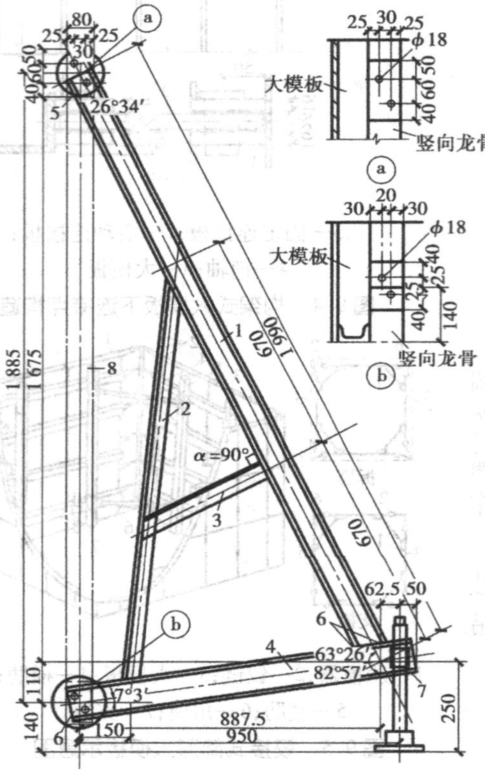

1—槽钢;2,3—角钢;4—下部横杆槽钢;5—上加强板;6—下加强板;7—地脚螺栓;8—大模板竖向龙骨

图9.6　大模板支撑架

大模板主要由板面系统、支撑系统、操作平台系统及其附件组成。大模板的侧支撑架和操作平台与模板可以采用焊接整体或组装设计。

1)板面系统

板面系统由面板、横肋和竖肋以及竖向(或横向)背楞(龙骨)组成。

2)支撑系统

支撑系统的功能在于支持板面结构,保持大模板的竖向稳定,以及调节板面的垂直度。支撑系统由三角支架和地脚螺栓组成,三角支架用角钢和槽钢焊接而成,如图9.6所示。一块大模板由两个三角支架,通过上、下两个螺栓与大模板的竖向龙骨连接。三角支架下端横向槽钢的端部设置一个地脚螺栓来调整模板的垂直度和保证模板的竖向稳定。支撑系统一般用Q235型钢制作,地脚螺栓(图9.7)用45号钢制作。

3)操作平台系统

操作平台系统由操作平台、护身栏、铁爬梯等部分组成。操作平台设置于模板上部,用三脚架插入竖向龙骨的套管内,三脚架上铺满脚手板。三脚架外端焊有钢管,用以插放护身栏的立杆。铁爬梯供操作人员上下平台使用,附设于大模板上,用钢筋焊接而成,随大模板起吊。

4)附件

(1)穿墙螺栓

穿墙螺栓是承受混凝土侧压力、加强板面结构的刚度、控制模板间距的重要配件,它把墙

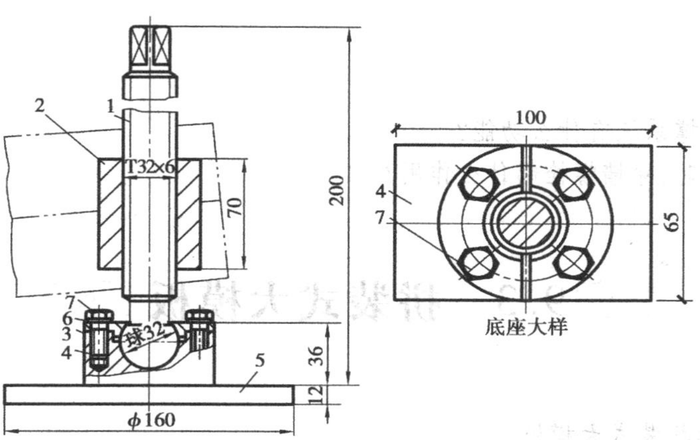

1—螺杆；2—螺母；3—盖板；4—底座；5—底盘；6—弹簧垫圈；7—螺栓

图 9.7　支承架地脚螺栓

体两侧大模板连接为一体，如图 9.8 所示。

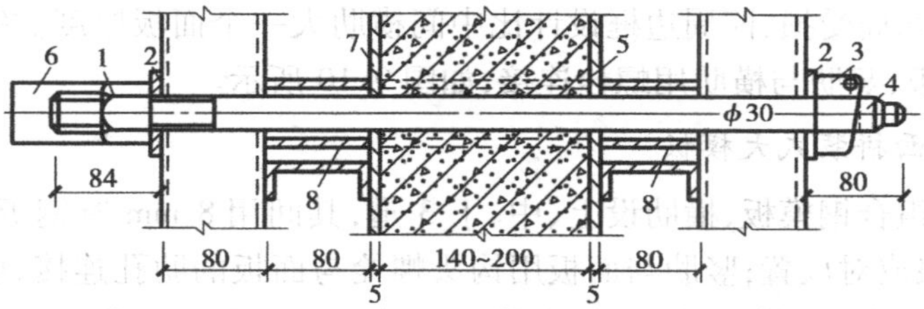

1—螺母；2—垫板；3—板销；4—螺杆；5—塑料套管；

6—丝扣保护套；7—模板；8—加强管

图 9.8　穿墙螺栓构造

(2) 上口卡子

上口卡子设置于模板顶端，与穿墙螺栓相同。依据墙厚不同，在卡子端车削不同距离凹槽以便与卡子支座连接。卡子支座用槽钢或钢板焊接而成，焊于模板顶端，支好模板后将上口卡子放入支座内，如图 9.9 所示。

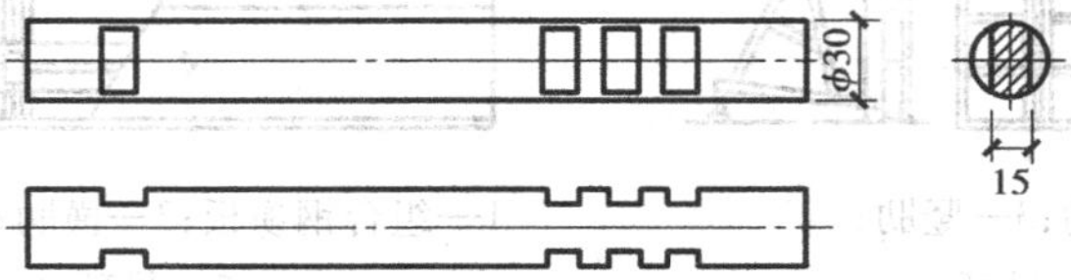

(a) 铁卡子大样

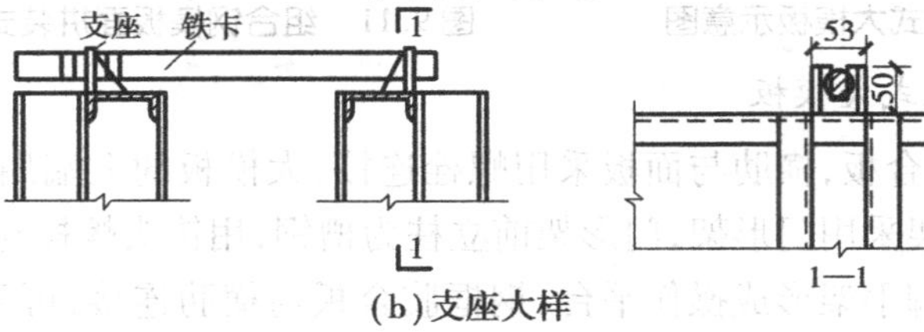

(b) 支座大样

图 9.9　上口卡子与支座示意图

练习作业

1. 大模板的支撑系统有什么功能？
2. 大模板组装时，穿墙螺栓起什么作用？

9.3 拼装式大模板

1）钢（木）板面拼装式大模板

面板采用钢板或胶合板制作，面板与横肋用螺栓连接，间距 350 mm。面板在高度方向拼缝设在横肋上，在长度方向拼缝处的背面通常需加一道木龙骨，各道横肋及周边框架用螺栓连成骨架。

为防止胶合板四周受损，四周边框设计比中间横肋大一个面板厚度。钢板面板的边框四角焊以 8 mm 厚钢板，竖肋与横肋用螺栓连接，如图 9.10 所示。

2）组合钢模板面拼装式大模板

面板采用定型组合钢模板，横肋设上、中、下 3 道，其间用 8 mm 厚钢板作连接；竖肋采用钢管制作，每组两根成对放置；竖肋与面板用钩头螺栓与面板的肋孔连接，底部用螺栓与组合钢模板连接；大模板背面用钢管作支架和操作平台，其间连接可采用钢管扣件，如图 9.11 所示。

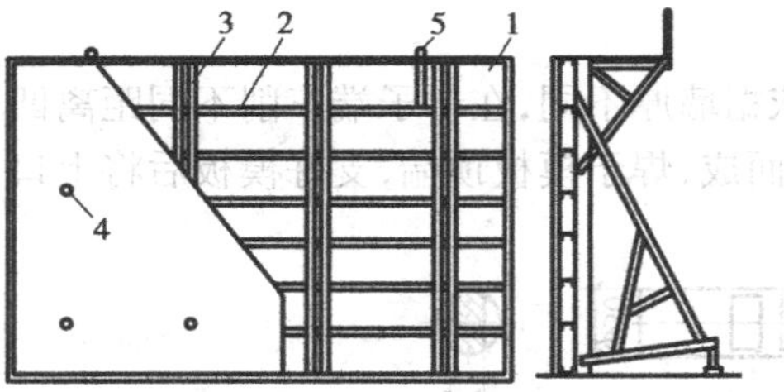

1—面板；2—横肋；3—竖肋；
4—螺栓；5—吊环

图 9.10　钢（木）板面拼装式大模板示意图

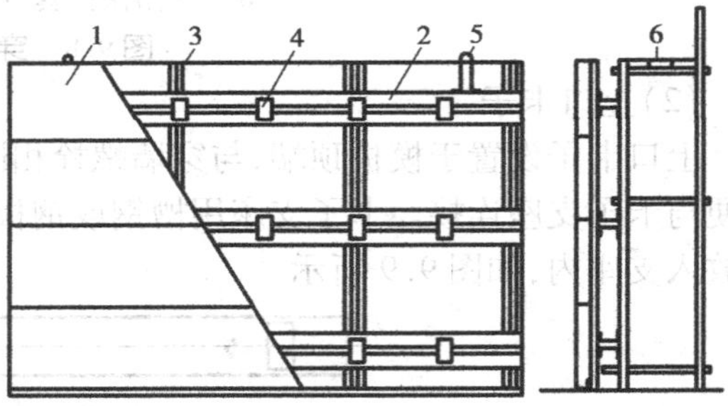

1—组合钢模板；2—横肋；3—竖肋；4—连接钢板；
5—吊环；6—操作平台

图 9.11　组合钢模板面拼装式大模板示意图

3）钢框胶合板面拼装式大模板

面板采用定型钢框胶合板，横肋与面板采用螺栓连接，大模板的上端用角钢封顶，下端用槽钢封底；大模板的支撑架采用门形架，门形架前立柱为槽钢，用钩头螺栓与横肋连接，后立柱下端设地脚螺栓，上端铺脚手架形成操作平台；钢框胶合板与横肋连接，可采用插板螺栓穿过横肋间空隙，再用螺栓拴牢于钢框胶合板的边框，如图 9.12、图 9.13 所示。

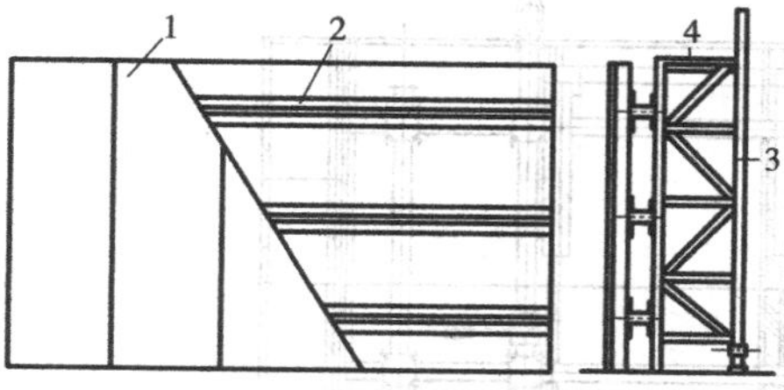

1—钢框胶合板;2—横肋;3—门形架;4—操作平台

图9.12 钢框胶合板面拼装式大模板示意图

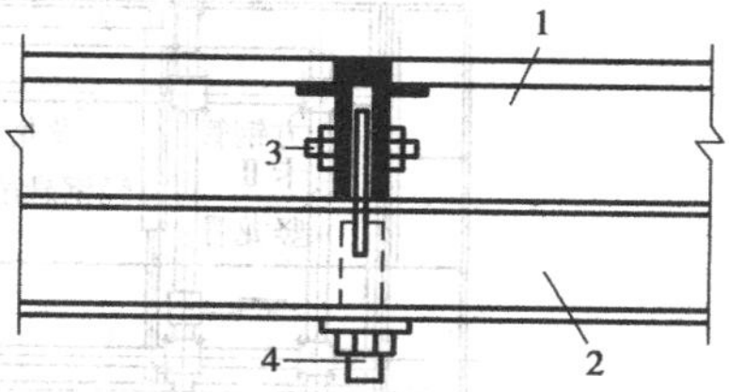

1—钢框胶合板;2—横肋;3—螺栓;4—插板螺栓

图9.13 面板与横肋连接示意图

9.4 常见筒形模板

9.4.1 组合式铰接筒模

组合式铰接筒模(即三轴铰接筒模)主要由大模板、铰接式角模、脱模器、横肋、竖肋、悬吊架和紧固件组成。大模板可用钢框胶合板模板或组合钢模板组装,可以配以木模板条调整尺寸。模板背面的横肋采用方钢管,横肋外侧用同样规格的方钢管作竖肋,大模板的两端与角模连接,形成筒状整体,如图9.14、图9.15所示。

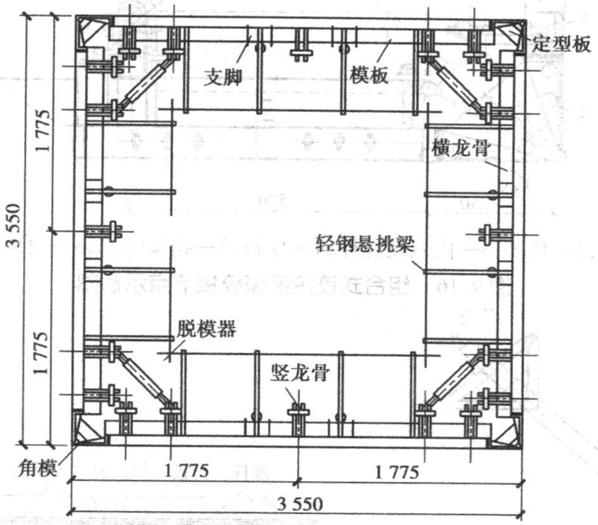

图9.14 组合式铰接筒模构造平面图

铰接式角模是筒形模板的组成部分,主要用于支模和拆模。支模时,角模张开,两翼撑好;拆模时,两翼收拢脱离墙体,并通过脱模器牵动相邻的大模板脱离墙体。脱模器固定于筒形模的支架上,脱模时转动螺套,使螺杆向内移动,正反扣螺杆缩短,牵动两侧大模板向内移动,并带动角模滑移实现脱模,如图9.16、图9.17所示。

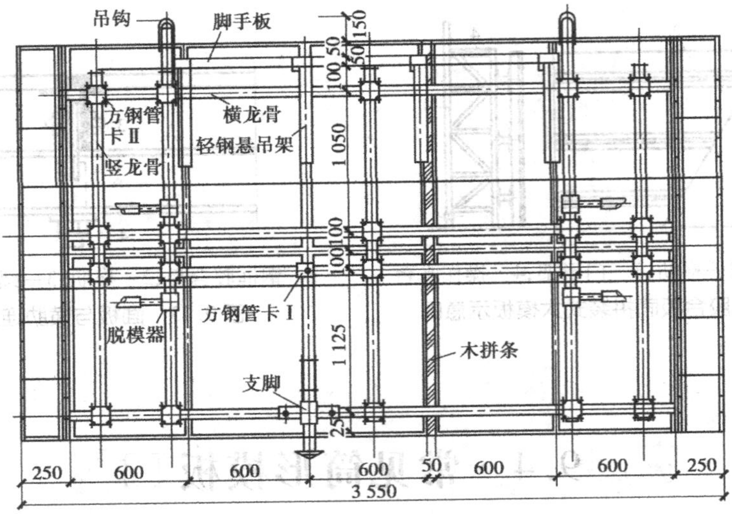

图 9.15 组合式铰接筒模内立面构造图

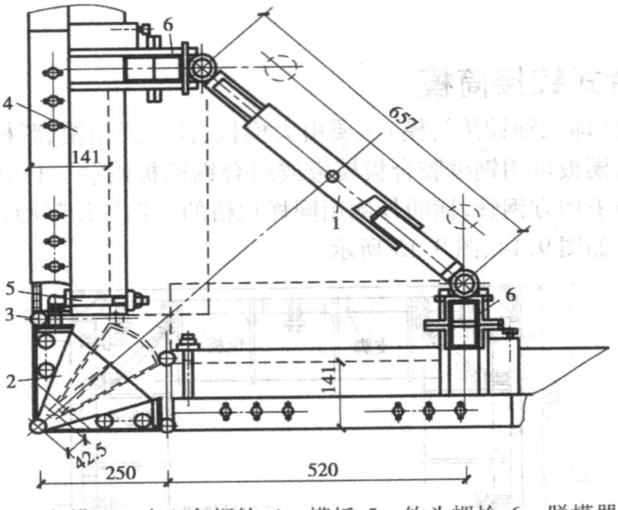

1—脱模器；2—角模；3—内六角螺栓；4—模板；5—钩头螺栓；6—脱模器固定支架

图 9.16 组合式铰接筒模铰接节点示意图

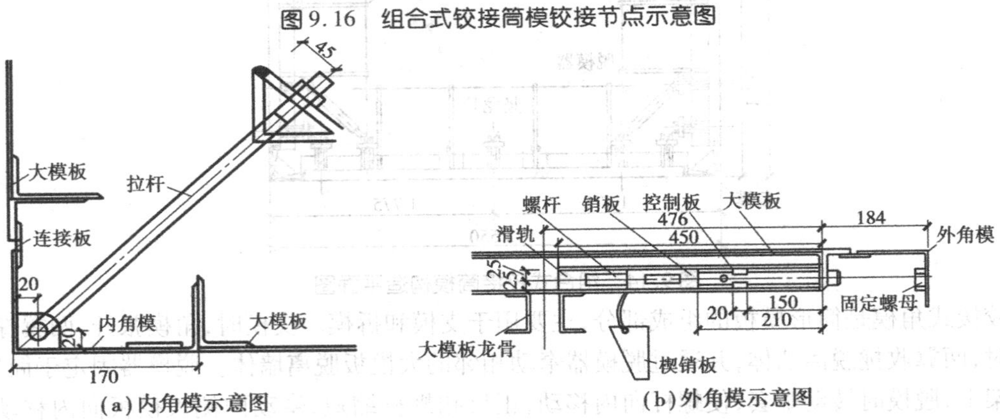

图 9.17 铰接式内、外角模示意图

9.4.2 自升式筒模

自升式筒模将筒形模和提升机具及支架结合为一体，构造简单，操作方便，适应性强，可用于2.5 m×3 m范围内电梯井筒壁的施工。自升式筒模由大模板、托架和提升架组成。大模板由钢框胶合板模板和铰接式角模构成，尺寸根据电梯井结构尺寸设计。在四角及每面钢框胶合板模板中间安装一个可转动的铰接式角模。模板中间安装花篮螺栓退模器，供安装和拆除模板时使用，如图9.18所示。

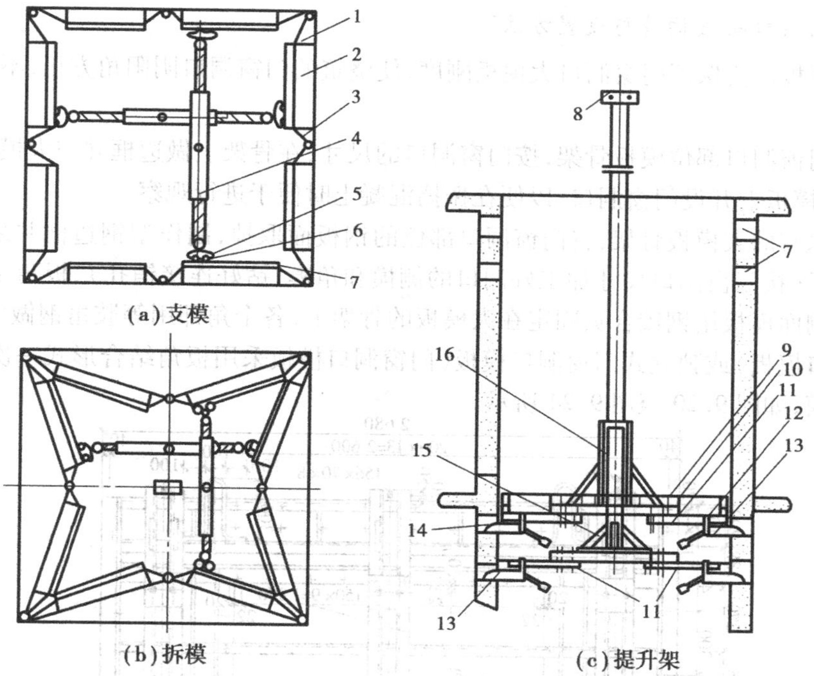

1—四角角模；2—模板；3—直角形铰接式角模；4—退模器；5—“3”形扣件；6—竖龙骨；7—横龙骨；8—吊具；9—脚手板；10—方木；11—托架调节梁；12—调节丝杠；13—支腿；14—支腿洞；15—立柱支架；16—筒模托架

图9.18 自升式筒模示意图

9.5 外墙大模板

1）保证外墙面平整的方法

大模板的水平接缝采用平接、企口接缝处理，在相邻大模板的接缝处拉开2~3 cm，用梯形橡胶条、硬塑料或角钢堵缝，用螺栓与两侧大模板连接固定，如图9.19所示。防止接缝处漏浆,使相邻开间的外墙面有过渡带,拆模后可作装饰线条,也可用水泥砂浆抹平。

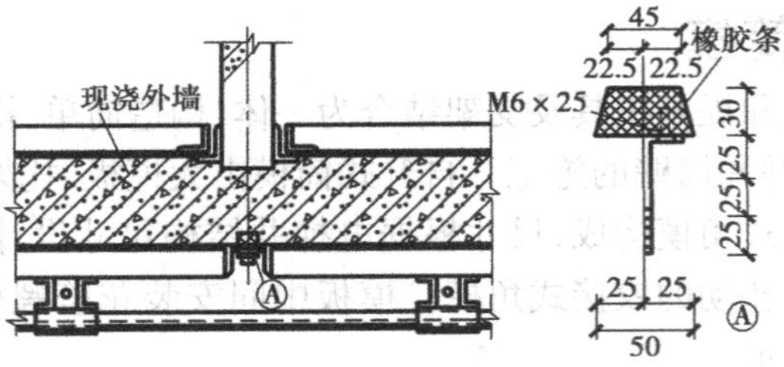

图9.19　外墙外侧大模板垂直接缝构造处理示意图

2)外墙门窗口模板构造与设置方法

外墙大模板需要保证门窗洞口大模板刚度,使浇筑的门窗洞口阴阳角方正,不产生位移和变形。

①取掉门窗洞口部位模板骨架,按门窗洞口的尺寸,在骨架上做边框并与大模板焊接为一体,在内侧大模板上开设门窗洞口,以便在振捣混凝土时便于进行观察。

②保存原有的大模板骨架,将门窗洞口部位的钢板面取掉,制作型钢边框并采用钢、木胶合板散支散拆(按门窗洞口尺寸加工好洞口的侧模和角模,钻好连接销孔)、板角结合形式(门窗洞口的各侧面模板用钢铰合页固定在大模板的骨架上,各个角部用等肢角钢做成专用角模,形成门窗洞口模板)或独立式门窗洞口模板(门窗洞口模板采用板角结合形式一次加工成型)方法支设洞模,如图9.20至图9.24所示。

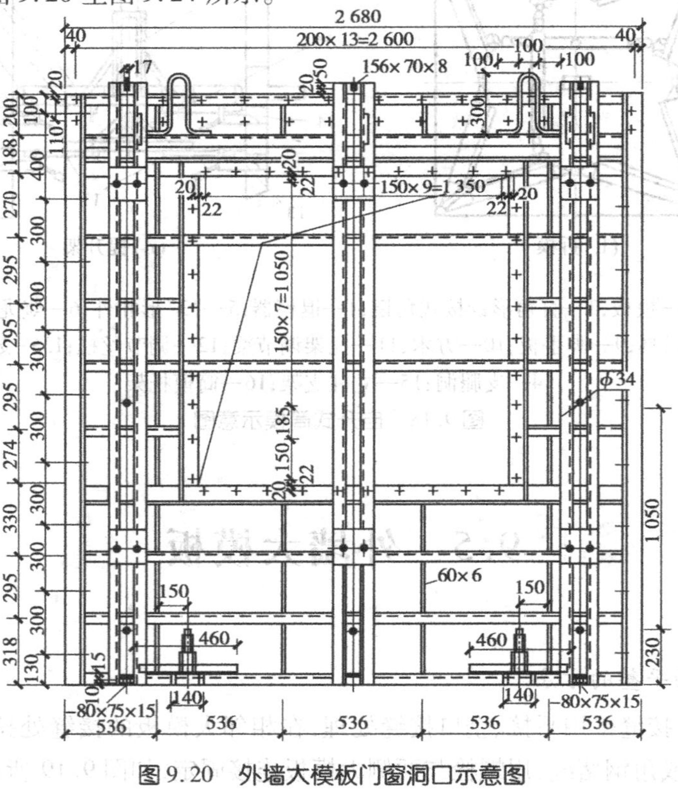

图9.20　外墙大模板门窗洞口示意图

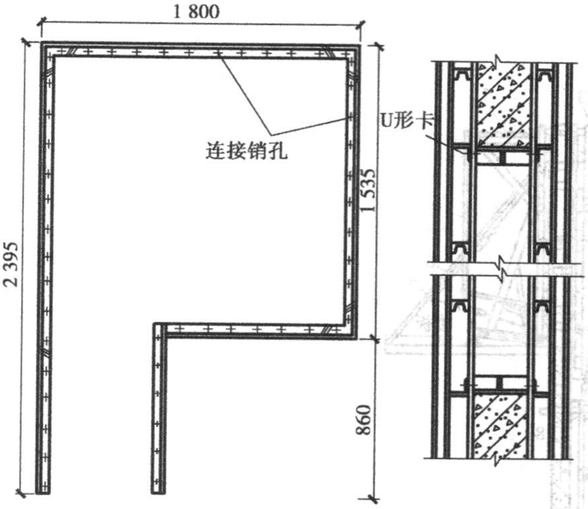

图 9.21　散支散拆门窗洞口模板组装示意图

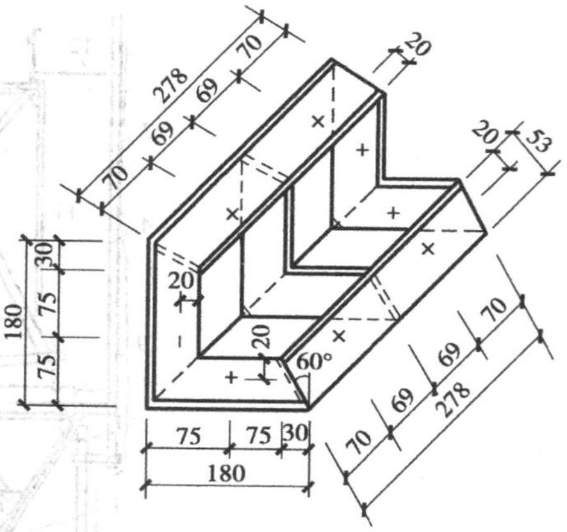

图 9.22　散支散拆门窗洞口角模板示意图

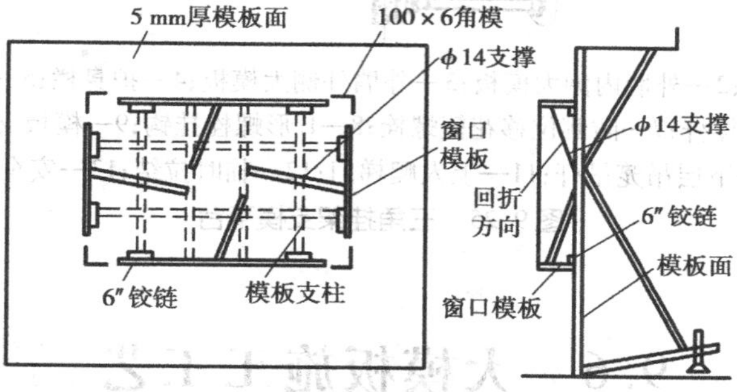

图 9.23　外墙窗洞口模板固定方法示意图

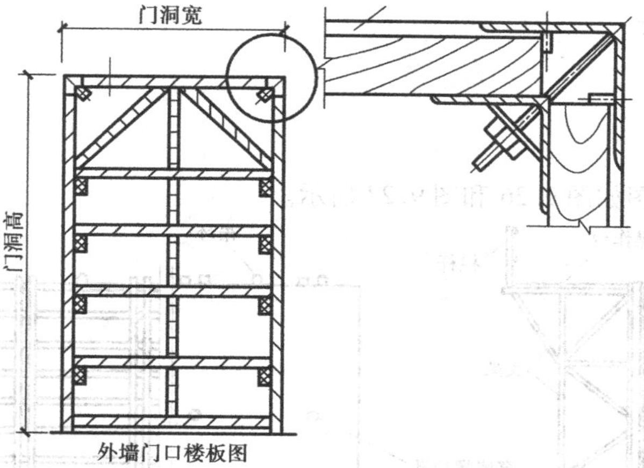

图 9.24　独立式门窗洞口模板支设示意图

3）外墙大模板支设形式

三角挂架支设平台是安放外墙外侧大模板，进行施工操作和安全防护的重要设施，是承受大模板和施工荷载的部件，必须保证有足够的强度和刚度，安装拆除简便。三角挂架支设平台由三角挂架、平台板、护身栏和安全立网组成。外墙外侧大模板在有阳台的部位时，可支设在阳台板上，如图 9.25 所示。

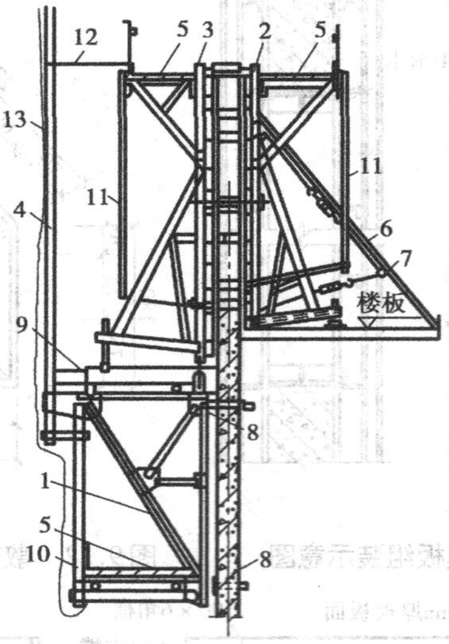

1—三角挂架；2—外墙内侧大模板；3—外墙外侧大模板；4—护身栏；5—操作平台；
6—防侧移撑杆；7—防侧位移花篮螺栓；8—L 形螺栓挂钩；9—模板支承滑道；
10—下层吊笼吊杆；11—上人爬梯门；12—临时拉结；13—安全网

图 9.25　三角挂架支模平台

9.6　大模板施工工艺

观看视频

大模板施工。

大模板施工

大模板施工示意图如图 9.26 和图 9.27 所示。

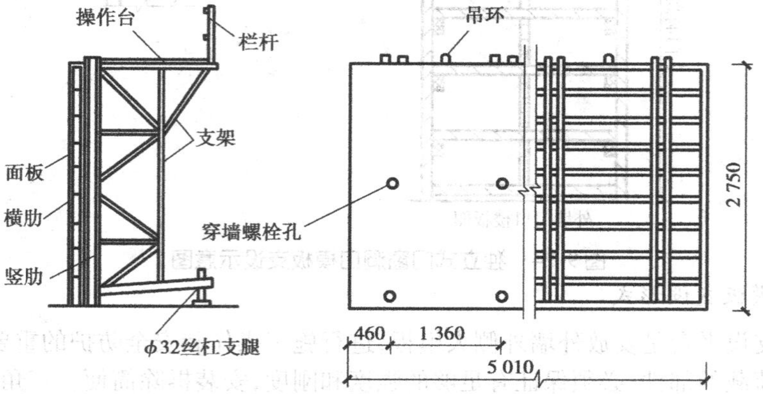

图 9.26　带支架大模板施工示意图

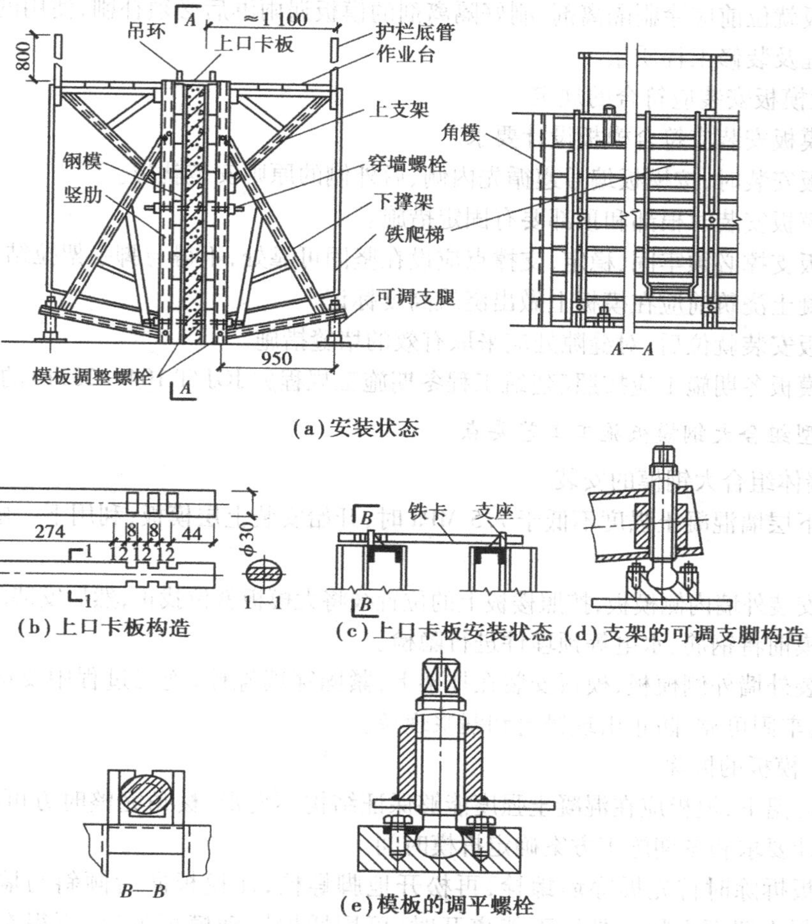

(a)安装状态

(b)上口卡板构造　(c)上口卡板安装状态　(d)支架的可调支脚构造

(e)模板的调平螺栓

图9.27　大模板施工示意图

1)大模板施工工艺流程

大模板预拼装→定位放线→安装模板的定位装置→安装门窗洞口模板→安装大模板→调整模板,紧固对拉螺栓→验收→分层对称浇筑混凝土→拆模→清理。

2)大模板的施工工艺

(1)安装前的准备工作

①大模板安装前应进行技术交底。

②模板进场后,应依据模板设计要求清点数量,核对型号,清理表面。

③组拼式大模板在生产厂或现场预拼装,用醒目字体对模板编号,安装时对号入座。

④大模板应进行样板间试安装,经验证模板几何尺寸、接缝处理、零部件准确无误后方可正式安装。

⑤大模板安装前必须放出模板内侧线及外侧控制线作为安装基准。

⑥合模前必须将内部处理干净,并涂隔离剂,必要时在模板底部可留置清扫口。

⑦合模前必须通过隐蔽工程验收。

⑧模板就位前应涂刷隔离剂，刷好隔离剂的模板遇雨淋后必须补刷，使用的隔离剂不得影响结构工程及装修工程质量。

(2)大模板安装应符合的规定

①大模板安装应符合模板设计要求。

②模板安装时，按模板编号遵循先内侧、后外侧的原则安装就位。

③大模板安装时根部和顶部要有固定措施。

④模板支撑必须牢固、稳定，支撑点应设在坚固可靠处，不得与脚手架拉结。

⑤混凝土浇筑前应在模板上做出浇筑高度标记。

⑥模板安装就位后，对缝隙处应采取有效的堵缝措施。

⑦大模板冬期施工应按照《建筑工程冬期施工规程》(JGJ/T 104—2011)的规定执行。

3)定型组合大钢模板施工工艺要点

(1)墙体组合大钢模的安装

①在下层墙混凝土强度不低于7.5 MPa时，开始安装上层模板，利用下一层外墙螺栓孔眼安装挂架。

②先安装外墙内侧模板，按照楼板上的位置线将大模板就位找正，然后安装门窗洞口模板。

③合模前将钢筋、水电等预埋件进行隐检。

④安装外墙外侧模板，模板安装在挂架上，紧固穿墙螺栓，施工过程中要保证模板上下连接处严密，牢固可靠，防止出现错台和漏浆现象。

(2)大模板的拆除

①在常温下，模板应在混凝土强度能够保证结构不变形，棱角完整时方可拆除；冬期施工时按照设计要求和冬期施工方案确定拆模时间。

②模板拆除时首先拆穿墙螺栓，再松开地脚螺栓，使模板向后倾斜与墙体脱开。如果模板与混凝土墙面吸附或黏结不能离开时，可用撬棍撬动模板下口，不得在墙上口撬模板或用大锤砸模板，应保证拆模时不晃动混凝土墙体，尤其是在拆门窗洞口模板时不得用大锤砸模板。

③模板拆除后，应清扫模板平台上的杂物，检查模板是否有钩挂兜绊的地方，然后将模板吊出。

④大模板吊至存放地点，必须一次放稳，按设计确定的自稳要求存放，及时进行板面清理，涂刷隔离剂，防止粘连灰浆。

⑤大模板应定位进行检查和维修，保证使用质量。

4)大模板安装质量标准

(1)主控项目

①大模板安装必须保证轴线和截面尺寸准确，垂直度和平整度符合规定要求。

检查数量：全数检查。

检验方法：量测。

②大模板安装后应保证整体的稳定性，确保施工中模板不变形、不错位、不胀模。

检查数量：全数检查。

检验方法：观察。

（2）一般项目

①模板的拼缝要平整，堵缝措施要整齐牢固，不得漏浆，模板与混凝土的接触应清理干净，隔离剂涂刷均匀。

检查数量：全数检查。

检验方法：观察。

②大模板安装和预埋件、预留孔洞允许偏差及检验方法应符合表9.1的规定。

表9.1 大模板安装和预埋件、预留孔洞允许偏差及检验方法

项目		允许偏差/mm	检查方法
轴线位置		4	用尺量检查
截面内部尺寸		±2	用尺量检查
层高垂直度	全高≤5 m	3	用2 m托线板检查
	全高>5 m	5	
相邻模板板面阶差		2	用直尺和尺量检查
平直度		<4(20 m内)	上口尺量检查，下口以模板定位线为基准检查
预埋板中心线位置		3	拉线和尺量检查
预埋螺栓	中心线位置	2	拉线和尺量检查
	外露位置	+10,0	尺量检查
预留洞	中心线位置	10	拉线和尺量检查
	截面内部尺寸	+10,0	尺量检查

5）成品保护

①模板拆除应在混凝土强度能保证其表面及棱角不因拆模而受损时进行。

②在任何情况下，操作人员不得站在墙顶采用晃动、撬动模板或用大锤砸模板的方法拆除模板，以保护成品。

③拆除模板时应先拆除模板之间的对拉螺栓及连接件，松动斜撑调节丝杠，使模板后倾与墙体脱开，在检查确认无误后方可起吊大模板。

④当混凝土已达到拆除强度而不能及时拆模板，为防止混凝土粘模，可在未拆模之前将对拉螺栓松开。

⑤混凝土结构拆模后应及时采取养护措施。冬期施工阶段除混凝土结构采取防冻措施外，大模板应采取相应的保湿措施。

⑥大模板及配件拆除后，应及时清理干净，对变形及损坏的部位及时进行维修，对斜撑丝杠、对拉螺栓丝扣应抹油保护。

6）安全措施

①大模板施工应执行国家和地方政府制定的相关安全和环保措施。

②模板起吊要平稳,不得偏斜和大幅度摆动,操作人员必须站在安全可靠处,严禁人员随同大模板一同起吊。

③吊运大模板必须采用卡环吊钩,当风力超过 5 级时应停止吊运作业。

④拆除模板时,在模板与墙体脱离后,经检查确认无误后方可起吊大模板。

⑤拆除无固定支架的大模板时,应对模板采取临时固定措施。

⑥模板现场堆放区在起重机的有效工作范围之内,堆放场地必须坚实平整,不得堆放在松土、冻土或凹凸不平的场地上。

⑦大模板停放时,必须满足自稳要求,对自稳不足的模板,必须另外拉结固定;没有支撑架的大模板应存放在专用的插放支架上,叠层平放时,叠放高度不应超过 2 m(10 层),底部及层间应加垫木,且上下对齐。

⑧模板在地面临时周转停放时,两块大模板应板面相向放置,中间留置操作间距;当长时间停放时,应将模板连接成整体。

⑨大模板不得长时间停放在施工楼层上,当大模板在施工楼层上临时周转停放时,必须有可靠的防倾倒以保证安全的措施。

⑩大模板运输根据模板的长度、质量选用车辆;大模板在运输车辆上的支点、伸出的长度及绑扎方法均应保证其不发生变形,不损伤涂层。

⑪运输模板附件时,应注意码放整齐,避免相互发生碰撞;保证模板附件的重要连接部位不受破坏,确保产品质量,小型模板附件应装箱、装袋或捆扎运输。

活动建议

到网上下载或资料室查阅《建筑工程模板施工手册》(2015 版)、《组合钢模板技术规范》(GB/T 50214—2013)及《钢框胶合板模板技术规程》(JGJ/T 96—2011),进一步了解有关大模板的技术知识。

练习作业

1. 简述大模板的施工工艺流程。

2. 大模板拆除时应注意哪些问题?

学习鉴定

1. 填空题

(1)大模板工程的结构类型包括内外墙均为现浇混凝土的____________结构;内墙为____________、外墙为____________的内浇外砖结构。

(2)大模板由____________、____________、____________及____________组成。

(3)大模板的拆除顺序是:先拆____________,再松开____________,模板向后倾斜与____________脱开后才准许吊离。

(4)当风力超过________级时,应停止外吊运作业。

(5)大模板施工工艺流程:大模板预拼装→________→安装模板的定位位置→________→________→调整模板、紧固对拉螺栓→验收→________→拆模→________。

(6)大模板依其构造和组拼方式分类,可以分为________、________、________和筒形模板。

2. 问答题

(1)简述大模板的施工工艺流程。

(2)大模板的安装应符合哪些规定?

(3)大模板依其构造和组拼方式分为哪几类?各有什么特点?

教学评估

教学评估表见本书附录。

10 装配式建筑施工

本章内容简介

装配式建筑施工的内涵和发展

装配式建筑的工艺流程

装配式建筑施工的起重设备

装配式混凝土建筑施工

装配式建筑施工的质量验收

本章教学目标

熟悉装配式建筑施工的内涵和发展

熟悉装配式建筑的工艺流程

了解装配式建筑施工的起重设备

掌握装配式混凝土建筑施工

掌握装配式建筑施工的质量验收

问题引入

装配式建筑是指把传统建造方式中的大量现场作业工作转移到工厂(工场)进行,在工厂加工制作好建筑用部品、部件,如柱、墙、梁、板、楼梯、阳台等,运输到建筑施工现场,通过可靠的连接方式在现场装配安装而成的建筑。装配式建筑是建筑产业升级的方向,不仅能够节约资源,还有利于促进建筑业化解过剩产能。下面我们就来学习装配式建筑施工的相关知识。

10.1 装配式建筑的内涵和发展

新型建筑工业化是新型工业化的构成部分,是建筑产业现代化的重要途径。其目的:提高建筑工程质量、效率和效益;改善劳动环境,节省劳动力;促进建筑节能减排、节约资源。其重点是:现代工业化、信息化技术(BIM 技术协同共享工作平台,如图 10.1 所示)在传统建筑业的集成应用,促进建筑生产方式转变和建筑产业转型升级。2017 年 4 月,住房和城乡建设部印发的《建筑业发展"十三五"规划》中强调要推动建筑产业现代化,推广智能和装配式建筑;提高建筑节能水平,推广建筑节能技术,推进绿色建筑规模化发展。

图 10.1 BIM 技术协同共享工作平台

10.1.1 装配式建筑的内涵

1)装配式建筑的含义

什么是装配式建筑?在《装配式混凝土建筑技术标准》(GB/T 51231—2016)中给出了明

确定义，即结构系统、外围护系统、设备与管线系统、内装系统的主要部分采用预制部品部件集成的建筑称为装配式建筑。装配式建筑应遵循建筑全生命周期可持续原则，并应标准化设计、工厂化生产、装配化施工、一体化装修、信息化管理与智能化应用，如图 10.2 所示。

图 10.2 装配式建筑的特点

装配式建筑的结构形式包括混凝土结构、钢结构、木结构和各类型组合结构。我国大部分建筑为混凝土结构形式，装配式建筑的设计与施工离不开混凝土结构构件工厂化生产制作。建筑结构系统由混凝土部件（预制构件）构成的装配式建筑称为装配式混凝土建筑，预制装配式混凝土结构（Prefabricated Concrete Structure，简称为 PC 结构）是以预制混凝土构件为主要构件，经装配、连接部分现浇而形成的混凝土结构。PC 构件是以构件加工单位工厂化制作而成的成品混凝土构件，工厂加工的 PC 构件类型如图 10.3 所示。

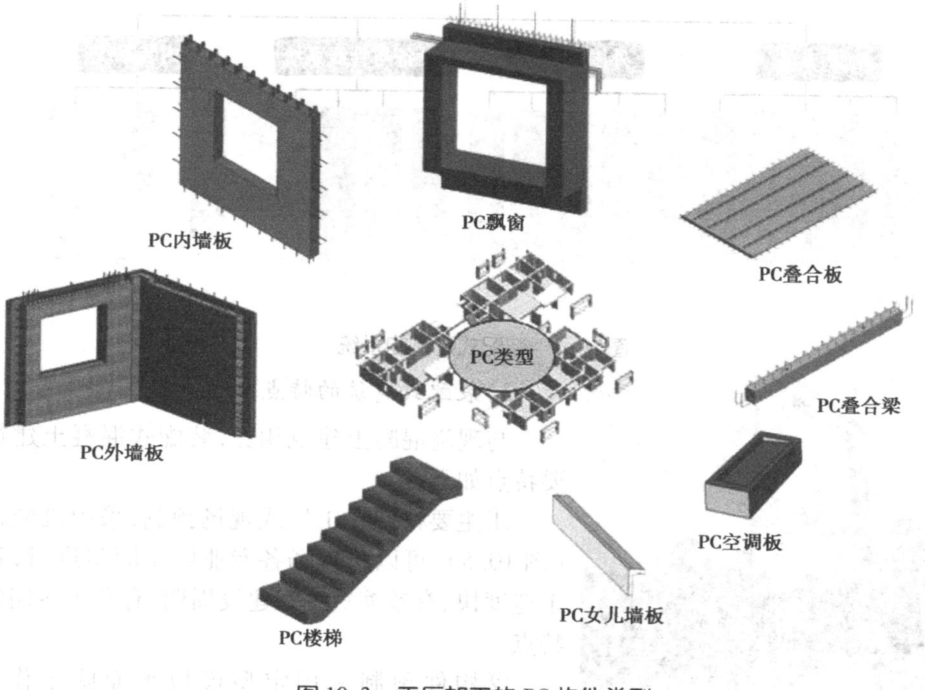

图 10.3 工厂加工的 PC 构件类型

装配式混凝土结构包括装配整体式混凝土结构、全装配混凝土结构等。在建筑工程中，装配式混凝土结构建筑简称装配式混凝土建筑；在结构工程中，简称为装配式混凝土结构。构件的连接方法一般有连接部位后浇混凝土、螺栓或预制应力连接等；钢筋连接可采用钢筋套筒灌浆连接、钢筋浆锚搭接连接、焊接连接、机械连接及预留孔洞搭接连接等方式。

装配式混凝土结构构件主要包括全预制柱、全预制梁、叠合梁、全预制剪力墙、单层叠合剪力墙、双层叠合剪力墙、外挂墙板、预制混凝土夹心保温外墙板、预制叠合保温外墙板、全预制楼板、叠合楼板、全预制阳台板、叠合阳台板、预制飘窗、全预制空调板、全预制女儿墙板、装饰柱等。

2）装配式建筑的系统

《装配式混凝土建筑技术标准》（GB/T 51231—2016）中给出的支撑装配式建筑的四大系统（图10.4）分别是：

①结构系统：由结构构件通过可靠的连接方式装配而成，以承受或传递荷载作用的整体。

②外围护系统：由建筑外墙、屋面、外门窗及其他部品部件等组合而成，用于分隔建筑室内外环境的部品部件的整体。

③设备与管线系统：由给水排水、供暖通风空调、电气及智能化、燃气等设备与管线组合而成，满足建筑使用功能的整体。

④内装系统：由楼地面、天棚及墙面（吊顶、墙面、轻质隔墙、内门窗）、厨房和卫生间等组合而成，满足建筑空间使用要求的整体。

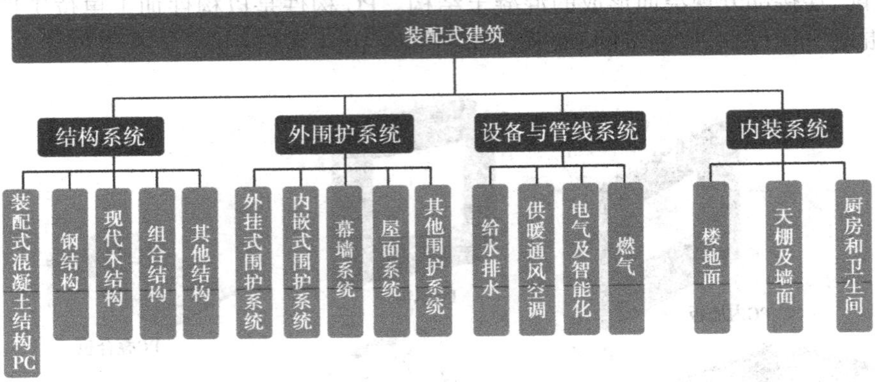

图10.4　装配式建筑的系统

图10.5　预制墙板吊装

3）装配式建筑的特点

与现浇混凝土建筑相比，装配式混凝土建筑的主要特点如下：

①主要构件在工厂或现场预制，采用机械化吊装（图10.5），可以与现场各专业施工同步进行，具有施工速度快、有效缩短工程建设周期、有利于冬期施工的特点。

②构件预制采用定型模板平面施工作业（图10.6），代替现浇结构立体交叉作业，具有生产效率高、产品质量好、安全环保、有效降低成本的特点。

③在预制构件生产环节可以采用反打一次成型工艺或立模工艺等将保温、装饰、门窗附件等具有特殊要求的功能高度集成(图 10.7),以减少物料损耗和施工工序。

图 10.6　预制楼梯定型模板工厂化生产

图 10.7　集成装饰和门窗

④对从业人员的技术管理能力和工程实践经验要求较高,装配式建筑的设计、施工应做好前期策划,具体包括工期进度计划、构件标准化深化设计及资源优化配置方案等。

4)装配式建筑的装配率

《装配式建筑评价标准》(GB/T 51129—2017)中用装配率 P 评价建筑的装配化程度,即单体建筑室外地坪以上的主体结构、围护墙和内隔墙、装修和设备管线等采用预制部品部件的综合比例称为装配率。装配率 P 应根据表 10.1 中评价项分值按下式计算:

$$P = \frac{Q_1 + Q_2 + Q_3}{100 - Q_4} \times 100\% \tag{11.1}$$

式中　P——装配率;

Q_1——主体结构指标实际得分值;

Q_2——围护墙和内隔墙指标实际得分值;

Q_3——装修和设备管线指标实际得分值;

Q_4——评价项目中缺少的评价项分值总和。

表 10.1　装配式建筑评价评分表

评价项		评价要求	评价分值	最低分值
主体结构(50 分)	柱、支撑、承重墙、延性墙板等竖向构件	35% ≤比例≤80%	20 ~ 30*	20
	梁、板、楼梯、阳台、空调板等构件	70% ≤比例≤80%	10 ~ 20*	
围护墙和内隔墙(20 分)	非承重围护墙非砌筑	比例≥80%	5	10
	围护墙与保温、隔热、装饰一体化	50% ≤比例≤80%	2 ~ 5*	
	内隔墙非砌筑	比例≥50%	5	
	内隔墙与管线、装修一体化	50% ≤比例≤80%	2 ~ 5*	

续表

评价项		评价要求	评价分值	最低分值
装修和设备管线(30分)	全装修	—	6	6
	干式工法楼面、地面	比例≥70%	6	—
	集成厨房	70%≤比例≤90%	3~6*	
	集成卫生间	70%≤比例≤90%	3~6*	
	管线分离	50%≤比例≤70%	4~6*	

注:表中带“*”项的分值采用“内插法”计算,计算结果取小数点后1位。

装配式建筑评价等级分为A级、AA级、AAA级。装配率为60%~75%时,评价为A级装配式建筑;装配率为76%~90%时,评价为AA级装配式建筑;装配率为91%以上时,评价为AAA级装配式建筑。

对装配式建筑的评价,设计阶段宜进行预评价,并按设计文件计算装配率;项目评价应在项目竣工验收后进行,并应按竣工验收资料计算装配率和确定评价等级。装配式建筑评价等级时应满足以下要求:

①主体结构部分的评价分值不低于20分;

②围护墙和内隔墙部分的评价分值不低于10分;

③采用全装修;

④装配率不低于50%。

10.1.2 装配式建筑的发展

1)政策引导装配式建筑发展

自2015年以来,国家层面多次出台政策,制定装配式建筑发展目标、划定重点区域并制定相应鼓励政策,引导国内装配式建筑健康、快速发展。

党的十五大明确提出中国现代化建设必须实施可持续发展战略,党的十八大提出了“推进绿色发展、循环发展、低碳发展”和“建设美丽中国”的战略目标,对建筑节能环保提出了更高的要求。2013年国家启动《绿色建筑行动方案》,2016年国务院办公厅颁发《国务院办公厅关于大力发展装配式建筑的指导意见》(国办发〔2016〕71号),明确要大力发展节能、环保、低碳的绿色建筑和装配式建筑。

2017年3月住房和城乡建设部先后印发《“十三五”装配式建筑行动方案》《装配式建筑示范城市管理办法》《装配式建筑产业基地管理办法》。2020年,全国装配式建筑占新建建筑的比例要达到15%以上,其中重点推进地区达到20%以上,积极推进地区达到15%以上,鼓励推进地区达到10%以上。国家鼓励各地制定更高的发展目标。建立健全装配式建筑政策体系、规划体系、标准体系、技术体系、产品体系和监管体系,形成一批装配式建筑设计、施工、部品部件规模化生产企业和工程总承包企业,形成装配式建筑专业化队伍,全面提升装配式建筑质量、效益和品质,实现装配式建筑全面发展。根据文件精神,截至2020年,培育50个以上装配式建筑示范城市,200 个以上装配式建筑产业基地,500 个以上装配式建筑示范工程,建设30 个以上装配式建筑科技创新基地,充分发挥示范引领和带动作用。

2)标准支撑装配式建筑的发展

(1)装配式建筑技术标准

为规范装配式建筑的设计、生产与施工,按照适用、经济、安全、绿色、美观的要求,全面提高我国装配式建筑的环境效益、社会效益和经济效益,装配式建筑应遵循建筑全寿命期的可持续性原则。住房和城乡建设部从 2014 年起陆续发布《装配式混凝土建筑技术标准》《装配式建筑评价标准》等有关装配式建筑的技术标准和评价标准(表 10.2),在技术标准层面支撑装配式建筑的发展。

表 10.2　装配式建筑技术标准

序号	标准名称	标准编号	实施日期
1	《装配式混凝土结构技术规程》	JGJ 1—2014	2014 年 10 月 1 日
2	《装配式混凝土建筑技术标准》	GB/T 51231—2016	2017 年 6 月 1 日
3	《装配式钢结构建筑技术标准》	GB/T 51232—2016	2017 年 6 月 1 日
4	《装配式木结构建筑技术标准》	GB/T 51233—2016	2017 年 6 月 1 日
5	《装配式建筑评价标准》	GB/T 51129—2017	2018 年 2 月 1 日
6	《装配式环筋扣合锚接混凝土剪力墙结构技术标准》	JGJ/T 430—2018	2018 年 10 月 1 日
7	《装配式劲性柱混合梁框架结构技术规程》	JGJ/T 400—2017	2017 年 10 月 1 日
8	《厨卫装配式墙板技术要求》	JG/T 533—2018	2018 年 11 月 1 日

(2)装配式建筑结构系统可参考图集(表 10.3)

表 10.3　装配式建筑结构系统可参考图集

序号	图集名称	图集号
1	《装配式混凝土结构住宅建筑设计示例(剪力墙结构)》	15J939-1
2	《装配式混凝土结构表示方法及示例(剪力墙结构)》	15G107-1
3	《〈高层民用建筑钢结构技术规程〉图示》	16G108-7
4	《预制构件选用目录(一)》	16G116-1
5	《装配式混凝土结构连接节点构造》	15G310-1 ~ 2
6	《预制混凝土剪力墙外墙板》	15G365-1

续表

序号	图集名称	图集号
7	《预制混凝土剪力墙内墙板》	15G365-2
8	《桁架钢筋混凝土叠合板(60 mm 厚底板)》	15G366-1
9	《预制钢筋混凝土板式楼梯》	15G367-1
10	《预制钢筋混凝土阳台板、空调板及女儿墙》	15G368-1
11	《多、高层民用建筑钢结构节点构造详图》	16G519
12	《装配式混凝土剪力墙结构住宅施工工艺图解》	16G906

(3)外围护系统可参考图集(表 10.4)

表 10.4　外围护系统可参考图集

序号	图集名称	图集号
1	《预制混凝土剪力墙外墙板》	15G365-1
2	《预制钢筋混凝土阳台板、空调板及女儿墙》	15G368-1
3	《装配式混凝土剪力墙结构住宅施工工艺图解》	16G906
4	《人造板材幕墙》	13J103-7
5	《双层幕墙》	07J103-8
6	《玻璃采光顶》	07J205
7	《外墙内保温建筑构造》	11J122
8	《平屋面建筑构造》	12J201
9	《坡屋面建筑构造(一)》	09J202-1
10	《种植屋面建筑构造》	14J206
11	《建筑一体化光伏系统电气设计与施工》	15D202-4
12	《变形缝建筑构造》	14J936
13	《太阳能集中热水系统选用与安装》	15S128
14	《热水器选用与安装》	08S126

(4)设备与管线系统、内装系统可参考图集(表 10.5)

表 10.5 设备与管线系统、内装系统可参考图集

序号	图集名称	图集号
1	《内装修:墙面装修》	13J502-1
2	《内装修:室内吊顶》	12J502-2
3	《内装修:楼(地)面装修》	13J502-3
4	《住宅内装工业化设计:整体收纳》	17J509-1
5	《住宅厨房》	14J913-2
6	《住宅卫生间》	14J914-2
7	《装配式混凝土结构住宅建筑设计示例》	15J939-1
8	《装配式混凝土剪力墙结构住宅施工工艺图解》	16G906
9	《住宅排气道(一)》	16J916-1

3)人员素质提升促进装配式建筑发展

2017 年 7 月,住房和城乡建设部发布《关于做好装配式建筑系列标准培训宣传与实施工作的通知》(建标实函〔2017〕152 号)。通知要求如下:

①各级建设主管部门负责人、主要管理人员和大型设计、施工企业负责人要集中学习装配式建筑系列标准。

②各地区、各有关单位要组织各级装配式建筑管理人员和建设、设计、施工、部品部件生产、监理等专业技术人员进行装配式建筑系列标准培训。

③在建筑行业专业技术人员继续教育中增加装配式建筑相关内容。

④鼓励高校、职业学校设置装配式建筑相关课程,建立培训基地,加强岗位技能提升培训。

2018 年 9 月,住房和城乡建设部印发《工程质量安全手册》,其中的第 3.5 条专门对装配式混凝土工程的实体质量控制进行阐述。而《"十三五"装配式建筑行动方案》从编制发展规划、健全标准体系、完善技术体系、提高设计能力、增强产业配套能力、推行工程总承包、推进建筑全装修、促进绿色发展、提高工程质量安全、培育产业队伍十个方面对行业提出了要求。在政策上,"方案"特别提出积极协调国土部门在土地出让或划拨时,将装配式建筑作为建设条件内容;在土地出让合同或土地划拨决定书中明确具体要求;装配式建筑工程可参照重点工程报建流程纳入工程审批绿色通道等供需双向政策支持。

阅读理解

BIM 技术

BIM 的英文全称是 Building Information Modeling，国内较为一致的中文翻译为：建筑信息模型。

BIM 技术是一种应用于工程设计、建造、管理的数据化工具，通过参数模型整合各种项目的相关信息，在项目策划、运行和维护的全生命周期过程中进行共享和传递，使工程技术人员对各种建筑信息作出正确理解和高效应对，为设计团队以及包括建筑运营单位在内的各方建设主体提供协同工作的基础，在提高生产效率、节约成本和缩短工期方面发挥重要作用。

BIM 的核心是通过建立虚拟的建筑工程三维模型，利用数字化技术，为这个模型提供完整的、与实际情况一致的建筑工程信息库。该信息库不仅包含描述建筑物构件的几何信息、专业属性及状态信息，还包含了非构件对象（如空间、运动行为）的状态信息。借助这个包含建筑工程信息的三维模型，大大提高了建筑工程的信息集成化程度，从而为建筑工程项目的相关利益方提供了一个工程信息交换和共享的平台。

1）BIM 定义

①美国国家 BIM 标准（NBIMS）对 BIM 的定义由三部分组成：

a. BIM 是一个设施（建设项目）物理和功能特性的数字表达；

b. BIM 是一个共享的知识资源，便于分享有关这个设施的信息；

c. 在项目的不同阶段，不同利益相关方通过在 BIM 中插入、提取、更新和修改信息，以支持和反映其各自职责的协同作业。

②国家标准《建筑信息模型应用统一标准》（GB/T 51212—2016）中的定义为：在建设工程及设施全生命期内，对其物理和功能特性进行数字化表达，并依此设计、施工、运营的过程和结果的总称，简称模型。

2）BIM 的特点

BIM 有可视化、优化性、模拟性、协调性和出图性等特点，如图 10.8 所示。

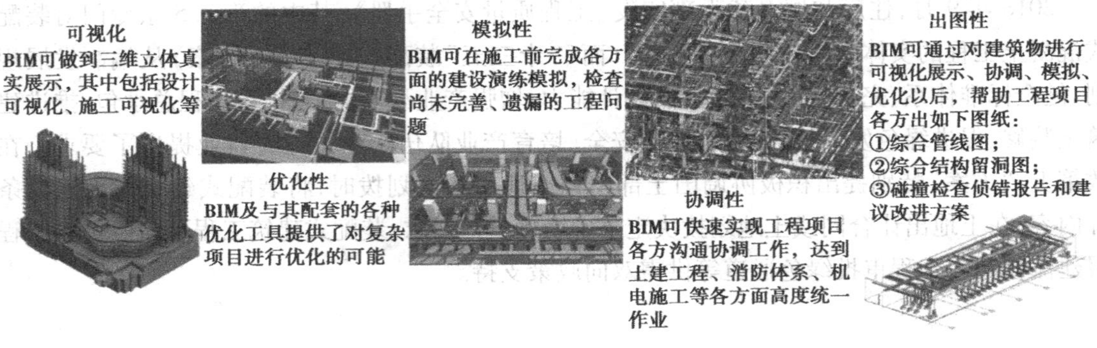
可视化
BIM可做到三维立体真实展示，其中包括设计可视化、施工可视化等
模拟性
BIM可在施工前完成各方面的建设演练模拟，检查尚未完善、遗漏的工程问题
出图性
BIM可通过对建筑物进行可视化展示、协调、模拟、优化以后，帮助工程项目各方出如下图纸：
①综合管线图；
②综合结构留洞图；
③碰撞检查侦错报告和建议改进方案
优化性
BIM及与其配套的各种优化工具提供了对复杂项目进行优化的可能
协调性
BIM可快速实现工程项目各方沟通协调工作，达到土建工程、消防体系、机电施工等各方面高度统一作业

图 10.8　BIM 的特点

3)BIM 的作用

BIM 为建筑相关信息的及时、有效、完全共享提供了可能,为构建信息无缝管理平台提供了相对可靠的手段,其主要作用如图 10.9 所示。BIM 技术在世界很多国家已经有比较成熟的 BIM 技术标准或者制度,我国在 2016 年颁布了《建筑信息模型应用统一标准》(GB/T 51212—2016)。BIM 技术在我国建筑市场内要顺利发展,必须将 BIM 技术和国内的建筑市场特色相结合,才能够满足国内建筑市场的特色需求,同时 BIM 技术将会给国内建筑业带来一次巨大变革。

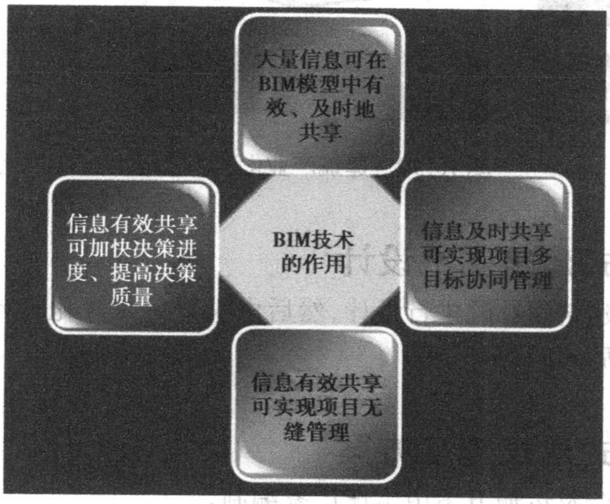

图 10.9　BIM 的作用

练习作业

1. 装配式建筑的内涵是什么? 支撑装配式建筑的四大系统分别是哪些?
2. 什么是 PC 结构? PC 结构的主要特点有哪些?
3. 装配式建筑的主要特点有哪些?
4. 如何理解装配式建筑的发展?

10.2　装配式建筑工艺流程

问题引入

装配式建筑应遵循建筑全寿命期可持续原则,并应标准化设计、工厂化生产、装配化施工、一体化装修、信息化管理与智能化应用。装配式建筑工艺流程如图 10.10 所示。

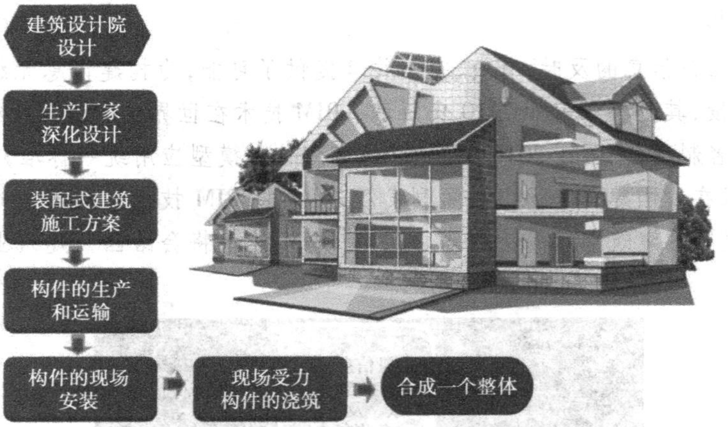

图 10.10　建筑产业化工艺流程

10.2.1　装配式建筑图纸设计

装配式建筑图先由建筑设计院进行设计，然后由生产厂家深化设计，出具相应的施工图，再通过建筑设计院复核后实施。

10.2.2　装配式建筑施工方案

①装配式构件的生产及运输方案由生产厂家编制。

②现场装配式施工方案由施工总承包单位编制。

10.2.3　装配式构件工业化生产

1）构件类型

工业化生产的构件主要有剪力墙、主次梁、楼板、楼梯、阳台板、空调板。

①预制剪力墙，底部预埋钢筋对接套筒，腰部预留拉件孔，顶部预留次梁安装口，其他周边预留连接钢筋，如图 10.11 至图 10.13 所示。

图 10.11　预制内填充墙

图 10.12　预制外剪力墙

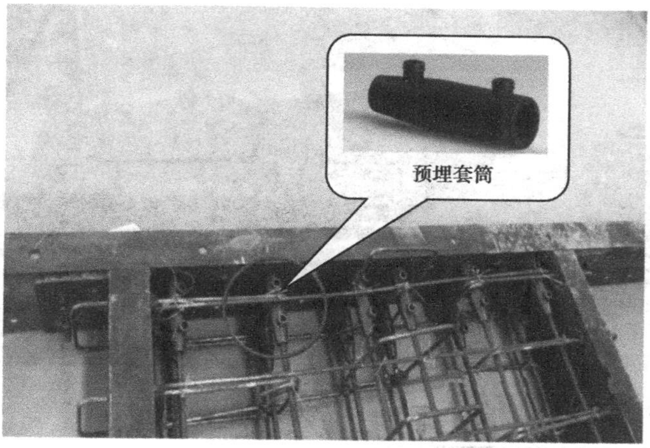

图 10.13　预埋套筒

②预制梁浇至板底，两端及上部预留连接钢筋，如图 10.14、图 10.15 所示。

图 10.14　主梁预留次梁安装位置

图 10.15　预制梁预留钢筋位置

③预制楼板只制作一半（约 80 mm，兼作模板），上面预留约 60 mm 现浇混凝土，除底部外的其他三面预留连接钢筋、线管穿插孔洞，如图 10.16 所示。

图 10. 16　预制楼板

2）构件的工厂化生产流程

构件的工厂化生产流程为：钢筋制作→钢筋安装（含套筒）→浇筑混凝土→构件的初级养护→毛化处理→蒸汽养护→检验合格→打二维码准备出品，如图 10.17 至图 10.21 所示。

图 10.17　钢筋制作

图 10.18　钢筋安装

图 10.19　浇筑混凝土

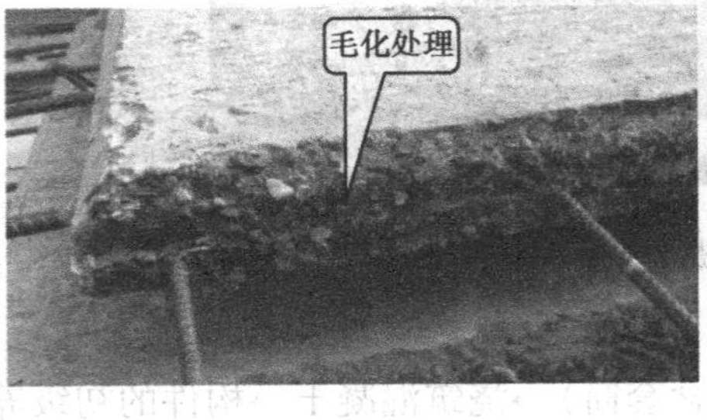

图 10.20　毛化处理

图 10.21　构件二维码

10.2.4 装配式构件运输

这么多的构件,会搞乱吗？不会！因为每个构件都办了“身份证”——二维码。二维码中载明了构件名称、具体部位等,由厂家负责运输(图 10.22、图 10.23),按时运到现场指定地方堆放。

图 10.22 预制剪力墙运输(直立运输)

图 10.23 预制楼板运输(水平运输)

10.2.5 装配式建筑现场施工

1)预制剪力墙安装

预制剪力墙安装流程为:放线定位→预制剪力墙吊装(图 10.24)→底部套入预埋钢筋→固定(水平定位,垂直度由可以旋调的斜撑调节)→底部固定套管灌浆(图 10.25)。

图 10.24 预制剪力墙安装

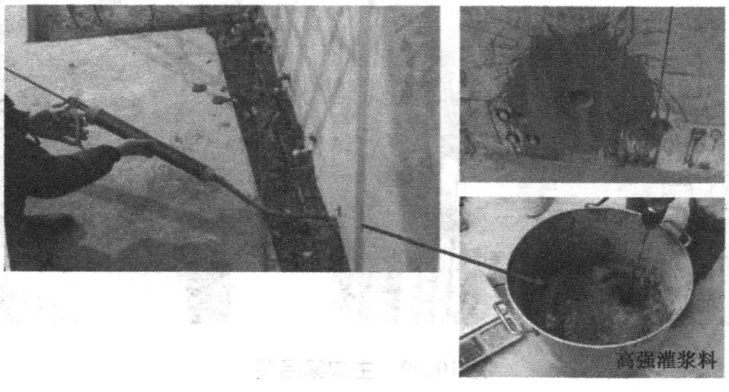

图 10.25 底部固定套管灌浆

2）现浇竖向受力构件施工

①竖向受力构件（暗柱）钢筋、模板安装，如图 10.26 所示。

②竖向受力构件（暗柱）混凝土浇筑，如图 10.27 所示。

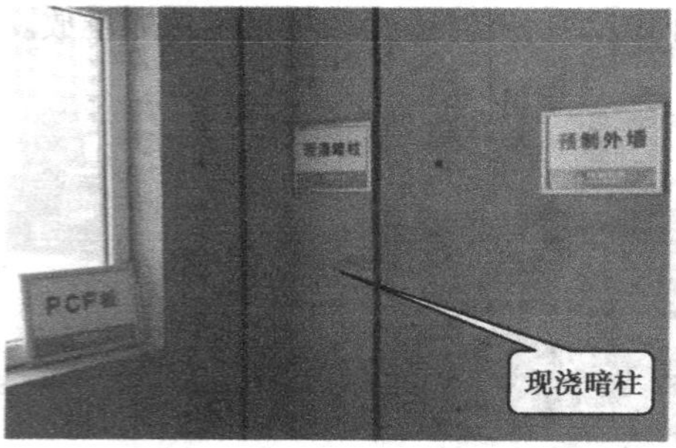

图 10.26　暗柱模板安装

图 10.27　墙板暗柱现浇

3）主梁模板、钢筋安装

主梁模板、钢筋安装如图 10.28 所示。

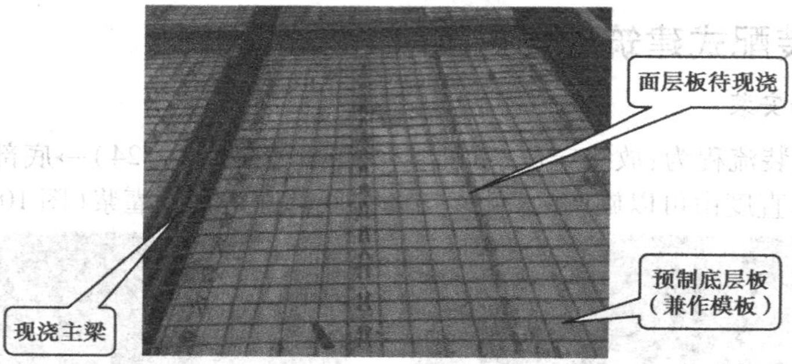

图 10.28　墙板钢筋安装

4）预制梁、板安装

①吊装主、次梁，如图 10.29 所示。

图 10.29　主次梁吊装

②吊装预制楼板,如图 10.30 所示。

图 10.30　预制楼板吊装

5)现浇楼板施工

①安装楼板钢筋和线管,如图 10.31 所示。

②现浇楼板面层及连接点混凝土,所有构件合成整体(图 10.32)。这个环节跟传统楼面混凝土浇筑基本相同,首先对强度高连接点(剪力墙、柱上部)混凝土进行浇筑,然后浇筑主梁、楼板面层混凝土。至此,所有构件合成整体,构成一个完整的受力体系。

图 10.31　安装楼板钢筋和线管

图 10.32　现浇楼板面层及连接点混凝土

6)预制楼梯安装

预制楼梯安装,如图 10.33 所示。

图 10.33　预制楼梯安装

7)装饰装修施工

装配式主体施工与普通工艺施工工期相差不多,但装配式装饰装修施工(图10.34)阶段较快,至少可减少1/3的工期。

图10.34 装饰装修施工

8)整体卫浴安装

在国内外均有少数工业化程度高的施工项目,外墙已完成装饰层,且带有整体卫生间等,如图10.35所示。

图10.35 整体卫浴安装

阅读理解

装配式建筑施工安全与环境保护

1)安全技术要求

①预制装配式混凝土结构施工过程中,应按照《建筑施工安全检查标准》(JGJ 59—2011)、《建设工程施工现场环境与卫生标准》(JGJ 146—2013)等有关安全、职业健康和环境保护的规定执行。施工现场临时用电安全应符合《施工现场临时用电安全技术规范》(JGJ 46—2005)和用电专项方案的规定。

②预制装配式混凝土结构施工和管理人员进入现场必须遵守安全生产六大纪律。

③现场施工的PC结构在绑扎柱、墙钢筋时,应采用专用高凳作业,当施工作业面高于2 m时,必须佩戴穿芯自锁式保险带。吊运PC构件时,下方禁止站人,必须待吊物降落离地1 m以内方准靠近,就位固定后方可摘钩。

④高空作业吊装时，严禁攀爬柱、墙钢筋等，也不得在构件墙顶行走。PC 外墙板吊装就位后，脱钩人员应使用专用梯子进行操作。

⑤PC 外墙板吊装时，操作人员应站在楼层内，佩戴穿芯自锁式保险带并与楼面内预埋件(点)扣牢。当构件吊至操作层时，操作人员应在楼内用专用钩子将构件系扣的缆风绳钩至楼层内，然后将外墙板拉到就位位置，如图 10.36 所示。

图 10.36　外墙板吊装

⑥PC 构件吊装应单件(块)逐块安装，起吊钢丝绳长短一致，严禁两端一高一低。遇到雨、雪、雾天气，或者风力大于 6 级时，不得吊装 PC 构件。

2)安全防护措施

①安全防护采用围挡式安全隔离时，楼层围挡高度应大于 1.8 m，阳台围挡应高于 1.1 m。围挡应与结构层有可靠连接，满足安全防护措施要求。围挡设置应采取吊装一块外墙板，拆除一块(榀)围挡的方法，按吊装顺序逐块(榀)进行。PC 外墙板就位后，及时安装上一层围挡。

②安全防护采用操作架时，操作架应与结构有可靠的连接体系，操作架受力应满足计算要求。操作架要逐次安装与提升，禁止交叉作业，每一单元不得随意中断提升，严禁操作架在不安全状态下过夜。操作架安装、吊升时，如有障碍，应及时查清，并在排除障碍后方可继续。

③操作人员在楼层内进行操作，在吊升过程中，非操作人员严禁在操作架上走动与施工。当一榀操作架吊升后，另一榀操作架端部出现临时洞口，此处不得站人或施工。

④PC 构件、操作架、围挡吊升时，在吊装区域下方用红白三角旗设置安全区域，配置相应警示标志，并安排专人监护，无关人员不得随意进入该区域。

3)安全施工管理

①项目安全管理应严格按照有关法律、法规和标准的安全生产要求组织 PC 结构施工。

②PC 结构项目管理部应建立安全管理体系，配备专职安全员。建立健全项目安全生产责任制，组织制定项目现场安全生产规章制度和操作规程，编制 PC 结构生产安全事故应急预案。

③项目部应对作业人员进行安全生产教育和针对性交底，保证作业人员具备必要的安全生产知识，熟悉有关的安全生产规章制度和安全操作规程，掌握本岗位的安全操作技能，做到有交底、有落实、有监控。

④PC 结构吊装、施工过程中，项目部相关人员应加强动态的过程安全管理，及时发现和纠

正安全违章和安全隐患,督促、检查PC结构施工现场安全生产,保证安全生产投入的有效实施,及时消除生产安全事故隐患。

⑤PC结构使用的机械设备、施工机具及配件,必须具有生产(制造)许可证、产品合格证。在现场使用前,应进行查验和检测,合格后方可投入使用。机械设备、施工机具及配件必须由专人管理,定期进行检查、维修和保养,建立相应的资料档案。

⑥安装工必须是体检合格人员,年龄应为30~45岁,经专业培训,持证上岗。

⑦吊装及装配现场设置专职安全监控员。专职安全监控员应经专项培训,熟悉PC施工(装配)工况;起重工除持起重证外,还应经专业培训,熟悉工况,考试合格后上岗。

4)文明施工与环境保护

①PC构件在运输过程中应保持车辆整洁,防止污染道路,减少道路扬尘。

②应加强对施工现场废水、污水的管理,现场应设置污水池和排水沟。废水、废弃涂料、胶料应统一处理,严禁未经处理而直接排入下水管道。

③PC构件施工中产生的黏结剂、稀释剂等易燃、易爆化学制品的废弃物应及时收集并送至指定储存器内,严禁未经处理随意丢弃和堆放。施工现场要设置废弃物临时置放点,并指定专人管理。废弃物清运必须由合法的单位进行,运输符合规定要求。对于有毒有害废弃物,必须利用密闭容器装存。

④PC外墙板内保温系统的材料,即采用粘贴板块或喷涂工艺的内保温,其组成材料应彼此相容,并应对人体和环境无害。内保温材料选择,应不涉及放射性物质污染源。材料选择前,应检查放射性指标;进场后,取样送检,合格后方能使用。

⑤PC结构施工期间,应严格控制噪声,遵守《建筑施工场界噪声限值》(GB 12523—2011)的规定;在城市市区范围内施工的,应当符合国家规定的建筑施工场界环境噪声排放标准。

⑥夜间施工时,应避免光污染对周边居民的影响。

活动建议

到PC构件安装施工现场,观察施工单位是如何进行文明施工与环境保护的。

练习作业

如何理解装配式建筑的工艺流程?

10.3 装配式建筑施工的起重设备

在工厂或现场,将房屋结构构件预制成型,并用起重机械在施工现场将构件吊起并安装到设计位置上,这样形成的结构称为装配式结构。结构吊装工程就是完成装配式结构构件的吊装任务,是装配式结构工程施工的主导工种工程,直接影响装配式结构房屋的工程进度、工程质量和工程成本。

10.3.1 起重机械

装配式建筑施工中常用的起重机械有桅杆式起重机、自行式起重机和塔式起重机。

1)桅杆式起重机

桅杆式起重机具有制作简单、装拆方便、起重量大(可达 1 000 kN),能在比较狭窄的现场使用等特点。其缺点是:灵活性差、服务半径小,需设置较多的缆风绳。桅杆式起重机适用于安装工程量比较集中的工程。

桅杆式起重机可分为独脚拔杆、人字拔杆、悬臂拔杆和牵缆式桅杆起重机。

(1)独脚拔杆

独脚拔杆由拔杆、起重滑轮组、卷扬机、缆风绳和锚锭组成,如图 10.37(a)所示。独脚拔杆按拔杆使用材料,可分为木独脚拔杆、钢管独脚拔杆及金属格构式独脚拔杆。木独脚拔杆一般用圆木做成,梢径 20~32 cm,起重高度 8~15 m,起重量为 30~100 kN;钢管独脚拔杆常用钢管直径为 200~400 mm,壁厚 8~12 mm,起重高度可达 30 m,起重量可达450 kN;金属格构式独脚拔杆一般用 4 个角钢作主肢,并由横向和斜向缀条联系而成,起重高度可达 75 m,起重量可达 1 000 kN。

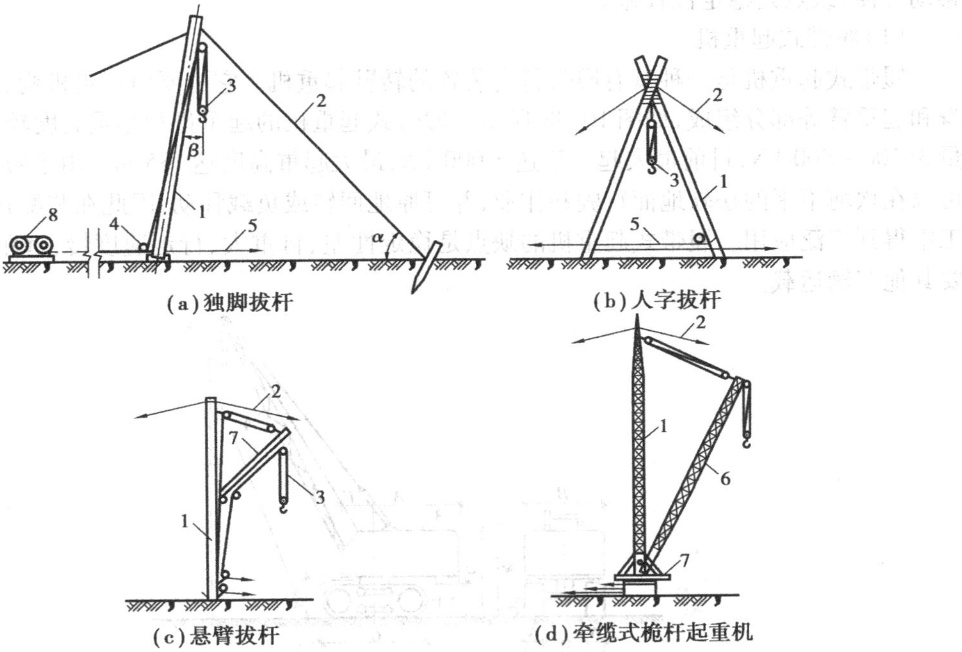

1—拔杆;2—缆风绳;3—起重滑轮组;4—导向滑轮;5—拉索;6—起重臂;7—回转盘;8—卷扬机

图 10.37 桅杆式起重机

独脚拔杆在使用时,拔杆应保持不大于 10°的倾角,使吊装的构件不致碰撞拔杆;拔杆底部要设置拖子以便移动;拔杆需设置 4~8 根缆风绳以保持稳定。

(2)人字拔杆

人字拔杆是由两根圆木或钢管用钢丝绳绑扎或铁件铰接而成,如图 10.37(b)所示。两杆在顶部相交成 20° ~30°，底部设有拉杆或拉绳，以平衡水平推力，其中一根拔杆底部装有一导向滑轮组，起重索通过它连到卷扬机。人字拔杆的优点是起重量大，侧向稳定性较好，缆风绳较少；缺点是构件起吊后活动范围小，故一般用于安装重型柱或其他重型构件。

(3)悬臂拔杆

悬臂拔杆是在独脚拔杆的中部或距底部 2/3 位置处设置一根起重臂，如图 10.37(c)所示。悬臂拔杆起重臂能左右摆动 120° ~270°，且能获得较大的起重高度，但起重量小，故宜于吊装屋面板、檩条等轻型构件。

(4)牵缆式桅杆起重机

牵缆式桅杆起重机是在独脚拔杆下端装一根可以 360°回转和起伏的起重臂而成，如图 10.37(d)所示。它具有较大的起重半径，能把构件吊到有效起重半径内的任何位置，缺点是需设置较多的缆风绳，适用于构件比较多且集中的安装工程。

圆木制作的牵缆式起重机桅杆高度可达 25 m，起重量达 50 kN；金属格构式截面的桅杆起重机高度可达 80 m，起重量可达 100 kN。

2)自行式起重机

自行式起重机有履带式起重机、汽车式起重机和轮胎式起重机 3 类。其优点是灵活性大、移动方便，缺点是稳定性较差。

(1)履带式起重机

履带式起重机是一种具有履带行走装置的转臂起重机。它主要由行走机构、回转机构、机身和起重臂等部分组成，如图 10.38 所示。履带式起重机的起重量和起重高度较大，常用起重量为 100 ~500 kN，目前最大起重量达 3 000 kN，最大起重高度达 135 m。由于履带的作用，它可以在坎坷不平的松软地面行驶和作业，并可原地回转或负载移动，因此在装配式结构房屋施工中得到广泛应用。履带式起重机的缺点是稳定性差、自重大、行走速度慢，远距离转移时需要其他车辆运载。

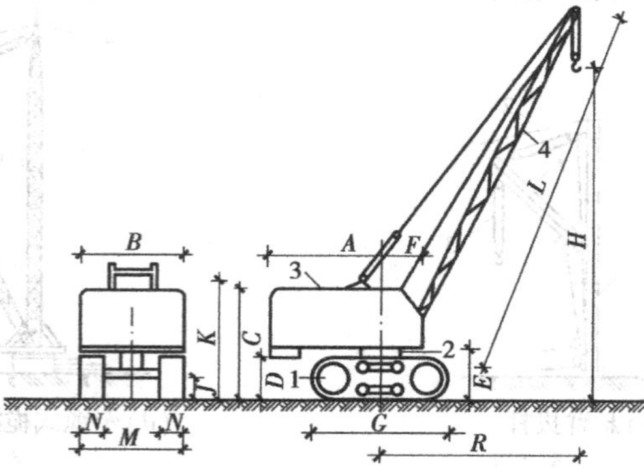

1—行走机构；2—回转机构；3—机身；4—起重臂

A,*B*,*C*,*D*—外形尺寸；*L*—起重臂长度；*H*—起重高度；*R*—起重半径

图 10.38 履带式起重机

履带式起重机的主要技术参数有 3 个：起重量 Q、起重高度 H、起重半径 R。这 3 个参数之间存在相互制约的关系，当起重臂长度一定时，随着仰角的增大，起重量和起重高度增加而起重半径减少；当起重臂仰角一定时，随着起重臂长度增加，起重半径增加而起重量减少。

一般履带式起重机主要技术性能参数可以查起重机手册中的起重性能表或性能曲线。

(2)汽车式起重机

汽车式起重机是一种将起重作业部分安装在汽车通用或专用底盘上的自行式起重机，如图 10.39 所示。其主要优点是：行驶速度快，移动迅速，对路面破坏小，适用于流动性大、经常变换地点的作业。但这种起重机不能负载行驶，稳定性差，转弯半径大。

图 10.39　汽车式起重机

(3)轮胎式起重机

轮胎式起重机是将起重机构安装在特制底盘上的一种自行式全回转起重机，如图 10.40 所示。其构造与履带式起重机基本相同，只是底盘上装有可伸缩的支腿，起重时可以使用支腿以增加机身的稳定性，并保护轮胎。

轮胎式起重机的优点是行驶速度较高，能迅速转移工作地点或工地，对路面破坏小；缺点是不适合在松软或泥泞的地面上工作。

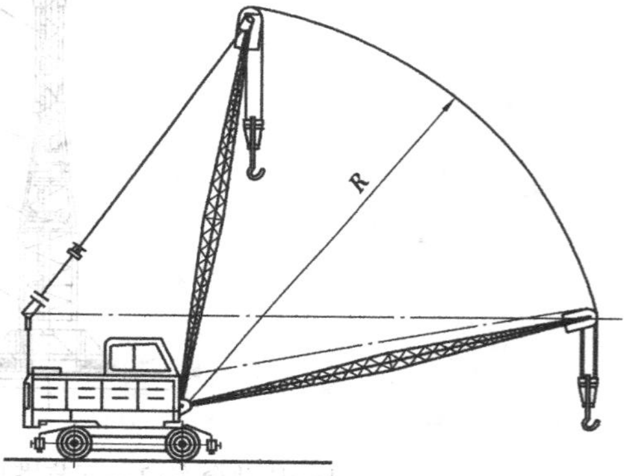

图 10.40　轮胎式起重机

3)塔式起重机

塔式起重机是一种塔身直立，起重臂旋转的起重机。这种起重机具有较大的工作空间和工作幅度，起重高度大，广泛应用于多层和高层建筑施工中。

塔式起重机种类较多，下面主要介绍常用的轨道式、爬升式和附着式塔式起重机。

(1)轨道式塔式起重机

轨道式塔式起重机是一种在轨道上行驶的自行式起重机，是土木工程中使用最广泛的一种起重机，它可带重物行走，作业范围大，生产效率高。

常用的轨道式塔式起重机有 QT_1-2 型、QT_1-6 型、QT-60/80 型、QT_1-15 型、QT-25 型等，其主要性能有：吊臂长度、起重幅度、起重量、起升速度及行走速度等。

QT-60/80 型起重机如图 10.41 所示。它是一种中型上旋式塔式起重机，起重量为 30 ~ 80 kN，幅度为 7.5 ~ 20 m，是建筑工程中常用的一种塔式起重机。

(2)爬升式塔式起重机

爬升式塔式起重机又称内爬式塔式起重机，通常安装在建筑物内部电梯井或特设开间的结构上，依靠爬升系统随结构升高而升高。这种起重机的特点是：塔身短，质量轻，安装方便，起重高度大，不占建筑物外围空间，适合于场地狭窄的高层建筑结构安装；缺点是司机作业不能看到起吊装全过程，需靠信号指挥，施工结束后拆卸复杂，需用辅助起重机拆卸。

爬升式塔式起重机一般由底座、套架、塔身、塔顶、起重臂和平衡臂等几部分组成，目前常用的型号主要有 QT_5-4/40 型和 QT_3-4 型。

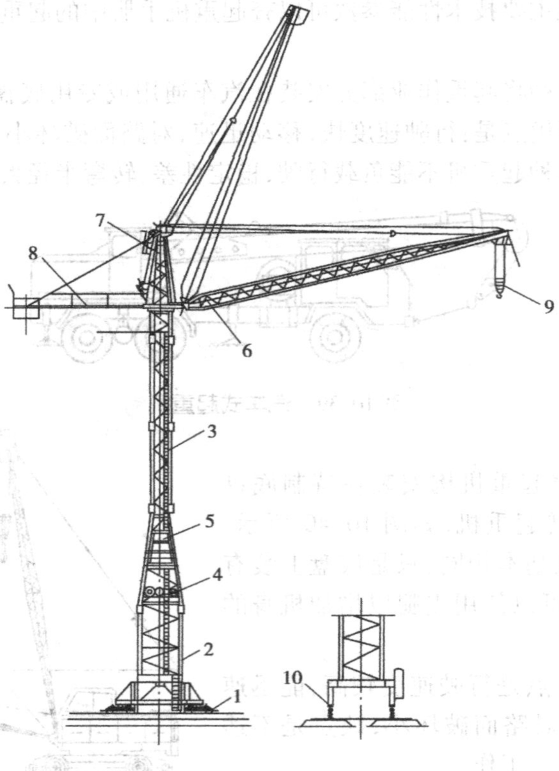

1—从动台车;2—下节塔身;3—上节塔身;4—卷扬机;5—操作室;
6—吊臂;7—塔顶;8—平衡臂;9—吊钩;10—驱动台车

图 10.41　QT-60/80 型塔式起重机

(3)附着式塔式起重机

附着式塔式起重机又称自升式塔式起重机,直接固定在建筑物近旁的混凝土基础上,借助顶升系统随建筑物的施工进程而自行向上接高。为保持塔身稳定,每隔一定距离(一般为 20 m)用系杆将其锚固于邻近的墙体上。

附着式塔式起重机多为小车变幅,因起重机装在结构近旁,司机能看到吊装的全过程,自身的安装与拆卸不妨碍施工过程,被广泛应用于高层建筑施工。

常用的附着式塔式起重机型号有:QT_4-10 型,ZT-1200 型,ZT-100 型,QT_1-4 型等。

QT_4-10 型塔式起重机是一种顶回式、小车变幅的自升式塔式起重机,每顶升一次可接高 2.5 m,最大起重量为 100 kN,最大起重力矩为 1 600 kN,最大幅度为 30 m,装有轨轮,也可固定在混凝土基础上,如图 10.42 所示。

QT_4-10 型塔式起重机的顶升系统由顶升套架、液压千斤顶、支承座、顶升横梁和定位销等组成。其爬升过程可分为以下 5 步:

①将标准节吊到摆渡车上,并将过渡节与塔身标准节的螺栓松开,准备顶升,如图 10.43(a)所示。

②开动液压千斤顶,将塔吊上部结构及顶升套架顶升到超过一个标准节的高度,然后用定位销将套架固定,如图 10.43(b)所示。

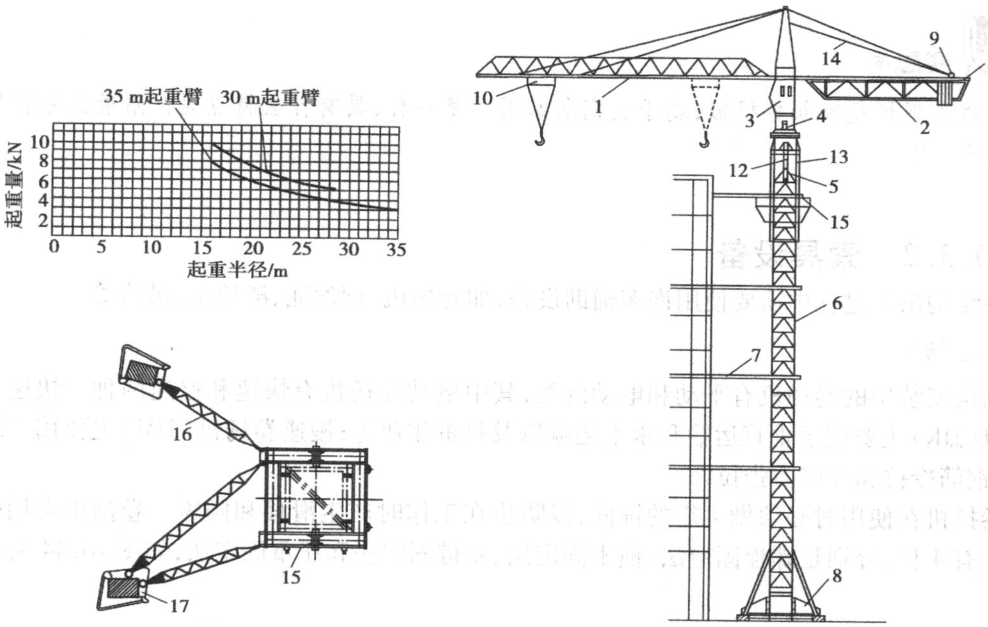

1—起重臂;2—平衡臂;3—操作室;4—转台;5—顶升套架;6—标准节;
7—锚固装置;8—底架及支腿;9—起重小车;10—平衡重;11—支承回转装置;
12—液压千斤顶;13—塔身套箍;14—撑杆;15—附着套箍;16—附墙杆;17—附墙连接件

图 10.42　QT_4-10 型塔式起重机

③液压千斤顶回缩,形成引进空间,然后将装有标准节的摆渡小车拉进到引进空间内,如图 10.43(c)所示。

④利用液压千斤顶稍微提起标准节,退出摆渡小车,并将标准节平稳放在下面的塔身上,用螺栓加以连接,如图 10.43(d)所示。

⑤拔出定位销,下降过渡节,使之与塔身连成整体,如图 10.43(e)所示。

如需一次提升若干塔身标准节,可以重复以上步骤。

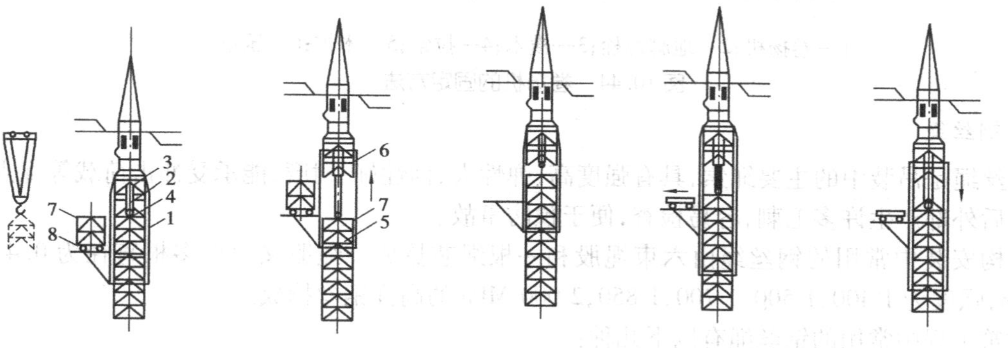

(a)准备状态　(b)顶升塔顶　(c)推入标准节　(d)安装标准节　(e)塔顶与塔身连成整体

1—顶升套架;2—液压千斤顶;3—支承架;4—顶升横梁;5—定位销;6—过渡节;7—标准节;8—摆渡小车

图 10.43　QT_4-10 型塔式起重机的爬升过程

观察思考

到施工现场观察起重机械，属于我们所掌握的哪一种，具有什么特点呢？附着式起重机是如何爬升的？

10.3.2 索具设备

在结构吊装过程中需要使用许多辅助设备，如卷扬机、钢丝绳、滑轮组、吊钩等。

1）卷扬机

结构安装中的卷扬机有手动和电动两类，其中电动卷扬机有快速和慢速两种。快速电动卷扬机（JJK）主要用于垂直运输和水平运输以及打桩作业等；慢速卷扬机（JJM）主要用于结构吊装、钢筋冷拉和预应力张拉。

卷扬机在使用时必须做可靠的锚固，以防止在工作时产生滑移和倾覆。卷扬机常用的锚固方法有4种，分别是螺栓固定法、横木固定法、立桩固定法和压重固定法，如图10.44所示。

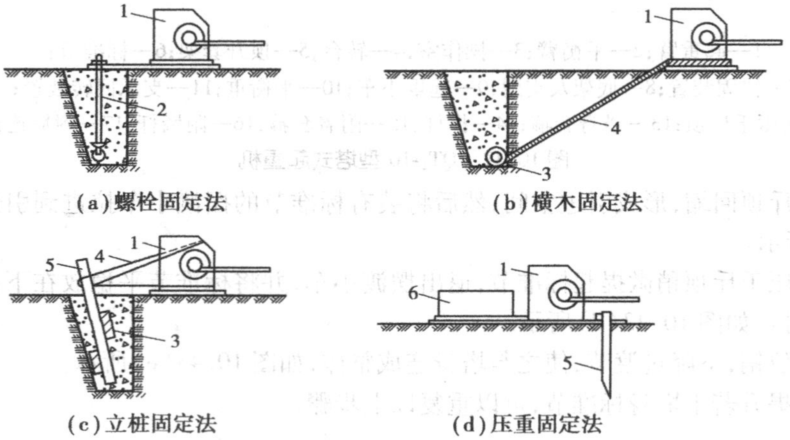

（a）螺栓固定法　（b）横木固定法

（c）立桩固定法　（d）压重固定法

1—卷扬机；2—地脚螺栓；3—横木；4—拉索；5—木桩；6—压重

图10.44　卷扬机的固定方法

2）钢丝绳

钢丝绳是吊装中的主要绳索，具有强度高、弹性大、韧性好、耐磨、能承受冲击荷载等优点，且磨损后外部产生许多毛刺，容易检查，便于预防事故。

结构安装中常用的钢丝绳由六束绳股和一根绳芯捻成。绳股又由许多根直径为0.4～1.0 mm，强度为1 400，1 500，1 700，1 850，2 000 MPa的高强钢丝捻成。

建筑工程中常用的钢丝绳有以下几种：

6×19＋1——由每股19根的6股钢丝组成，再加一根线芯。这种钢丝绳粗、硬而且耐磨，一般用作缆风绳。

6×37＋1——由每股37根的6股钢丝组成，再加一根线芯。这种钢丝绳比较柔软，一般用于穿滑轮组和做吊索。

6×61+1——由每股61根的6股钢丝组成，再加一根线芯。这种钢丝绳柔软，一般用于重型起重机械。

3)滑轮组

滑轮组由一定数量的定滑轮和动滑轮组成，起到既能省力又能改变力的方向的作用，是安装工程中的常用工具，如图10.45所示。滑轮组的名称由组成滑轮组的定滑轮数和动滑轮数来表示，如由3个定滑轮和3个动滑轮组成的滑轮组称为“三、三”滑轮组，由5个定滑轮和4个动滑轮组成的滑轮组叫“五、四”滑轮组，其余类推。

4)吊具

吊具主要包括吊索、卡环和横吊梁等，是构件吊装的重要工具。

①吊索。吊索也称千斤绳，主要用于绑扎和起吊构件，分为环状吊索和开式吊索两种，如图10.46(a)所示。

②卡环。卡环也称卸甲，主要用于吊索之间或吊索与吊环之间的连接，分为螺栓式卡环和活络式卡环两种，如图10.46(b)所示。

③横吊梁。横吊梁也称铁扁担，分为钢板横吊梁和钢管横吊梁两种。前者用于柱的吊装时使柱保持垂直，后者用于屋架吊装时减少索具的高度，如图10.46(c)和10.46(d)所示。

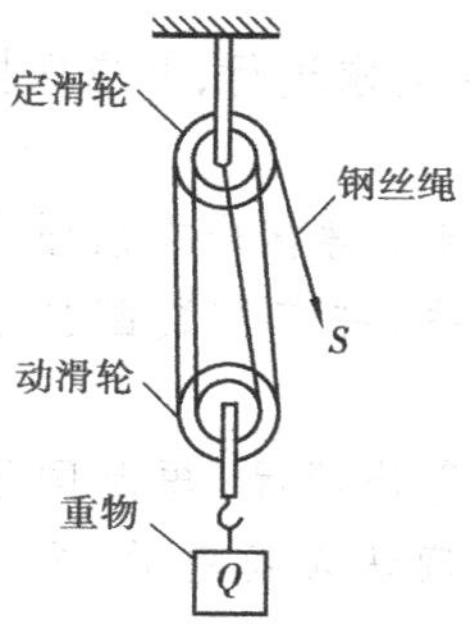

图10.45　滑轮组

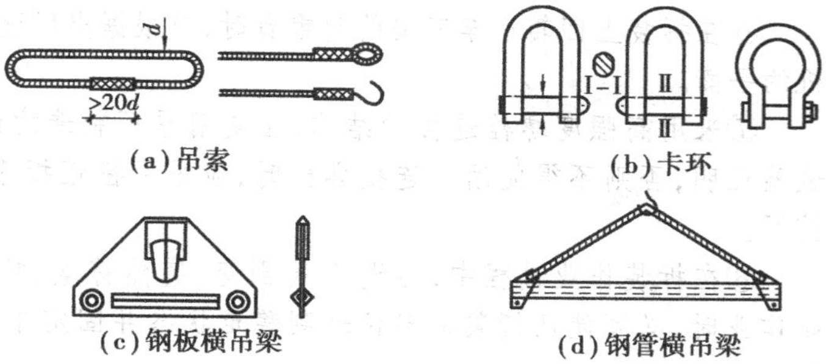

图10.46　吊具

阅读理解

自升式塔式起重机的安装与拆除

1)塔式起重机安装前的基础准备

通常情况下塔式起重机基础可采用混凝土基础，应符合下列要求：

①混凝土强度等级不低于C35。

②基础表面平整度允许偏差1/1 000。

③埋设件的位置、标高和垂直度以及施工工艺符合出厂说明书要求。当塔式起重机安装在建筑物基坑内底板上时，须对底板进行抗冲切强度验算，一般应加密纵横向配筋，并增加底板厚度。

2)塔式起重机的安装与拆除

自升式塔式起重机的安装可采用立装自升法。主要做法为用其他起重机(辅机)将所要安装的塔式起重机,除塔身中间节以外的全部部件,立装于安装位置,然后用本身的自升装置安装塔身中间节。自升式塔式起重机的拆除与安装方法相同,程序相反。

3)塔式起重机装拆作业注意事项

①起重机的拆装必须由取得建设行政主管部门颁发的拆装资质证书的专业队进行,并应有技术和安全人员在场监护。

②起重机拆装前,应按照出厂有关规定,编制拆装作业方法、质量要求和安全技术措施,经企业技术负责人审批后,作为拆装作业技术方案,并向全体作业人员交底。

③起重机的金属结构、轨道及所有电气设备的金属外壳,应有可靠的接地装置,接地电阻不应大于4 Ω。

④起重机的拆装作业应在白天进行。当遇大风、浓雾和雨雪等恶劣天气时,应停止作业。

⑤指挥人员应熟悉拆装作业方案,遵守拆装工艺和操作规程,使用明确的指挥信号进行指挥。所有参与拆装作业的人员,都应听从指挥,如发现指挥信号不清或有错误时,应停止作业,待联系清楚后再进行。拆装人员在进入工作现场时,应穿戴安全保护用品,高处作业时应系好安全带,熟悉并认真执行拆装工艺和操作规程,当发现异常情况或疑难问题时,应及时向技术负责人反映,不得自行其是,应防止处理不当而造成事故。

⑥在拆装上回转小车变幅的起重臂时,应根据出厂说明书的拆装要求进行,并应保持起重机的平衡。

⑦采用高强度螺栓连接的结构,应使用原厂制造的连接螺栓,自制螺栓应有质量合格的试验证明,否则不得使用。连接螺栓时,应采用扭矩扳手或专用扳手,并应按装配技术要求拧紧。

⑧在拆装作业过程中,当遇天气剧变、突然停电、机械故障等意外情况,短时间不能继续作业时,必须使已拆装的部位达到稳定状态并固定牢靠,经检查确认无隐患后,方可停止作业。

⑨安装起重机时,必须将大车行走缓冲止挡器和限位开关碰块安装牢固可靠,并应将各部位的栏杆、平台、扶杆、护圈等安全防护装置装齐。

⑩在拆除因损坏或其他原因而不能用正常方法拆卸的起重机时,必须按照技术部门批准的安全拆卸方案进行。

⑪起重机安装过程中,必须分阶段进行技术检验。整机安装完毕后,应进行整机技术检验和调整,各机构动作应正确、平稳、无异响,制动可靠,各安全装置应灵敏有效;在无载荷情况下,塔身和基础平面的垂直度允许偏差为4/1 000,经分阶段及整机检验合格后,应填写检验记录,经技术负责人审查签证后,方可交付使用。

练习作业

1. 起重机械分哪几类?各有何特点?其适用范围如何?

2. 简述钢丝绳的构造以及建筑工程中常用钢丝绳的种类。

10.4 装配式混凝土建筑施工

问题引入

与传统建筑相比，装配式建筑改变了传统的建造模式，通过标准化设计、工厂化生产、装配化施工、一体化装修、信息化管理和智能化应用，变湿作业为干作业，保证建筑质量，减轻劳动强度，降低生产成本，减少环境污染，节约自然资源。

在装配式混凝土结构施工中，构件之间的连接至关重要，其连接形式主要分为预制构件之间的连接、预制围护构件与主体结构之间的连接、预制夹芯保温墙板内外叶墙之间的连接。其中，预制构件的竖向连接一般分为三种：螺栓连接、钢筋套筒灌浆连接、钢筋浆锚搭接连接；预制夹芯保温墙板内外叶墙之间的连接件分为三种：FRP连接件、不锈钢连接件以及玄武岩筋。

10.4.1 装配式混凝土结构分类

与通常的按建筑功能分类方法不同的是，装配式混凝土建筑是按其具有的典型预制技术进行分类的。

根据结构体系不同，装配式混凝土建筑可分为装配整体式框架结构、装配整体式剪力墙结构、装配整体式框架-剪力墙结构。

根据预制围护构件的种类不同，装配式混凝土建筑有预制外挂墙板、单层叠合剪力墙(PCF)、双层叠合剪力墙、预制保温叠合外墙板(PCTF)、预制夹芯保温墙板、预制剪力墙外墙板、预制围护墙板、全预制女儿墙等围护构件。

1)装配整体式框架结构

框架结构中全部或部分框架梁、柱采用预制构件建成的装配整体式混凝土结构，简称为装配整体式框架结构。

装配整体式框架结构是常见的结构体系，主要用于空间要求较大的建筑，如商店、学校、医院等。其传力途径为楼板→次梁→主梁→柱→基础→地基，结构传力合理，抗震性能好。框架结构的主要受力构件梁、柱、楼板及非受力构件墙体、外装饰等均可预制。预制构件种类一般有全预制柱、全预制梁、叠合梁、预制板、叠合板、预制外挂墙板、全预制女儿墙等。全预制柱的竖向连接一般采用灌浆套筒逐根连接。

技术特点：预制构件标准化程度高，构件种类较少，各类构件重量差异较小，起重机械性能利用充分，技术经济合理性较高；建筑物拼装节点标准化程度高，有利于提高工效；钢筋连接及锚固可全部采用统一形式，具有机械化施工程度高、质量可靠、结构安全、现场环保等特点。但由于该结构节点钢筋密度大，要求加工精度高，操作难度较大。

2)装配整体式剪力墙结构

装配整体式剪力墙结构是住宅建筑中常见的结构体系,其传力途径为楼板→剪力墙→基础→地基,采用剪力墙结构的建筑物室内无突出于墙面的梁、柱等结构构件,室内空间规整。剪力墙结构的主要受力构件(剪力墙、楼板及非受力构件墙体、外装饰等)均可预制。预制构件种类一般有预制围护构件(全预制剪力墙、单层叠合剪力墙、双层叠合剪力墙、预制混凝土夹芯保温外墙板、预制叠合保温外墙板、预制围护墙板)、预制剪力墙内墙、全预制梁、叠合梁、全预制板、叠合板、全预制阳台板、叠合阳台板、预制飘窗、全预制空调板、全预制楼梯、全预制女儿墙等。其中,预制剪力墙的竖向连接可采用螺栓连接、钢筋套筒灌浆连接、钢筋浆锚搭接连接;预制围护墙板的竖向连接一般采用螺纹盲孔灌浆连接。

技术特点:预制构件标准化程度较高,预制墙体构件、楼板构件均为平面构件,生产、运输效率较高;竖向连接方式采用螺栓连接、灌浆套筒连接、浆锚搭接等连接技术;水平连接节点部位后浇混凝土;预制剪力墙T形、十字形连接节点钢筋密度大,操作难度较高。

3)装配整体式框架-剪力墙结构

装配整体式框架-剪力墙结构是办公、酒店类建筑中常用的结构体系,剪力墙为第一道抗震防线,预制框架为第二道抗震防线。预制构件种类一般有预制外挂墙板、全预制柱、叠合梁、全预制板、叠合板、全预制女儿墙等。其中,预制柱的竖向连接采用钢筋套筒灌浆连接。

技术特点:结构的主要抗侧力构件剪力墙一般为现浇,第二道抗震防线框架为预制,预制构件标准化程度较高,预制柱、梁构件、楼板构件均为平面构件,生产、运输效率较高。

10.4.2 装配式预制构件的生产

1)基本要求

①预制构件的原材料质量、钢筋加工和连接的力学性能、混凝土强度、构件结构性能、装饰材料、保温材料及拉结件的质量等均应根据现行有关标准进行检查和检验,并应具有生产操作规程和质量检验记录。

②制作装配式预制构件的场地应平整、坚实,并应采取排水措施。当用台座生产预制构件时,台座表面应光滑平整,2 m长度内表面平整度不应大于2 mm,在气温变化较大地区宜设伸缩缝。

③模具应具有足够的强度、刚度和整体稳定性,并应满足预制构件预留孔、插筋、预埋吊件及其他预埋件的定位要求。模具设计应满足预制构件质量、生产工艺、模具组装与拆卸、周转次数等要求。跨度较大的预制构件的模具应根据设计要求预设反拱。

④混凝土振捣可采用插入式振动棒、平板振动器或附着振动器,必要时可采用人工辅助振捣,也可采用振动台等振捣方式。

⑤当采用平卧重叠法制作预制构件时,应在下层构件的混凝土强度达到5.0 MPa后,再浇筑上层构件混凝土,上、下层构件之间应采取隔离措施。

⑥预制构件可根据需要选择洒水、覆盖、喷涂养护剂养护,或采用蒸汽养护、电加热养护。采用蒸汽养护时,应合理控制升温、降温速度和最高温度,构件表面宜保持90% ~100%的相对湿度。

⑦采用现浇混凝土或砂浆连接的预制构件结合面，制作时应按设计要求处理；设计无具体要求时，宜进行拉毛或凿毛处理，也可采用露骨料粗糙面。

2）工艺流程

预制混凝土构件生产的通用工艺流程为：建筑制作图设计→构件拆解设计（构件模板及配筋图、预埋件设计图）→模具设计→模具制造→模台清理→模具组装→脱模剂、粗骨料涂刷→钢筋加工绑扎→水电、预埋件、门窗预埋→隐蔽工程验收→浇筑混凝土→养护→拆模、起吊→表面处理→质量检查、验收→构件成品入库或运输→现场安装。图 10.47 所示为装配式建筑预制构件生产车间。

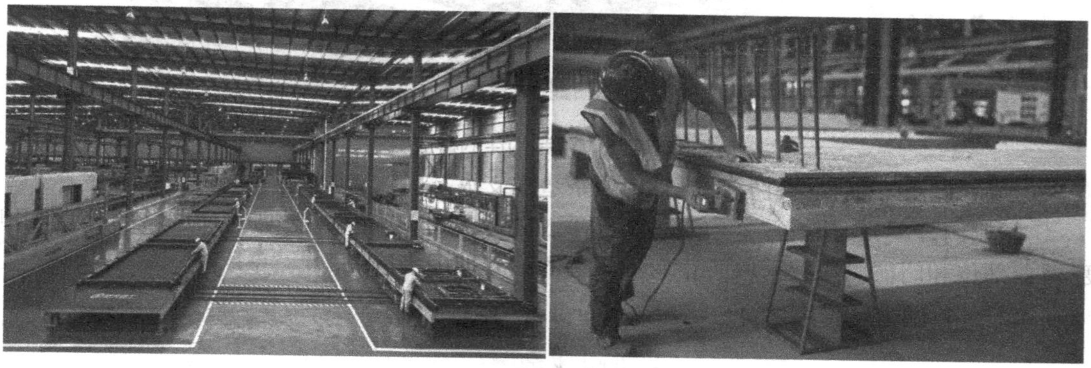

图 10.47　预制构件生产车间

3）生产工艺及其特点

①平模机组流水工艺：特点是主要机械设备相对固定，模板借助吊车的吊运，在移动过程中完成构件的成型。

②平模传送流水工艺：特点是模板自身装有行走轮或借助辊道传送，不需要吊车即可移动，在沿生产线行走过程中完成各道工序，然后将已成型的构件连同钢模送进养护窑。

③固定平模工艺：特点是模板固定不动，在一个位置上完成构件成型的各道工序。

④立模工艺：特点是模板垂直使用，并具有多种功能。模板是箱体，腔内可通入蒸汽，侧模装有振动设备。

⑤长线台座工艺：适用于露天生产厚度较小的构件和先张法预应力钢筋混凝土构件（见预应力混凝土结构），如空心楼板、槽形板、T 形板、双 T 板、工形板、小桩、小柱等。

10.4.3　装配式预制构件的存放与运输

1）预制构件的存放

预制构件的存放应符合下列规定：

①存放场地应平整、坚实，并有排水措施。

②存放库内宜实行分区管理和信息化台账管理。

③存放应按照产品品种、规格型号、检验状态分类存放；产品标识应明确、耐久，预埋吊件应朝上，标识应朝外；现场驳放堆场应设置在吊车工作范围内，堆垛之间宜设置通道。

④应合理设置垫块支点位置，确保预制构件存放稳定，支点宜与起吊点位置一致；与清水混凝土面接触的垫块应采取防污染措施。

⑤预制构件多层堆放时，每层构件间的垫块应上下对齐。预制楼板、叠合板、阳台板和空调板等构件宜平放，叠放层数不宜超过6层，如图10.48所示。长期堆放时，应采取措施控制预应力构件起拱和叠合板翘曲变形。

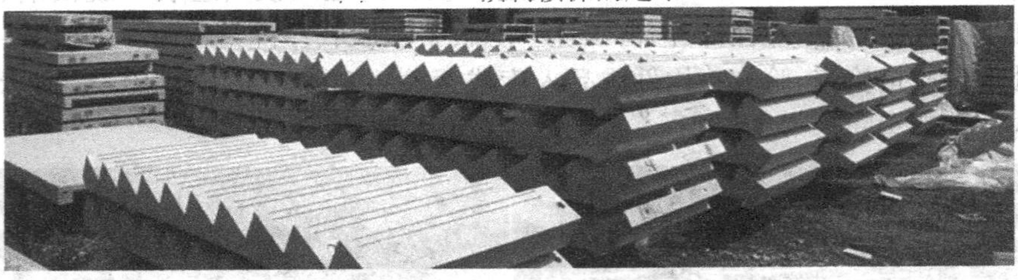

图10.48　预制构件的叠放

⑥预制柱、梁等细长构件宜平放且用两条垫木支撑。

⑦预制内外墙板、挂板宜采用专用支架直立存放（图10.49），支架应有足够的强度和刚度，薄弱部位和门窗洞口应采取防止变形开裂的临时加固措施。

图10.49　预制墙板的直立存放

2）预制构件成品保护

预制构件的成品保护应符合下列规定：

①预制构件成品外露保温板应采取防止开裂措施，外露钢筋应采取防弯折措施，外露预埋件和连接件等外露金属件应按不同环境类别进行防护或防腐、防锈。

②宜采取保证吊装前预埋螺栓孔清洁的措施。

③钢筋连接套筒、预埋孔洞应采取防止堵塞的临时封堵措施。

④露骨料粗糙面冲洗完成后应对灌浆套筒的灌浆孔和出浆孔进行透光检查，并清理灌浆套筒内杂物。

⑤冬期生产和存放的预制构件的非穿孔洞应采取防止雨雪水进入而发生冻胀损坏的措施。

3）预制构件的运输

预制构件在运输过程中应做好安全和成品防护，并应符合下列规定：

①预制构件运输宜选用低平板车，车上应设有专用架，且应根据预制构件种类采取可靠的固定措施。

②对于超高、超宽、形状特殊的大型预制构件的运输和存放，应制订专门的质量安全保证措施。

③运输时应根据构件特点采用直立或水平的运输方式，如图10.50、图10.51所示。各类预制构件适宜的运输方式见表10.6。运输时的托架、靠放架、插放架应进行专门设计，并进行强度、稳定性和刚度验算。

图10.50　靠放架立式运输方式

图10.51　插放架直立运输方式

表10.6　预制构件的运输方式

运输方式		适宜预制构件类型	叠放层数或措施	运输时宜采取的防护措施
立式运输	靠放架立式运输（图10.40）	外墙板（外饰面层应朝外）	构件与地面倾斜角度宜大于80°，构件应对称靠放，每侧不大于2层，构件层间上部采用木垫块隔离	①设置柔性垫片，避免预制构件边角部位或链索接触处的混凝土损伤；②用塑料薄膜包裹垫块，避免预制构件外观污染；③墙板门窗框、装饰表面和棱角采用塑料贴膜或其他措施防护；④竖向薄壁构件设置临时防护支架；⑤装箱运输时，箱内四周采用木材或柔性垫片填实，支撑牢固
	插放架直立运输（图10.41）		应采取防止构件倾倒的措施，构件之间应设置隔离垫块	
水平运输		梁、柱、板、楼梯、阳台	水平运输时，预制梁、柱构件叠放不宜超过3层，板类构件叠放不宜超过6层	

除设计有要求外，预制构件出厂时的混凝土强度不宜低于设计混凝土强度等级值的75%。

10.4.4　装配式混凝土结构现场安装

装配式混凝土结构安装施工应制订专项施工方案。专项施工方案宜包括工程概况、编制依据、进度计划、施工场地布置、预制构件运输与存放、安装与连接施工、绿色施工、安全管理、质量管理、信息化管理及应急预案等内容。施工方案应结合结构深化设计、构件制作、运输和安装全过程各工况的验算，以及施工吊装与支撑体系的验算等进行策划和制订，充分反映装配式结构施工的特点和工艺流程的特殊要求。

装配式混凝土结构标准层施工安装主要流程如图10.52所示，在施工前应做好以下准备工作：

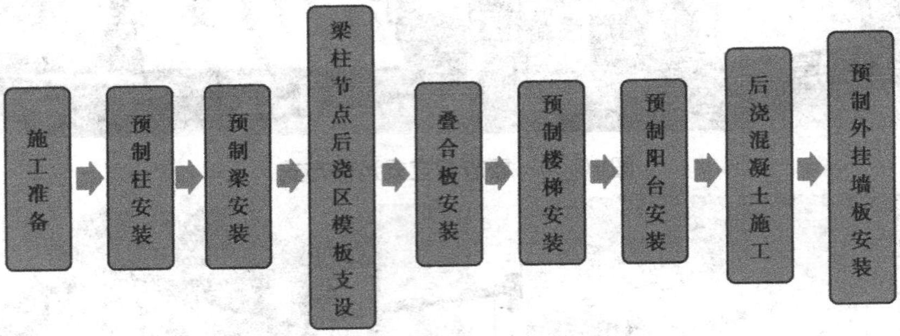

图10.52　标准层施工安装主要流程图

- 在预制构件厂，应对典型梁柱节点进行预拼装，以提高施工现场安装效率；
- 对整个吊装过程进行施工组织设计，防止由于吊装过程设计不合理而导致的工期延误；
- 对预制构件进行有效编号，并保证预制构件的加工制作及运输与施工现场吊装计划相对应。

1)预制构件的起吊

预制构件应按标准图或设计要求吊装，起吊时绳索与构件水平面的夹角不宜小于60°，不应小于45°；采用吊架起吊时，应经验算确定。预制构件吊装前，应按设计要求在构件和相应的支承结构上标记中心线、标高等控制尺寸，按设计要求校核预埋件及连接钢筋等，并做出标志。

(1)吊装设备的选择

施工前应对所有预制构件作分类统计，测算最重构件，以此为基础选择相应的吊装设备。预制构件吊装前，应根据预制构件的单件重量、形状、安装高度、作业半径、吊装现场条件来选择起重设备与配套吊具，回转半径应覆盖吊装区域，并便于安装与拆卸。

(2)预制构件的起吊

预制构件的吊点数量、位置应经计算确定，起重设备的主钩位置、吊具应与构件重心重合，宜采用可调式横吊梁均衡起吊就位，保证构件能水平起吊，如图10.53所示。预制构件吊具宜采用标准吊具，吊具可采用预埋吊环或埋置式连接钢套筒的形式，如图10.54所示。为避免磕碰构件边角，构件起吊平稳后再匀速移动吊臂，靠近建筑物后由人工对中就位。

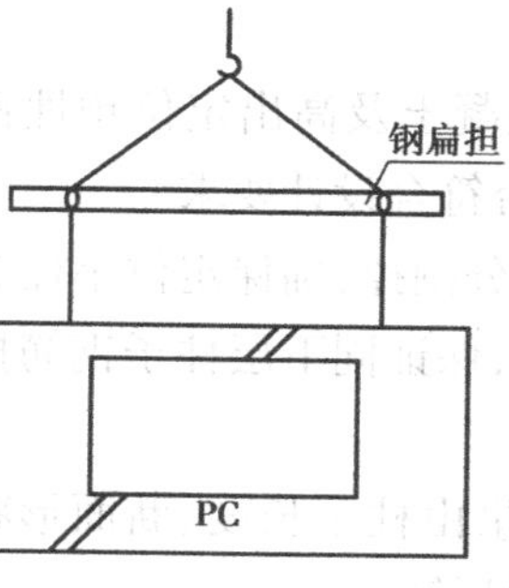

图 10.53　可调式横吊梁起吊

图 10.54　预埋吊环吊装

预制构件起吊应采用慢起、稳升、缓放的操作方式。调运过程应保持稳定，不得偏斜、摇摆和扭转，严禁吊装构件长时间悬停在空中。吊装大型构件、薄壁构件或形状复杂的构件时，应使用分配梁或分配桁架类吊具(图 10.55)，并应采取避免构件变形和损伤的临时加固措施。

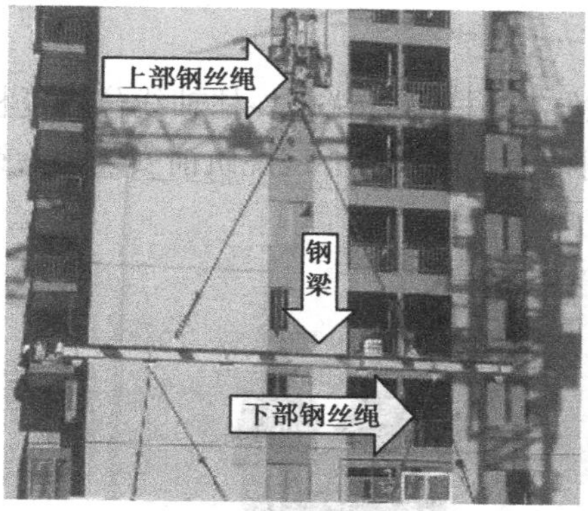

(a)分配梁类吊具

(b)分配桁架类吊具

图 10.55　吊装大型构件吊具

2)预制柱安装

预制柱吊装施工前，应根据当天的作业内容进行班前技术交底和安全交底，柱构件应按照吊装顺序预先编号，吊装时严格按编号顺序起吊安装，如图 10.56 所示。一般沿纵轴方向往前推进，逐层分段流水作业，每个楼层从一端开始，以减少反复作业。当一道横轴线上的柱子吊装完成后，再吊装下一道横轴线上的柱子。

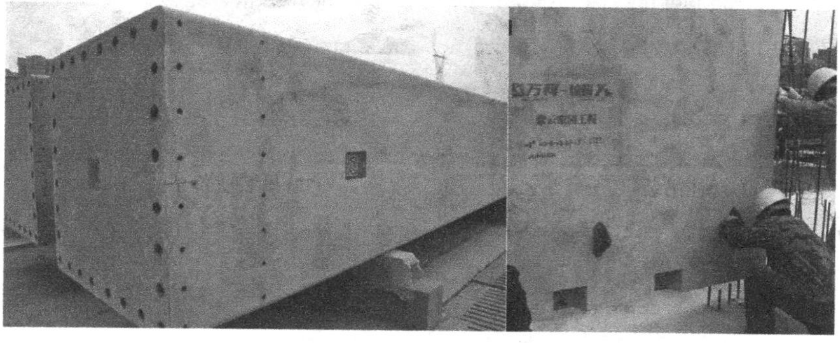

图 10.56　预制柱二维码编号

(1)预制柱安装准备工作

①预制柱安装施工前应清理柱子安装部位的杂物,将松散的混凝土及高出定位预埋钢板的黏结物清除干净,检查柱子轴线及定位板的位置、标高和锚固是否符合设计要求。

②对预吊柱子伸出的上下主筋进行检查,按设计长度将超出部分割掉,确保定位小柱头平稳地坐落在柱子接头的定位钢板上。将下部伸出的主筋调直、理顺,保证同下层柱子钢筋搭接时贴靠紧密,便于施焊。

③柱子吊点位置与吊点数量的确定。柱子吊点位置与吊点数量由柱子长度、断面形状决定,一般选用正扣绑扎,吊点选在距柱上端600 mm处,卡好特制的柱箍。

④试吊。在柱箍下方锁好卡环钢丝绳,吊装机械的钩绳与卡环相钩区用卡环卡住,吊绳应处于吊点正上方。慢速起吊,待吊绳绷紧后暂停上升,及时检查自动卡环的可靠情况,防止自行脱扣。为控制起吊就位时不来回摆动,在柱子下部拴好溜绳,检查各部连接情况,无误后方可试起吊。

(2)预制柱的安装工艺

预制柱的安装工艺主要包括:找平放线→柱吊装准备→柱吊装就位→柱轴线位置复核→柱支撑安装→柱垂直度调整→柱纵筋套筒灌浆→预制柱上侧节点核心区浇筑前安装柱头钢筋定位板,如图10.57所示。

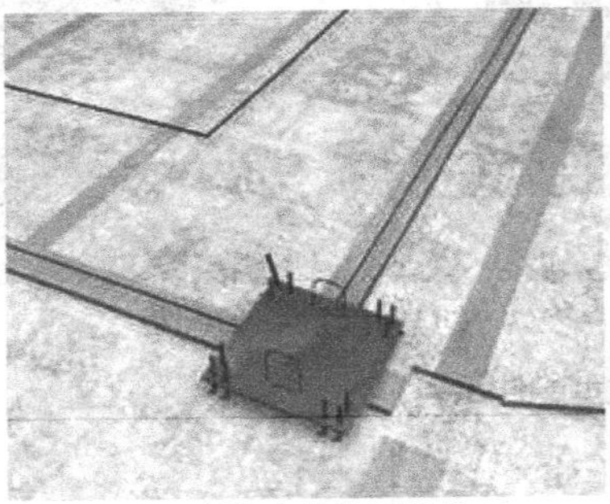

(a)放线及预留钢筋校正

(b)柱吊装准备

(c)柱吊装

(d)吊装就位

(e)柱轴线复核

(f)安装柱斜撑

(g)垂直度调整

(h)柱脚注浆后上部梁板施工

图 10.57　预制柱安装

预制柱安装前应对柱底标高、安装位置进行校核，安装后应对安装位置、安装标高、垂直度进行校核与调整，才能进行注浆施工，如图 10.58 所示。

(a)安装前柱底标高校核

(b)吊装就位斜撑固定

(c)预制柱校正

(d)注浆施工

图 10.58　预制柱安装校核并灌浆

(3)预制柱安装施工要点

①预制柱安装施工(图 10.59)宜按照角柱、边柱、中柱顺序进行安装，与现浇部分连接的柱宜先行吊装。

②预制柱的就位以轴线和外轮廓线为控制线。对于边柱和角柱，应以外轮廓线控制为准。

③预制柱就位前应设置柱底调平装置，控制柱安装标高。

④预制柱安装就位后应在两个方向设置可调节临时固定措施，并进行垂直度、扭转调整。

⑤采用灌浆套筒连接的预制柱调整就位后，柱脚连接部位宜采用模板封堵，如图 10.60 所示。

图 10.59　预制柱安装施工

图 10.60　柱脚连接部位模板封堵

⑥柱钢筋套筒灌浆连接接头单向拉伸、高应力反复拉压、大变形反复拉压等指标应满足《钢筋机械连接技术规程》(JGJ 107—2016)对接头的要求，框架柱连接如图 10.61 所示。钢筋套筒灌浆连接施工的灌浆套筒安装及灌浆工艺是装配式混凝土结构施工的关键工序，其形式有全灌浆套筒和半灌浆套筒两种形式，如图 10.62 所示。

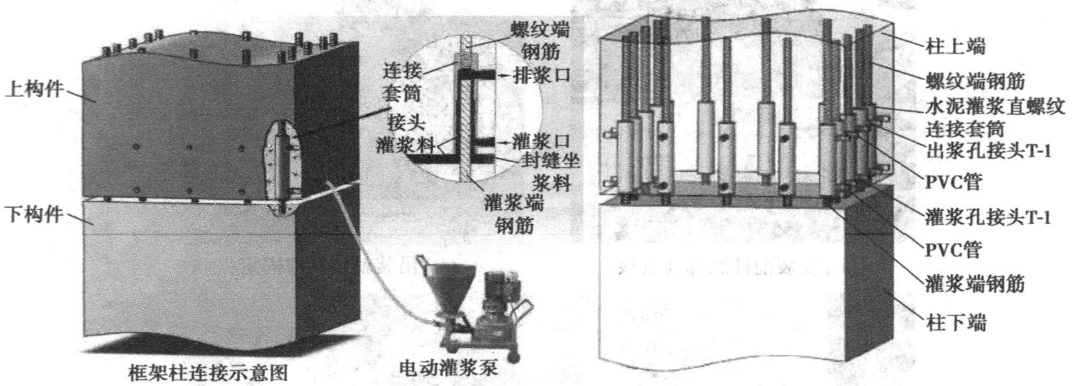

图 10.61　框架柱连接示意图

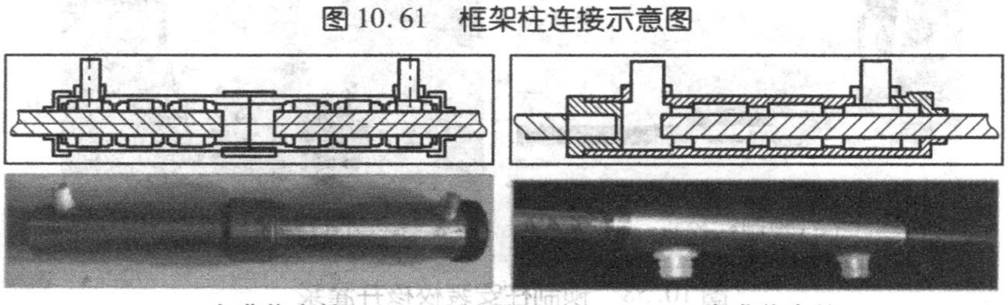

(a)全灌浆套筒　　(b)半灌浆套筒

图 10.62　钢筋套筒灌浆连接施工

3)预制梁安装

(1)准备工作

①按施工方案规定的安装顺序,将有关型号、规格的梁配套码放,弹好两端的轴线(或中线),调直理顺预制梁两端伸出的钢筋,如图10.63所示。

图10.63　预制梁两端钢筋调直理顺

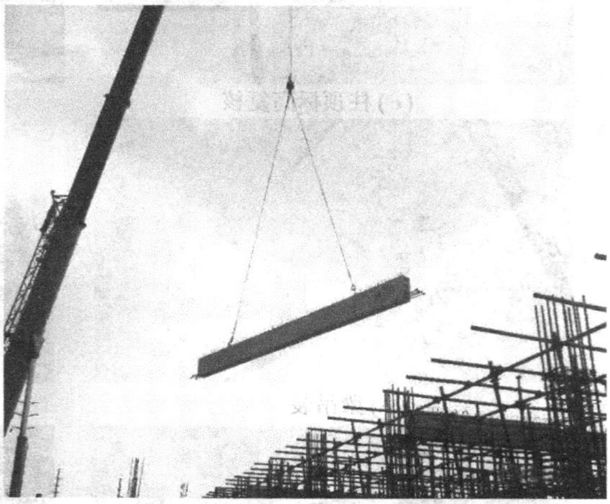

图10.64　吊绳的夹角不应小于45°

②依据图纸的规定或施工方案中的吊装顺序,按先吊主梁再吊次梁的方案确定预制梁的吊点位置,并进行挂钩和锁绳的准备。

③试吊。注意吊绳的夹角一般不应小于45°,如图10.64所示。如使用吊环试吊,必须同时拴好保险绳。当采用兜底试吊运时,必须用卡环卡牢,挂好钩绳后缓缓提升,绷紧钩绳,离地500 mm左右时停止上升,认真检查吊具是否牢固,拴挂是否安全可靠。

④吊装前再次检查柱头支点钢垫的标高、位置是否符合安装要求,并找好柱头上的定位轴线和梁上轴线之间的相互关系,以便使梁正确就位。梁的两头应用支柱顶牢,为了控制梁的位移,应使梁两端中心线的底点与柱子顶端的定位线对准。

(2)预制梁的安装工艺

预制梁的安装工艺主要包括:梁支撑安装→梁吊装准备→放梁位置线→柱顶标高复核→梁吊装→钢筋对位→吊装就位→标高调整→轴线复核→梁身水平与垂直偏差校正→梁钢筋连接→梁、柱节点处理→套筒灌浆,如图10.65所示。

(a)梁吊装准备

(b)放梁位置线

(c)柱顶标高复核

(d)梁起吊时水平调整

(e)梁吊装

(f)钢筋对位

(g)梁就位

(h)梁精确就位

(i)梁标高调整

(j)梁吊装完成

图 10.65　预制梁安装工艺

预制梁安装时，应对安装位置、安装标高、水平度进行校核与调整，即在预制梁吊装就位后将梁重新吊起，稍离支座，操作人员分别从两头扶稳，目测对准轴线，落钩要平稳，缓慢入座，再使梁底轴线对准柱顶轴线。梁身垂直偏差校正是从两端用线坠吊正，互报偏差数，再用撬棍将梁底垫起，用铁片支垫平稳严实，直至两端的垂直偏差均控制在允许范围内。

(3)预制梁安装施工要点

①预制梁或叠合梁安装顺序宜遵循先主梁后次梁、先低后高的原则。

②预制梁或叠合梁安装前应测量并修正临时支撑标高，确保与梁底标高一致，并在柱上弹

出梁边控制线，如图10.66所示；安装后根据控制线进行精密调整。

③预制梁或叠合梁安装前应同时复核柱钢筋与梁钢筋位置、尺寸，对梁钢筋与柱钢筋位置有冲突的，应按经设计单位确认的技术方案调整。

④预制梁或叠合梁安装时伸入支座的长度与搁置长度应符合设计要求。

⑤预制梁或叠合梁安装就位后应对水平度、安装位置、标高进行检查。

⑥叠合梁的临时支撑应在后浇混凝土强度达到设计要求后方可拆除。

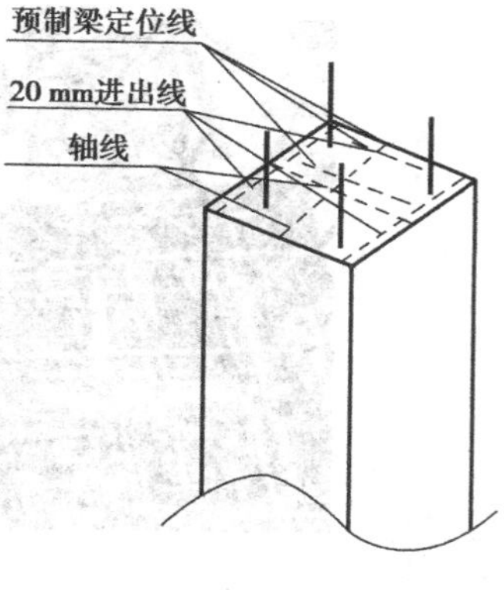

图10.66　柱上弹出梁边控制线

⑦梁、柱节点处理。梁吊装前对柱核心区内先安装一道柱箍筋，梁就位后再安装两道柱箍筋。箍筋采用预制焊接封闭箍，整个加密区的箍筋间距、直径、数量、135°弯钩、平直部分长度等均应满足设计要求及施工规范的规定。在叠合梁的"上铁部位"应设置⏀12焊接封闭定位箍，用来控制柱子主筋上下接头的正确位置。梁和柱主筋的搭接锚固长度和焊缝，必须满足设计图纸和抗震规范的要求。顶层边角柱接头部位梁的上钢筋除与梁的下钢筋搭接焊外，其余上钢筋要与柱顶预埋锚固筋焊牢。柱顶锚固筋应对角设置焊牢。节点区可浇筑掺UEA的补偿收缩混凝土，其强度等级也应比柱混凝土强度等级提高10 MPa。

梁柱节点后浇区模板支设，对于梁柱节点后浇区域及现浇剪力墙区域使用的模板宜采用定型钢模(图10.67)，也可采用周转次数较少的木模板或其他类型的复合板，但应防止在混凝土浇筑时产生较大变形。梁柱节点后浇区如图10.68所示。

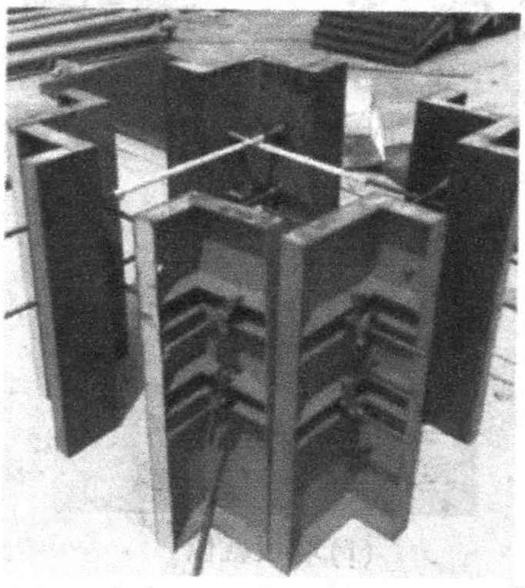
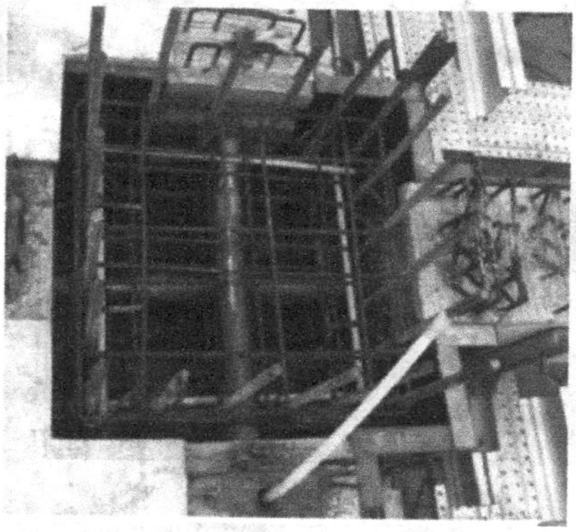
图10.67　梁柱节点后浇区工具式模板

4)预制墙板安装

(1)预制墙板安装工艺

预制墙板的安装工艺主要包括：预制墙板吊装准备→放墙板位置线→安装固定件→墙板翻身→墙板吊装→就位→调整固定件→轴线复核→墙板水平与垂直偏差校正→独立斜撑安装→墙板水平精确调整→预制墙板灌浆，如图10.69所示。

图 10.68　梁柱节点后浇区

(a) 预制墙板运输进场

(b) 预制墙板吊装吊具

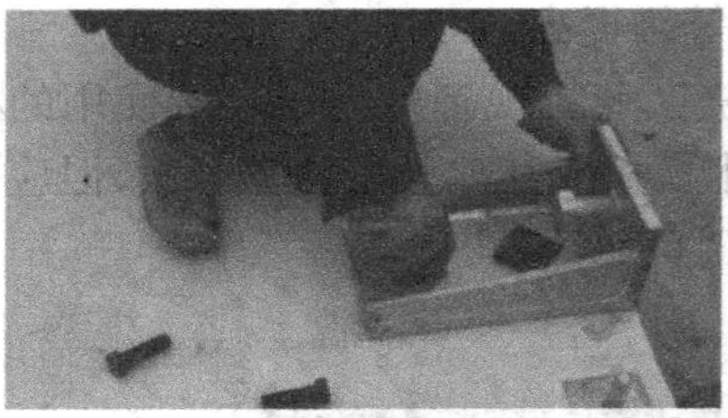

(c) 安装固定件

(d) 墙板翻身

(e) 墙板吊装

(f) 墙板就位

(g) 调整固定件

(h) 墙板精确就位

(i)墙板高度调整

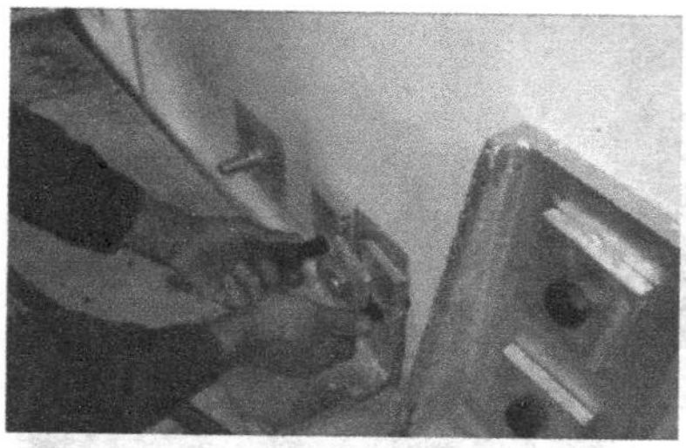

(j)墙板前后调整

(k)斜撑安装

(l)墙顶水平精确调整

图 10.69　预制墙板安装工艺

(2)预制墙板安装施工步骤

①安装吊具、缆风绳。吊具安装完成后,墙板与钢丝绳的夹角须大于45°(图10.70);缆风绳应放置在墙板的正面,便于操作;检查吊钉周围混凝土是否有开裂的质量缺陷。

②构件吊平、起吊。构件在吊平后,松开插销起吊,构件起吊后在离地面1 m左右静停(图10.71),再消除构件摆动。

图 10.70　墙板与钢丝绳的夹角须大于45°

图 10.71　构件起吊后在离地面1 m左右静停

③拆除临边防护。拆卸对应安装位置的外防护栏杆,并将拆卸的临边防护杆放至存放架内,再统一吊运。(注意:拆卸时操作工人须系好安全带并与防坠器及挂点可靠位置连接)

④构件吊运及落位。构件应根据吊运线路吊运,首先起吊运行至操作面,距离楼面约1 m高时停止降落;再由操作人员手扶引导降落,用镜子观察连接钢筋是否对孔,再缓慢降落到垫片,停止降落。斜支撑在安装时应统一高度,根据构件长度增加中间斜支撑;斜支撑底部固定不少于2个自锚螺栓,斜支撑底部螺杆伸出长度不大于250 mm,如图10.72所示。

图 10.72　墙板临时固定(斜支撑)

⑤构件校核。首先调节斜支撑,在调整垂直度时,应将固定在墙板上的所有斜支撑同时旋转,严禁一根往外旋转一根往内旋转。校核完成后,继续本段其他墙板的安装。

⑥质量验收。构件在安装完成后,项目质量工程师应对构件的边线、端线、垂直度、竖缝宽度进行实测实量验收,并做出标识,如图 10.73 所示。

图 10.73　预制墙板安装质量验收标识

⑦塞缝灌浆。塞缝完成 6 h 后进行套筒灌浆,搅拌砂料并测试流动性,将砂料倒入注浆机,如图 10.74 所示。封堵下排注浆孔,插入注浆管嘴,启动注浆泵,等浆料成柱状流出浆口时封堵出浆口。逐个完成出浆口封堵后,抽出注浆管嘴,封堵注浆孔,并清理浮浆,如图 10.75、图 10.76 所示。

(a)注浆料搅拌　　(b)注浆料放置机器

图 10.74　注浆料制备

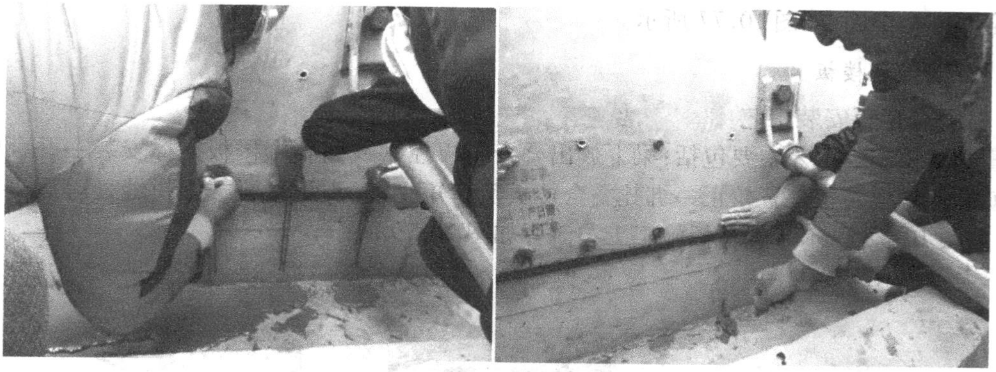

图 10.75　注浆口封堵

(3)预制墙板安装施工要点

①与现浇部分连接的墙板宜先行吊装,其他宜按照外墙先行吊装的原则进行。

②预制墙板安装就位前,应在墙板底部设置调平装置。

③采用灌浆套筒连接、浆锚搭接连接的夹芯保温外墙板,应在保温材料部分采用弹性密封材料进行封堵。

④采用灌浆套筒连接、浆锚搭接连接的墙板需要分仓灌浆时,应采用坐浆进行分仓;多层剪力墙采用坐浆时应均匀铺设坐浆料;坐浆料强度应满足设计要求。

⑤墙板以轴线和轮廓线为控制线,外墙应以轴线和外轮廓线双控制。

图 10.76　注浆口浮浆清理

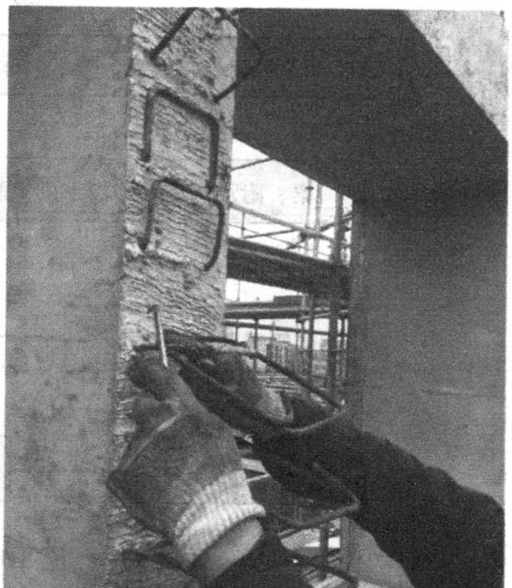

图 10.77　现浇部分钢筋绑扎

⑥安装就位后应设置可调斜撑临时固定,测量预制墙板的水平位置、垂直度、高度等,通过墙底垫片、临时斜撑进行调整。

⑦预制墙板调整就位后,墙底部连接部位宜采用模板封堵。

⑧叠合墙板安装就位后进行叠合墙板拼缝处附加钢筋安装,附加钢筋与现浇段钢筋网交

叉点全部绑扎牢固,如图 10.77 所示。

5)预制叠合楼板

(1)叠合楼板安装工艺

叠合楼板安装工艺主要包括:梁上放出叠合楼板控制线→叠合楼板支撑安装→叠合楼板吊装就位→叠楼合板位置校正→绑扎叠合楼板负弯矩钢筋、支设叠合楼板拼缝处等后浇区域模板,如图 10.78 所示。叠合板施工工艺流程如图 10.79 所示。

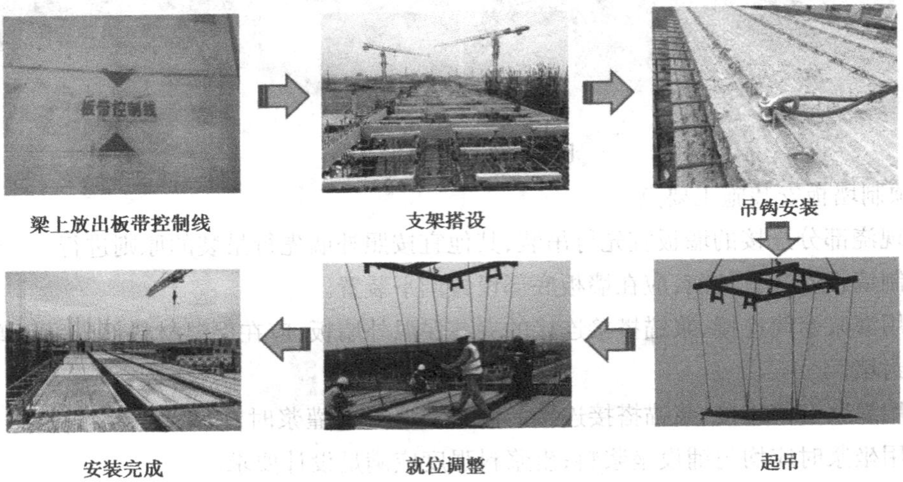

图 10.78 叠合楼板安装工艺

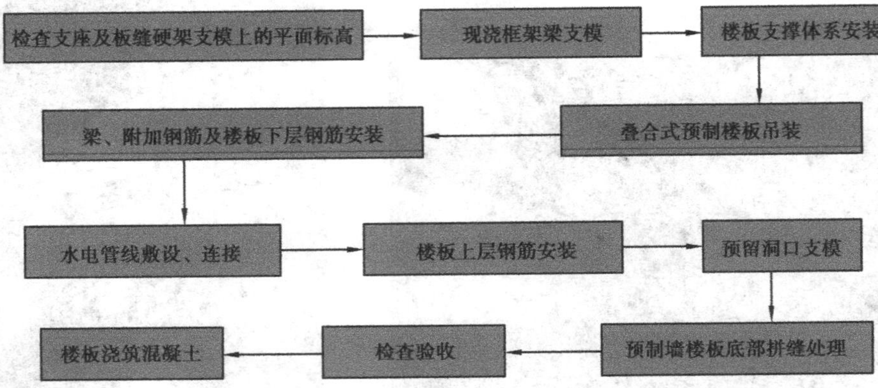

图 10.79 叠合楼板施工工艺流程

(2)预制叠合楼板安装施工步骤

①安装吊具、缆风绳。在安装吊具时,应根据构件重量、形状选择合适的钢丝绳及吊具,如图 10.80 所示。缆风绳应放置在叠合楼板正面,以便于操作。

②构件吊运及落位。操作人员牵引缆风绳使构件缓慢下降(图 10.81),安装操作人员必须将安全带、防坠器与固定挂点可靠位置连接。

③构件校核。检查楼板两端支撑于墙或梁上的支撑长度,以及相邻叠合板拼缝宽度,如图 10.82 所示。

④卸勾。确认支撑受力均匀无松动，楼面指挥人员向塔吊司机发出下钩指令，取出吊钩，继续本段其他叠合楼板安装，再拆除施工通道的三脚架。

图 10.80　叠合楼板吊具选择

图 10.81　叠合楼板安装缓慢下降

⑤安装临边防护栏，洞口防护。叠合楼板安装完毕后，立即将工具式防护栏杆安装就位，洞口用可防止滑动的盖板进行覆盖，安装人员必须将安全带、防坠器与挂点可靠位置连接。

⑥质量验收。构件在安装完成之后，项目质量工程师必须对安装叠合楼板的标高及方向进行实测实量验收，并做出标识，如图 10.83 所示。

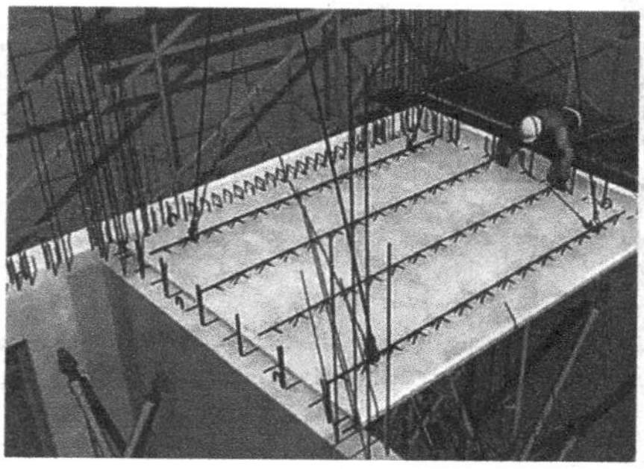

图 10.82　构件校核图

图 10.83　叠合板质量验收标识

(3)预制叠合楼板安装施工要点

①预制底板吊装完成后，应对板底接缝高差进行校核；当叠合板板底接缝高差不满足设计要求时，应将构件重新起吊，通过可调托座进行调节。

②预制底板的接缝宽度应满足设计要求。

③临时支撑(图 10.84)应在后浇混凝土强度达到设计要求后方可拆除。

图 10.84　叠合板下后浇混凝土临时支撑

6)预制楼梯安装

(1)预制楼梯安装施工工艺

预制楼梯安装工艺主要包括：安装施工准备→搭设楼梯(板)排架与搁置件→标高控制测量和平面定位放

线→吊装就位→校正固定→按结构层进行下一道工序施工→锚固灌浆→拆除支撑排架与搁置件（混凝土强度达到设计要求后），如图 10.85 所示。

(a)预制楼梯编号堆放　(b)预制楼梯运输　(c)预制楼梯吊装准备

(d)预制楼梯吊装　(e)预制楼梯吊装就位　(f)预制楼梯吊装校正

(g)预制楼梯吊装就位脱钩　(h)预制楼梯吊装完成　(i)防护栏杆搭设和踏步角保护

图 10.85　预制楼梯安装施工工艺

（2）预制楼梯安装施工步骤

①楼梯进场、编号，按各单元和楼层清点数量。

②搭设楼梯（板）支撑排架与搁置件。

③标高控制与楼梯位置线设置。

④按编号和吊装流程，逐块安装就位（先梯梁，后楼梯）。

⑤塔吊吊点脱钩，进行下一叠合板安装，并循环重复。

⑥楼层浇捣混凝土完成，混凝土强度达到设计、规范要求后，拆除支撑排架与搁置件。

（3）预制楼梯安装施工要点

①楼梯预制生产前，应按照设计施工图，由木工翻样绘制出加工图；按施工图深化后，投入工厂进行批量生产。预制楼梯运送至施工现场后，按编号和吊装流程由塔吊吊运到楼层上铺

放。预制楼梯安装前应检查楼梯构件平面定位及标高，并宜设置调平装置。

②预制楼梯安装施工前，先搭设楼梯梁（平台板）支撑排架，按施工标高控制高度，按先梯梁后楼梯（板）的顺序进行。楼梯与梯梁搁置前，先在楼梯 L 形内铺砂浆，采用软坐灰方式。

③预制楼梯安装就位后，应及时停止并固定后，再按结构层施工工序进行下一道工序施工。

7）预制阳台板、空调板安装

（1）预制阳台板、空调板安装施工工艺

预制阳台板、空调板安装工艺主要包括：安装施工准备→搭设临时固定与搁置排架→标高控制测量和平面定位放线→吊装就位→校正固定→按结构层进行下一道工序施工→锚固灌浆→拆除临时固定与搁置排架（混凝土强度达到设计要求后）。

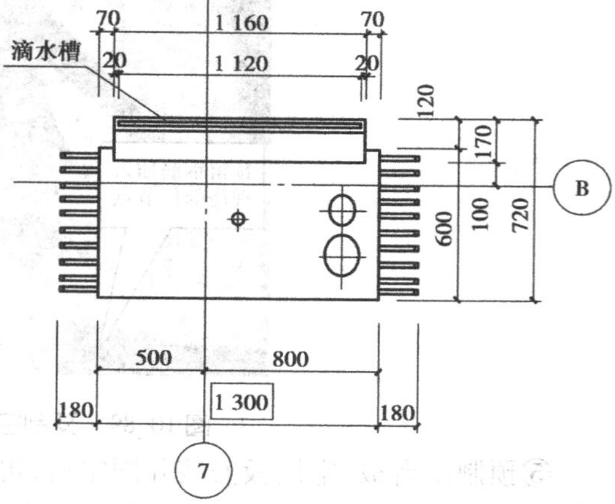

图 10.86　阳台标高控制

（2）预制阳台板、空调板安装施工步骤

①叠合阳台板进场、编号，按吊装流程清点数量；

②搭设临时固定与搁置排架；

③控制标高与叠合阳台板板身线（图10.86）；

④按编号和吊装流程逐块安装就位（图10.87、图 10.88）；

图 10.87　预制阳台板安装

图 10.88　空调板安装

⑤塔吊吊点脱钩，进行下一叠合阳台板安装，并循环重复；

⑥楼层浇捣混凝土完成，待混凝土强度达到设计、规范要求后，拆除构件临时固定点与搁置的排架。

（3）预制阳台板、空调板安装施工要点

①预制阳台板、空调板预制生产前，按照设计施工图，由木工翻样绘制出叠合阳台板、空调板加工图，工厂化生产施工图深化后，投入批量生产。运送至施工现场后，由塔吊吊运到楼层上铺放。

②预制阳台板、空调板安装前应检查支座顶面标高及支撑面的平整度。

③预制阳台板、空调板吊放前，先搭设排架，排架面铺放 2 m×4 m 木板，放置水平。

④预制阳台板、空调板钢筋插入梁内 370 mm，按设计要求，伸入的钢筋有部分须焊接，如图 10.89 所示。

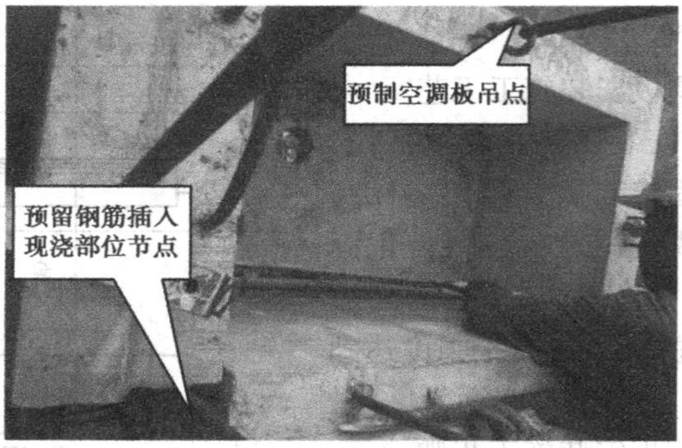

图 10.89　预制空调板现浇部位预留钢筋

⑤预制阳台板、空调板安装并固定后，再按结构层施工工序进行下一道工序施工。

⑥预制阳台板、空调板安装时的临时支撑应在后浇混凝土强度达到设计要求后方可拆除，如图 10.90 所示。

图 10.90　阳台下的临时固定排架与回顶支撑

练习作业

1. 预制柱的安装施工工艺主要包括哪些？其安装施工要点是什么？
2. 预制梁的安装施工工艺主要包括哪些？其安装施工要点是什么？
3. 预制墙板的安装施工工艺主要包括哪些？其安装施工要点是什么？
4. 预制叠合板的安装施工工艺主要包括哪些？其安装施工要点是什么？
5. 预制楼梯的安装施工工艺主要包括哪些？其安装施工要点是什么？
6. 预制阳台板、空调板的安装施工工艺主要包括哪些？其安装施工要点是什么？

□10.5 装配式建筑施工的质量验收□

问题引入

装配式建筑施工应按现行国家标准《建筑工程施工质量验收统一标准》(GB 50300—2013)的有关规定进行质量验收，其装饰装修、机电安装等分部工程应按国家现行有关标准进行质量验收，装配式混凝土结构工程应按混凝土结构子分部工程验收；装配式混凝土结构工程施工用原材料、部品、构配件均应按检验批进行进场验收。

10.5.1 验收层次的划分

装配式建筑的施工质量验收应划分为单位工程、分部工程、分项工程和检验批4个验收层次进行验收，如图10.91所示。

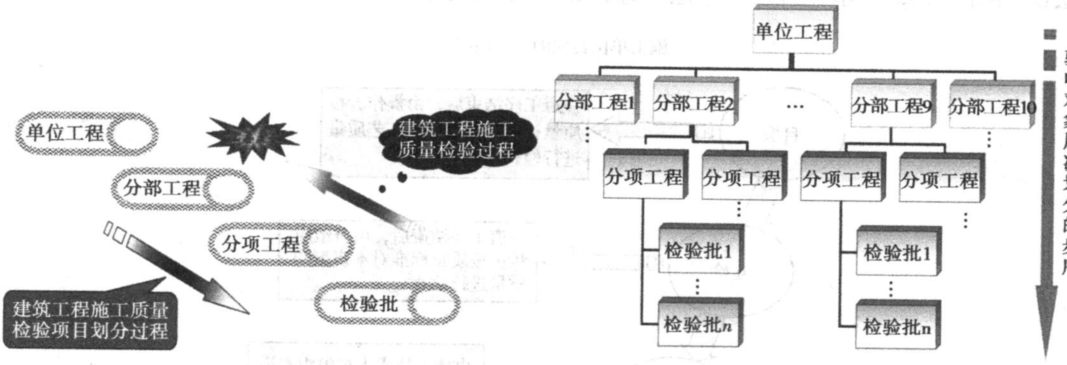

图10.91　装配式混凝土建筑施工质量验收

为了便于工程的质量管理，装配式建筑在施工质量验收时，首先验收检验批或分项工程的质量，再验收分部工程，最后验收单位工程，如图10.92所示。

对检验批、分项工程、分部工程、单位工程的质量验收，又应遵循先由施工企业自行检查评定，再交由监理或建设单位进行验收的原则。单位工程质量验收(竣工验收)合格后，建设单位应在规定时间内将工程竣工验收报告和有关文件报建设行政管理部门备案。

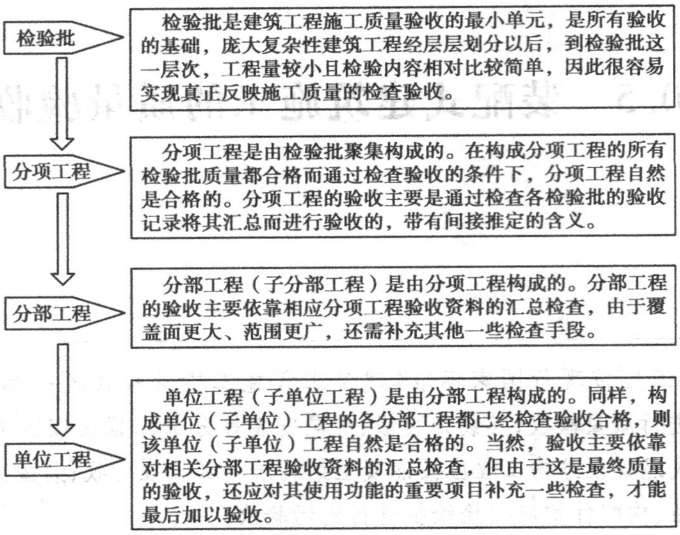

图 10.92　装配式建筑的施工质量验收程序

10.5.2　施工质量验收的组织

装配式建筑施工质量验收应在施工单位自检合格的基础上进行。施工单位质量自检的三个层次如图 10.93 所示；装配式建筑的施工质量验收的组织程序如图 10.94 所示。

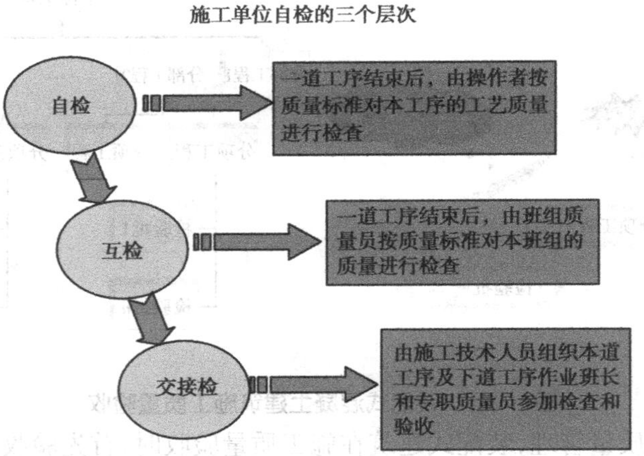
施工单位自检的三个层次
自检
一道工序结束后，由操作者按质量标准对本工序的工艺质量进行检查
互检
一道工序结束后，由班组质量员按质量标准对本班组的质量进行检查
交接检
由施工技术人员组织本道工序及下道工序作业班长和专职质量员参加检查和验收

图 10.93　施工单位自行质量检查的层次

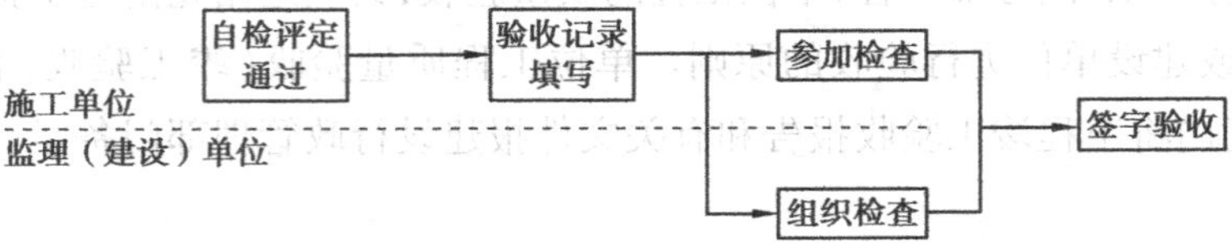

图 10.94　装配式建筑的施工质量验收的组织程序

(1)检验批的验收

检验批的验收,应由专业监理工程师组织施工单位项目专业质量检查员、专业工长等进行验收。

(2)分项工程的验收

分项工程的验收,应由专业监理工程师组织施工单位项目专业技术负责人等进行验收。

(3)分部工程的验收

分部工程的验收,应由总监理工程师组织施工单位项目负责人和项目技术负责人等进行验收。勘察、设计单位项目负责人和施工单位技术、质量部门负责人应参加地基与基础分部工程的验收。设计单位项目负责人和施工单位技术、质量部门负责人应参加主体结构、节能分部工程的验收。

(4)单位工程的验收

单位工程完工后,施工单位应自行组织有关人员进行自检。总监理工程师应组织各专业监理工程师对工程质量进行预验收。工程存在施工质量问题时,应由施工单位整改。整改完毕后,由施工单位向建设单位提交工程竣工报告,申请工程竣工验收。建设单位收到工程验收申请后,应由建设单位项目负责人组织监理、施工(含分包单位)、设计、勘察等单位项目负责人进行单位工程验收。

(5)分包工程的验收

单位工程中的分包工程完工后,分包单位应对所承包的工程项目进行自检,并应按《建筑工程施工质量验收统一标准》规定的程序进行验收。验收时,总包单位应派人参加,分包单位应将所分包工程的质量控制资料整理完整,并移交给总包单位。

10.5.3 质量验收

装配式建筑检验批的施工质量应按主控项目和一般项目进行验收,隐蔽工程在隐蔽前应由施工单位通知监理单位进行验收,并应形成验收文件,验收合格后方可继续施工;对涉及结构安全、节能、环境保护和主要使用功能的试块、试件及材料,应在进场时或施工中按规定进行见证检验;对涉及结构安全、节能、环境保护和使用功能的重要分部工程,应在验收前按规定进行抽样检验。

1)隐蔽工程质量验收

装配式混凝土结构连接节点及叠合构件浇筑混凝土前应进行隐蔽工程验收。隐蔽工程验收应包括下列内容:

①混凝土粗糙面的质量,键槽的尺寸、数量、位置;

②钢筋的牌号、规格、数量、位置、间距,箍筋弯钩的弯折角度及平直段长度;

③钢筋的连接方式、接头位置、接头数量、接头面积百分率、搭接长度、锚固方式及锚固长度;

④预埋件、预留管线的规格、数量、位置;

⑤预制混凝土构件接缝处防水、防火等构造做法;

⑥保温及其节点施工;

⑦其他隐蔽项目。

2)预制构件安装后应提供的文件和记录

混凝土结构子分部工程验收时,除应符合现行国家标准《混凝土结构工程施工质量验收规范》(GB 50204—2015)的有关规定外,还应提供以下文件和记录:

①工程设计文件、预制构件安装施工图和加工制作详图;

②预制构件、主要材料及配件的质量证明文件、进场验收记录、抽样复验报告;

③预制构件安装施工记录;

④钢筋套筒灌浆型式检验报告、工艺检验报告和施工记录,浆锚搭接连接的施工检验记录;

⑤后浇混凝土部位的隐蔽工程检查验收文件;

⑥后浇混凝土、灌浆料、坐浆材料强度检测报告;

⑦外墙防水施工质量检验记录;

⑧装配式结构分项工程质量验收文件;

⑨装配式工程的重大质量问题的处理方案和验收记录;

⑩装配式工程的其他文件和记录。

3)预制构件质量验收

①制作预制构件的台座或模具在使用前应进行外观质量和尺寸偏差检查。预制构件模具尺寸允许偏差及检验方法见表10.7。

表10.7　预制构件模具尺寸允许偏差及检验方法

项次	检验项目、内容		允许偏差/mm	检验方法
1	长度	≤6 m	1,-2	用尺量平行构件高度方向,取其中偏差绝对值较大处
		>6 m且≤12 m	2,-4	
		>12 m	3,-5	
2	宽度、高(厚)度	墙板	1,-2	用尺测量两端或中部,取其中偏差绝对值较大处
3		其他构件	2,-4	
4	底模表面平整度		2	用2 m靠尺和塞尺量
5	对角线差		3	用尺量对角线
6	侧向弯曲		L/1 500且≤5	拉线,用钢尺量测侧向弯曲最大处
7	翘曲		L/1 500	对角拉线测量交点间距离值的2倍
8	组装缝隙		1	用塞片或塞尺量测,取最大值
9	端模与侧模高低差		1	用钢尺量

注:L为模具与混凝土接触面中最长边的尺寸。

②预制构件的原材料质量、钢筋加工和连接的力学性能、混凝土强度、构件结构性能、装饰材料、保温材料及拉结件的质量等均应根据现行有关标准进行检查和检验，并应具有生产操作规程和质量检验记录。

③预制构件的预埋件、预埋钢筋、预埋管线等的规格、数量、位置及以及预留孔、洞符合设计要求。

④预制构件和部品经检查合格后，宜设置表面标识（图 10.95），出厂时应出具质量证明文件。

图 10.95　预制混凝土构件表面标识

⑤预制构件的结构性能应符合《混凝土结构工程施工质量验收规范》（GB 50204—2015）的有关规定。

⑥预制构件的外观质量不应有一般缺陷和严重缺陷，且不应有影响结构性能和安装、使用功能的尺寸偏差。预制构件的尺寸偏差检查，同一类型的构件，不超过 100 个为一批，每批应抽查构件数量的 5%，且不应少于 3 个。预制构件的尺寸允许偏差及检验方法见表 10.8。

表 10.8　预制构件的尺寸允许偏差及检验方法

项　目			允许偏差/mm	检验方法
长度	楼板、梁、柱、桁架	<12 m	±5	尺量
		≥12 m 且<18 m	±10	
		≥18 m	±20	
	墙板		±4	
宽度、高（厚）度	楼板、梁、柱、桁架		±5	尺量一端及中部，取其中偏差绝对值较大处
	墙板		±4	
表面平整度	楼板、梁、柱、墙板内表面		5	2 m 靠尺和塞尺量测
	墙板外表面		3	
侧向弯曲	楼板、梁、柱		L/750 且≤20	拉线、直尺量测最大侧向弯曲处
	墙板、桁架		L/1 000 且≤20	
翘曲	楼板		L/750	调平尺在两端量测
	墙板		L/1 000	
对角线	楼板		10	尺量两个对角线
	墙板		5	

续表

项目		允许偏差/mm	检验方法
预留孔	中心线位置	5	尺量
	孔尺寸	±5	
	中心线位置	10	
	洞口尺寸、深度	±10	
预埋件	预埋板中心线位置	5	尺量
	预埋板与混凝土面平面高差	0，-5	
	预埋螺栓	2	
	预埋螺栓外露长度	+10，-5	
	预埋套筒、螺母中心线位置	2	
	预埋套筒、螺母与混凝土面平面高差	±5	
预留插筋	中心线位置	5	尺量
	外露长度	±10，-5	
键槽	中心线位置	5	尺量
	长度、宽度	±5	
	深度	±10	

注:1. L 为构件长度,单位为 mm;

2. 检查中心线、螺栓和孔道位置偏差时,沿纵、横两个方向量测,并取其中偏差较大值。

⑦预制构件的粗糙面的质量及键槽的数量应符合设计要求。

⑧预制构件生产的质量检验应按模具、钢筋、混凝土、预应力、预制构件等检验进行。预制构件的质量评定应根据钢筋、混凝土、预应力、预制构件试验、检验资料等项目进行,当上述各检验项目的质量均合格时,方可评定为合格产品。

4)预制构件的安装与连接质量验收

①预制构件临时固定措施应符合设计、专项施工方案要求及国家现行有关标准的规定。

②装配式结构采用后浇混凝土连接时,构件连接处后浇混凝土强度应符合设计要求。

③钢筋采用套筒灌浆连接、浆锚搭接连接时,灌浆应饱满、密实,所有出口均应出浆,灌浆料强度应符合国家现行有关标准的规定及设计要求。

检查数量:按批检验,以每层为一检验批;每工作班应制作 1 组且每层不应少于 3 组

40 mm×40 mm×160 mm 的长方体试件，标准养护 28 d 后进行抗压强度试验，如图 10.96 所示。

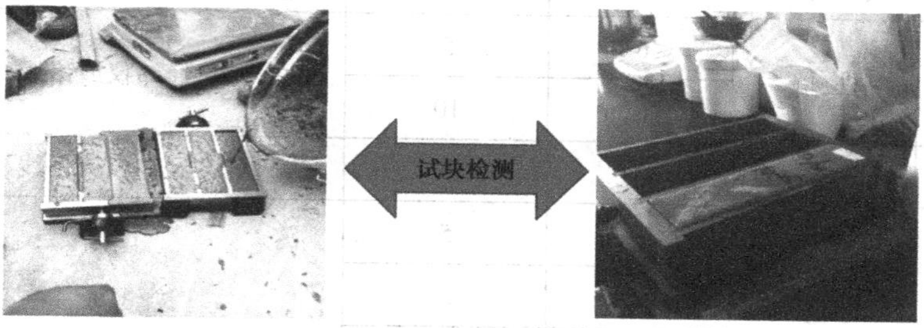

图 10.96 灌浆料试件制作

④预制构件底部接缝坐浆强度应满足设计要求。

检查数量：按批检验，以每层为一检验批；每工作班同一配合比应制作 1 组且每层不应少于 3 组 70.7 mm 的立方体试件，标准养护 28 d 后进行抗压强度试验。

⑤钢筋采用机械连接时，其接头质量应符合现行行业标准《钢筋机械连接技术规程》(JGJ 107—2016)的有关规定；钢筋采用焊接连接时，其接头质量应符合现行行业标准《钢筋焊接及验收规程》(JGJ 18—2012)的有关规定；预制构件采用型钢焊接连接时，型钢焊缝的接头质量应满足设计要求，并应符合现行国家标准《钢结构焊接规范》(GB 50661—2011)和《钢结构工程施工质量验收标准》(GB 50205—2020)的有关规定；预制构件采用螺栓连接时，螺栓的材质、规格、拧紧力矩应符合设计要求及现行国家标准《钢结构设计标准》(GB 50017—2017)和《钢结构工程施工质量验收标准》(GB 50205—2020)的有关规定。

⑥装配式结构分项工程的外观质量不应有严重缺陷，且不得有影响结构性能和使用功能的尺寸偏差。

⑦外墙板接缝的防水性能应符合设计要求。

检验数量：按批检验；每 1 000 m^2 外墙(含窗)面积应划分为一个检验批，不足 1 000 m^2 时也应划分为一个检验批；每个检验批应至少抽查一处，抽查部位应为相邻两层 4 块墙板形成的水平和竖向十字缝区域，面积不得少于 10 m^2。

检验方法：检查现场淋水试验报告。

⑧装配式结构分项工程的施工尺寸偏差及检验方法应符合设计要求；当无设计要求时，应符合表 10.9 的规定。

表 10.9 预制构件安装尺寸的允许偏差及检验方法

项目		允许偏差/mm	检验方法
构件中心线对轴线位置	基础	15	经纬仪及尺量
	竖向构件(柱、墙、桁架)	8	
	水平构件(梁、板)	5	
构件标高	梁、柱、墙、板底面或顶面	±5	水准仪或拉线、尺量

续表

项　目			允许偏差/mm	检验方法
构件垂直度	柱、墙	≤6 m	5	经纬仪或吊线、尺量
		>6 m	10	
构件倾斜度	梁、桁架		5	经纬仪或吊线、尺量
相邻构件平整度	板端面		5	2 m 靠尺和塞尺量测
	梁、板底面	外露	3	
		不外露	5	
	柱墙侧面	外露	5	
		不外露	8	
构件搁置长度	梁、板		±10	尺量
支座、支垫中心位置	板、梁、柱、墙、桁架		10	尺量
墙板接缝	宽度		±5	尺量

检查数量：按楼层、结构缝或施工段划分检验批。同一检验批内，对梁、柱应抽查构件数量的10%，且不少于3件；对墙和板应按有代表性的自然间抽查10%，且不少于3间；对于大空间结构，墙可按相邻轴线间高度5 m左右划分检查面，板可按纵、横轴线划分检查面，抽查10%，且均不少于3面。

⑨装配式混凝土建筑的饰面外观质量应符合设计要求，并应符合现行国家标准《建筑装饰装修工程质量验收标准》(GB 50210—2018)的有关规定。

观案思考

如图10.97和图10.98所示的现场案例给我们什么启示?

图10.97　某房屋整体倒塌

图10.98　检查柱纵筋直径

练习作业

1. 装配式混凝土建筑施工质量验收层次是如何划分的？

2. 装配式混凝土建筑施工单位质量检查层次是如何划分的？

3. 装配式混凝土结构连接节点及叠合构件浇筑混凝土前应进行隐蔽工程验收，隐蔽工程验收的内容有哪些？

4. 钢筋采用套筒灌浆连接、浆锚搭接连接时，灌浆料强度试件应如何取样？

5. 预制构件底部接缝坐浆时，坐浆料强度试件应如何取样？

学习鉴定

1. 填空题

(1)预制装配式混凝土结构简称__________结构，是以预制混凝土构件为主要构件，经装配、连接部分现浇而形成的混凝土结构。

(2)装配式构件的工厂化生产流程有钢筋制作→钢筋安装(含套筒)→浇筑混凝土→构件的初级养护→毛化处理__________→__________→__________准备出品。

(3)履带式起重机的主要技术参数有__________、__________、__________3个。

(4)当采用平卧重叠法制作预制构件时，应在下层构件的混凝土强度达到设计强度等级的__________后，再浇筑上层构件混凝土。

(5)预制构件多层堆放时，对于预制楼板、叠合板、阳台板和空调板等构件宜__________，叠放层数不宜超过__________层。

(6)除设计有要求外，预制构件出厂时的混凝土强度不宜低于设计混凝土强度等级值的__________%。

(7)预制构件应按标准图或设计要求吊装，起吊时绳索与构件水平面的夹角不应小于__________。

(8)预制柱安装施工宜按照__________、__________、__________顺序进行，与现浇部分连接的柱宜先行吊装。

(9)装配式建筑的施工质量验收应划分为__________、__________、__________和检验批4个验收层次进行验收。

(10)装配式建筑检验批的施工质量应按__________和__________进行验收，隐蔽工程在隐蔽前应由__________通知监理单位进行验收，并应形成验收文件，验收合格后方可继续施工。

2. 选择题

(1)装配式建筑的特点有(　　)。

A. 标准化设计　　　　B. 工厂化生产

C. 装配化施工　　D. 一体化装修

E. 信息化管理与智能化应用

(2)《装配式混凝土建筑技术标准》(GB/T 51231—2016)标准中给出的支撑装配式建筑的四大系统为(　　)。

A. 结构系统　　B. 外围护系统

C. 设备与管线系统　　D. 内装系统

E. 外装系统

(3)装配式建筑评价等级划分为(　　)等3个等级。

A. A级　　B. AA级　　C. AAA级

D. AAAA级　　E. AAAAA级

(4)BIM的特点有(　　)。

A. 可视化　　B. 协调性　　C. 模拟性　　D. 优化性　　E. 出图性

(5)装配式建筑施工中常用的其中设备有(　　)。

A. 桅杆式起重机　　B. 汽车式起重机

C. 履带式起重机　　D. 塔式起重机

E. 轮胎式起重机

(6)根据结构体系分,装配式混凝土建筑可分为(　　)。

A. 装配整体式框架结构　　B. 装配整体式剪力墙结构

C. 装配整体式框架－剪力墙结构　　D. 预制外挂墙板

E. 单、双层叠合剪力墙

(7)预制构件的运输方式有(　　)。

A. 靠放架立式运输　　B. 插放架直立运输

C. 水平运输　　D. 垂直运输

E. 旋转运输

(8)预制构件吊装前,应根据预制构件的单件(　　)来选择起重设备与配套吊具,回转半径应覆盖吊装区域,并便于安装与拆卸。

A. 重量　　B. 形状

C. 安装高度　　D. 作业半径

E. 吊装现场条件

(9)单位工程的验收应由(　　)组织监理、施工(含分包单位)、设计、勘察等单位项目负责人进行。

A. 监理单位总监理工程师　　B. 建设单位项目负责人

C. 施工单位项目经理　　D. 设计单位项目负责人

(10)单位工程中的分包工程完工经验收合格后,分包单位应将所分包工程的质量控制资料整理完整,并移交给(　　)。

A. 监理单位　　B. 建设单位　　C. 总包单位　　D. 设计单位

3. 问答题

(1)什么是 BIM 技术？其核心内容是什么？

(2)装配式建筑工艺流程有哪些？

(3)自行式起重机的优缺点有哪些？

(4)装配式混凝土结构如何分类？

(5)装配式建筑的检验批、分项工程、分部工程和单位工程如何组织验收？

教学评估

教学评估表见本书附录。

附 录

教学评估表

班级：__________ 课题名称：________________ 日期：__________ 姓名：__________

1. 本调查问卷主要用于对新课程的调查，可以自愿选择署名或匿名方式填写问卷。根据自己的情况在相应的栏目打“√”。

评估项目	评估等级				
	非常赞成	赞　成	无可奉告	不赞成	非常不赞成
(1)我对本课题学习很感兴趣					
(2)教师组织得很好，有准备并讲述得清楚					
(3)教师运用了各种不同的教学方法来帮助我的学习					
(4)本课题的学习能够帮助我获得能力					
(5)有视听材料，包括实物、图片、录像等，能更好地帮助我理解教材内容					
(6)教师知识丰富					
(7)教师乐于助人、平易近人					
(8)教师能够为学生营造合适的学习气氛					
(9)我完全理解并掌握了所学知识和技能					
(10)授课方式适合我的学习风格					
(11)我喜欢这门课中的各种学习活动					
(12)学习活动能够有效地帮助我学习该课程					
(13)我有机会参与学习活动					
(14)每个活动结束都有归纳与总结					
(15)教材编排版式新颖，有利于我学习					
(16)教材使用的语言、文字通俗易懂，有对专业词汇的解释，利于我自学					
(17)教学内容难易程度合适，符合我的实际					
(18)教材为我完成学习任务提供了足够信息					
(19)教材提供的练习活动使我技能增强了					
(20)我对胜任今后的工作更有信心					

2. 您认为教学活动使用的视听教学设备：

合适 □　　　　　　　　太多 □　　　　　　　太少 □

3. 教师讲述、学生小组讨论和小组活动安排比例：

讲课太多 □　　讨论太多 □　　练习太多 □　　活动太多 □　　恰到好处 □

4. 教学的进度：

太快 □　　　　　　　　正合适 □　　　　　　太慢 □

5. 活动安排的时间长短：

正合适 □　　　　　　　太长 □　　　　　　　太短 □

6. 我最喜欢本单元的教学活动是：

7. 本单元我最需要的帮助是：

8. 我对本单元进一步改进教学活动的建议是：

参考文献

[1] 石元印,王泽云. 建筑施工技术[M]. 重庆:重庆大学出版社,2004.

[2] 陕西省建筑科学研究院,陕西建工集团总公司,等. 砌体结构工程施工质量验收规范:GB50203—2011[S]. 北京:中国建筑工业出版社,2012.

[3] 中国建筑科学研究院. 建筑工程施工质量验收统一标准:GB50300—2013[S]. 北京:中国建筑工业出版社,2014.

[4] 中国建筑标准设计研究院,中国建筑科学研究院. 装配式混凝土结构技术规程:JGJ1—2014[S]. 北京:中国建筑工业出版社,2014.

[5] 中华人民共和国住房和城乡建设部. 混凝土结构工程施工质量验收规范:GB50204—2015 [S]. 北京:中国建筑工业出版社,2015.

[6] 中华人民共和国住房和城乡建设部. 装配式混凝土建筑技术标准:GB/T 51231—2016 [S]. 北京:中国建筑工业出版社,2017.

[7] 中国建筑科学研究院. 建筑装饰装修工程质量验收标准:GB50210—2018[S]. 北京:中国建筑工业出版社,2018.

[8] 中华人民共和国住房和城乡建设部. 建筑地基基础工程施工质量验收标准:GB50202—2018[S]. 北京:中国计划出版社,2018.

[9] 中华人民共和国住房和城乡建设部. 建筑边坡工程施工质量验收标准:GB/T 51351—2019[S]. 北京:中国建筑工业出版社,2019.

[10] 全国造价工程师执业资格考试培训教材编写委员会. 建设工程技术与计量(土木建筑工程)[M]. 北京:中国计划出版社,2019.